中国科学院大学研究生教材系列

现代化科学导论

主　编　何传启

副主编　刘　雷

科 学 出 版 社

北　京

内 容 简 介

如何实现现代化，既是一个重大的历史与现实问题，又是一个重要的理论与实践难题。当前，中国现代化建设进入了新时代、迈向了新征程，现代化研究也逐渐从专业化、科学化向学科化深入发展。本书旨在系统介绍现代化科学的概念内涵、学科发展、理论范式、逻辑架构等内容，使学生能够从自然科学与社会科学的交叉视角，掌握现代化科学的基本原理和知识体系，建立现代化研究的全球视野和科学态度，理解人类发展的世界前沿和国际潮流，了解国家发达的原理和方法，树立中国实现现代化和民族复兴的坚定信念。

本书适合作为研究生与本科生教材或教学参考书，也可为现代化研究、战略研究、政策研究的相关人员和关心现代化问题的广大读者提供重要参考。

图书在版编目（CIP）数据

现代化科学导论 / 何传启主编 . — 北京：科学出版社，2025. 6. -- (中国科学院大学研究生教材系列). -- ISBN 978-7-03-082364-9

Ⅰ. G301

中国国家版本馆 CIP 数据核字第 2025R7Y436 号

责任编辑：王京苏 / 责任校对：贾娜娜

责任印制：吴兆东 / 封面设计：有道设计

科学出版社 出版

北京东黄城根北街 16 号

邮政编码：100717

http://www.sciencep.com

天津市新科印刷有限公司印刷

科学出版社发行　各地新华书店经销

*

2025 年 6 月第　一　版　开本：787 × 1092　1/16

2025 年 7 月第 二 次印刷　印张：21 1/4

字数：489 000

定价：98.00 元

（如有印装质量问题，我社负责调换）

前　　言

现代化既是一种世界现象，也是一种文明进步，还是一个发展目标。作为一种世界现象，现代化是18世纪工业革命以来人类发展的世界前沿，以及追赶、达到与保持世界前沿水平的行为和过程。作为一种文明进步，现代化是从传统文明向现代文明的范式转变，以及人的全面发展和自然环境的合理保护，它发生在人类文明的所有层次、领域、部门和方面，同时文化多样性长期存在并发挥作用。作为一种发展目标，已经现代化的国家要保持现代化水平，尚未现代化的国家要追赶和早日实现现代化。现代化加速了文明进步和国际分化，提高了生产力和生活质量，但也带来一些副作用。目前，世界上绝大多数国家都在自觉或不自觉地经历某种现代化过程，都在直接或间接地把实现现代化作为一种发展目标。

现代化科学是采用科学精神和科学方法，系统研究现代化现象的一门交叉科学，是现代化研究、现代化理论和现代化知识的系统集成，属于交叉科学的一个前沿领域和管理科学的一个分支学科。现代化科学从自然科学与社会科学相结合的视角出发，系统解析世界现代化的主要理论和前沿过程，阐述国家发达的科学原理和基本方法，分析人类发展的世界前沿和发展趋势，解释我国现代化的基本国情和发展战略。“现代化科学导论”课程将系统介绍现代化科学的基本概念、学科简史、研究方法、基本原理、分层现代化（世界、国际、地区和城市现代化）、领域现代化（经济、社会、文化和生态现代化）、部门现代化（农业、工业和服务业现代化）以及现代化战略（战略与政策、产业结构现代化和生活质量现代化），并专题讨论中国现代化。

通过对本课程的学习，学生能够从自然科学与社会科学的交叉视角，正确掌握现代化科学的基本原理和知识体系，建立现代化研究的全球视野和科学态度，理解人类发展的世界前沿和国际潮流，了解世界现代化的主要理论和前沿进程，把握现代化建设和国家发达的战略与政策分析方法，树立中国实现现代化和民族复兴的坚定信念。为2035年基本实现社会主义现代化和2050年全面建成社会主义现代化强国培养具有战略思维的复合型领军人才。

本教材以著作《现代化科学：国家发达的科学原理》和《现代化科学领导干部读本：现代化100问》，《中国现代化报告》年度报告和报告概要系列，以及编者在相关学术期刊公开发表的文章等为基本素材选编而成。

党的二十大报告指出："我们要坚持教育优先发展、科技自立自强、人才引领驱动，加快建设教育强国、科技强国、人才强国，坚持为党育人、为国育才，全面提高人才自主培养质量，着力造就拔尖创新人才，聚天下英才而用之。"① 教材是教学内容的主要载体，是教学的重要依据、培养人才的重要保障。在优秀教材的编写道路上，我们一直在努力。

"现代化科学导论"研究生课程教学团队包括何传启、刘雷、叶青三位老师，该课程自 2015 年以来连续十年被选课同学评为优秀。本教材出版得到中国科学院大学教材出版中心、中国科学院大学公共政策与管理学院、中国科学院中国现代化研究中心和科学出版社等的大力支持。特此鸣谢！

教材主编：何传启
教材执笔：刘　雷
2025 年 5 月

① 习近平：高举中国特色社会主义伟大旗帜 为全面建设社会主义现代化国家而团结奋斗——在中国共产党第二十次全国代表大会上的报告. https://www.gov.cn/xinwen/2022-10/25/content_5721685.htm.2022-10-25.

目　　录

第一章　现代化科学的学科简介

现代化是一种世界现象和国际潮流，大致起步于 18 世纪，迄今有近 300 年（1760 年至今）的历史。现代化研究是对现代化现象的多学科研究，大致起步于 20 世纪 50 年代，有 70 多年的历史。现代化科学是关于现代化现象的一门新兴科学，诞生于 2010 年，是中国学者提出来的。概括地说，现代化科学是采用科学精神和科学方法，系统研究现代化现象的一门交叉科学，是现代化研究、现代化理论和现代化知识的系统集成，属于交叉科学的一个前沿领域和管理科学的一个分支学科。现代化科学从自然科学与社会科学的交叉角度出发，揭示世界现代化的发展趋势和客观规律，阐释国家发达的科学原理和基本方法（何传启，2010）。现代化科学不仅是一门新学科，更蕴涵一个新希望。中国实现现代化之日，就是中华民族伟大复兴之时。

第一节　现代化科学的基本概念

现代化既是一种世界现象，也是一种文明进步，还是一个发展目标（何传启，2019）。从世界范围看，现代化是一个历史的、动态的、开放的、阶段性的演进过程，现代化的内涵和特征也是变化的。现代化加速了文明进步和国际分化，提高了生产力和生活质量，但也带来一些副作用。现代化科学是关于现代化现象的一门交叉科学，它涉及现代化现象（现代化知识）、现代化研究和现代化理论等（图 1.1）。

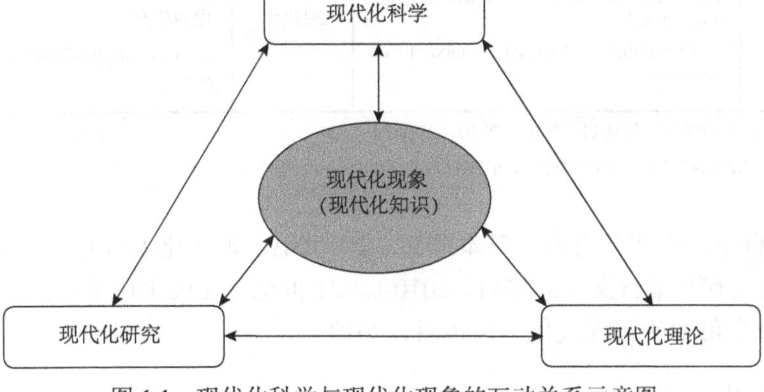

图 1.1　现代化科学与现代化现象的互动关系示意图

资料来源：何传启（2010，2019）

从语义学角度看，现代化科学包括“现代化”和“科学”两个单词。下面简要介绍现代化、科学和现代化科学三个基本概念（何传启，2010，2019）。

一、现代化概念的演变

现代化是一个多义词，迄今没有统一定义。根据《韦氏词典》（*Merriam-Webster Online Dictionary*），英文单词“现代化”大约出现于18世纪（1716～1770年），迄今有近300年的历史，是从英文单词“现代的”衍生而来（表1.1）。中文词“现代化”大约出现于20世纪初，是从外文翻译而来。18～19世纪“现代化”是一个普通词，20世纪“现代化”逐步成为一个专业词，21世纪“现代化科学”诞生。

表1.1 英文单词“modernization”的起源

英文单词及其含义		英文单词及其含义的中文翻译	
modern	Adj. Date: 1585 1. relating to, or characteristic of the present or the immediate past 2. of, or relating to the period from about 1500 to the present	现代的	形容词，出现于1585年 1. 当前的或最近的特征，或与当前或最近相关的特征 2. 大约公元1500年到当前的时期，或与这个时期相关的
modernity	Noun. Date: 1635 1. the quality or state of being modern 2. a modern way of living or thinking	现代性	名词，出现于1635年 1. 现代的状态或质量 2. 现代的生活或思考方式
modernize	Verb. Date: 1716* 1. to make (something) modern and more suited to present style or needs 2. to adopt modern ways, or to become modern: to begin using the newest information, methods, or technology	现代化	动词，出现于1716年* 1. 使某种东西成为现代的、更加适合当前的风格或需要 2. 采用现代方式，或成为现代的：使用最新的信息、方法或技术
modernization	Noun. Date: 1770 1. the act of modernizing: the state of being modernized 2. something modernized: a modernized version	现代化	名词，出现于1770年 1. 正在开展现代化的行动：正在被现代化的状态 2. 实现现代化后的状态：一种现代化后的情景

资料来源：《韦氏词典》，何传启（2003，2010，2019）

* “modernize”的出现时间，《韦氏词典》早期版本为1748年，新版本为1716年

18～19世纪，现代化有两个基本词义。20世纪，现代化大致有三种解释，即基本词义、理论含义和政策含义（何传启，2010）。21世纪，现代化科学认为，可以从现象、本质和意义三个角度认识现代化（何传启，2019）。

（一）现代化的三种解释

（1）基本词义。基本词义是指各种词典对“现代化”的定义。根据《韦氏词典》的

定义，现代化有两种基本含义，一是表示一种行为（过程），二是表示一种状态。通俗地说，成为最新的、最好的、最先进的行为（过程），就是现代化的行为（过程）；完成这个行为（过程）后的状态，就是现代化的状态。现代化的习惯用法很多。例如，用作形容词，这是一家现代化工厂；用作动词，科技现代化；用作名词，人的现代化等。

（2）理论含义。理论含义是指各种现代化理论对“现代化”的解释。不同理论有不同的解释（表 1.2）。例如，Bendix（1967）、Eisenstadt（1966）等一些社会学家认为现代化是一种社会变迁，是从传统社会向现代社会的转变。罗荣渠（1993）等一些历史学家认为现代化是一个历史过程。有些学者关注现代化后的状态，即对现代性的阐释，相关文献很丰富。有些学者认为现代化是一种文明变化（何传启，1999）。对于现代化的理论含义，很容易让人联想到“盲人摸象”的故事。学者往往根据研究需要，对现代化进行操作性界定。

表 1.2 不同学科的学者对“现代化”的解释（举例）

学科	不同学科的学者对“现代化”的解释
社会学	美国社会学教授本迪克斯说，我把现代化理解为社会变迁的一种类型，它起始于英国工业革命和政治性的法国大革命；它存在于几个先锋社会（pioneer societies）的经济和政治进步以及继之而来的后进社会的变迁进程之中（Bendix，1967）
	以色列社会学教授艾森施塔特认为：现代化是社会、经济、政治体制向现代类型变迁的过程。它从 17 世纪至 19 世纪形成于西欧和北美，而后扩及其他欧洲国家，并在 19 世纪和 20 世纪传入南美、亚洲和非洲（Eisenstadt，1966）
历史学	中国历史学教授罗荣渠（1993）认为：广义而言，现代化作为一个世界性的历史过程，是指人类社会从工业革命以来所经历的一场急剧变革，它以工业化为推动力，导致从传统农业社会向现代工业社会的全球性的大转变，它使工业主义渗透到经济、政治、文化、思想各个领域，引起深刻的相应变化；狭义而言，现代化指落后国家迅速赶上先进工业国家水平和适应现代世界环境的发展过程。作为人类近期历史发展的特定过程，把高度发达的工业社会的实现作为现代化完成的一个主要标志也许是合适的
现代化科学	中国学者何传启（1999，2010）认为：现代化既是一种文明变化，是从传统文明向现代文明的范式转变，发生在政治、经济、社会、文化、环境和个人行为等领域；也是一种世界现象，是 18 世纪工业革命以来人类发展的世界前沿，以及不同国家追赶、达到和保持世界前沿水平的行为和过程。在 18 世纪至 21 世纪末，世界现代化的前沿过程可以分为两大阶段，第一次现代化是经典现代化，是从农业经济向工业经济、农业社会向工业社会的转变；第二次现代化是新型现代化，是从工业经济向知识经济、工业社会向知识社会的转变；两次现代化的协调发展是综合现代化

资料来源：何传启（2010，2019）

（3）政策含义。政策含义是指现代化理论在政策领域的实际应用。不同的现代化理论的政策含义不尽相同，同一个现代化理论在不同国家、不同时期和不同领域的政策含义也不尽相同。现代化理论在发达国家和发展中国家的政策含义有比较大的差别，需要专题研究。例如，在发展中国家，在经济领域，经典现代化理论的政策含义是推进工业化、标准化、农业现代化等。

现代化基本词义、理论含义和政策含义三者之间的关系：现代化的基本词义是相对稳定的，政策含义是与时俱进的，理论含义有学派差别；一般而言，政策含义是理论含义的应用，理论含义与基本词义紧密相关，但它们的内涵有所不同（何传启，2010）。

2013 年发布的《现代化论坛宣言：首届世界现代化论坛的综合公告》是关于现代化的一个国际共识。它认为现代化是 18 世纪以来人类文明的一种深刻变化；它既包括政治、经济、社会、文化各个领域从传统向现代的巨大转变，也包括人的全面发展和自然环境的合理保护。现代化是一种世界现象和国际潮流，它发源于先行国家，然后发生在全世界，但在社区层次有一些例外。在 18 世纪至 21 世纪，世界现代化进程大致分为两大阶段。第一次现代化包括从农业经济向工业经济、农业社会向工业社会的转变；第二次现代化包括从工业经济向知识经济、工业社会向知识社会的转变。第一次现代化通常被称为经典现代化；第二次现代化则是一种新型现代化，有些学者称其为后现代化、继续现代化或再现代化等（马蒂内利和何传启，2014）。

（二）现代化的三种视角

现代化科学认为，分析和观察现代化，大致有现象、本质和意义三种视角（图 1.2）。一是从现象角度看，现代化是一种世界现象，是 18 世纪工业革命以来人类发展的世界前沿，以及追赶、达到和保持世界前沿的行为和过程。二是从本质角度看，现代化是一种文明进步，是从传统文明向现代文明的范式转变，它发生在人类文明的所有层次、领域、部门和方面，包括政治、经济、社会、文化、环境和人的发展各个领域的转变，同时文化多样性长期存在并发挥作用。三是从意义角度看，现代化可作为一个发展目标，其中，发达国家的目标是保持现代化水平，发展中国家的目标是追赶和达到现代化水平（何传启，2019）。

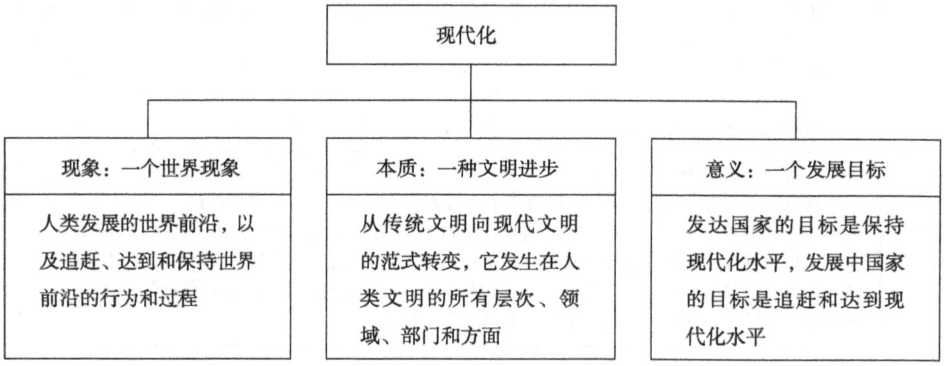

图 1.2　现代化的三种视角

资料来源：何传启（2019，2022）

现代化是一种客观现象，大致起步于 18 世纪，扩散于 19 世纪，流行于 20 世纪和 21 世纪。现代化是动态的，其内涵是变化的。从 18 世纪到 21 世纪，现代化的内涵和特征发生了巨大变化。目前，世界上绝大多数国家都在自觉或不自觉地开展现代化建设，都在直接或间接地把实现现代化作为一种发展目标（马蒂内利和何传启，2014）。

形象地说，现代化犹如一场人类发展和文明变迁的国际马拉松比赛（图 1.3），跑在前面的国家成为发达国家，跑在后面的国家成为发展中国家；发达国家可以掉下来，发展中国家可以赶上去，位置转换有一定规律性（何传启，2010）。一般而言，发达国家是现代化国家，发展中国家是非现代化国家。《中国现代化报告 2010：世界现代化概览》发现，在 20 世纪后 50 年里，发达国家掉下来的比例约为 10%，发展中国家赶上去的比例约为 5%。

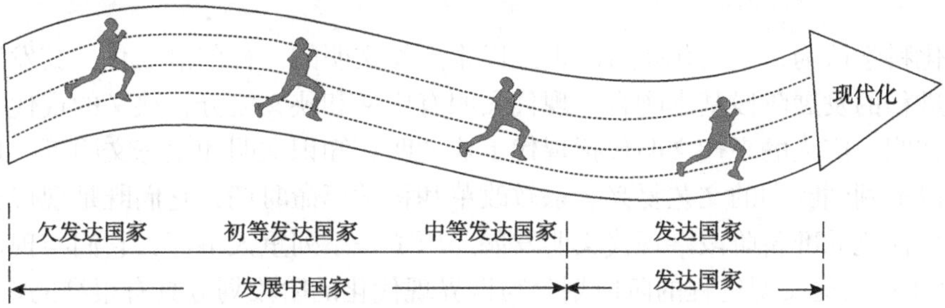

图 1.3　现代化犹如一场人类发展和文明变迁的国际马拉松比赛

资料来源：何传启（2010，2011）

（三）现代化的两大阶段

第二次现代化理论认为（何传启，1999，2013a），18~21 世纪，世界现代化的前沿进程大致可以分为两个阶段：第一次现代化是从农业经济向工业经济、农业社会向工业社会的转变，可以简称为经典现代化或工业时代的现代化，它以工业经济和工业社会为基础，经常以经济增长为中心；第二次现代化是从工业经济向知识经济、工业社会向知识社会的转变，可以简称为新型现代化或知识时代的现代化，它以知识经济和知识社会为基础，物质生活趋同，精神生活多样化，经常以生活质量为中心；两次现代化在经济、社会、政治、文化、生态和人的现代化等方面，既有所继承，又有很大差别（表 1.3）。

表 1.3　世界现代化前沿进程的两个阶段（基于第二次现代化理论）

项目	第一次现代化阶段	第二次现代化阶段
时间	1760～1970 年	1970～2100 年
内容	从农业文明向工业文明、传统文明向现代文明的转变	从工业文明向知识文明、物质文明向生态文明的转变
	从农业社会向工业社会、农业经济向工业经济、农业政治向工业政治、农业文化向工业文化的转变等	从工业社会向知识社会、工业经济向知识经济、工业政治向知识政治、工业文化向知识文化、物质文化向生态文化的转变等
特点	工业化、城市化、民主化、理性化、福利化、流动化；重视经济增长	知识化、信息化、生态化、智能化、全球化、个性化、多元化；关注生活质量
周期	起步期、发展期、成熟期、过渡期	起步期、发展期、成熟期、过渡期
浪潮	机械化、电气化、自动化	信息化、仿生化、走向太空

资料来源：何传启（1999，2010，2011，2013a，2017）

注：2100 年为预测

（四）文明与现代化的关系

目前，关于文明和现代化都没有统一定义。从操作角度看，文明是人类发展的高级阶段，是公元前 3500 年以来人类发展成就的总和；现代化是 18 世纪以来不同国家追赶、达到和保持人类发展的世界前沿水平的行为和过程。世界范围内的现代化和文明进程是不同步的，现代化科学重点关注其前沿轨迹，包括什么是前沿、如何保持前沿、如何追赶前沿。

现代化科学认为，现代化是 18 世纪以来人类文明的一种前沿变化，其发展阶段与现代文明进程的发展阶段基本吻合。现代文明有广义和狭义之分，狭义的现代文明是指现代工业文明，广义的现代文明包括现代工业文明、知识文明和生态文明等。现代文明的起源可以追溯到欧洲的文艺复兴、宗教改革和科学革命时期；它们既是现代文明的源头，也是现代化的准备阶段。现代文明发展经历了一系列重大事件，它们与现代化紧密相关（图 1.4）。人类文明进程的阶段划分与世界现代化的阶段划分具有很高的一致性（何传启，2003，2010）。

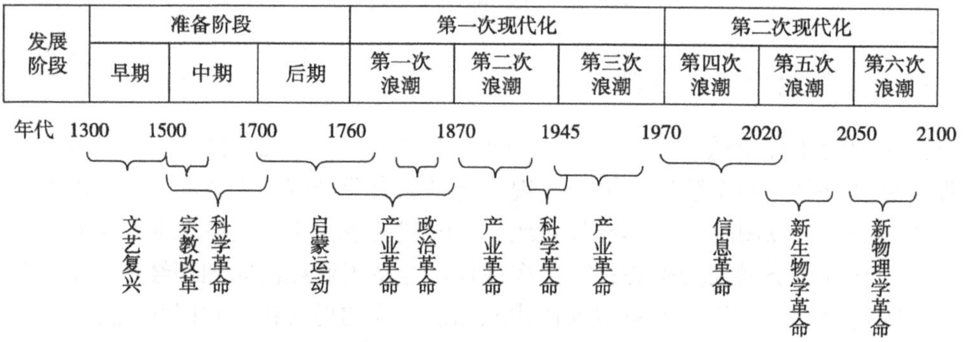

图 1.4 现代化阶段与现代文明重大事件的关系示意图

资料来源：何传启（2003，2010，2019）

现代化的准备阶段大致分为三个时期：早期（文艺复兴时期）、中期（科学革命时期）、后期（启蒙运动时期）；产业革命则是现代化的起步，第一次现代化有三次浪潮，第二次现代化有三次浪潮，其中第五次和第六次浪潮是一种预测

二、科学的含义和学科分类

在西文里，“科学”一词大约出现于 14 世纪。在中文里，“科学”一词大约出现于 19 世纪末，是从英文翻译过来的。迄今为止，关于科学没有统一定义。科学是一个高度综合的概念，与确证的系统化的知识、获取知识的行为和方法紧密相关。

根据科学哲学家关于科学的定义，科学大致有三层含义。

（1）一种知识体系，是关于自然和社会的、得到检验和确证的知识体系。

（2）一种社会活动，是获得上述知识和知识体系的研究活动。

（3）一种思维和方法，是获取上述知识体系的理性思维和方法。

简单地说，科学是关于自然和社会的知识体系及获取这种系统知识的研究活动，是科学知识、科学研究、科学思维和科学方法的集合。自然和社会不是科学，关于自然和社会的理性研究与确证的知识体系才是科学（何传启，2010）。

“科学大家庭”是由众多学科组成的，但关于学科分类没有统一方法。例如，二分法（自然科学与社会科学、基础科学和应用科学）和五分法（自然科学、技术科学、社会科学、人文科学、交叉科学）等；每一类都包含若干一级、二级和三级学科。科学研究方法非常丰富，包括观察、调查、实验、定量分析、定性分析和理论解释等。科学研究通常包括一系列步骤，如信息和数据的收集、逻辑分析与归纳、检验与修正理论假设等。

三、现代化科学的三层含义

“现代化科学”是由中国学者何传启于2010年提出的，其英文翻译为“modernization science”，或简译为“modernizations”。它是关于现代化现象的一门新兴交叉科学，属于交叉科学的一个前沿领域和管理科学的一个分支学科。现代化现象是18世纪工业革命以来的一种世界现象，它既是人类文明的一种前沿变化，包括现代文明的形成、发展、转型和国际互动，文明要素的创新、选择、传播和退出等，也是一种国际竞争，是追赶、达到和保持世界先进水平的国际竞争、国际合作和国际分化。达到和保持世界先进水平的国家是发达国家，其他国家是发展中国家，两类国家之间可以流动。国家发达是现代化过程的一个伴生现象。

参考科学的定义，现代化科学有三层含义。

（1）现代化科学是一种知识体系，是关于现代化现象和国家发达的事实、特征和规律的知识体系。

（2）现代化科学是一种社会活动，是关于现代化现象和国家发达的科学研究活动。

（3）现代化科学是一种思维方法，是从事现代化研究的理性思维和方法。

简单地说，现代化科学是采用科学精神和科学方法系统研究现代化现象的一门交叉科学，是现代化研究、现代化理论和现代化知识的系统集成。它包括关于现代化现象和国家发达现象的知识体系、科研活动和科研方法，是现代化知识、现代化理论、现代化研究、现代化思维和现代化方法的集合。通俗地说，现代化科学是关于现代化现象和国家发达现象的一门交叉科学，它阐述了人类发展的世界前沿和发展方向，解释了国家发达的原理和方法；它可以帮助我们认清方向，认识规律，选择路径，走向成功（何传启，2010）。

本书采用“六个模块+国家案例”的结构设计。六个模块分别是：概念与方法（第一至二章）、基本原理（第三章）、分层现代化（第四章）、领域现代化（第五章）、部门现代化（第六至八章）和现代化战略（第九至十一章）。国家案例为中国现代化（第十二章）。实际教学过程中，可适度增加国家案例，以丰富教学内容。

第二节　现代化科学的结构与特点

现代化涉及18世纪以来人类生产生活方方面面的深刻变化，但是这并不是说现代化科学是无所不包的。实际上，通过现代化研究获得的、经过检验的、系统化的知识，才是现代化科学的知识；现代化知识和现代化研究构成现代化科学的两大支柱（何传启，2010）。

一、现代化科学的结构

（一）基础结构

一般而言，现代化科学包括现代化研究和现代化知识两大板块，它们有不同内容和特点（图 1.5）。现代化研究包括研究方法和研究活动，研究活动有其结构和特点。现代化知识包括经验知识和理论知识；其中，经验知识是关于现代化的事实和特征的一般知识，理论知识包括现代化的基本概念和原理，是各种现代化理论的集合（何传启，2010）。

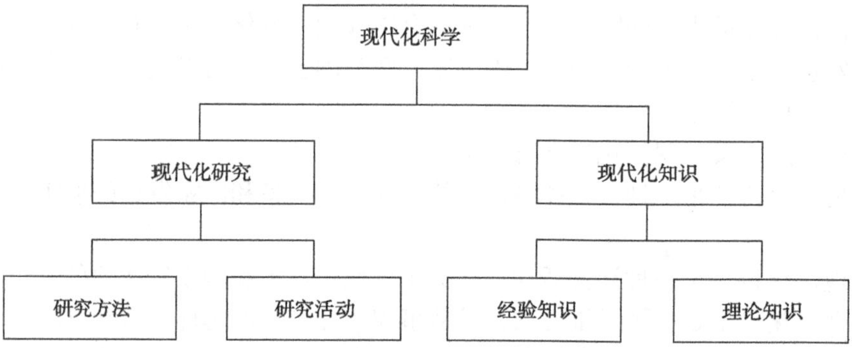

图 1.5　现代化科学的基础结构

资料来源：何传启（2010，2011）

现代化理论是关于现代化现象的理论抽象和理论解释，是现代化研究的“理论产出”。现代化涉及人类文明全方位的变化，现代化研究经常是从某个方面入手进行研究，犹如“盲人摸象”。从不同角度研究现代化，获得的认识往往有所不同，于是形成不同的现代化理论。所以，现代化理论不是一个单一理论，而是一个理论集合。

在现代化科学里，现代化研究和现代化理论是紧密关联的。现代化理论既是现代化研究的理论成果，也为现代化研究提供一种分析框架，它们相互支持和协同进化。同时，现代化研究和现代化理论都有自己的结构，它们是相互关联的。

（二）研究结构

根据研究对象和研究性质的不同，现代化研究可以分为三个集群：基础研究、应用研究和开发研究（图 1.6）。在现代化研究中，基础研究、应用研究和开发研究的分类是相对的。有些时候，它们是交叉的；有些时候，现代化研究是一种多目标的综合性研究。

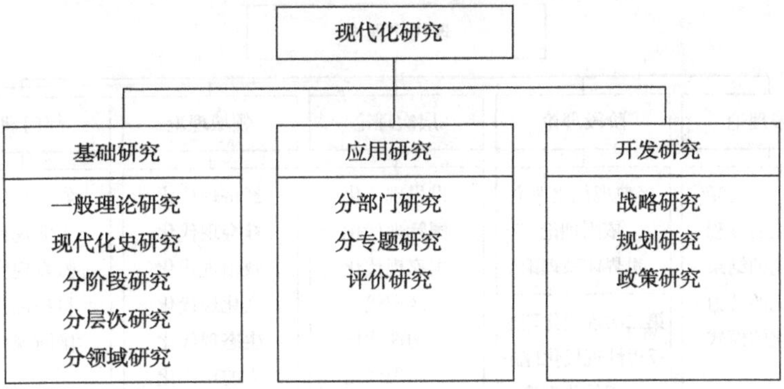

图 1.6　现代化研究的内部结构

资料来源：何传启（2010）

基础研究是研究现代化的一般性质和规律，认识人类文明的世界前沿，解释文明前沿的变化规律，解释国家发达的科学原理等。应用研究是研究现代化的一般方法和途径，认识某个方面的世界前沿，阐释保持或达到世界前沿的途径和方法，阐述国家发达的途径和方法等。开发研究是研究和提供现代化的战略、规划和政策等。

三种分类是相对的，它们有交叉。有些专题研究属于基础研究，如现代性研究；有些专题研究属于应用研究，如城市化研究等。评价是一种研究方法，可以作为基础研究、应用研究和开发研究的组成部分。

（三）理论结构

现代化理论作为一种科学理论，需要遵循科学的规范。一般而言，科学理论具有三个特点：能够准确描述和解释客观现象、能够预测和检验、形式优美和简明（何传启，2010）。现代化理论一般包括关于现代化的内涵、过程、结果、动力和模式的系统阐述，而且是可以检验的。根据阐述对象和理论性质的不同，现代化理论可以分为三个集群：基础理论、应用理论和相关理论（图 1.7）。它们的分类也是相对的，存在交叉。迄今为止现代化研究已经有 70 多年的历史，产生了大量的现代化理论。根据现代化理论的内部结构，这些理论可以进行系统化梳理和分类（图 1.8）。它们是现代化科学的一个重要基础。

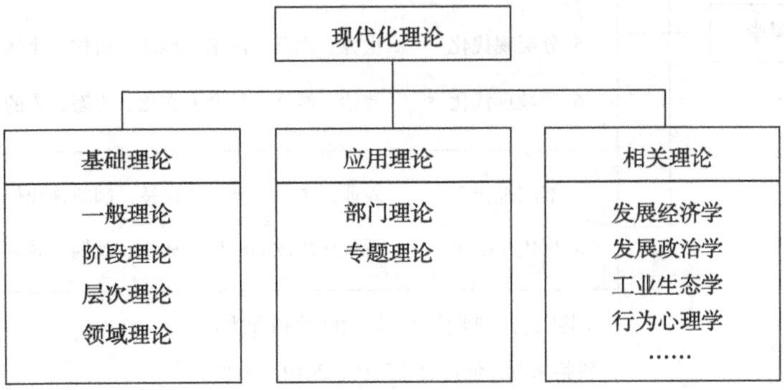

图 1.7　现代化理论的内部结构

资料来源：何传启（2010）

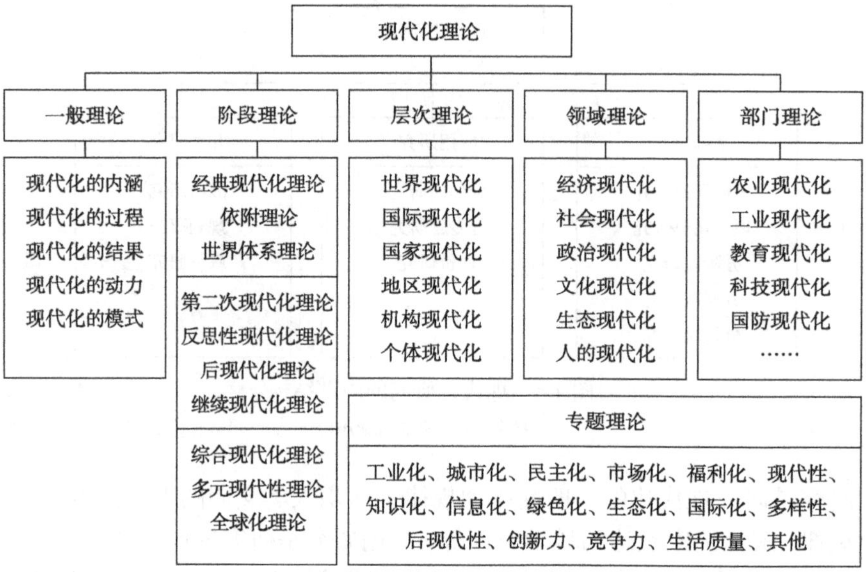

图 1.8　现代化理论的主要组成

资料来源：何传启（2010，2019）

（四）学科结构

根据科学的定义，系统化的现代化研究和现代化理论是建立现代化科学的基本条件。综合集成现代化研究和现代化理论的结构，可以提出现代化科学的学科结构。它大致包括八个部分：一般理论、现代化史、研究方法、分段现代化、分层现代化、领域现代化、部门现代化和现代化政策等（何传启，2010）（图 1.9）。

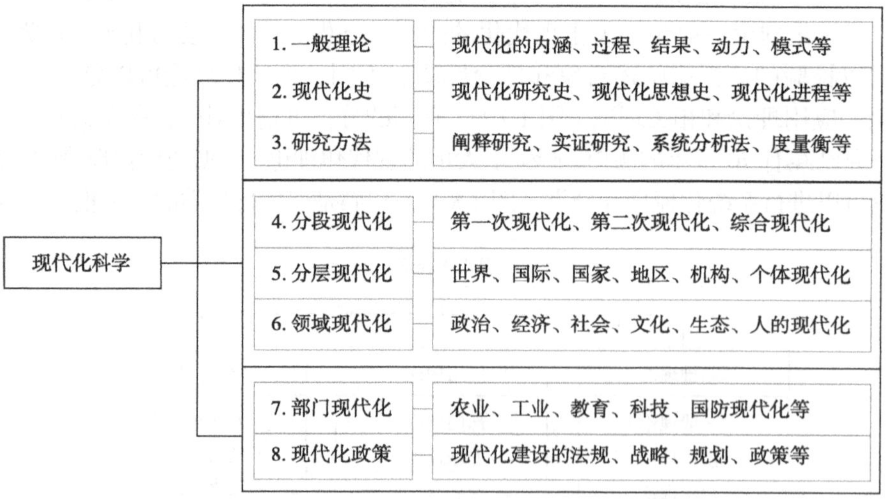

图 1.9　现代化科学的学科结构

资料来源：何传启（2010，2019，2022）

二、现代化科学的特点

现代化科学是一门新兴交叉科学，具有“大科学”和“横断科学”的许多特点，属于管理科学的一个分支学科。它涉及人类文明前沿和国家发达，可以多角度解析。

第一，现代化科学是一门交叉科学。现代化科学是关于人类文明的世界前沿和前沿变化的科学。文明变化涉及全部科学的发展与应用。现代化科学既有大量的外部交叉，又有丰富的内部交叉。现代化科学将聚焦前沿，包括什么是前沿、如何保持前沿、如何追赶前沿。

第二，现代化科学是一门应用科学。现代化科学是关于国家发达和国际竞争的科学，与国家发展、国际合作和国际分化紧密相关，与发展研究既相关，又有差别（表 1.4）。

表 1.4　现代化科学与发展研究的学科对比

方面	现代化科学	发展研究
研究对象	18 世纪以来人类文明的前沿变化和国际竞争	20 世纪以来发展中国家的发展
研究重点	国家发达的科学原理与一般方法	第三世界国家的发展与政策
研究思路	国际比较，以世界前沿为参照，历史、现实和未来三结合	历史比较，进步观
适用范围	所有国家	发展中国家、第三世界

资料来源：何传启（2010）

第三，现代化科学是一门综合科学。现代化科学是关于文明前沿和国家发达的科学，具有综合科学的许多特点，如大交叉、大综合、大尺度、大理论、大战略等。

第四，现代化科学是一门战略科学，培养大局观念和战略思维。现代化科学有三种意义。一是理论意义，认识和解释现代化现象，阐述现代文明的前沿变化和国家发达的科学原理等；二是实践意义，提供和解释国家发达的原理和方法，包括国家发达的知识、规律、途径和方法等；三是社会意义，满足人们对现代化现象的好奇心，如哪些国家是发达国家，它们为什么是发达国家，如何成为发达国家等。简而言之，现代化科学的三种意义分别是：阐述人类发展的前沿变化和国际竞争、提供国家发达的原理和方法、回答人们关于现代化现象的热点问题（何传启，2010）。

相对而言，目前发达国家的学者比较关注现代性研究，发展中国家的学者比较关注现代化过程研究。一般而言，现代性是对现代化过程的结果的一种理论概括（专栏 1.1）。从事现代化研究的学者来自多个学科，其研究方法和视角有所不同，现代化研究具有多样性。

专栏 1.1　现代性

现代性没有统一定义。一般而言，现代性是对现代化结果的一种理论概括。1970 年以前，现代性（第一现代性）是关于工业化国家的基本特征的一种理论概括。1970 年以来，有人提出后现代性或第二现代性，是对信息时代的世界前沿的一种理论概括。

在现代化过程中，现代性与世界前沿、发展方向和人类理想紧密相关。世界前沿、发展方向和人类理想，都是“与时俱进”的。所以，现代性是“动态的”。在有些文献中，“现代性”是现代化结果（世界前沿）、发展方向（未来预期）和人类理想（价值取向）的一个“混合物”（图 1.10）；混合比例不同，“现代性”的表述就不同，具有多样性。

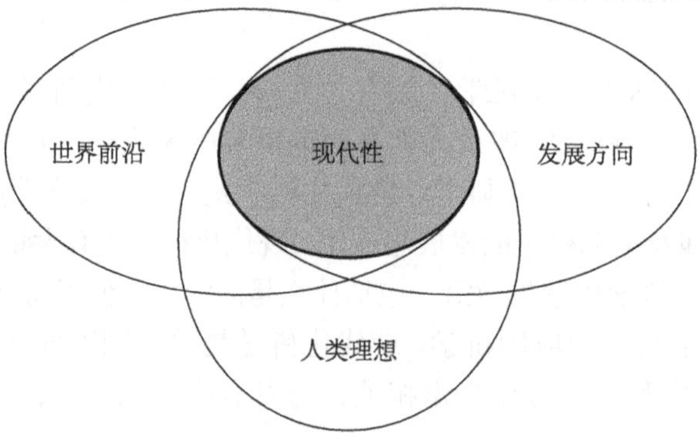

图 1.10　现代性的内涵

研究“现代性”的方法大致有两种：阐释主义的思辨、实证主义的归纳。如果没有明确的时间边界和地理范围，关于现代性的讨论更多的是一种思辨。一般而言，世界前沿的变化，可以从理论和实践两个角度来认识。两个角度的认识，不是彼此孤立的，而是相互支持的。现代性与许多概念有关。相关概念有传统性、现代性、后现代性、高现代性、反思性现代性（风险社会）、第一现代性、第二现代性、多元现代性、人类文明的共性等。现代性在不同领域有不同内涵，如政治的民主、文化的理性等。

资料来源：何传启（2010，2019）。

第三节　现代化科学的发展简史

现代化科学的前期发展有两条主线：现代化研究和现代化理论，它们相互促进。20 世纪 50 年代以来，现代化研究高潮迭起，理论创新不断涌现（图 1.11）。2010 年“现代化科学”诞生于中国，它是现代化研究和现代化理论的一个“有机集成”。

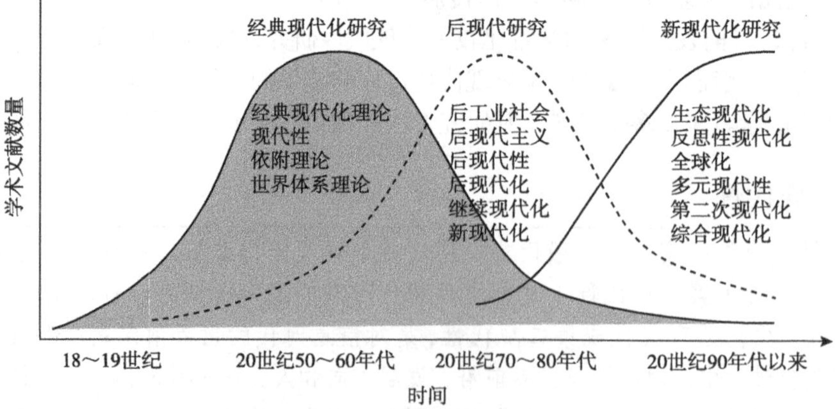

图 1.11　世界现代化研究的三次浪潮

资料来源：何传启（2003，2010，2017，2019，2022）

一、现代化研究的简史

一般而言，现代化研究是从20世纪开始的，中国学者20世纪30年代开始讨论现代化问题，美国学者20世纪50年代开始研究现代化。如果把现代化研究归类于一种人类发展研究，那么，人类发展研究的历史可以追溯到公元前（何传启，2010）。

（一）现代化现象的出现

许多学者认为，现代化现象可以追溯到18世纪的英国工业革命和法国大革命。

事实上早在16世纪，欧洲文艺复兴进入尾声，欧洲社会就发生了很大变化，航海大发现激发了人们的空前热情，许多欧洲人相信，一个新时代已经来临，那就是“现代”。此后，发生了一系列变革，如科学革命和启蒙运动等，强化了这种观念。

到18世纪初，欧洲翻天覆地的变化使人们相信，“成为现代的、满足现代的需要”代表了时代潮流。于是，欧洲人发明了一个新词“现代化”，用来描述这个新现象。欧洲工业革命的发生和发展，赋予“现代化”强大活力。随后，“现代化”走出欧洲，向其他地区扩散。今天它已覆盖全球绝大多数的国家和地区，只有少数的地区和民族没有参与现代化进程。

（二）现代化研究的兴起

在18～19世纪，现代化现象普遍存在，但是没有引起学者的特别关注，也没有专门的学术研究。20世纪初，现代化作为专业词开始出现在学术文献中，现代化研究逐步登上学术舞台。现代化研究的兴起大致经历了三个阶段。

（1）孕育期（公元前3世纪～1950年）。早期发展研究：世界史和人类发展研究，经济、政治、文化、社会四个领域的研究。

（2）探索期（1950～1960年）。多学科的研究：发展中国家研究、分领域的研究。现代化研究成为人文和社会科学的一个热点。

（3）成熟期（1960～1970年）。多维度的研究：理论研究、实证研究、分领域的研究。

（三）现代化研究的三次浪潮

20世纪后50年里，世界现代化研究出现了三次浪潮，即20世纪50～60年代的经典现代化研究、20世纪70～80年代的后现代研究和20世纪90年代以来（或20世纪80年代中期以来）的新现代化研究，并产生了众多理论成果，不同理论对现代化的解释有所不同（图1.11）。当然，三次浪潮不是完全独立的，而是高度交叉的（何传启，2010）。

（1）经典现代化研究（20世纪50～60年代）：一般多采用社会科学和比较史学的研究方法；主要理论包括经典现代化理论、依附理论、世界体系理论等。

（2）后现代研究（20世纪70～80年代）：一般多采用社会科学和哲学的研究方法；主要理论包括后现代化理论（后工业社会、后现代主义、后现代性、后现代化）等。

（3）新现代化研究（20世纪90年代以来）：一般多采用跨学科的研究方法，建立了新现代化研究的系统分析法和世界现代化的度量衡等；主要理论包括生态现代化、反思性现代化、全球化、多元现代性、第二次现代化、综合现代化等。其中，生态现代化和反思性现代化诞生于 20 世纪 80 年代中期。2010 年“现代化科学”诞生。

经典现代化研究与工业化、城市化和民主化紧密相关；后现代研究更多采用哲学思辨，它们属于社会科学范畴；新现代化研究则与知识化、信息化、智能化、高技术、环境科学和国家创新体系紧密相关，属于跨学科综合研究，需要自然科学与社会科学的通力合作。

（四）现代化研究的学术批评

20 世纪 60 年代以来，关于现代化研究的学术批评持续不断（专栏 1.2）。这些批评帮助人们正确认识和合理运用现代化理论，特别要理解它们的缺陷，以免出现可以避免、也应该避免的失误。当然，现代化研究的问题和现代化实践的问题是不同的，需要区别对待。关于现代化研究的批评，揭示了研究工作的不足，为理论发展和深入研究开辟了新空间。

专栏 1.2　现代化研究的学术批评

关于现代化研究的学术批评来自很多方面，包括主流社会学家和激进社会学家。特别是在 20 世纪 70 年代与 80 年代，关于现代化研究的批评之声此起彼伏。其一，经典现代化研究存在许多缺陷而引起批评，如现代化概念的时间不确定、内涵的宽泛和偏见（对部分国家和富人有利），现代性和传统性概念的模糊、主观和不对称，现代化理论的笼统和滞后等。其二，发展方向不是单向的而应是多向的，发展路径不是单路径而应是多路径的。其三，现代化不是线性的，而是非线性的，是局部可逆的，有时具有非连续性。其四，传统价值的意义不能完全否定。其五，不能过于乐观，不能忽视外部因素等。在一些发展中国家，采用经典现代化理论的政策措施并没有取得预期的效果。

资料来源：So（1990）。

二、现代化理论的简史

虽然现代化研究已经有 70 多年的历史，但是迄今为止没有统一的现代化理论。有人认为，现代化理论不仅缺少系统的理论结构，而且缺乏统一的基本定义。在很大程度上，现代化理论是关于现代化研究的学术思想的一种集合，是不同领域学者的研究成果和学术观点的一个集合。现代化理论的形成和发展大致可以分为三个阶段（图 1.12）。

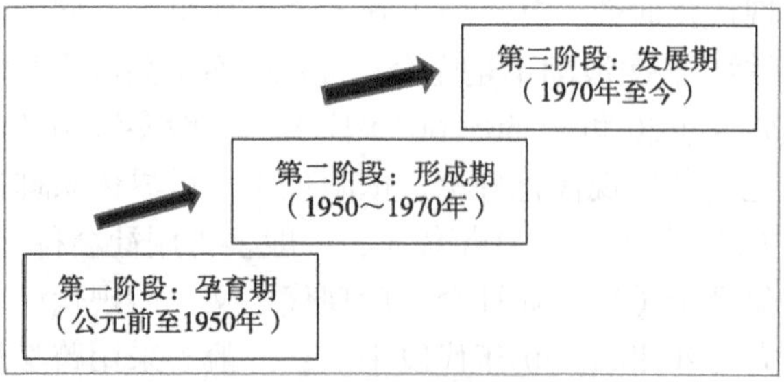

图 1.12　现代化理论的发展阶段示意图

(一)现代化思想的起源

现代化思想可以追溯到公元前，但其直接源头与 16 世纪以来的重大文明事件和学术思想有直接关系。这里介绍其中的一些重大事件和学术思想（何传启，2010）。

（1）公元前。主要思想：理想社会。代表人物与著作：老子《道德经》柏拉图《理想国》、戴圣等《礼记》。

（2）文艺复兴（14～16 世纪）。主要思想：人文世俗。代表人物：但丁·阿利吉耶里、彼特拉克、薄伽丘、达·芬奇等。

（3）科学革命（16～17 世纪）。科学精神、科学思想。代表人物与著作：哥白尼《天体运行论》（1543 年）、开普勒《宇宙的奥秘》（1596 年）、伽利略《星际信使》（1610 年）、培根《新工具》（1620 年）、笛卡儿《方法论》（1637 年）、牛顿《自然哲学的数学原理》（1687 年）等。

（4）启蒙运动（17～18 世纪）。自由民主、法治理性。代表人物与著作：洛克《政府论》（1690 年）、卢梭《社会契约论》（1762 年）、伏尔泰《风俗论》（1756 年）、孟德斯鸠《论法的精神》（1748 年）、狄德罗《百科全书》（1751～1772 年）等。

（5）工业革命（18～20 世纪）。在这一时期诞生了全世界无产阶级运动的思想指导——马克思《资本论》（1867 年）。其他方面的代表人物与著作：在工业社会、现代社会方面，圣西门《工业》杂志（1816 年）、孔德《实证哲学教程》（1830～1842 年）、滕尼斯《共同体与社会》（1887 年）；在社会进化、经济发展方面，达尔文《物种起源》（1859 年）、斯宾塞《社会静力学》（1850 年）、斯密《国富论》（1776 年）；在社会分化、文化发展方面，迪尔凯姆《社会分工论》（1893 年）、帕森斯《社会行动的结构》（1937 年）、韦伯《新教伦理与资本主义精神》（1904 年）、《申报月刊》“中国现代化问题特辑”（1933 年）。

(二)现代化理论的形成

一般而言，现代化理论的形成，指经典现代化理论的形成。英国学者 Harrison（1988）认为经典现代化理论是 20 世纪 50～60 年代形成的，其起源可以大致追溯到 19 世纪的古典社会进化论，有 20 多位学者做出了较大贡献（图 1.13）。

(三)现代化理论的演进

现代化理论的演进大致有两种含义，一是经典现代化理论的演变，二是其他现代化理论的发生和演变。上面讨论了经典现代化理论的演变，这里讨论其他现代化理论的发生和演变。总体而言，经典现代化理论是现代化理论的基础，其他理论是后来衍生出来的（图 1.14）。20 世纪 50 年代以来，现代化研究出现三次浪潮，产生了 10 种影响比较大的理论，它们分别是经典现代化理论、依附理论、世界体系理论、后现代化理论、生态现代化理论、反思性现代化理论、全球化理论、多元现代性理论、第二次现代化理论和综合现代化理论。2010 年现代化科学诞生，实现现代化研究与现代化理论的系统集成，并完成现代化理论的“集大成”。

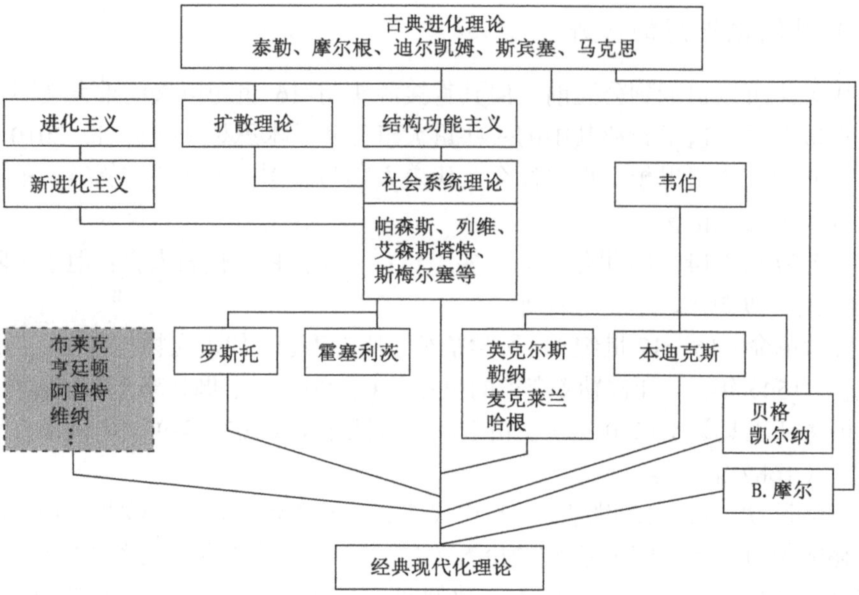

图 1.13　经典现代化理论形成的示意图

资料来源：Harrison（1988）；何传启（2010，2019，2022）

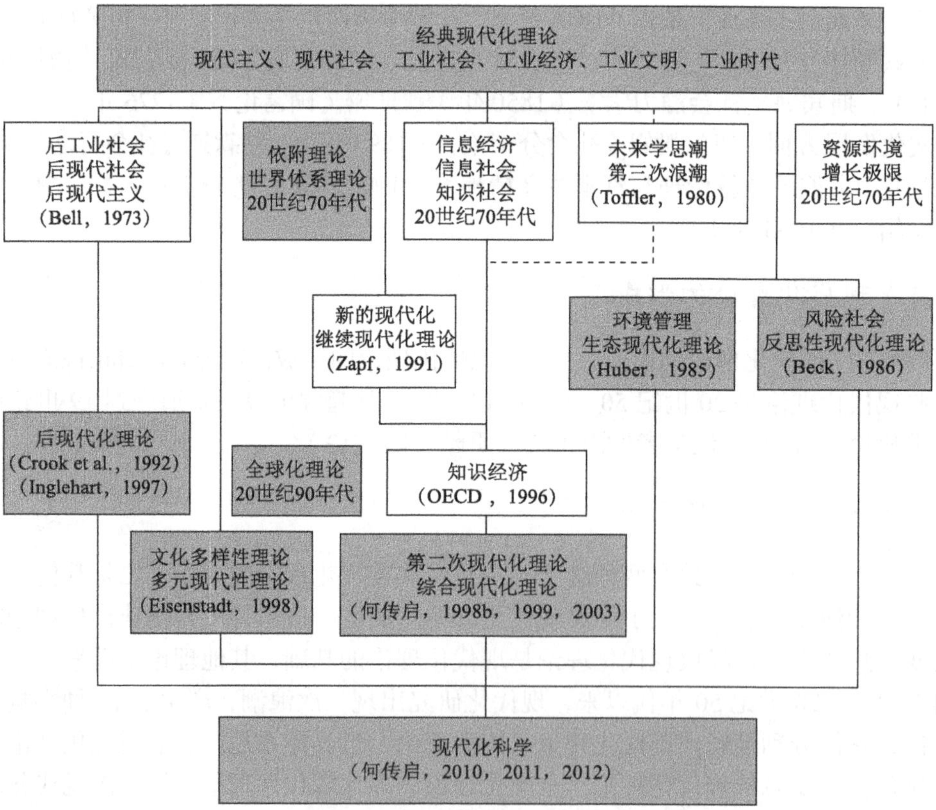

图 1.14　现代化理论谱系示意图

资料来源：何传启（2010，2011，2017，2022）

20 世纪 70 年代，发达国家的未来发展引起关注，涌现出很多思潮，包括后现代主义和后工业社会等。后现代主义有不同流派。20 世纪 90 年代，后现代化理论基本形成。

20 世纪 80～90 年代初，有些学者坚持现代化研究，提出一些新思想，包括新现代化理论、继续现代化理论、生态现代化理论、反思性现代化理论、多元现代性理论和全球化理论等。

20 世纪 90 年代末，随着知识经济和知识社会的兴起，第二次现代化理论浮出水面。在 21 世纪初，第二次现代化理论逐步成为一种广义现代化理论，包括文明周期转移论、两次现代化和综合现代化理论等。2010 年“现代化科学”诞生（何传启，2010）。

三、现代化科学的简史

2010 年“现代化科学”诞生于中国，迄今已有 10 多年历史。第二次现代化理论是其直接源头和重要支撑。如果从 1998 年提出第二次现代化理论算起，到 2010 年出版《现代化科学：国家发达的科学原理》，再到现今编写本教材，“现代化科学”有 20 多年历史。如果从 20 世纪 50 年代现代化研究算起，“现代化科学”有 70 多年历史。

（一）现代化科学的孕育期：20 世纪 50 年代～1997 年

现代化研究起步于 20 世纪 50 年代。1958 年美国学者勒纳出版《传统社会的消逝：中东的现代化》。20 世纪 60 年代欧美学者出版了一批现代化研究的学术力作，形成经典现代化理论。20 世纪 70～80 年代，后现代研究比较活跃。20 世纪 80 年代中期到 90 年代中期，新现代化研究成果丰硕。20 世纪下半叶，现代化研究三次浪潮和相关理论，为现代化科学的形成创造了条件。

（二）现代化科学的形成期：1998～2010 年

1998 年何传启发表《知识经济与第二次现代化》等，提出“第二次现代化理论”。随后，在理论研究方面，1999～2003 年完成和出版“第二次现代化丛书”学术著作 7 部；在实证研究方面，2001～2010 年完成和出版《中国现代化报告》年度报告 10 部。

2010 年何传启提出“现代化科学”。2010 年 8 月科学出版社出版《现代化科学：国家发达的科学原理》（何传启，2010），标志着“现代化科学”的诞生。2012 年德国施普林格（Springer）出版 *Modernization Science: The Principles and Methods of National Advancement*（《现代化科学：国家发达的原理和方法》）（He，2012），标志着“现代化科学”走向国际学术舞台。

现代化科学的诞生，得益于理论研究和实证研究的双重支撑。第二次现代化理论为其诞生提供了直接理论基础，《中国现代化报告》系列则为其提供了实证基础。

（三）现代化科学的发展期：2010 年以来

2010 年以来，现代化科学在理论研究、实证研究和教学实践三个方面协同推进。

一是理论研究。先后推出《中国现代化报告 2011：现代化科学概论》（何传启，2011）和《现代化科学领导干部读本：现代化 100 问》（何传启，2019）；2013 年以来连续举办四届世界现代化论坛（论坛每三年举办一次）等，推进现代化科学的国际化。

二是实证研究。继续和持续开展现代化科学的实证研究，2011 年以来完成和出版《中国现代化报告》系列 16 部。2001～2022 年，现代化科学获得 22 年的实证检验。

三是教学实践。2015 年以来在中国科学院大学公共政策与管理学院的支持下，连续开设“现代化科学导论”研究生课程，受到学生好评。

四、中国学者的学术贡献

中国学者的现代化研究是比较早的，而且有三次高潮（表 1.5）。在 20 世纪 30 年代，中国学者就开始了中国现代化的学术讨论，但这种学术探索后来中断了。1978 年以来，中国实行改革开放政策，“经典现代化研究”出现一个高潮，完成一批高质量论著。20 世纪 90 年代末以来，中国自然科学工作者参与现代化研究，中国现代化研究进入多学科的现代化研究阶段，何传启提出了第二次现代化理论、综合现代化理论和现代化科学等。

表 1.5　中国学者现代化研究的三次高潮

项目	早期现代化讨论	经典现代化研究	多学科的现代化研究
大致时间	20 世纪 30 年代	20 世纪 70 年代末～20 世纪 90 年代中期	20 世纪 90 年代末以来
研究议题	中国现代化问题讨论	经典现代化研究、中国现代化研究	新型现代化研究、现代性与后现代性的讨论
工作举例	上海《申报月刊》“中国现代化问题特辑”（1933 年）;《现代化》半月刊（1937 年）	《现代化新论》（1993 年）;《第一个工业化社会》（1988 年）;《社会现代化》（1988 年）;“世界现代化进程研究丛书”	“第二次现代化”丛书（1999～2019 年）;《现代化科学：国家发达的科学原理》（2010 年）; *Modernization Science : The Principles and Methods of National Advancement*（2012 年）;《中国现代化报告》系列（2001～2022 年）
文献翻译	—	经典现代化著作的翻译	现代性、后现代性、新现代化著作的翻译

资料来源：何传启（2010，2019，2022）

中国学者的现代化研究（专栏 1.3）简史如下所示：20 世纪 30 年代，中国学者开展了“现代化讨论”。20 世纪 70～90 年代，中国学者主要是引进和开展“经典现代化研究”。20 世纪 90 年代末以来，中国学者提出一批新理论，如第二次现代化理论、综合现代化理论和现代化科学等，建立现代化科学的系统分析法、世界现代化度量衡和世界现代化指数，连续出版《中国现代化报告》和举办“中国现代化研究论坛”等。2002 年，中国科学院中国现代化研究中心成立，这是我国现代化研究的一个里程碑。2013

年，中国科学院中国现代化研究中心等发起和举办首届世界现代化论坛，并发布《现代化论坛宣言：首届世界现代化论坛的综合公告》。根据世界现代化论坛章程，世界现代化论坛每三年举办一次，论坛秘书处设在中国科学院中国现代化研究中心。截至2022年已经连续举办四届论坛。在新现代化研究领域，中国学者处于世界前沿，部分工作属于世界首创。

专栏 1.3　中国的现代化研究

（一）“现代化”概念的传入

现代化一词起源于西方，大致诞生于18世纪。在中国，大约19世纪末，有关现代化的英文词汇（modern、modernity、modernize、modernization），时常出现于外国人在中国创办的英文报刊中；中文“现代”“近代”“近代化”等词散见于《清议报》《申报》等中文报刊中。直到20世纪20年代末，虽然现代化一词在知识界已有流传，但当时对现代化的认识还比较粗浅。

（二）“现代化”概念的早期探讨

20世纪30年代，严峻的国内和国际形势，引发部分学者对现代化问题的讨论。1933年，《申报月刊》推出“中国现代化问题特辑”，包含20多篇文章。它是中国关于现代化问题的第一部文集，反映了当时中国学者对现代化问题的认识程度。1937年，商务印书馆出版《综合英汉大辞典》，modernization 被译为“现代化、维新”。随着对现代化概念认识的不断深化，我国知识界从不同的视角阐述现代化，其包括工业化、机械化、城市化、民主化等诸多含义。此后，抗日战争转移了国民视线，打断了学者对现代化的探索。中国学者对现代化问题的探讨始于20世纪30年代，比欧美学者的现代化研究早了约20年。

（三）“现代化”概念的初步发展

第二次世界大战结束后，欧美国家开始兴起现代化研究。特别是20世纪50～70年代，掀起经典现代化研究和后现代化研究两次浪潮。在此期间，中国的现代化主要聚焦实践层面，“现代化”时常出现在国家政策文件或领袖著述中，如“四个现代化”等；但在理论研究方面处于低谷，研究文献比较少见。在公众层面，现代化被理解为达到世界先进水平等。在政策层面，现代化包括建立工业化国家，实现农业、工业、交通、科技和国防等的现代化，达到世界先进水平。

20世纪70年代末，特别是1978年以来，现代化研究在中国再次兴起。以罗荣渠为代表的一大批学者，从历史学、社会学、政治学等多种角度对世界和中国现代化进程开展研究，产生了一批高水平的学术成果。在学术层面，广义而言，现代化被看作一个世界性的历史过程，是指人类社会工业革命以来所经历的一场急剧变革；它以工业化为推动力，推动农业社会向现代工业社会的全球性大转变，使工业主义渗透到经济、政治、文化、思想等各个领域，引起深刻的相应变化；狭义而言，现代化是指落后国家迅速赶上先进工业国家水平和适应现代化世界环境的发展过程（罗荣渠，1993）。

（四）"现代化"概念的全面拓展

20 世纪 90 年代，世界现代化研究出现第三次浪潮——新现代化研究。以何传启为代表的中国学者的研究水平与成果居于世界前列。何传启提出第二次现代化理论、综合现代化理论和现代化科学；从自然科学角度出发，采用自然科学和社会科学相结合的研究方法，历时二十余年先后就现代化理论、分层现代化、领域现代化、部门现代化等一系列关键问题开展研究，研究成果被国内外学者广泛借鉴和应用。

何传启认为：现代化大致有三种解释，即基本词义、理论含义和政策含义。其中，基本词义相对稳定，理论含义存在学派差别，政策含义则与时俱进。一般而言，政策含义是理论含义的实际应用，理论含义与基本词义紧密相关，但它们的内涵有所不同。

何传启强调，现代化是动态的，内涵是变化的。在 18 世纪至 20 世纪 60 年代，现代化的内涵包括工业化、城市化、民主化、理性化等。20 世纪 70 年代以来，现代化的内涵包括后工业化、郊区化、知识化、信息化、网络化、绿色化、智能化和全球化等。

资料来源：何传启（2010，2019）；胡福明（1994）；黄兴涛和陈鹏（2018）；林被甸和董正华（1998）；罗荣渠（1986，1993）；虞和平（2007）；章开沅和罗福惠（1993）；张菊香（2007）；朱京伟（2020）；朱铁臻（2002）。

本章提要

现代化是一种世界现象和国际潮流，大致起步于 18 世纪，迄今有近 300 年历史。现代化研究是关于现代化现象的多学科研究，大致起步于 20 世纪 50 年代，有 70 多年历史。现代化科学是关于现代化现象的一门交叉科学，诞生于 2010 年，是中国学者何传启提出的。现代化科学属于交叉科学的一个前沿领域和管理科学的一个分支学科。

现代化既是一种世界现象，也是一种文明进步，还是一个发展目标。作为一种世界现象，现代化是指 18 世纪工业革命以来人类发展的世界前沿，以及追赶、达到和保持世界前沿水平的行为和过程。作为一种文明进步，现代化是从传统文明向现代文明的范式转变，以及人的全面发展和自然环境的合理保护，它发生在人类文明的所有层次、领域、部门和方面，同时文化多样性长期存在并发挥作用。作为一种发展目标，已经实现现代化的国家要保持现代化水平，尚未实现现代化的国家要追赶和早日实现现代化。18～21 世纪，世界现代化的前沿进程大致可以分为两个阶段：第一次现代化是从农业经济向工业经济、农业社会向工业社会的转变，可以称为经典现代化或工业时代的现代化；第二次现代化是从工业经济向知识经济、工业社会向知识社会的转变，可以称为新型现代化或知识时代的现代化。

现代化科学是采用科学精神和科学方法系统研究现代化现象的一门交叉科学，是现代化研究、现代化理论和现代化知识的系统集成。它既是一种知识体系，是关于现代化现象和国家发达的事实、特征和规律的知识体系；也是一种社会活动，是关于现代化现象和国家发达的科学研究活动；还是一种思维方法，是从事现代化研究的理性思维和方法。

现代化科学的学科结构大致包括八个部分：一般理论、现代化史、研究方法、分段现代化、分层现代化、领域现代化、部门现代化和现代化政策等。

20 世纪 50 年代以来，世界现代化研究出现了三次浪潮。一是经典现代化研究（20 世纪 50～60 年代），一般多采用社会科学和比较史学的研究方法。二是后现代研究（20 世纪 70～80 年代），一般多采用社会科学和哲学的研究方法。三是新现代化研究（20 世纪 90 年代以来），一般多采用交叉科学的研究方法，建立了新现代化研究的系统分析法和世界现代化的度量衡等。三次浪潮不是完全独立的，而是高度交叉的。

三次浪潮产生了众多的理论，其中 10 种理论影响比较大。它们分别是经典现代化理论、依附理论、世界体系理论、后现代化理论、生态现代化理论、反思性现代化理论、全球化理论、多元现代性理论、第二次现代化理论和综合现代化理论。不同理论对现代化的解释有所不同，犹如“盲人摸象”。2010 年，现代化科学诞生，实现现代化研究与现代化理论的系统集成，并完成现代化理论的“集大成”。

中国学者的现代化探索是比较早的，而且有三次高潮。早在 20 世纪 30 年代，中国学者就开始了中国现代化的学术讨论，但这种学术探索后来中断了。1978 年以来，中国实行改革开放政策，“经典现代化研究”出现一个高潮，完成一批高质量论著。20 世纪 90 年代末以来，中国自然科学工作者参与现代化研究，中国现代化研究进入多学科的现代化研究阶段，何传启提出了第二次现代化理论、综合现代化理论和现代化科学，建立了现代化科学的系统分析法、世界现代化度量衡和世界现代化指数等。

现代化科学的经典著作包括：《现代化科学：国家发达的科学原理》《中国现代化报告 2011：现代化科学概论》《现代化科学领导干部读本：现代化 100 问》《第二次现代化：人类文明进程的启示》《国家现代化的原理与方法：中国现代化报告概要 2001～2021》和 *Modernization Science：The Principles and Methods of National Advancement*。

本书采用“六个模块+国家案例”的结构设计。六个模块分别是：概念与方法（第一至二章）、基本原理（第三章）、分层现代化（第四章）、领域现代化（第五章）、部门现代化（第六至八章）和现代化战略（第九至十一章）。国家案例为中国现代化（第十二章）。

参考文献和推荐读物

布莱克. 1996. 比较现代化. 杨豫，陈祖洲，译. 上海：上海译文出版社.

何传启. 1998a. 知识经济与中国现代化. 光明日报, 1998-04-07.

何传启. 1998b. 知识经济与第二次现代化. 科技导报, 16(6): 3-4.

何传启. 1999. 第二次现代化：人类文明进程的启示. 北京：高等教育出版社.

何传启. 2003. 东方复兴：现代化的三条道路. 北京：商务印书馆.

何传启. 2010. 现代化科学：国家发达的科学原理. 北京：科学出版社.

何传启. 2011. 中国现代化报告 2011: 现代化科学概论. 北京: 北京大学出版社.
何传启. 2012. 中国现代化报告 2012: 农业现代化研究. 北京: 北京大学出版社.
何传启. 2013a. 第二次现代化理论: 人类发展的世界前沿和科学逻辑. 北京: 科学出版社.
何传启. 2013b. 中国复兴的科学基础和战略机遇. 北京: 科学出版社.
何传启. 2016. 中国现代化报告 2016: 服务业现代化研究. 北京: 北京大学出版社.
何传启. 2017. 如何成为一个现代化国家: 中国现代化报告概要 2001～2016. 北京: 北京大学出版社.
何传启. 2019. 现代化科学领导干部读本: 现代化 100 问. 北京: 人民日报出版社.
何传启. 2022. 国家现代化的原理与方法: 中国现代化报告概要 2001～2021. 北京: 北京大学出版社.
胡福明. 1994. 中国现代化的历史进程. 合肥: 安徽人民出版社.
黄兴涛, 陈鹏. 2018. 民国时期"现代化"概念的流播、认知与运用. 历史研究, (6): 70-90.
拉尔夫 P L, 勒纳 R E, 米查姆 S, 等. 1998. 世界文明史(上卷). 赵丰, 译. 北京: 商务印书馆.
拉尔夫 P L, 勒纳 R E, 米查姆 S, 等. 1999. 世界文明史(下卷). 赵丰, 译. 北京: 商务印书馆.
林被甸, 董正华. 1998. 现代化研究在中国的兴起与发展. 历史研究, (5): 150-171.
罗荣渠. 1986. 现代化理论与历史研究. 历史研究, (3): 19-32.
罗荣渠. 1993. 现代化新论: 世界与中国的现代化进程. 北京: 北京大学出版社.
马蒂内利, 何传启. 2014. 世界现代化报告: 首届世界现代化论坛文集. 北京: 科学出版社.
钱乘旦. 1988. 第一个工业化社会. 成都: 四川人民出版社.
钱乘旦, 刘金源. 1999. 寰球透视: 现代化的迷途. 杭州: 浙江人民出版社.
孙立平. 1988. 社会现代化. 北京: 华夏出版社.
虞和平. 2007. 中国现代化历程. 南京: 江苏人民出版社.
章开沅, 罗福惠. 1993. 比较中的审视: 中国早期现代化研究. 杭州: 浙江人民出版社.
张菊香. 2007. 三十年代初现代化问题大讨论中的生产力思想. 生产力研究, (23): 56-58.
中国现代化战略研究课题组, 中国科学院中国现代化研究中心. 2010. 中国现代化报告 2010: 世界现代化概览. 北京: 北京大学出版社.
朱京伟. 2020. 近代中日词汇交流的轨迹: 清末报纸中的日语借词. 北京: 商务印书馆.
朱铁臻. 2002. 城市现代化研究. 北京: 红旗出版社.
Beck U. 1986. Risk Society: Towards a New Modernity. London: SAGE Publications.
Bell D. 1973. The Coming of Post-Industrial Society: A Venture in Social Forecasting. New York:Basic Books.
Bendix R. 1967. Tradition and modernity reconsidered. Comparative Studies in Society and History, (9): 292-346.
Crook S, Pakulski J, Waters M. 1992. Post-Modernization: Change in Advanced Society. London: SAGE Publications.
Eisenstadt S N. 1966. Modernization, Protest and Change. Englewood Cliffs: Prentice-Hall.
Eisenstadt S N. 1998. Multiple and changing modernities in settings of globalization. Tel Aviv: The 34th World Congress of the International of Sociology.
Harrison D. 1988. The Sociology of Modernization and Development. London: Unwin Hyman.
He C Q. 2012. Modernization Science: The Principles and Methods of National Advancement. New York: Springer.
Huber J. 1985. Die Regenhogengesellschaft: Okologie und Sozialpolitik. Frankfurt am Main: Fischer Taschenbuch Verlag.
Inglehart R F. 1997. Modernization and Postmodernization: Cultural, Economic and Political Change in 43 Societies. Princeton: Princeton University Press.
OECD. 1996. The knowledge-based economy. Pairs: OECD.
Pieterse J N. 2009. Development Theory: Second Editon. London: SAGE Publications.

So A Y. 1990. Social Change and Development. London: SAGE Publications.
Toffler A. 1980. The Third Wave. New York: Bantam Books.
Zapf W. 1991. Die Modernisierung Moderner Gesellschaften. New York: Campus.

课堂讨论

1. 自我介绍（所在单位、所学专业、参加过的科学活动等）。
2. 简要介绍对现代化的认识。
3. 简要介绍对中国现代化的认识。

课后习题

1. 什么是现代化?
2. 什么是现代化科学?
3. 简述世界现代化研究的三次浪潮和十种理论。
4. 简述中国现代化研究的三次高潮和代表作。
5. 关于现代化研究的学术批评有哪些?
6. 简述英国现代化的过程和特点。

第二章　现代化科学的研究方法

现代化科学包括现代化研究和现代化理论，其研究方法在不断发展和演进。现代化研究大致起步于20世纪50年代，其研究者来自不同学科，如社会科学、人文科学、行为科学、环境科学、管理科学和交叉科学等，不同学科有不同研究范式和方法论。一般而言，人文和社会科学研究中，定性分析和定性描述比较多；自然和交叉科学研究中，定量分析和定性分析相结合；当然这种划分是相对的，两种视角可以互补（图2.1）。20世纪现代化研究属于社会科学或人文科学的一个分支，较多采用社会科学或比较史学的研究范式。21世纪现代化研究是一种交叉科学研究，可以借鉴社会科学和自然科学的研究方法，逐步形成自己的研究范式和方法体系。现代化研究需要科学精神和科学方法，需要全球视野和家国情怀。

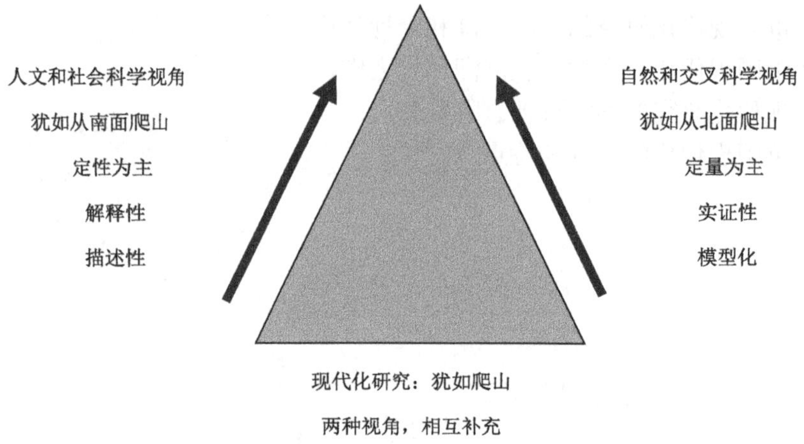

图2.1　现代化研究的两种视角（示意图）

资料来源：何传启（2019，2020）

两种视角的区分是相对的，因为人文和社会科学研究也有定量和模型分析，自然和交叉科学研究也有定性和描述分析。两种视角相结合的研究方法，属于一种交叉科学研究

第一节　现代化科学的研究范式

现代化科学的研究范式是关于现代化研究的模式和规范的一种抽象表述。它包括研究目的、研究对象、研究内容、研究矩阵、研究步骤和研究要求等。

一、研究目的和研究对象

（一）研究目的

现代化科学的研究活动可以分为基础研究、应用研究和开发研究，它们的研究目的有所差别（何传启，2010）。从理论角度看，现代化研究聚焦三个问题——世界前沿在哪里、如何保持前沿、如何追赶前沿。从应用角度看，现代化研究聚焦三个问题——谁是发达国家、如何保持发达水平、如何追赶发达水平（何传启，2019）。

首先，学术目的。一是获取现代化现象的知识，包括经验知识和理论知识等，建立现代化科学的知识体系和研究范式。其中，现代化经验知识包括现代化现象的事实、特征和经验等；现代化理论知识包括各种现代化理论，涉及现代化现象的共性、规律和原理等。二是不同的研究项目可能有不同的具体的学术目的。三是培养现代化研究的专业人才是现代化研究的一个重要学术目的。

其次，实用目的。一是提升现代化素养，包括现代化知识、方法和策略。其中，现代化知识包括经验知识和理论知识，如基础理论和历史借鉴等，可以作为现代决策的参考或依据；现代化方法和对策包括现代化路径、战略、规划和政策建议等。二是培养现代化建设的综合型和战略型人才，特别是掌握现代化知识的高级管理人才。三是满足人民对现代化现象的好奇心，回答人们关心的现代化问题。

（二）研究对象

现代化现象是现代化科学的研究对象。一般而言，现代化是 18 世纪以来的一种文明变化；文明是公元前 3500 年以来人类发展的成就总和，文明变化涉及人类生活的所有层次、领域、部门和方面。现代化科学如果把 18 世纪以来人类文明的所有变化都作为研究对象，那是不可能的，也是不科学的。事实上，现代化科学关注 18 世纪以来人类文明发展的世界前沿，以及追赶、达到和保持世界前沿水平的行为和过程，它们是现代化科学的主要研究对象。

二、研究内容和研究矩阵

（一）研究内容

现代化现象是一种复杂的世界现象，可以根据需要从不同角度进行研究。根据研究的目的和性质的不同，可以对现代化科学的研究内容进行分类（表 2.1）。

表 2.1　现代化科学研究内容的分类

分类的依据	研究内容
概念研究	现代文明前沿的形成、发展、转型、国际互动； 现代文明要素的创新、选择、传播、退出等

续表

分类的依据	研究内容
过程和行为研究	四个方面：现代化的过程、结果、动力、模式； 四个要素：行为、结构、制度、观念的现代化； 相互作用：不同领域和不同要素的相互作用等
结果研究	四种结果：现代性、特色性、多样性、副作用； 四种分布：地理结构、国际结构（水平结构和国际分层）、人口结构、领域结构等
研究问题	理论问题：世界前沿、长期趋势、文明转型、国际分化等； 应用问题：国际竞争、国际经验、国际追赶、前沿创新等
研究性质	基础研究：世界前沿和前沿变化的特征和规律，国家发达的科学原理等； 应用研究：达到和保持世界前沿的方法和途径，国家发达的基本方法等； 开发研究：现代化战略、规划和政策等

资料来源：何传启（2010，2011）

（二）研究矩阵

首先，研究范围与研究单元的研究矩阵。一般而言，现代化科学的实证研究需要明确研究范围和研究单元，它们可以组成一个研究矩阵（表 2.2）。研究范围可以是全球范围、国家范围或地区范围等，研究单元可以是世界、国家或地区等。国家是现代化研究的基本单元。

表 2.2　现代化科学研究范围与研究单元的研究矩阵

项目		研究范围		
		全球范围	国家范围	地区范围
研究单元	世界	世界层面的现代化	—	—
	国家	全球范围的国家现代化	某国的国家现代化	—
	地区	全球范围的地区现代化	某国的地区现代化	某地的现代化

资料来源：何传启（2010）

其次，研究对象与研究内容的研究矩阵。一般而言，现代化科学需要明确研究对象和研究内容，它们可以组成结构矩阵。例如，如果不考虑时间和空间维度，现代化科学的研究对象一般包括现代化和六个领域现代化等；如果不考虑其他研究内容，现代化科学的研究内容包括四个方面和四个要素研究等，它们可以组成一个结构矩阵（表 2.3）。时间维度和空间维度的研究对象与研究内容的结构矩阵可以类推。

表 2.3　现代化科学研究对象与研究内容的研究矩阵

研究内容		研究对象		
		文明	经济、社会、政治、文化、个人	环境（自然环境和国际环境）
		现代化	五个领域的现代化	生态现代化、国际现代化
要素	行为	行为现代化	五个领域的行为现代化	生态和国际互动的行为现代化

续表

研究内容		研究对象		
		文明	经济、社会、政治、文化、个人	环境（自然环境和国际环境）
		现代化	五个领域的现代化	生态现代化、国际现代化
要素	结构	结构现代化	五个领域的结构现代化	生态和国际互动的结构现代化
	制度	制度现代化	五个领域的制度现代化	生态和国际互动的制度现代化
	观念	观念现代化	五个领域的观念现代化	生态和国际互动的观念现代化
方面	过程	现代化的过程	五个领域的现代化的过程	生态和国际现代化的过程
	结果	现代化的结果	五个领域的现代化的结果	生态和国际现代化的结果
	动力	现代化的动力	五个领域的现代化的动力	生态和国际现代化的动力
	模式	现代化的模式	五个领域的现代化的模式	生态和国际现代化的模式

资料来源：何传启（2010）

三、七个步骤和六个要求

（一）七个步骤

如同其他科学一样，现代化科学应该建立自己的研究规范。一般而言。现代化研究大致包括7个步骤，每个步骤包括3个要点，共计21个要点（表2.4）。在研究过程中，7个步骤可以循序进行、循环进行、交叉进行、反复进行或有选择进行等。7个步骤包括：提出问题、概念化（明晰概念）、操作化（制订方案）、收集资料（可含实验）、客观分析、结果表述、提出建议。

表2.4　现代化研究的7个步骤和21个要点

序号	步骤	主要内容	备注
1	提出问题	发现问题、评估问题、确认问题	具体研究过程中，根据研究进展和需要，七个步骤可以循序进行、循环进行、交叉进行、反复进行或有选择进行等
2	概念化（明晰概念）	遴选概念、评估概念、规范概念	
3	操作化（制订方案）	制订计划、选择方法、遴选指标	
4	收集资料（可含实验）	采集资料、整理资料、规范资料	
5	客观分析	资料分析、结果评估、证伪分析	
6	结果表述	结果陈述、理论模型、数字图表	
7	提出建议	简要评述、学术建议、政策建议	

资料来源：何传启（2010）

注：资料分析的分析方法很多，如实证分析、阐释分析、实用分析和坐标分析等，它们各有特点

（二）六个要求

一般而言，现代化研究有六个基本要求：明确研究的目的、界定研究的对象、界定研究的内容、采用科学的方法、客观和没有偏见、完善的科学引文（表 2.5）。

表 2.5　现代化研究的六个基本要求

序号	要求	主要内容
1	明确研究的目的	明确研究的目的、意义和性质
2	界定研究的对象	选择和确定研究对象，包括时间、地理和行为主体的界定等
3	界定研究的内容	选择和确定研究内容，关注文明前沿、国际分化和国际追赶等
4	采用科学的方法	实验观察、资料采集和整理、资料和结果分析等，都采用科学的方法
5	客观和没有偏见	对象选择、内容选择、资料采集、资料分析和结果分析等，都没有偏见
6	完善的科学引文	客观、系统、全面地介绍和引用前人的相关工作

资料来源：何传启（2010）

第二节　现代化研究的方法选择

20 世纪 50 年代以来，现代化研究大致经历经典现代化研究、后现代研究和新现代化研究三次浪潮。其中，现代化研究与工业化、城市化和民主化紧密相关，属于社会科学的范畴，一般多采用社会科学和比较史学的研究方法；后现代研究，更多的是一种哲学思辨，同属于社会科学的范畴，一般多采用社会科学和阐释学的研究方法；新现代化研究则与知识化、信息化、智能化、绿色化、高技术、环境科学和国家创新体系等紧密相关，属于跨学科的交叉综合研究，一般多采用交叉科学的研究方法，需要自然科学与社会科学的通力合作。

一、方法论

现代化研究是对现代化现象的多学科研究。不同学科和不同角度的研究，可以有不同的方法论。归纳起来，现代化研究大致有五种研究视角和方法论（何传启，2010）。

第一，从科学角度研究现代化，可以采用实证主义的研究方法，揭示现代化的客观事实和基本规律，建立客观的和没有偏见的因果模型。

第二，从人文角度研究生活现代化，可以采用阐释主义的研究方法，描述现代化的意义和关联，建构现代化现象的话语和理念。

第三，从政策角度研究现代化，可以采用现实主义的研究方法，归纳现代化现象的因果关系和价值导向，提出现代化的解释模型和政策建议。在现代化科学里，实证研究、阐释研究和实用研究的区分是相对的，有些时候会交替采用三种方法论，有些时候会同时采用三种方法论。一般而言，实证研究提供现代化现象的事实和原理，阐释研究提供现代化现象的意义和关联，实用研究提供现代化现象的选择和建议。

第四，从未来学角度研究现代化，分析现代化的趋势，预测它的未来。

第五，从批判角度研究现代化，分析和批判现代化的现行理论、实践和失误，提出改进的对策和建议等。

二、主要方法

目前，现代化研究是一种多学科或交叉科学研究，自然科学和社会科学的诸多研究方法都可以采用，如调查、模拟、假设、统计分析、定量分析、定性分析、模型方法、理论分析、比较分析、历史分析、文献分析、情景分析、案例研究和现代化科学的系统分析法等。现代化研究有许多研究类型（表 2.6），不同研究可采用不同方法。

表 2.6　现代化研究的主要类型

编号	类型	特点和方法
1	事先分析	在现代化现象发生前进行研究，是对现代化前景和战略的研究，包括预测和对策
2	事后分析	在现代化现象发生后进行研究，是对现代化进程和结果的研究，包括分析和归纳
3	系统分析	从现代化的源头到末尾进行系统研究。现代化的源头是创新，现代化的末尾是现代化的结果。从创新到现代化的系统研究，是一种多学科的交叉研究
4	单维研究	对现代化进行单维度、单学科的研究
5	交叉研究	对现代化进行两维度或多维度、跨学科的交叉研究
6	综合研究	对现代化进行多维度、多学科的综合研究
7	历史研究	现代化的历史研究，时序、截面、过程、前沿、范式、文献、历史和案例研究等
8	现实研究	现代化的现状研究，层次、截面、统计、比较、前沿分析、社会调查、案例研究等
9	前景分析	现代化的前景分析，回归、趋势分析、线性和非线性外推、目标逼近和情景分析等

资料来源：何传启（2010）

（一）现代化现象的前沿分析

前沿分析包括现代化的世界前沿的识别、比较和变化分析等。通过分析世界前沿的特征、水平和变化等，研究现代化前沿的变化规律和国家发达的基本原理。如何识别世界前沿是现代化研究的一个关键问题。首先是单方面和单指标的世界前沿的判断。其次是某个领域的世界前沿的判断。从操作角度考虑，可以采取领域的关键指标比较法，建立综合指数来衡量、比较和判断。再次是人类文明的世界前沿的判断。从操作角度考虑，可以建立综合指数来衡量、比较和判断。发达国家的水平和特征一般更多地代表了世界前沿。最后，世界前沿是单元的还是多元的，可能在不同领域和不同方面有不同的答案。有些方面的世界前沿是单一的，如大学普及率；有些则是多元的，如文化观念。

（二）现代化现象的过程分析

过程分析包括现代化过程的类型、阶段、特点、内容、原理、模式分析等（图 2.2）。现代化过程的阶段分析旨在识别和描述它的主要阶段和阶段特征等，分析方法包括定性分析和定量分析等。

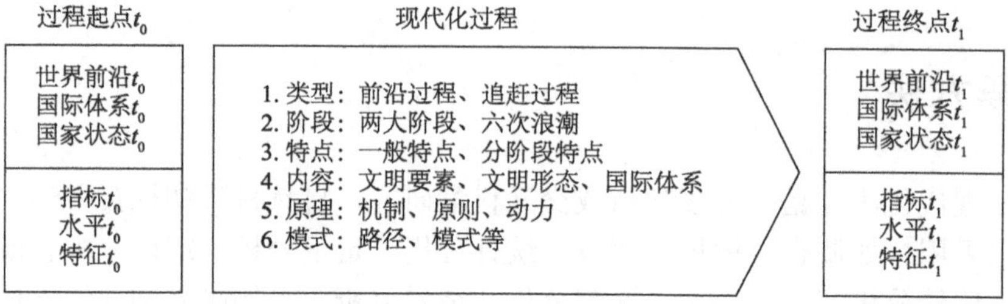

图 2.2　现代化现象的过程分析

资料来源：何传启（2010，2016）

注：文明要素包括文明的行为、结构、制度和观念等；t_0 代表某一现代化过程的起点，t_1 代表终点

（三）现代化过程的结果分析

过程的结果与它的时间跨度紧密相关，与起点截面和终点截面（或分析截面）紧密相关（图 2.3）。在不同历史截面中，生活质量现代化的世界前沿、国际体系和国家状态有所不同，它的指标、水平和特征有所不同；通过两个截面的宏观和微观层次的比较，可以分析在两个截面之间的现代化的主要结果。截面比较包括定量比较和定性比较等。一般而言，现代化过程的结果和现代性都是时间的函数。

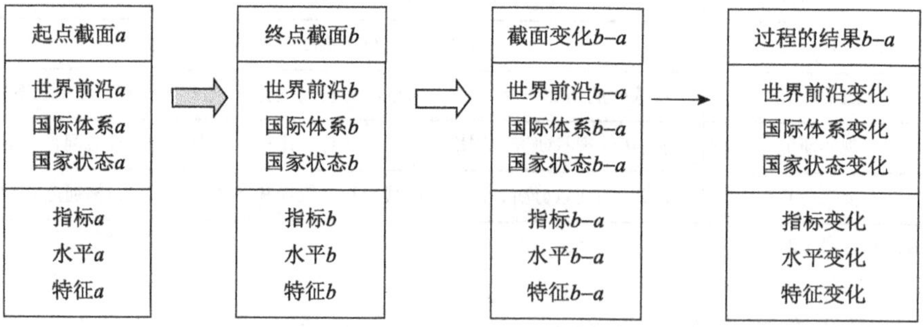

图 2.3　现代化过程的结果分析

资料来源：何传启（2010，2016）

从起点截面 a 到终点截面 b，现代化过程的主要结果包括：①宏观变化，如世界前沿、国际体系和国家状态的变化等；②微观变化，如指标变化（新增的指标、消失的指标）、水平变化（原有指标的水平变化、新增指标的水平变化）和特征变化（新增的特征、消失的特征）等，包括现代性、特色性、多样性和副作用等。现代化过程的有些变化，有可能消失在过程中，在结果里没有体现

在起点截面 a 和终点截面 b 之间，现代化过程的结果=截面 b–截面 a。

简化的数学表达式：$f_{b-a}=f_b-f_a$

其中，f 为现代化状态函数；f_{b-a} 为状态变化；f_b 为截面 b 的状态；f_a 为截面 a 的状态。

第三节　现代化科学的系统分析法

现代化科学是一门新兴交叉科学。它可根据需要，从自然科学和社会科学的研究工具库中寻求和利用有用的工具，同时探索和建立自己的研究范式和方法论。经过近 20 年的努力，第二次现代化理论和《中国现代化报告》逐步建立了一种用现代化坐标研究和刻画现代化进程的方法，简称现代化研究的坐标分析法（何传启，2010，2016）；随后不断发展和完善，并称其为新现代化研究的系统分析法。这里将其简称为现代化科学的系统分析法，主要包括三个步骤和六个部分。其主要特点是：时序分析与截面分析相结合，定量分析与定性分析相结合，分析方法和结果表达的模型化、图形化、数量化、系统性、实证性和科学性等。三个步骤和六个部分相互关联和相互支持，形成现代化连续的、系列的坐标图、定位图和路线图，从而相对直观和系统地刻画现代化的进程和分布（表 2.7）。

表 2.7　现代化科学和现代化研究的系统分析法

序号	主要步骤	六个部分	注释
1	建立坐标系	现代化的坐标体系	确定坐标系的横坐标和纵坐标
2	变量分析	范式分析、定量评价、时序分析和截面分析	分析现代化的各种变量
3	表达结果	现代化的坐标图、定位图和路线图	将分析结果标记到坐标系上

资料来源：何传启（2010，2016）

简单地说，现代化科学的系统分析法是从自然科学角度，遵循系统学原理，定量与定性分析相结合，从创新到新科技、新产业、新经济、新社会和新现代化，开展现代化全过程的系统研究，其方法包括范式分析、时序分析、截面分析、定量评价、前沿分析、过程分析和结果分析等，形成数量化、图形化和模型化的实证研究模式（何传启，2019）。

一、建立现代化的坐标体系

现代化的坐标体系是系统分析法的核心内容，包括文明和现代化的时间表、周期表、坐标系、定位图和路线图等。坐标系由横坐标和纵坐标组成。横坐标可以是历史时间、文明时间、发展阶段等，纵坐标可以是文明水平、现代化水平、现代化指标水平和现代化发展阶段等。文明时间是根据人类文明的前沿轨迹所标识的一种时间刻度（表 2.8）。

表 2.8 文明时间与历史时间对照表

文明时间	历史时间（大致时间）	文明时间	历史时间（大致时间）
原始文化时代	250 万年前～公元前 3500 年	工业文明时代	1760～1970 年
起步期	250 万年前～20 万年前	起步期	1760～1870 年
发展期	20 万年前～4 万年前	发展期	1870～1914 年
成熟期	4 万年前～1 万年前	成熟期	1914～1945 年
过渡期	1 万年前～公元前 3500 年	过渡期	1945～1970 年
农业文明时代	公元前 3500 年～公元 1760 年	知识文明时代	1970～2100 年
起步期	公元前 3500 年～公元前 500 年	起步期	1970～1992 年
发展期	公元前 500 年～公元 500 年	发展期	1992～2020 年
成熟期	500～1500 年	成熟期	2020～2050 年
过渡期	1500～1760 年	过渡期	2050～2100 年

资料来源：何传启（1999，2010）

注：历史时间是指自然的物理时间，文明时间是指根据人类文明的前沿轨迹所标识的一种时间刻度。以上时间划分是一种时间预测

在世界上，不同国家都采用统一的历史时间；但是，在同一历史时间，不同国家可能处于不同的文明时间。历史时间好比人的生物年龄，文明时间好比人的生理年龄。对于走在人类文明前列的国家，文明时间可能与历史时间是一致的；对于后进国家，文明时间与历史时间是不一致的。例如，2010 年美国处于知识文明时代，一些非洲国家处于农业文明时代。

如果将现代化进程评价、时序分析、截面分析、范式分析和一般过程分析的结果标记在现代化的坐标系里，就可以构成现代化的坐标图、定位图、路线图等。现代化的坐标图、定位图和路线图，既有基本图，也有分阶段、分层次、分领域、分专题和分指标的分解图，它们组成一个现代化的坐标图、定位图和路线图的系统，全方位表征现代化的进程和分布。

二、系统分析法的四种分析

（一）现代化研究的范式分析

一般而言，现代化研究不仅要有单要素分析，而且要有整体分析。不能只见树木不见森林。现代化研究的整体分析就是分析它的整体变化。那么，如何分析生活质量现代化的整体变化呢？目前没有通用的方法。现代化研究借鉴科学哲学的“范式”概念，分析现代化的“范式”变化，建立现代化研究的范式分析。它适用于生活质量现代化研究。

美国科学哲学家库恩在《科学革命的结构》一书中提出了“范式”的概念，认为成熟科学的发展模式是“范式Ⅰ—科学革命—范式Ⅱ”。简单地说，范式是指科学共同体公认的范例，包括定理、理论和应用等。在科学发展史上，一种范式代表一种常规科学

（成熟的科学），从一种范式向另一种范式的转变就是科学革命。在科学哲学领域，尽管还存在争议，范式和科学革命被认为是解释科学进步的一种有力理论。

借鉴库恩的“范式”思想，可以把与经济、社会、政治、文化、环境管理和个人行为的典型特征紧密相关的文明类型理解为一种文明范式（表 2.9）。依据这种假设，文明发展可以表述为“文明范式Ⅰ—文明革命（文明转型）—文明范式Ⅱ”，或者“文明类型Ⅰ—文明革命（文明转型）—文明类型Ⅱ”。这样，可以抽象地认为，文明发展表现为文明范式的演变和交替，现代化表现为现代文明范式的形成和转变。反过来说，可以用文明范式的转变为分析框架，讨论文明特征和现代化特征的定性变化。

表 2.9　人类历史上的文明范式及其代表性特征

项目	原始文化	农业文明	工业文明	知识文明
历史时间	人类诞生至公元前 3500 年	公元前 3500 年至公元 1760 年	1760 年至 1970 年	1970 年至 2100 年
经济特征	狩猎采集	农业经济	工业经济	知识经济
社会特征	原始社会	农业社会	工业社会	知识社会
政治特征	原始民主	专制政治	民主政治	多元政治
文化特征	原始文化	农业文化	工业文化	网络文化
个人特征	部落生活方式	农村生活方式	城市生活方式	网络生活方式
环境特征	自然崇拜、部落互动	适应自然、国际关系等	征服自然、国际战争等	人与自然互利共生、国际依赖等

资料来源：何传启（1999，2010）

注：本表的四种文明范式分类，是文明范式分类中的一种分类方式

一般而言，文明的变迁是不同步的，国家内部发展也是不平衡的。当某个国家进入某种基本形态时，它的内部可以存在一些生产力水平比基本形态的生产力水平更低或者更高的形态；它们的规模相对较小，可以统称为亚形态。国家的基本形态和亚形态是相对的，不是绝对的，可以相互转换。

（二）现代化研究的定量评价

现代化是一种文明变化，包括定性变化和定量变化。其中，定量变化可以定量评价。例如，《中国现代化报告》提出了一批现代化过程的定量评价模型，包括第一次现代化、第二次现代化、综合现代化、地区现代化、经济现代化、社会现代化、文化生活现代化、生态现代化、农业现代化、工业现代化和服务业现代化等的评价方法，并完成 1950 年以来 131 个国家的现代化定量评价。

（三）现代化研究的时序分析

现代化研究的时序分析是现代化系统分析的重要内容。它旨在通过分析比较现代化

的时间系列数据、特征、资料和变化，揭示现代化的长期趋势及其变化规律。时序分析主要用于现代化的历史进程研究，可以作为一种趋势分析。

第一，选择分析指标。一般选择关键指标进行分析。结构指标多数是定量指标。

第二，选择分析的国家样本。目前，世界上有 190 多个国家。如果条件许可，可以对每一个国家进行时序分析。如果条件不许可，或者根据研究目的，可以选择若干国家进行时序分析。例如，《中国现代化报告 2017：健康现代化研究》选择 15 个国家作为分析样本（表 2.10）。它们的国民总收入（gross national income，GNI）占世界总收入的 73.49%，人口占世界总人口的 59.14%。

表 2.10　《中国现代化报告 2017：健康现代化研究》时序分析的国家样本（举例）

国家	人均国民收入/美元	国民总收入占世界总收入比例/%	人口占世界总人口比例/%	国家	人均国民收入/美元	国民总收入占世界总收入比例/%	人口占世界总人口比例/%
美国	58 270	24.29	4.33	俄罗斯	9 232	1.91	1.92
日本	38 550	6.26	1.68	墨西哥	8 610	1.39	1.72
德国	43 490	4.65	1.10	巴西	8 580	2.49	2.78
英国	40 530	3.20	0.88	中国	8 690	15.12	18.41
法国	37 970	3.27	0.89	印度尼西亚	3 540	1.22	3.51
澳大利亚	51 360	1.60	0.33	印度	1 820	3.22	17.78
意大利	31 020	2.41	0.80	尼日利亚	2 080	0.45	2.53
加拿大	42 870	2.02	0.49	合计	—	73.49	59.14

资料来源：World Bank（2018）

注：因四舍五入，存在相加不等于合计的情况

第三，选择分析的时间范围。一般的时间跨度为近 300 年（1760 年至今）。

第四，采集和建立分析指标的时序数据和资料。一般而言，定量指标采用权威部门的统计数据或著名学术机构的相关数据；定性指标应采用比较科学客观的研究资料。

第五，系统分析现代化的定量指标的变化和长期趋势等。

第六，系统分析现代化的定性指标的长期趋势和特征等。

（四）现代化研究的截面分析

现代化研究的截面分析是现代化系统分析的重要内容。它旨在通过分析比较现代化的不同时间截面的数据、特征、资料和变化，揭示或阐释现代化的结构特征及其规律等。截面分析主要用于现代化的现状研究和历史进程研究。

第一，选择分析变量。选择反映现代化的典型特征和水平、具有国际可比性的指标。

第二，选择分析国家和国家分组。世界范围的现代化研究的截面分析，可以包括全

部国家（有数据的国家）。为便于表述截面特征，可以对国家进行分组，并计算每组国家的特征值。除按国家经济水平分组（根据人均国民收入对国家分组）外（表 2.11），还可以按国家现代化水平和生活质量现代化水平分组。

表 2.11　2016 年截面分析的国家分组（举例）

项目		1	2	3	4	5	6	7	8	9	合计
按人均国民收入分组的标准		小于 734 美元	734～1 000 美元	1 001～3 000 美元	3 001～6 000 美元	6 001～10 326 美元	10 327～20 000 美元	20 001～40 000 美元	40 001～55 000 美元	大于 55 000 美元	—
分组结果	国家/个	16	6	27	26	14	17	10	11	4	131
	人均国民收入/美元	522	855	1 706	4 350	8 153	14 436	31 693	47 757	69 470	—

资料来源：World Bank（2018）

注：2016 年人均国民收入的世界平均值为 10 326 美元，高收入国家平均值为 40 009 美元，中等收入国家平均值为 4860 美元，低收入国家平均值为 734 美元

第三，选择分析截面。可以根据研究目的和需要选择截面。

第四，采集和建立分析指标的截面数据和资料。一般而言，定量指标采用权威部门的统计数据或著名学术机构的相关数据；定性指标应采用比较科学客观的研究资料。

第五，定量分析需要计算每组国家某个变量的“特征值”。计算方法大致有三种：中值法、平均值法和回归分析法。《中国现代化报告》采用第二种方法——算术平均值法。

$$X_{ij}=\sum x_{ij}/n_{ij}$$

其中，X_{ij} 为第 i 组国家第 j 个变量的特征值；$\sum x_{ij}$ 为第 i 组国家第 j 个变量的每个国家的数值的加和；n_{ij} 为国家个数，即第 i 组国家第 j 个变量的具有数据的国家个数。

第六，单个截面的系统分析。主要分析截面的结构特征、水平特征和性质特征，包括国家经济水平与现代化变量的截面“特征关系”和统计关系，制度和观念的截面特征等。关于截面特征的分析，可以是定性、定量或综合分析。

第七，多个截面的比较分析。两个或多个截面之间的比较，包括结构比较、水平比较、特征比较和性质比较等，还可以计算分析指标的变化速率等。

三、系统分析法的分析变量

（一）选择分析变量的原则

由于现代化研究对象的复杂性，一项研究不可能对它的所有方面和全部过程进行分析。比较合理和有效的方法是选择有限的关键变量进行分析。分析变量的选择，需要考虑三个因素：具有学术或政策意义，便于国际比较和分析，可以获得连续数据或资料。

（二）分析变量的性质

现代化研究的分析变量包括定量指标和定性指标、共性指标和个性指标（表 2.12）。定量指标多数可以通过统计资料获得数据；没有统计数据的定量指标（新现象）需要专题研究。一般而言，制度和观念变化是定性指标，可以定性分析，缺少统计数据。有些时候，定性指标可以通过社会调查，转换为相应的定量指标。共性指标是反映现代化的共性、普遍特征和要求的指标，如人均国民收入和平均预期寿命等，多数为定量指标。个性指标是反映现代化的个性、特殊性和多样性的指标，多数为定性指标，如社会保障制度等。

表 2.12　现代化研究的分析变量的主要类型

类型		解释	举例
定量指标	综合指标	若干个单项指标经过模型计算合成一个综合指标	生活质量指数
	总量指标	指标数值反映总量	国民总收入
	人均指标	指标数值反映人均量	人均国民收入
	结构指标	指标数值反映结构比例	老龄人口比例
	效率指标	指标数值反映单位产出	劳动生产率
	增长率指标	指标数值反映年度变化率	失业率的变化率
	前沿指标	指标数值反映世界先进水平	发达国家平均预期寿命
	平均指标	指标数值反映世界平均水平	世界平均预期寿命
	末尾指标	指标数值反映世界末尾水平	欠发达国家平均预期寿命
	差距指标	指标数值反映国际差距	平均受教育年限的最大差距
定性指标	制度指标	制度的特征和变化	社会保障制度
	观念指标	观念的特征和变化	环境保护、性别平等
共性指标		反映生活质量现代化的共性、普遍特征和要求的指标	出生时平均预期寿命
个性指标		反映生活质量现代化的个性、特殊性和多样性的指标	宗教信仰人口比例

资料来源：何传启（2010，2016）

一般而言，人均指标、结构指标、效率指标和共性指标可以用于现代化的定量评价；总量指标、增长率指标、定性指标和个性指标可以用于现代化的特征分析。

（三）分析变量的类型

现代化研究的分析变量，根据长期趋势和变化特点的不同，可大致分为八种类型。①上升变量：有些变量随时间而上升，其数值会发生短期波动。②下降变量：有些变量随时间而下降，其数值会发生短期波动。③转折变量：有些变量经历上升和下降（或者下降和上升）两个阶段。④波动变量：有些变量长期在一定范围内波动，运动没有明显的方向性，趋势很平缓。⑤随机变量：有些变量的变化是随机的，趋势不明显。⑥地域变量：有些变量的变化趋势存在明显的地域差异和多种形式，没有统一趋势。⑦稳定变量：有些变量的变化幅度非常小，或几乎没有明显变化。⑧饱和变量：在上升或下降变量中，有些变量的数值已经饱和或接近饱和，数值不再发生变化或变化不大。

一般而言，上升变量和下降变量可以用于现代化评价，转折变量和波动变量可以用于政策分析。

现代化研究是对复杂大系统的研究，面临许多挑战。例如，统计数据的收集和整理、学术文献的甄别和选择、科学地引用学术文献等（专栏 2.1）。

专栏 2.1　现代化研究过程中的常规性挑战

现代化研究存在一定的挑战。从研究实践的角度，大致有三个方面的常规性挑战。

挑战一，统计数据的收集和整理。18 世纪和 19 世纪的数据很少，发展中国家统计数据不全。统计数据“造假”；新现象和新潮流，没有统计数据。

挑战二，学术文献的甄别和选择。避免“传播抄袭陷阱”。文献庞杂，鱼目混珠，需要甄别经典权威文献，有效避免“传播抄袭陷阱”。

挑战三，科学地引用学术文献。杜绝任何形式的“抄袭剽窃”。“文字完全一样”，没有标明出处，属于抄袭；“基本观点一样”，没有标明出处，属于抄袭。

其他挑战，包括个人偏好、知识不足、信息不全、政治倾向、民族倾向、功利倾向等。

第四节　世界现代化的度量衡

世界现代化的度量衡，是现代化科学的常用研究工具。它既是关于现代化过程的度量和标准的统称，也是现代化领域的计量和标准体系的一种简称或通俗表述，还是现代化规律的一种表现形式。它包括现代化指标、现代化评价和现代化标准等（图 2.4）。

根据历史经验，现代化既有共性又有个性，既有规律性又有多样性，既有国别差异又有时代差异。其中，共性和规律性是建立国际度量和标准的基础；个性和多样性是设立国家度量和标准的依据。现代化研究有两种视角，一是社会科学视角，以定性和阐释为特点；二是自然科学视角，以定量和实证为特点。《中国现代化报告 2020：世界现代化的度量衡》主要从自然科学角度研究世界现代化度量衡的国际度量和标准；国家度量和标准需要专题研究。

现代化发生在人类文明的所有层次、领域、部门和方面。所以，现代化的度量衡涉及人类发展的所有层次、领域、部门和方面。参照矩阵结构，把现代化的研究对象和现代化度量衡进行排列，可构建现代化度量衡的复合矩阵（图 2.5）。所有研究对象，包括四个维度的每个对象和跨维度的各种组合，都有相应的度量衡。

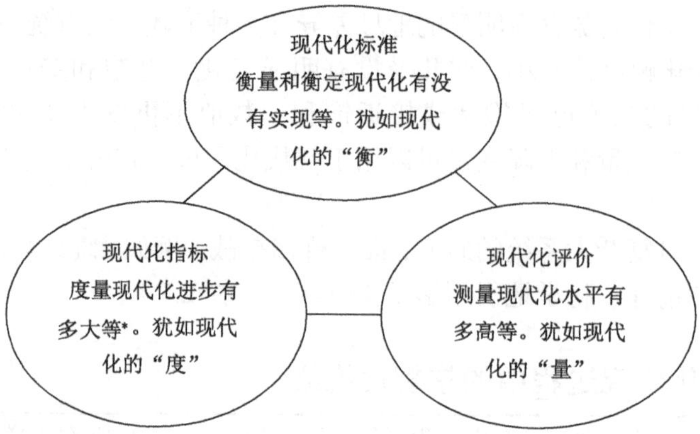

图 2.4　世界现代化的“度量衡”的示意图

资料来源：何传启（2020）

*用指标来反映和显示现代化进步有多大等

世界现代化的度量衡是关于现代化过程的计量和标准体系（a system of criteria & measures on modernization）的一种简称或通俗表述

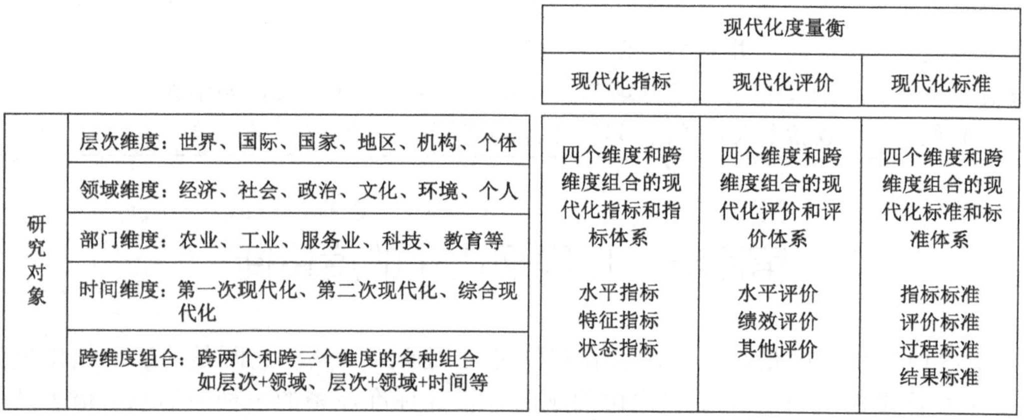

图 2.5　现代化研究对象与现代化度量衡的复合矩阵

资料来源：何传启（2020）

研究对象的每个维度和跨维度组合都分别有相应的度量衡（指标、评价和标准）

一、世界现代化的“度”

现代化的“度”是现代化指标和指标体系的简称，用来度量“现代化进步有多大、现代化处于什么状态”等。其中，现代化指标是反映现代化现象的水平、特征和状态的指标，现代化指标体系是根据现代化原理建立的、具有系统结构的、现代化指标的有机集合。现代化指标具有国际可比性、理论基础和政策含义，可从统计指标、发展指标和调查指标中遴选。现代化指标和指标体系是动态的和开放的。

（一）现代化指标的类型

关于现代化指标的分类，没有统一方法。例如，根据功能分类，可分为水平指标、特征指标和状态指标；根据性质分类，可分为共性指标、个性指标等；根据特点分类，可分为定量指标和定性指标；根据用途分类，可分为评价指标和监测指标等（表 2.13）。

表 2.13　现代化指标的主要类型

分类依据	类型	解释	举例
指标功能	水平指标	反映现代化某方面达到的高度	劳动生产率
	特征指标	反映现代化某方面的主要特点	城市化（城市人口比例）
	状态指标	反映现代化某方面的形态或态势	国防经费比例、物价指数
指标性质（代表性、实用性）	共性指标	反映现代化的共性	平均预期寿命
	个性指标	反映现代化的个性	人均农业用地
	正指标	指标数值变化与水平变化正相关	人均国民收入
	逆指标	指标数值变化与水平变化负相关	婴儿死亡率
	转折指标	指标数值变化发生趋势逆转	工业增加值比例*
	波动指标	指标数值变化上下波动，趋势不明显	失业率
	中性指标	指标数值变化与水平无显著关系	政府消费比例
	饱和指标	指标数值有极值	小学普及率**
	合理值指标	指标数值变化存在一个合理值	人均能源消费
指标特点	定量指标	反映现代化的定量变化	大学普及率
	定性指标	反映现代化的定性变化	环境保护意识
指标用途	评价指标	用于现代化评价的指标	农业增加值比例
	监测指标	用于现代化监测的指标	人均可耕地面积

资料来源：何传启（2020）

注：现代化指标的分类是相对的，如有些指标既反映特征又反映水平等

*表示转折指标（转折变量），先升后降；**表示饱和指标，发达国家的小学普及率已经饱和

定量指标有多种类型，如综合指标、总量指标、人均指标、结构指标、比例指标、效率指标、效益指标、质量指标、速度指标等。一般而言，人均指标、结构指标、比例指标、效率指标、效益指标和质量指标等，适用于水平评价。

有些定量指标的数值是开放的，如人均国民收入等。有些定量指标的数值存在某种极限或合理值，不会无限上升或下降，如人均能源消费和城市人口比例等。为了叙述方便，大体而言，数值开放的指标可简称为开放型指标，数值存在极限或合理值的指标可简称为适度型指标或合理值指标。

（二）现代化指标体系

建立现代化指标体系，需要遵循现代化的科学原理，尊重建立指标体系的目的和

需要，遵循现代化指标的选择原则和现代化指标体系的建立原则。一般而言，按研究内容和研究目的建立的指标体系是基础，按研究对象建立指标体系可参照前两者的做法。

现代化指标体系的构建主要有三种思路。一是按照研究对象（研究维度）的结构，把相关现代化指标组织起来；二是按照研究内容（或学术需要）的结构，把相关现代化指标组织起来；三是按照研究目的（或政策需要）的结构，把相关现代化指标组织起来。参照矩阵结构，把研究对象和三种思路进行排列，可形成现代化指标体系的复合矩阵（图 2.6）。

研究对象	层次维度：世界、国际、国家、地区、机构、个体
	领域维度：经济、社会、政治、文化、环境、个人
	部门维度：农业、工业、服务业、科技、教育等
	时间维度：第一次现代化、第二次现代化、综合现代化
	跨维度组合：跨两个和跨三个维度的各种组合 如层次+领域、层次+领域+时间等

现代化指标体系		
研究维度	研究内容	研究目的
四个维度和跨维度组合的现代化指标体系 水平指标体系 特征指标体系 状态指标体系 综合指标体系	四个维度和跨维度组合的代化前沿、过程和结果指标体系 前沿指标体系 过程指标体系 结果指标体系	四个维度和跨维度组合的现代化评价、监测和其他指标体系 评价指标体系 监测指标体系 其他指标体系

图 2.6　现代化研究对象与现代化指标体系的复合矩阵

资料来源：何传启（2020）

研究对象的每个维度和跨维度组合都可以分别按照研究维度（跨维度组合）、研究内容和研究目的来构建指标体系。指标体系还包括定量指标、定性指标和综合指标体系等

二、世界现代化的“量”

现代化的“量”是现代化评价和评价体系的简称，用来测量“现代化水平有多高、现代化处于什么阶段”等。其中，现代化评价是对现代化现象的过程和结果的评价，现代化评价体系是遵循现代化原理、具有系统结构的、现代化评价的有机集合。一般而言，现代化的水平评价突出国际可比性。现代化的绩效评价强调实用价值，兼顾国际可比性。现代化评价和评价体系同样是动态的和开放的。

（一）现代化评价的类型

现代化评价是对现代化的过程和结果的评价。它既是现代化理论研究的一种常用方法，也是现代化实证研究和政策研究的一个关键环节。现代化评价涉及评价的原理、对象、范围（空间和时间）、目的、内容、指标、方法和结果等。关于现代化评价的类型划分，没有统一方法。例如，根据目的或方法分类等。①根据评价目的分类，可分为水平评价、绩效评价和其他评价等；②根据评价方法分类，可分为定量评价、定性评价和综合评价等。

在水平评价过程中，正指标是数值与水平正相关的指标，逆指标是数值与水平负相关的指标。如果需要把特征指标用作水平评价，则需要谨慎和区别对待。

（二）现代化评价的体系

现代化评价体系的构建，主要有两种思路。一是以评价对象为基础，与现代化评价相对应，构成现代化评价的评价体系。二是以现代化评价为基础，与评价对象相对应，构成现代化评价的评价体系。参照矩阵结构，把评价对象和现代化评价进行排列，可构成现代化评价体系的复合矩阵（表 2.14）。

表 2.14　现代化评价对象与现代化评价的复合矩阵

<table>
<tr><th colspan="3" rowspan="2">项目</th><th colspan="3">现代化评价</th></tr>
<tr><th>水平评价</th><th>绩效评价</th><th>其他评价</th></tr>
<tr><td rowspan="5">研究对象</td><td>层次维度</td><td>世界、国际、国家、地区、机构、个体</td><td rowspan="5">四个维度和跨维度组合的现代化水平评价和评价体系
水平评价
阶段评价</td><td rowspan="5">四个维度和跨维度组合的现代化绩效评价和评价体系
绩效评价
诊断评价</td><td rowspan="5">四个维度和跨维度组合的现代化其他评价和评价体系
专题评价*
理论评价等</td></tr>
<tr><td>领域维度</td><td>经济、社会、政治、文化、环境、个人</td></tr>
<tr><td>部门维度</td><td>农业、工业、服务业、科技、教育、健康、交通等</td></tr>
<tr><td>时间维度</td><td>第一次现代化、第二次现代化、综合现代化</td></tr>
<tr><td>跨维度组合</td><td>跨两个维度（层次+领域、层次+部门、层次+时间、领域+时间、部门+时间等）和跨三个维度（层次+领域+时间、层次+部门+时间等）的各种组合</td></tr>
</table>

资料来源：何传启（2019，2020）

注：评价对象的每个维度和跨维度的各种组合都可以分别进行相应的水平评价、绩效评价和其他评价

*专题评价包括创新力评价、竞争力评价和生活质量评价等

三、世界现代化的“衡”

现代化的“衡”是现代化标准和标准体系的简称，用来衡量和衡定“现代化有没有实现、现代化指标有没有达标”等。其中，现代化标准是关于现代化现象的指标、评价、过程和结果的标准，现代化标准体系是符合现代化原理的、具有系统结构的、现代化标准的有机集合。现代化标准和标准体系同样是动态的和开放的。这里重点讨论现代化标准的国际标准，关于国家标准和国别差异需要专题研究。关于现代化科学的常用标准，将在第三章讨论。

（一）现代化标准的共性标准

这里，我们从自然科学角度讨论现代化标准的共性标准，即国际标准。现代化标准的共性标准是基于现代化的实证研究建立的一种国际标准，它遵循现代化的基本原理，

反映现代化的共性特征，代表现代化的发展方向，同时没有反映现代化的个性和多样性，后者是建立现代化标准的国别标准的重要依据。

现代化标准的共性标准涉及现代化指标、现代化评价、现代化过程和现代化结果四个方面。不同方面的标准有所不同，现代化标准有多种类型。①现代化指标的共性标准，主要涉及世界前沿标准、水平分类标准等；②现代化评价的共性标准，主要涉及水平评价标准、绩效评价和其他评价的水平标准；③现代化过程的共性标准，主要涉及时间标准、性质标准、阶段标准等；④现代化结果的共性标准，主要涉及水平标准、实现程度标准等。

（二）现代化标准的标准体系

现代化标准的标准体系的构建主要有两种思路。一是按照研究对象的结构，把现代化标准组织起来，构成现代化标准的标准体系；二是按照现代化标准的类型，把现代化标准组织起来，构成现代化标准的标准体系。参照矩阵结构，把研究对象和现代化标准进行排列，可构成现代化标准体系的复合矩阵（表 2.15）。

表 2.15 现代化研究对象与现代化标准的复合矩阵

<table>
<tr><th colspan="3" rowspan="2">项目</th><th colspan="4">现代化标准</th></tr>
<tr><th>指标标准</th><th>评价标准</th><th>过程标准</th><th>结果标准</th></tr>
<tr><td rowspan="5">研究对象</td><td>层次维度</td><td>世界、国际、国家、地区、机构、个体</td><td rowspan="5">四个维度和跨维度组合的现代化指标标准和标准体系
前沿标准
分类标准</td><td rowspan="5">四个维度和跨维度组合的现代化评价标准和标准体系
水平评价标准
绩效评价标准
其他评价标准</td><td rowspan="5">四个维度和跨维度组合的现代化过程标准和标准体系
时间标准
性质标准
阶段标准</td><td rowspan="5">四个维度和跨维度组合的现代化结果标准和标准体系
水平标准
程度标准</td></tr>
<tr><td>领域维度</td><td>经济、社会、政治、文化、环境、个人</td></tr>
<tr><td>部门维度</td><td>农业、工业、服务业、科技、教育、健康等</td></tr>
<tr><td>时间维度</td><td>第一次和第二次现代化、综合现代化</td></tr>
<tr><td>跨维度组合</td><td>跨两个维度（层次+领域、层次+部门、层次+时间、领域+时间、部门+时间等）和跨三个维度（层次+领域+时间、层次+部门+时间等）的各种组合</td></tr>
</table>

资料来源：何传启（2019，2020）

注：研究对象的每个维度和跨维度组合都分别有相应的四类标准（指标标准、评价标准、过程标准和结果标准）

世界现代化的度量衡是一个开放的计量和标准体系，它包括现代化指标和指标体系、现代化评价和评价体系、现代化标准和标准体系等，它需要世界范围的统计指标、统计数据和统计体系为支撑。同时，它有一个假设的前提条件，即国际统计数据是真实的、可靠的和国际可比的。但事实上，目前不同国家的统计口径和统计质量存在差异，发展中国家的统计质量需要提高，世界统计还处于发展之中。这些对世界现代化度量衡的精确性和可靠性会有影响。世界现代化是动态的和开放的。世界现代化的度量衡要保持一定弹性和开放性，需要不断发展和完善。基于定量指标和统计数据的国际比较研究要保持谨慎态度，对于其研究结果要谨慎对待（何传启，2020）。

本章提要

（1）现代化科学包括现代化研究和现代化理论，其研究方法在不断发展和演进。现代化研究大致起步于20世纪50年代，其研究者来自不同学科，不同学科有不同研究范式和方法论。现代化研究需要科学精神和科学方法，需要全球视野和家国情怀。

（2）现代化科学的研究范式包括六个要点。一是研究目的，揭示现代文明的世界前沿的变化规律和国家发达的科学原理，解释和提供达到世界前沿和国家发达的途径与方法，满足人民对现代化现象的好奇心。二是研究对象，即现代化现象。三是研究内容，现代化的内涵、特征和规律，国家发达的原理和方法等。一般包括现代化的过程、结果、动力和模式，文明前沿的行为、结构、制度和观念的变化等。四是研究矩阵，建立研究范围与研究单元、研究对象与研究内容的结构矩阵。五是研究步骤，提出问题、概念化（明晰概念）、操作化（制订方案）、收集资料（可含实验）、客观分析、结果表述、提出建议。六是研究要求，明确研究的目的、界定研究的对象、界定研究的内容、采用科学的方法、客观和没有偏见、完善的科学引文。

（3）现代化研究的方法选择。一是五个视角：科学角度、人文角度、政策角度、未来学角度和批判角度。二是主要方法论，包括实证主义、阐释主义和实用主义。实证主义研究提供现代化现象的事实和原理，阐释主义研究提供现代化现象的意义和关联，实用主义研究提供现代化现象的选择和建议。三是具体方法选择。自然科学和社会科学的诸多研究方法都可以采用，如调查、模拟、假设、统计分析、定量分析、定性分析、模型方法、理论分析、比较分析、历史分析、文献分析、情景分析、案例研究和现代化科学的系统分析法等。四是三种分析的方法选择。前沿分析包括现代化世界前沿的识别、比较和变化分析等。过程分析包括现代化过程的阶段、特点、内容和原理分析等。结果分析包括现代化过程的一般结果、现代性和多样性、国际体系和国际地位变化、国家目标分析等。

（4）现代化科学的系统分析法，曾被称为现代化研究的坐标分析法和新现代化研究的系统分析法。它主要包括三个步骤和六个部分。其主要特点是：时序分析与截面分析相结合，定量分析与定性分析相结合，分析方法和结果表达的模型化、图形化、数量化、系统性、实证性和科学性等。三个步骤和六个部分相互关联和相互支持，形成现代化连续的、系列的坐标图、定位图和路线图，从而相对直观和系统地刻画现代化进程和分布。它把现代化实践看作一项系统工程，并遵循系统学原理，从自然科学角度，从创新到现代化，开展现代化全过程的系统研究，形成数量化、图形化和模型化的实证研究模式。

（5）世界现代化的度量衡，是现代化科学的常用研究工具。这里主要从自然科学角度研究世界现代化度量衡的国际度量和标准，国家度量和标准需专题研究。世界现代化的度量衡是现代化指标、现代化评价和现代化标准的集合。现代化指标是反映现代化现象的水平、特征和状态的指标，现代化评价是对现代化现象的过程和结果的评价，现代化标准是关于现代化现象的指标、评价、过程和结果的标准。

参考文献和推荐读物

巴比 E. 2009. 社会研究方法（第十一版）. 邱泽奇, 译. 北京: 华夏出版社.
笛卡尔 R. 2019. 方法论（导读注释版）. 张旭, 肖志兵, 译. 上海: 上海译文出版社.
库恩 T S. 2003. 科学革命的结构. 金吾伦, 胡新, 译. 北京: 北京大学出版社.
何传启. 1999. 第二次现代化: 人类文明进程的启示. 北京: 高等教育出版社.
何传启. 2010. 现代化科学: 国家发达的科学原理. 北京: 科学出版社.
何传启. 2011. 中国现代化报告 2011: 现代化科学概论. 北京: 北京大学出版社.
何传启. 2016. 中国现代化报告 2016: 服务业现代化研究. 北京: 北京大学出版社.
何传启. 2018. 中国现代化报告 2018: 产业结构现代化研究. 北京: 北京大学出版社.
何传启. 2019. 现代化科学领导干部读本: 现代化 100 问. 北京: 人民日报出版社.
何传启. 2020. 中国现代化报告 2020: 世界现代化的度量衡. 北京: 北京大学出版社.
World Bank. 2018. World development indicator. [2024-06-11]. https://data.worldbank.org/indicator?tab=all.

课 堂 讨 论

1. 在研究过程中，知识与方法，哪个更重要？
2. 在研究过程中，定性分析与定量分析，哪个更有效？
3. 在研究过程中，思路与方法，哪个更关键？
4. 现代化科学的系统分析法的主要特点是什么？

课 后 习 题

1. 现代化科学研究的三个核心问题是什么？
2. 现代化科学研究的五种方法是什么？
3. 简述现代化科学研究的七个步骤。
4. 现代化科学研究的六个要求是什么？
5. 世界现代化的度量衡的内涵和意义是什么？
6. 简述美国现代化的过程和特点。

第三章　现代化科学的基本原理

一般而言，世界是变化的，变化是有规律的，对规律的认识是逐步深化的。现代化是一种文明变化，对现代化规律的认识也是逐步加深的。目前，现代化理论有不同流派，它们对现代化规律的认识和阐述有所不同。本章重点讨论现代化科学的基本原理，包括现代化科学的一般理论（基本原理的集中体现）、现代化研究的十种理论（基本原理的不同角度表述，且与分段现代化紧密相关）、国家发达的原理和方法（基本原理的一种实际应用）和现代化科学的常用标准（基本原理的一个组成部分）（何传启，2010，2019）。

第一节　现代化科学的一般理论

现代化既是一种世界现象，也是一种文明进步和发展目标。作为世界现象，它有特征；作为文明进步，它有规律；作为发展目标，它有方法。现代化科学的一般理论，既要涵盖现代化的内涵、过程和结果，也要阐述现代化的特征、规律和方法等。现代化理论一般需要满足三个条件：能够反映和解释客观事实，能够预测未来，能够得到反复检验。目前，现代化理论的流派众多，不同流派的观点有所不同。第二次现代化理论的一般理论是现代化科学的基本原理的集中体现，也是世界现代化的基本原理。下面介绍第二次现代化理论的一般理论，包括现代化的内涵、过程、结果、动力和模式五个方面的基本内容（图3.1、表3.1）。

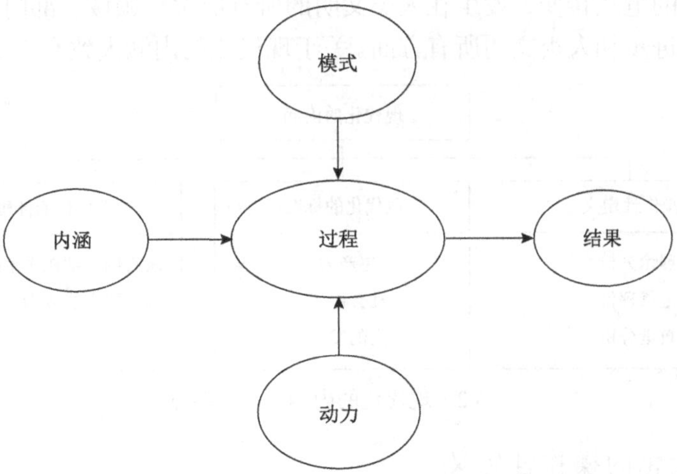

图 3.1　第二次现代化理论的一般理论结构示意图

资料来源：何传启（2010，2019）

表 3.1　现代化科学和第二次现代化理论的一般理论

方面	基本内容
内涵	现代化是 18 世纪工业革命以来的一种客观现象。首先，它是人类文明的一种前沿变化，是现代文明的形成、发展、转型和国际互动的前沿过程，是文明要素的创新、选择、传播和退出交替进行的复合过程等。其次，它是一种国际竞争，是追赶、达到和保持世界先进水平的国际竞争和国际分化；达到和保持世界先进水平的国家是发达国家，其他是发展中国家，两类国家之间可以流动
过程	现代化是一个历史过程，18～21 世纪，现代化可以分为两大阶段，第一次现代化是指从农业文明向工业文明、传统文明向现代文明的转型；第二次现代化是指从工业文明向知识文明、物质文明向生态文明的转型。第二次现代化不是历史的终点，将来还有新的变化。现代化过程既有共性又有个性和多样性，遵循 10 个基本原则。第一次现代化的典型特征是工业化、城市化、民主化和理性化等，目前第二次现代化的典型特征是知识化、信息化、绿色化和智能化等。第一次现代化是第二次现代化的基础，第二次现代化是第一次现代化的部分继承和部分转向，两次现代化的协调发展是综合现代化。22 世纪现代化会有新变化
结果	现代化的结果包括现代性、特色性和多样性的形成，包括劳动生产率和生活质量提高、社会进步、政治民主、文化多元、生态变化和人类全面发展，包括国际分化、国家分层和副作用，包括世界前沿、国际体系和国家状态的变化。第一次现代化的主要结果是第一现代性、特色性和多样性的形成，主要特点包括工业化的、城市化的、民主的、社会福利和普及义务教育等；副作用包括环境污染等。第二次现代化的主要结果是第二现代性、特色性和多样性的形成，目前特点包括知识密集的、信息密集的、智能化的、创新的、环境友好和普及高等教育等，副作用包括网络犯罪等
动力	现代化的动力因素包括创新、竞争、适应、交流、国家利益和市场需求等，动力机制包括创新驱动、双轮驱动、联合作用、创新扩散、创新溢出、竞争驱动、生产力函数、要素优化模型、结构优化模型、创新价值模型等。不同阶段、层次、领域、部门、国家、路径和模式的现代化动力有所不同
模式	现代化具有路径多样性、模式多样性和路径依赖性；大致有 3 条基本路径和 50 多种要素组合模式

资料来源：何传启（1999，2010，2011，2013，2019）

注：第二次现代化理论的一般理论可以作为现代化的一般理论

一、现代化的内涵

现代化是一种世界现象，其本质是文明进步。作为一种文明进步，现代化是从传统文明向现代文明的范式转变，发生在人类文明的所有层次、领域、部门和方面。现代化的内涵涉及文明进步和人类文明所有方面。关于现代化的内涵大致有三个要点（图 3.2）。

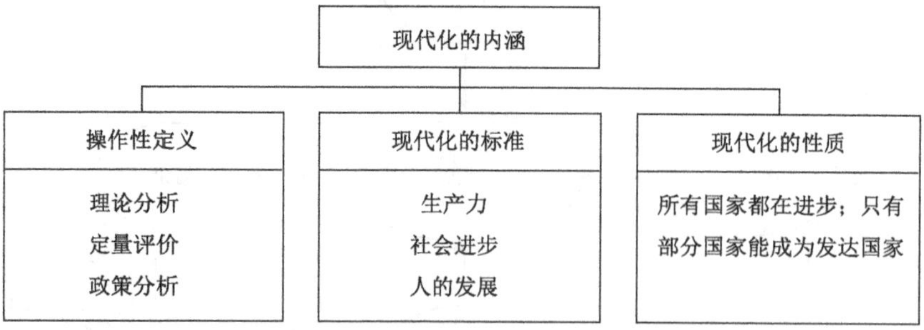

图 3.2　现代化的内涵：三个要点

（一）现代化的操作性定义

在现代化科学里，现代化没有统一定义，但有多种操作性定义。这些操作性定义各有特点。虽然单个定义可能并不完备，但反映了现代化的某种内涵和特征，适合和满足了现代化研究的某种需要。这里讨论三种操作性定义（表 3.2），它们是紧密相关的，可以通过现代化的一般模型（结构模型、概念模型和逻辑模型）来认识它们的相互关系。

表 3.2　现代化的操作性定义

项目	操作性定义	应用
定义一	现代化是 18 世纪以来人类文明的一种前沿变化和国际竞争，是现代文明的形成、发展、转型和国际互动的前沿过程，是文明要素的创新、选择、传播和退出交替进行的复合过程，是追赶、达到和保持世界先进水平的国际竞争和国际分化；达到和保持世界先进水平的国家是发达国家，其他是发展中国家，两类国家之间可以转换	理论分析
定义二	现代化是 18 世纪以来文明发展、文明转型和国际互动的交集	定量评价
定义三	现代化是现代文明的世界前沿，以及追赶、达到和保持世界前沿的行为和过程	政策分析

资料来源：何传启（2010，2011）

首先，现代化的结构模型。现代化是人类文明的一种前沿变化和国际竞争。变化发生在三个层次：文明内容（要素）、文明形态以及国际竞争和国际体系（图 3.3）。其中，文明内容（要素）变化是微观层次的，文明形态变化以及国际竞争和国际体系变化是宏观层次的，前者是后者的基础。

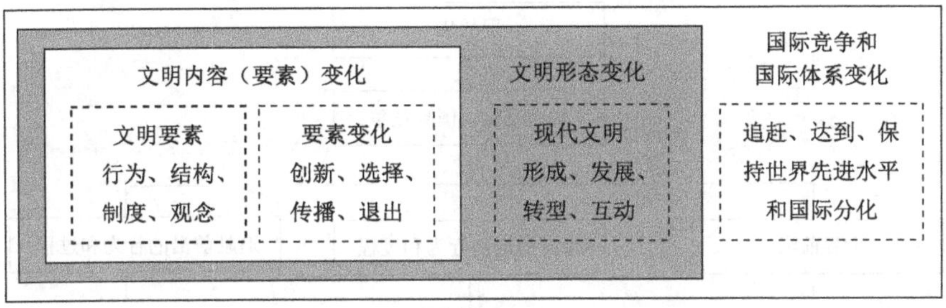

图 3.3　现代化的结构模型：三层次变化

资料来源：何传启（2010）

一般而言，在文明内容（要素）层次，现代化包括文明内容现代化，包括行为、结构、制度和观念的现代化，包括生活、组成（器物）、组织和思想的现代化等。

其次，现代化的概念模型。现代化研究涉及许多基本概念，它们都没有统一定义。根据其操作性定义，可以建立它们的关系模型（表 3.3、图 3.4）。

表 3.3　现代化的概念模型

假设和推论		主要的内容
主要假设	假设一	文明进步是指有利于生产力的解放和提高、社会的公平和正义、人的解放和发展的文明变化
	假设二	文明正向适应是指对提高生产力、社会进步和人的全面发展没有负面影响的文明调适
	假设三	文明转型是指从农业文明向工业文明、工业文明向知识文明以及物质文明向生态文明的转变
	假设四	国际互动包括国际合作、国际交流、国际竞争和国际冲突等，不包括国际战争

续表

假设和推论		主要的内容
主要推论	模型一	文明发展≈文明进步+文明正向适应（质量和水平提高+规模和范围扩大）
	模型二	现代化≈文明发展×文明转型×国际互动（国际体系和国家地位变化）

资料来源：何传启（2010）

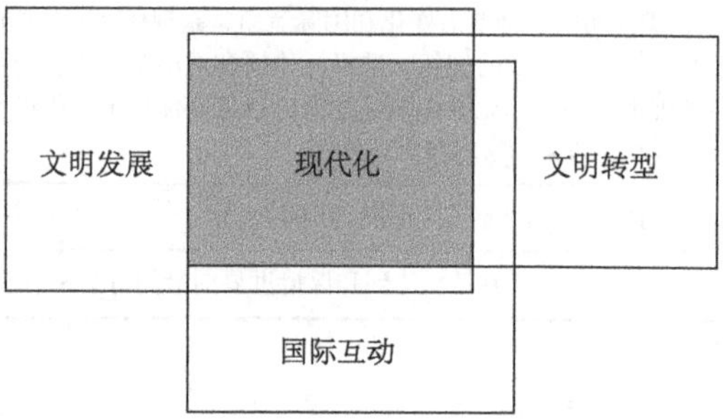

图 3.4　现代化的概念模型

资料来源：何传启（2010）

最后，现代化的逻辑模型。它显示了三个操作定义的逻辑关系（图 3.5）。

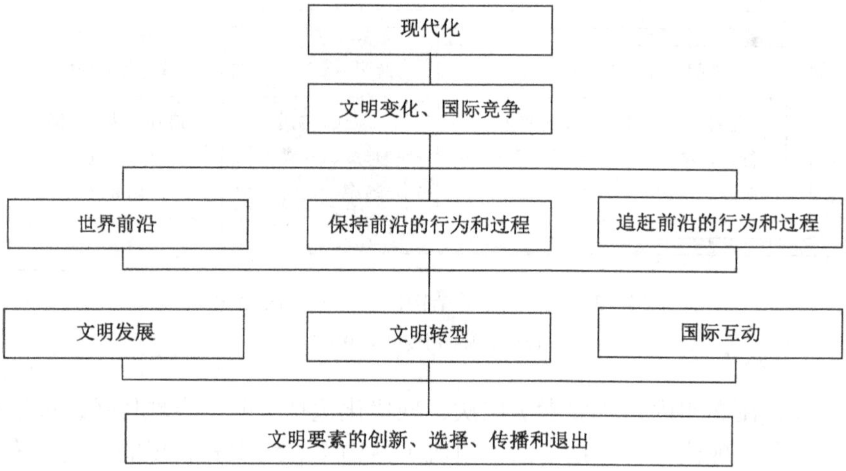

图 3.5　现代化的逻辑模型

资料来源：何传启（2010）

（二）现代化的判断标准

现代化是 18 世纪以来的一种文明变化，但并非所有文明变化都属于现代化。一般而言，满足三个标准的文明变化，才属于现代化。一是生产力标准，既有利于生产力的解放和提高，又不破坏自然环境。二是社会进步标准，既有利于社会公平和进步，又不妨碍经济发展。三是人的发展标准，既有利于人的自由解放和全面发展，又不损害社会和谐。

通俗地说，判断一个文明变化是不是现代化，就看四个要点：是否有利于生产力解放和提高、是否有利于社会公平和进步、是否有利于人的解放和发展、是否环境友好。

（三）现代化的一般性质

18～21世纪，现代化具有多面性。一般而言，现代化有起点，起点的时间有先后；有前沿，前沿是动态的和多元的；有过程，过程是非线性的和多路径的；有结果，结果是共性的或多样性的。如果没有世界大同，现代化会长期存在；目前尚不能确定其最后终点。

首先，现代化的二重性。从文明进步角度看，现代化是一个“时间问题”。每个国家的现代化，都在前进，都有可能成功，但成功的时间是不确定的。当然，国家进步有快慢，国家水平有高低，成功时间有先后。从世界现象和国际竞争角度看，现代化是一个比例和概率问题。只有部分国家能够达到和保持世界先进水平，发达国家是少数，发展中国家是多数。在过去近300年里：发达国家的比例不到20%，发展中国家的比例超过80%；发展中国家升级为发达国家概率为5%；发达国家降级为发展中国家的概率为10%（何传启，2010）。

其次，现代化的多面性。第一，它既是一种文明变化，也是一种文明竞争；第二，它既是一种世界潮流，也是一种社会选择；第三，它既是一个过程，也是一个目标；第四，它既是一种前沿，也是一种过程；第五，它既是一种转型，也是一种进步；第六，它既有共性，也有多样性；第七，它既有进步，也有副作用；第八，它既有国际趋同，也有国际分化；第九，它不是一劳永逸的，而是不进则退的（何传启，2010）。

二、现代化的过程

现代化是一个历史过程。关于现代化过程的起点和终点，目前没有统一认识。这里简要讨论现代化过程的类型、阶段、特点、内容和原则，其动力和模式将在后面讨论（图3.6）。

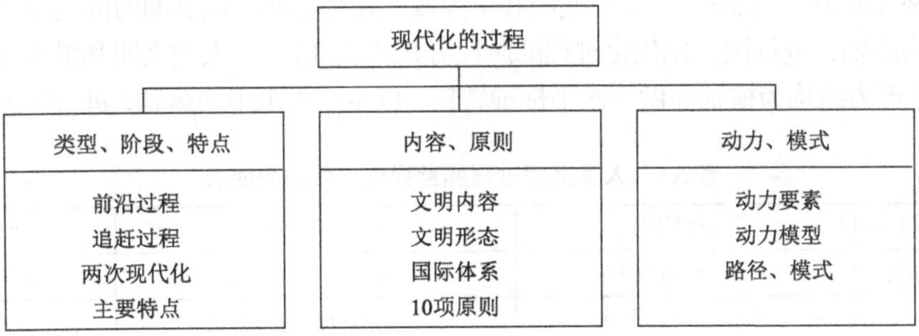

图3.6　现代化的过程：七个要点

（一）现代化过程的类型

一般而言，现代化过程大致分为两大类：前沿过程和追赶过程。前沿过程是现代化进程的前沿轨迹，大致是指发达国家的现代化。追赶过程是指追赶世界现代化前沿的过程，大致是指发展中国家的现代化。两类过程既有联系又有差别，而且相互影响（表3.4）。

表 3.4 现代化两种过程的相互作用

项目	18～19 世纪	20 世纪	21 世纪
前沿过程	发达国家的现代化 机械化革命 电气化革命	发达国家的现代化 自动化革命 信息化革命	发达国家的现代化 新生物学和再生革命 新物理学和时空革命
追赶过程	19 世纪 后发国家追赶	发展中国家的现代化 跟踪模仿	发展中国家的现代化 跟踪、赶超、创新
相互作用	不平等政治关系 霸权-殖民地	不平等贸易关系 相互抑制	平等国际关系 相互促进

（二）现代化过程的阶段

18 世纪至 21 世纪末，世界现代化的前沿过程可以分为两大阶段，第一次现代化是经典现代化，是从农业经济向工业经济、农业社会向工业社会的转变，主要特点包括工业化、城市化、民主化、理性化、社会福利和重视经济增长等；第二次现代化是新型现代化，是从工业经济向知识经济、工业社会向知识社会的转变，目前主要特点包括知识化、信息化、智能化、绿色化、创新驱动和提高生活质量等。

20 世纪 80 年代以来，没有完成第一次现代化的国家和地区，可以推进两次现代化的协调发展，集聚两次现代化的精华，降低现代化过程的失误，迎头赶上第二次现代化的未来世界前沿。这种模式被称为“综合现代化”，即从半工业经济向知识经济、半工业社会向知识社会的转变；目前主要特点是工业化、城市化、民主化、理性化、知识化、信息化、智能化和绿色化的协调推进等。

现代化是 18 世纪以来人类文明的一种深刻变化，现代化过程的阶段划分，应该与人类文明进程的阶段划分相协调，现代化遵循人类文明的发展规律。人类文明进程和世界现代化的周期表、坐标系、路线图和世界现代化的定位图，可以应用于现代化研究。

人类文明进程和世界现代化的周期表有机嵌合了人类文明进程的四个发展周期和世界现代化的两大阶段（表 3.5）。人类文明和世界现代化坐标系，以文明时间为横轴，以社会发展阶段为纵轴，进行国家现代化进程的阶段分析（图 3.7）。人类文明和世界现代化的路线图，以生产力结构为横轴并做三次坐标轴转换，以生产力水平为纵轴，进行国家现代化的

表 3.5 人类文明进程和世界现代化的周期表

周期和阶段	大致时间	主要特征（举例）	世界现代化
原始文化周期	250 万～0.55 万年前	原始经济、原始社会	人类诞生
起步期	250 万～20 万年前	旧石器早期。采集狩猎	社会化
发展期	20 万～4 万年前	旧石器中期。血缘氏族	狩猎和采集
成熟期	4 万～1 万年前	旧石器晚期。母系社会	食物采集者
过渡期	1 万～0.55 万年前	新石器时期。原始农业革命	文明孕育
农业文明周期	公元前 3500～公元 1760 年	农业经济、农业社会	文明诞生
起步期	公元前 3500～公元前 500 年	古代文明。奴隶制	文明化、农业化
发展期	公元前 500～公元 500 年	古典文明。封建制	农业比例上升

续表

周期和阶段	大致时间	主要特征（举例）	世界现代化
成熟期	500～1500 年	东方文明繁荣。欧洲中世纪	采狩比例下降
过渡期	1500～1760 年	现代文明启蒙。科学革命	食物生产者
工业文明周期	1760～1970 年	工业经济、工业社会	第一次现代化
起步期	1760～1870 年	第一次产业革命。机械化	工业化、城市化
发展期	1870～1914 年	第二次产业革命。电气化	工业比例上升
成熟期	1914～1945 年	家庭机械化电气化。联合国成立	农业比例下降
过渡期	1945～1970 年	第三次产业革命。自动化	提高生活水平
知识文明周期	1970～2100 年	知识经济、知识社会	第二次现代化
起步期	1970～1992 年	第一次信息革命。信息化	知识化、绿色化
发展期	1992～2020 年	第二次信息革命。网络化	知识产业比例上升
成熟期	2020～2050 年	新生物学和再生革命。仿生再生	工业比例下降
过渡期	2050～2100 年	新物理学和时空革命。宇宙旅行	提高生活质量

资料来源：何传启（1999，2010，2019，2022）

注：表中的文明周期和阶段的时间是与人类文明进程的前沿过程相对应的大致时间。知识文明的成熟期和过渡期的时间和特征是一种预测，其过渡期的时间跨度有可能约为 20 年

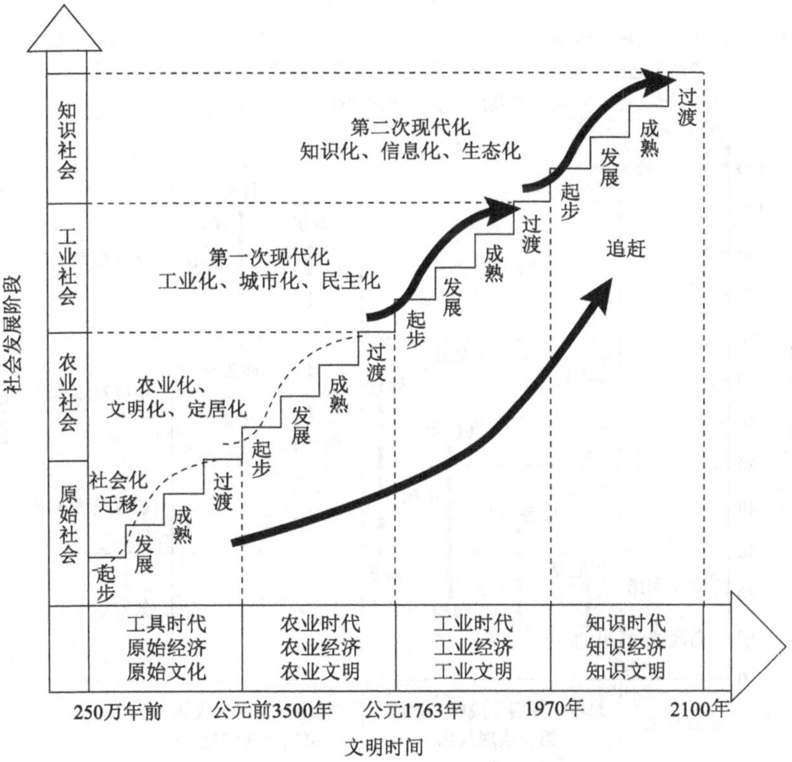

图 3.7　人类文明和世界现代化的坐标系

资料来源：何传启（2003，2010）

文明时间是依据人类文明的前沿轨迹标记的时间，时间节点是相对的。不同国家发展是不同步的

路径分析（图 3.8）。2015 年世界现代化的定位图，以发展阶段为横轴，以第二次现代化指数（综合现代化指数等）和国家现代化水平为纵轴，进行国家现代化的定位分析（图 3.9）。

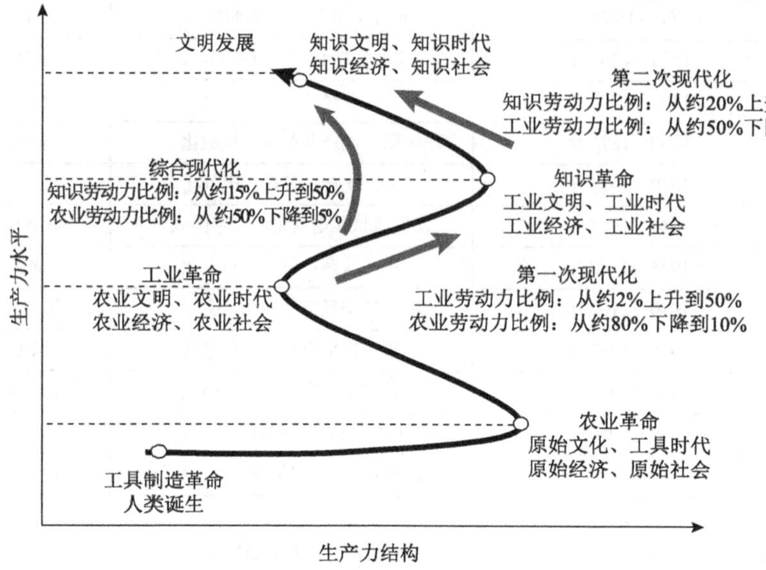

图 3.8　人类文明和世界现代化的路线图

资料来源：何传启（2003，2010，2019）

人类文明中轴发生了三次转换，形成四个时期，每个时期文明结构不同；横轴坐标相应做三次坐标轴转换。横轴刻度：工具时代为农业与狩猎采集劳动力之比，农业时代为狩猎采集与农业劳动力之比，工业时代为工业与农业劳动力之比，知识时代为物质产业与知识产业劳动力之比

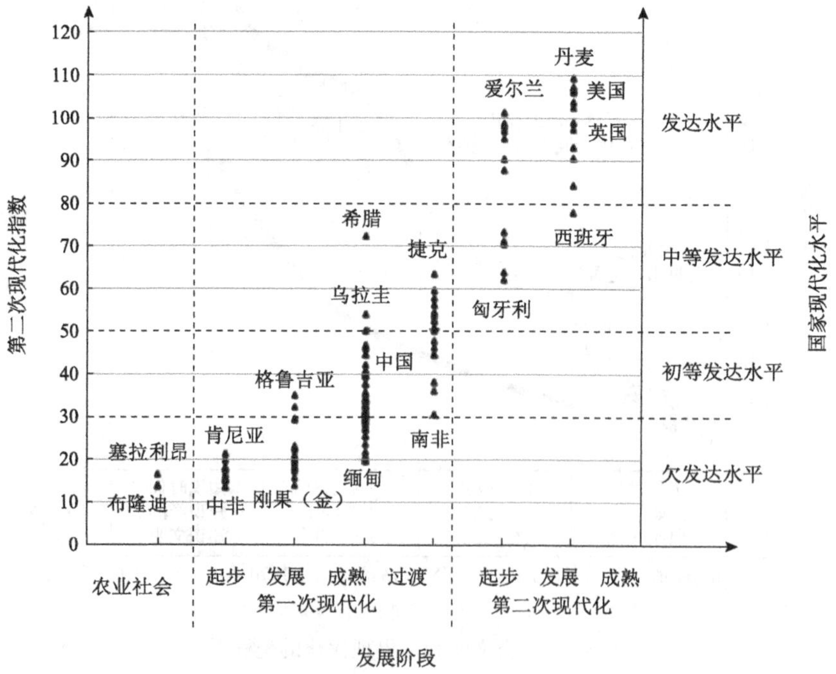

图 3.9　2015 年世界现代化的定位图

资料来源：何传启（2018）

（三）现代化过程的特点

首先，前沿过程的特点。有 20 多个特点，它们反映了现代化过程的一般特点，包括：长期性、阶段性、不同步、不均衡、可预期、可选择、多路径、路径依赖、全球性、互动性、竞争性、风险性、可逆性、系统性、复合性、两面性、革命性、创新性、进步性、适应性、冲突性、副作用等。

其次，追赶过程的特点。有 10 多个特点，包括：不平等性、不稳定性、矛盾性、多样性、目标性、被动性、主动性、开拓性、学习性、集成性、跨越性、挑战性。一般而言，历史阶段不可跨越，技术阶段可以跨越。

最后，两大阶段的特点。18～21 世纪，现代化的前沿过程可以分为第一次现代化和第二次现代化两大阶段。两大阶段的主要内容不同，它们的主要特点有所不同，不同领域的特点有所不同（表 3.6）。

表 3.6　两次现代化的主要特点

项目	第一次现代化	第二次现代化
时间	1760～1970 年	1970～2100 年
综合	工业化、城市化、民主化、福利化等	知识化、信息化、绿色化、全球化等
经济	工业化、市场化、标准化、非农业化等	知识化、生态化、全球化、智能化、非工业化等
社会	城市化、福利化、流动化、普及义务教育等	信息化、郊区化、绿色化、普及高等教育等
政治	民主化、法治化、科层化、集中化、制度化等	知识化、国际化、分散化、个性化等
文化	世俗化、理性化、大众化、物质价值等	多元化、网络化、产业化、生活质量等
生态	经济主义、征服自然、生态破坏等	保护环境、互利共生、经济与环境双赢等
个人	开放化、平等化、成就感、个人价值等	终身学习、个性化、幸福感、自我实现等
副作用	环境污染、贫富分化等	网络犯罪、信息鸿沟等
其他	部分传统价值持续存在并发挥作用等	部分传统价值持续存在并发挥作用等

资料来源：何传启（2010，2019，2022）

注：第二次现代化的特点是截至 2020 年的特点，未来它还会有新发展

（1）第一次现代化的主要特点（截至 1970 年）。例如，工业化、城市化、民主化、科层化、制度化、世俗化、理性化、机械化、电气化、自动化、标准化、专业化、市场化、集中化、分化与整合、流动化、福利化、高效化、非农业化（农业比例下降）、现代科学和能源、大众传播和普及义务教育等；它的副作用包括环境污染和贫富分化等；与此同时，部分传统价值持续存在并发挥作用（何传启，2010）。

（2）第二次现代化的主要特点（截至 2020 年）。例如，知识化、信息化、服务化、网络化、数字化、智能化、全球化、创新化、个性化、多样化、多元化、分散化、绿色化、生态化、非物质化（物质和能源密度下降）、非工业化（工业比例下降）、郊区化、城乡平衡、终身学习和普及高等教育等，它的副作用包括网络犯罪和信息鸿沟等；与此

同时，部分传统价值持续存在并发挥作用（何传启，2010）。

（3）两次现代化的关系。第一次现代化是第二次现代化的基础。第二次现代化在某些方面是第一次现代化的延续和发展，如民主化、理性化和科技进步等；在某些方面是第一次现代化的“反向”或转折，如从工业化到非工业化、从城市化到逆城市化、从集中化到分散化、从生态破坏到保护环境等；在某些方面是创新，如知识化、信息化和网络化等（何传启，2010）。

（四）现代化过程的内容

现代化是一种文明变化和国际竞争，包括文明内容、文明形态和国际体系变化等。现代化过程的基本原理不仅包括文明内容、文明形态和国际体系变化的主要机理和基本原则，还包括它们的动力和模式等；现代化遵循 10 个基本原则。关于动力和模式将在后面讨论。

1. 文明内容现代化的主要机理

文明内容现代化是现代化过程的一个基本内容。文明内容包括各种文明要素，如行为、结构、制度和观念等；文明内容现代化包括行为现代化、结构现代化、制度现代化和观念现代化等。一般而言，文明内容现代化是文明要素的创新、选择、传播和退出交互进行的复合过程，它包括文明要素的创新、选择、传播的双向循环和文明要素的可逆退出过程，这些过程共同组成一个超循环。这些过程的突出特征是多样性。形象地说，文明内容现代化是文明要素的创新、选择、传播和退出的“四重奏”（何传启，2010）。

文明要素创新具有多样性（图 3.10）。文明要素创新是文明内容现代化的一种形式和一条路径。要素创新具有形式和路径的多样性。例如，行为创新、生活创新、组成创新、结构创新、制度创新、观念创新和组合创新等。其中组成创新中的“组成”是指与结构相对应的结构单元，包括器物和知识等，组成创新包括技术创新（器物创新）和知识创新等。

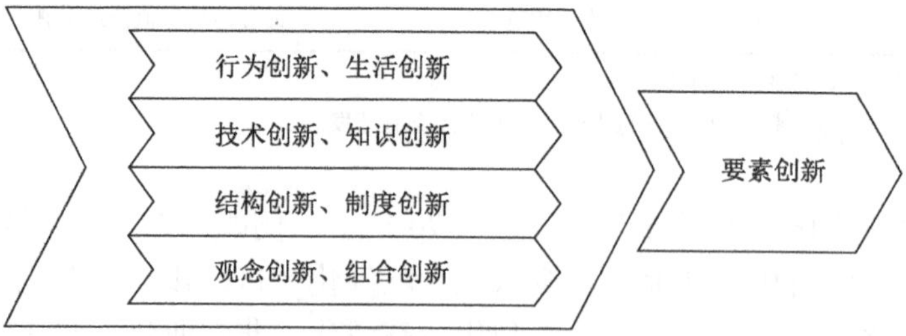

图 3.10 文明要素创新的主要路径

资料来源：何传启（2010）

2. 文明形态现代化的主要机理

文明形态现代化是现代化过程的一个基本内容。一般而言，文明形态现代化是现代文明的形成、发展、转型和国际互动的复合过程，每个方面都具有路径、内容或形式的多样性。

现代文明形成有三条路径（图 3.11）。现代文明形成是文明形态现代化的重要内容。现代文明的形成与传统文明、文明创新、文明扩散和文明交流紧密相关。

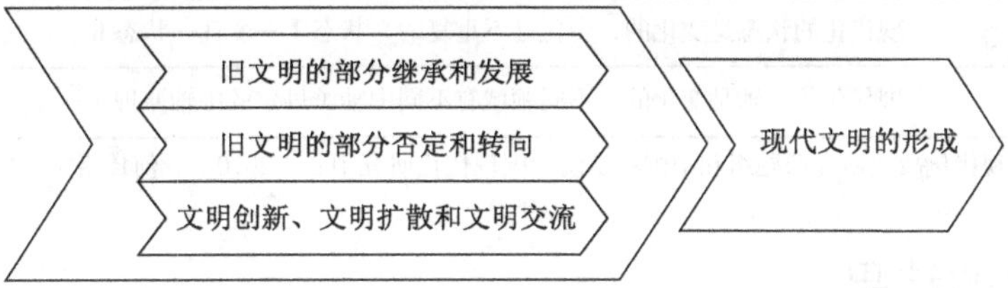

图 3.11　现代文明形成的三条路径

资料来源：何传启（2010）

传统文明的作用大致有三种。①积极作用，有些传统文明要素是创新的原料，有些传统文明要素如文明遗产可以增加文明多样性等；②消极作用，有些传统文明要素会阻碍文明创新等；③中性作用，如影响现代化的路径选择和文明创新的方向选择等。

3. 国际体系变化的主要机理

关于国际体系没有统一定义。一般而言，国际体系指相互作用和相互依存的诸多单位的最大聚合体，当前这一体系包含整个地球上的国家（布赞和利特尔，2004）。现代化过程的国际体系是以"国家现代化为结构单元"的国际体系，可以简称为现代化体系。

国际体系变化是一个国际分化、国家分层、国家流动和结构变迁的多元复合过程，发生在结构单元和国际体系两个层次上，前者是后者的基础。国际体系变化一般遵循四个基本原则，它们分别是：进程不同步、分布不均衡、结构稳定性和地位可变迁。

（五）现代化过程的原则

一般遵循 10 个基本原则（表 3.7），分别涉及文明内容、文明形态和国际体系变化，涉及现代化的进程、分布、结构、地位、行为、路径、需求、效用、状态和中轴等。

表 3.7　第二次现代化理论的 10 个基本原则

原理	内容或解释	备注
进程不同步	现代化的进程是不同步的，不同国家、领域和要素的现代化进程都是不同步的	国际体系
分布不均衡	现代化的分布是不均衡的，现代化的空间、领域和要素的横向和纵向分布都不均衡	
结构稳定性	现代化的分布结构是相对稳定的，发达国家比例小于 20%，发展中国家比例大于 80%	
地位可变迁	现代化的国际地位是可以变化的，发达国家降级概率约 10%，发展中国家升级概率约 5%	
行为可预期	现代化的行为是可以部分预期的，行为决策具有有限的理性（有限理性原理）	文明内容
路径可选择	现代化的路径是可选择的，路径选择受自身历史和条件的制约（路径依赖性）	
需求递进	现代化的社会需求是递进的，需求Ⅰ—满足—需求Ⅱ（马斯洛的需求层次理论）	
效用递减	现代化的政策效用是递减的，创新Ⅰ—效用变化—创新Ⅱ，效用周期、效用固化	

续表

原理	内容或解释	备注
状态不重复	现代化的状态是变化的，变化是不重复的，状态Ⅰ—变迁—状态Ⅱ	文明形态
中轴转变	现代化的中轴是变化的，不同领域有不同中轴（贝尔的中轴原理）	

资料来源：中国现代化战略研究课题组和中国科学院中国现代化研究中心（2010）、何传启（2010）

三、现代化的结果

现代化的结果是时间的函数，随时间而变化，包括一般结果、三种变化和国家目标三个方面的内容，可以从世界前沿、国际体系和国家状态三个层次进行分析（图 3.12）。

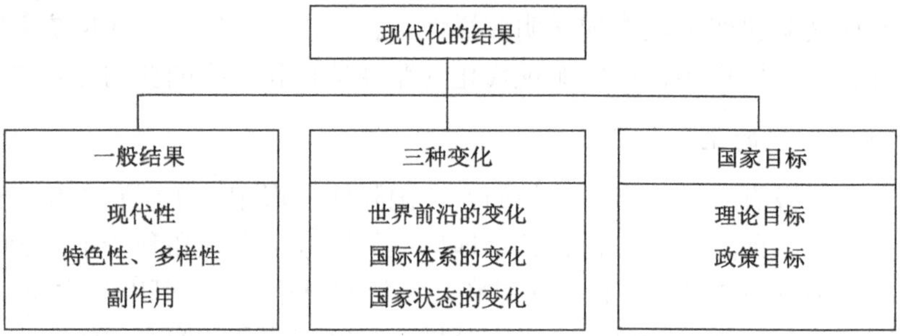

图 3.12　现代化的结果：三个要点

（一）现代化的一般结果

现代化的一般结果包括现代性、特色性和多样性的形成，包括劳动生产力和生活质量提高、社会进步、政治民主、文化多元、生态变化和人的全面发展，国际分化、国家分层和副作用，世界前沿、国际体系和国家状态的变化等。

（二）现代化的三种变化

1. 世界前沿的变化

世界现代化的前沿过程大致分为两大阶段，两次现代化的结果是不同的（表 3.8）。

表 3.8　现代化过程的三个历史截面的世界前沿（内容和特征举例）

项目	传统性	第一现代性	第二现代性
时间	约 1760 年	约 1970 年	约 2020 年
范围	世界	完成第一次现代化的国家	处于第二次现代化的国家
经济	手工的、分散的、自给自足等	工业化的、市场化的、高效的、科学的等	知识密集的、信息密集的、绿色的、全球的等
社会	家族的、稳定性、教育不普及等	城市化的、社会福利、普及义务教育等	知识密集的、网络化的、普及高等教育等

续表

项目	传统性	第一现代性	第二现代性
政治	专制的、封建的、宗教的等	民主的、法治的、职业的、集中的等	知识密集的、国际的、个性的、分散的等
文化	宗教的、迷信的、宿命论等	世俗的、理性的、大众传播、物质主义等	多样性、网络化的、文化产业、生活质量等
生态	开发和适应自然、因地而异等	经济主义、环境污染、生态破坏等	环境友好、互利共生、经济与环境双赢等
个人	保守的、等级的、家族价值等	开放的、平等的、流动的、个人价值等	终身学习、创新的、个性的、自我实现等

资料来源：何传启（2010，2011，2019，2022）

注：第二现代性是一幅没有完全展开的图画。两种现代性分别反映了两次现代化的部分内容和特点

第一次现代化过程的主要结果是第一现代性、特色性、多样性和副作用的形成。第一现代性的主要特点包括：工业化的、城市化的、民主的、法治的、理性的、世俗的、流动的、市场化的、社会福利、高效的、自由的、平等的、现代经济增长、现代科学和能源、大众传播和普及义务教育等。第一次现代化的副作用包括：环境污染、贫富分化、经济危机周期和人情淡化等。传统价值部分存在并发挥一定作用。

第二次现代化过程的主要结果是第二现代性、特色性、多样性和副作用的形成。2010年第二现代性的主要特点包括知识密集的、信息密集的、网络化的、智能的、全球的、创新的、个性的、多元的、绿色的、生态的、风险性、城乡平衡、生活质量提升、环境友好、终身学习和普及高等教育等。目前第二次现代化的副作用包括：网络犯罪、信息鸿沟、国际风险、技术风险和国际不平等扩大等。传统价值部分存在并发挥一定作用。

2. 国际体系的变化

国际体系的变化包括体系组成、结构、水平和特征的变化。例如，在现代化过程中，文明共性长期存在，传统性、第一现代性和第二现代性的比例随时间而变化。1960～2015年，发达国家的比例小于20%，发展中国家的比例大于80%；发展中国家包括中等发达国家、初等发达国家和欠发达国家。国际体系的水平结构具有相对稳定性（图3.13）。

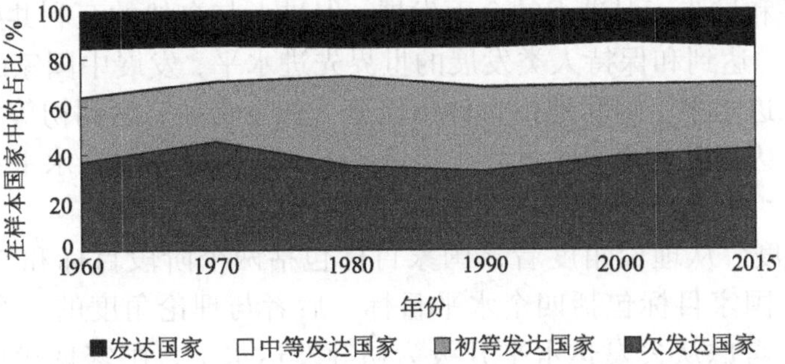

图3.13 1960～2015年现代化过程的国际体系的水平结构

资料来源：何传启（2010，2018）

3. 国家状态的变化

国家状态的变化包括国家现代化的阶段、前沿、水平和国际地位的变化等。前沿变化同样包括现代性、特色性和副作用的形成。上面关于世界前沿的分析适用于国家现代化。事实上，世界前沿是发达国家的国家前沿的凝练。国家水平和国际地位变化存在国别差异和时代差异（图 3.14）。

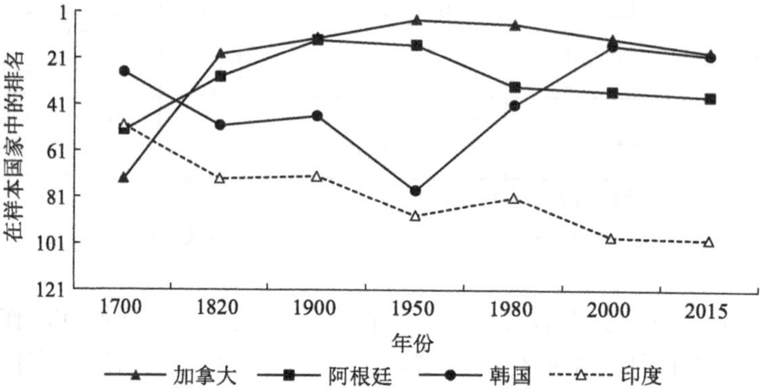

图 3.14　1700～2015 年四个国家的国际地位变化

资料来源：何传启（2010，2018）

图中 1700 年到 1950 年为人均 GDP［按 1990 年购买力平价（purchase power parity，PPP）价格计算］排名；1980 年到 2015 年为第二次现代化指数排名；受数据获取影响，横坐标仅作示意，非严格标度

（三）现代化过程的国家目标

现代化国家的目标可以分为理论目标和政策目标。

（1）理论角度。国家目标主要有三个。一是实现第一次现代化，完成从农业社会向工业社会的转变。二是实现第二次现代化，完成从工业社会向知识社会的转变。三是追赶、达到和保持人类发展的世界先进水平。前两个目标是阶段目标，第三个目标是水平目标。水平目标可分为三级，即达到世界平均水平、达到世界先进水平、达到世界前沿水平。

（2）政策角度。国家目标主要有两个。一是国家进步目标：提高生产力和生活质量，促进社会的公平和进步，促进人的全面发展，促进人与自然的互利共生等。二是国际地位目标：追赶、达到和保持人类发展的世界先进水平，发展中国家的政策目标是追赶和达到世界先进水平。国际地位目标可以分为四个台阶：达到初等发达水平、达到中等发达水平、达到发达水平（世界先进水平）、达到世界前沿水平；它们适用于不同国家。

（3）综合角度。从理论角度看，国家目标包括两个阶段目标和三个水平目标；从政策角度看，国家目标包括四个水平目标，后者与理论角度的三个水平目标是交叉的。如果暂不考虑从欠发达水平升级为初等发达水平，国家现代化大致有五个目标（表 3.9）。

表 3.9　国家现代化的五个目标

分类	目标	内涵	性质	特点
阶段目标	第一个目标	完成第一次现代化，实现从农业社会向工业社会的转变	固定目标	所有国家都有可能完成，但完成时间有先有后
	第二个目标	完成第二次现代化，实现从工业社会向知识社会的转变	固定目标	
水平目标	第三个目标	达到中等发达国家水平，基本实现现代化	动态目标	只有部分国家能够实现。达到和保持发达国家水平和世界前沿水平的国家是少数
	第四个目标	达到发达国家水平，全国平均实现现代化	动态目标	
	第五个目标	达到世界前沿水平，全面实现现代化	动态目标	

资料来源：何传启（2010，2019，2020，2022）

注：关于“第二个目标”的实现标准，还需要做更多研究；迄今尚无国家完成第二次现代化

根据现代化的二重性，从文明进步角度看，现代化是一个时间问题；从世界现象和国际竞争角度看，现代化是一个比例和概率问题。同样地，现代化阶段目标的实现是一个时间问题；现代化水平目标的实现则是一个比例和概率问题。

1950 年以前，国家现代化过程的结果与目标一般没有关系。那时，没有现代化理论，现代化知识没有普及。1960 年以来，在许多发展中国家，现代化理论对国家发展目标和国家现代化过程产生了重大影响，现代化结果与目标紧密关联。

四、现代化的动力

现代化过程的动力涉及动力因素和动力机制两个方面。

（一）现代化的动力因素

在微观层次上，动力因素包括个人心理因素和社会因素等。在宏观层次上，动力因素包括国内因素和国际因素等。一般而言，现代化的动力因素包括创新、竞争、适应、交流、国家利益和市场需求等。其中，创新是现代化的根本来源，竞争是现代化的激励机制，适应是现代化的自调机制，交流是现代化的促进因素，国家利益是国际竞争的主导因子，市场需求是产品创新的主导因素。

（二）现代化的动力机制

现代化的动力因素如何发挥作用呢？要解释和理解现代化的动力机制，需要建立动力模型，包括微观、宏观和定量模型（表 3.10）。这里简要介绍三大类中的三个模式。

表 3.10　现代化的动力模型（举例）

模型	内容或解释	备注
创新驱动模型	创新产生新观念、新制度、新知识和新物品，推动现代化	微观
双轮驱动模型	国家利益和市场需求的共同作用，推动现代化	
联合作用模型	创新、竞争、适应、交流的联合作用，推动现代化	
创新扩散模型	重大创新的国内扩散和国际扩散，推动现代化	宏观
创新溢出模型	重大创新的外部效应（对其他领域的影响），推动现代化	
竞争驱动模型	国际竞争、市场竞争、民主竞选的作用，推动现代化	
生产力函数	生产率与技术进步、人均技能和人均资本成正比	定量
要素优化模型	生产率与先进技术、优质资产和优质劳动比例成正比	
结构优化模型	生产率与高效产业比例和优质企业比例成正比	
创新价值模型	生产率与创新价值比例和物化劳动比例成正比	

资料来源：何传启（2010，2017）

注：创新扩散模型和创新溢出模型是创新理论模型在现代化领域的应用

（1）微观层次：创新驱动模型。创新是现代化的第一动力。创新产生新观念、新知识、新制度、新物品和新服务，形成新文化和新生活，推动新文明和现代化；在每一个阶段都有信息反馈，形成从创新到现代化的正反馈循环驱动。具体而言，知识创新和制度创新联合作用导致新科技，技术创新和新科技结合导致新产业，新产业导致新经济，新经济促进新社会，新社会促进现代化；现代化促进知识创新、技术创新和制度创新；在每一步都有信息反馈，形成从创新到现代化的正反馈循环驱动（图 3.15）。

（2）宏观层次：竞争驱动模型。现代化过程是一个竞争过程，主要竞争包括国际竞争、市场竞争和民主竞选等，它们导致了优胜劣汰、新陈代谢和资源优化配置等，从而促进文明发展和文明转型，推动现代化；并在每一个阶段都有信息反馈，形成从竞争到现代化的正反馈循环（图 3.16）。

（3）定量模型：生产力函数。在其他条件相同时，生产力与技术进步、人均技能和人均资本成正比（何传启，2009）。

柯布–道格拉斯生产函数为 $Y=A\times Ka\times L(1-a)$　　（3.1）

生产力函数为 $P=A\times (K/N)a\times S(1-a)$　　（3.2）

其中，Y 为产出；K 为资本投入；L 为劳动投入；a 为资本产出的份额；（$1-a$）为劳动产出的份额；A 为技术进步乘数；P 为生产力（劳动力的人均产出）；K/N 为劳动力的人均资本；N 为劳动力人数；S 为劳动力的人均技能。

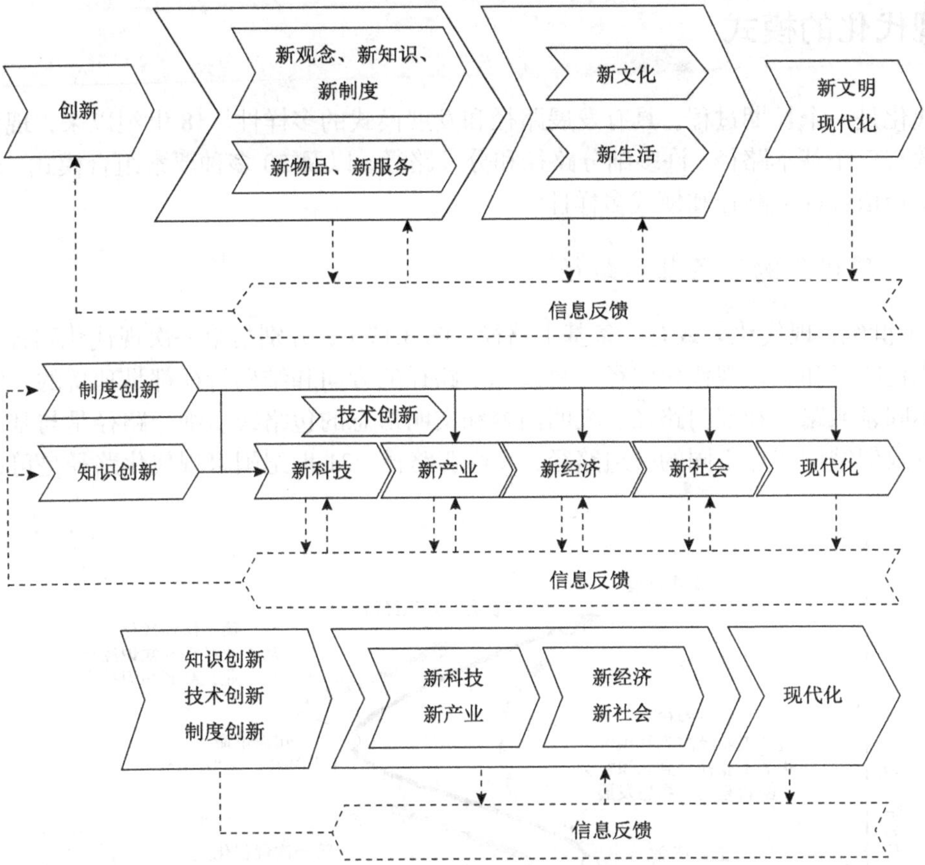

图 3.15　现代化过程的创新驱动模型

资料来源：何传启（2010，2019）

创新是指在世界上首次引入一种新东西、新概念或新变化；这种新是知识产权意义上的新，不是地理或时间意义上的新。知识创新包括科学发现、技术发明、知识创造和新知识首次应用。技术创新是指技术发明的首次成功商业应用，主要是从新科技到新产业的过程。制度创新是创立一种新制度。虚线为信息反馈，实线为作用路径

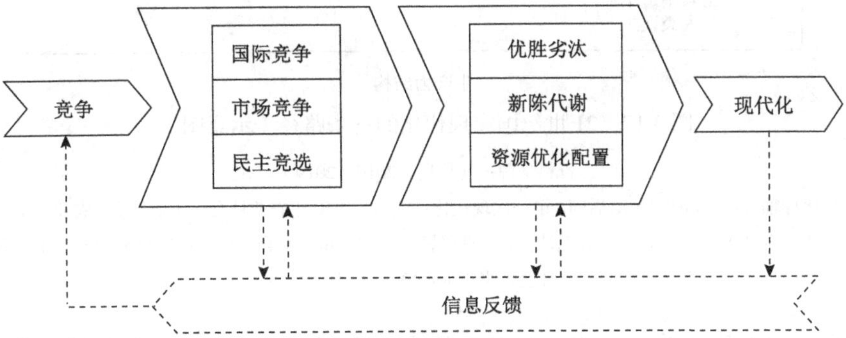

图 3.16　现代化过程的竞争驱动模型

资料来源：何传启（2010）

五、现代化的模式

现代化是一个长期过程，具有发展路径和发展模式的多样性。18 世纪以来，现代化过程大致有三条基本路径，许多细分路径和分叉路径，以及 50 多种要素组合模式。现代化具有路径依赖性、路径和模式多样性。

（一）现代化的三条基本路径

在 21 世纪，现代化大致有三条基本路径（图 3.17），分别是第一次现代化路径、第二次现代化路径和综合现代化路径。每条基本路径的方向和结构特征都是独特的。它们分别是不同领域路径和部门路径、文明内容和文明形态的包络线。细分路径是与基本路径方向一致但结构特点不同的一组路径，又称亚路径。21 世纪国家现代化路径是可以选择的。

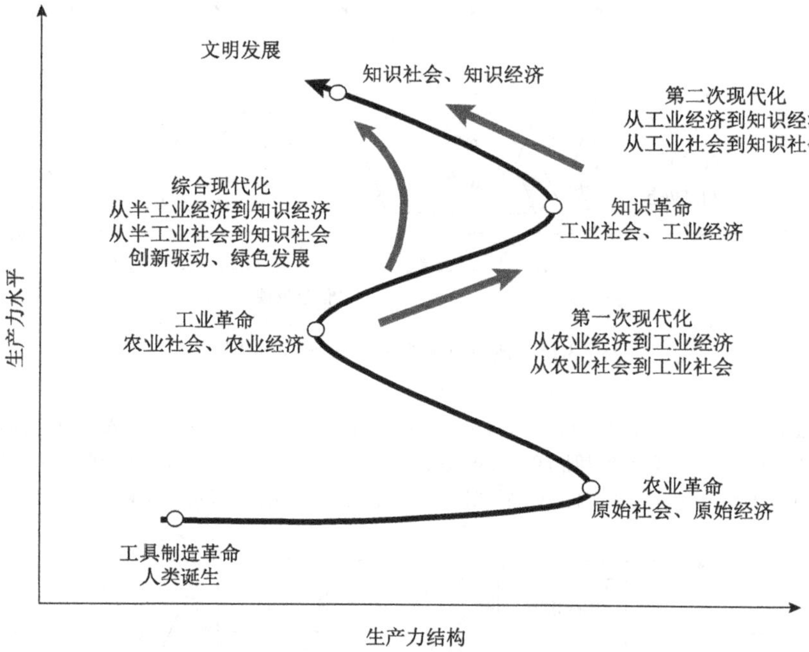

图 3.17　21 世纪国家现代化的三条路径（示意图）

资料来源：何传启（2010，2019）

横轴坐标做三次坐标轴转换（同图 3.8），后同。第一次现代化：1760～1960 年农业社会—工业社会，农业经济—工业经济；第二次现代化：1970 年以来，工业社会—知识社会，工业经济—知识经济；综合现代化：1980 年以来，半工业社会—知识社会，半工业经济—知识经济

（1）第一次现代化路径（表 3.11）：从农业文明向工业文明、从传统文明向现代文明、从农业经济向工业经济、从农业社会向工业社会的转变，重点是工业化、城市化、民主化、理性化、市场化、福利化、普及义务教育等。

表 3.11　第一次现代化路径的数字化图景（举例）

领域	核心要素	指标	变化趋势
政治	民主化等	普选覆盖率	上升：从 0 到 100%
经济	工业化等	工业比例	上升：从 5%到 50%（国别差异）
		农业比例	下降：从 90%到 10%
社会	城市化等	城市人口比例	上升：从 20%到超过 60%
	现代教育等	小学普及率	上升：从 10%到 100%
	社会福利等	养老保险覆盖率	上升：从 0 到 100%（国别差异）
文化	理性化等	成人识字率	上升：从 10%到 100%
		报纸阅读率	上升：从 0 到超过 60%（国别差异）
环境	环境变化	环境质量	下降：从环境友好到环境退化

资料来源：何传启（2017）

（2）第二次现代化路径（表 3.12）：从工业文明向知识文明、物质文明向生态文明、工业经济向知识经济、工业社会向知识社会的转变；重点是知识化、信息化、智能化、绿色化、多元化、全球化、普及高等教育等。

表 3.12　第二次现代化路径的数字化图景（举例）

领域	核心要素	指标	变化趋势
政治	民主化等	普选覆盖率	保持：100%；国际化
经济	服务化、知识化等	农业比例	下降：从 10%到 1%
		工业比例	下降：从 50%到 20%
		服务业比例	上升：从 20%到 50%
		知识型服务业比例	上升：从 20%到 50%
社会	郊区化等	郊区人口比例	上升：从 20%到 50%
文化	教育等	中学普及率	上升：从 60%到 100%
	知识化等	大学普及率	上升：从 10%到 100%
	信息化等	互联网普及率	上升：从 0 到 100%
环境	绿色化等	废水处理率	上升：从 0 到 100%

资料来源：何传启（2017）

（3）综合现代化路径（表 3.13）：两次现代化的协调发展，并持续向知识文明迈进；重点是新型工业化、新型城市化、新型福利化、知识化、信息化、智能化和民主化，以及农业现代化、创新驱动和绿色发展等。不同国家的综合现代化，既有共性又有差别。

表 3.13 综合现代化路径的数字化图景（举例）

领域	核心要素	指标	变化趋势
政治	民主化等	普选覆盖率	上升：达到 100%（国别差异）
经济	工业化等	农业比例	下降：从 50%到 10%或更低
		工业比例	波动：20%至 40%（国别差异）
	服务化等	服务业比例	上升：从 30%到 60%或更高
	知识化等	知识型服务业比例	上升：从 20%到 40%（国别差异）
社会	城市化等	城市人口比例	上升：从 30%到 80%（国别差异）
	郊区化等	郊区人口比例	上升：从 10%到 30%（国别差异）
文化	现代教育等	小学普及率	上升：从 60%到 100%
		中学普及率	上升：从 50%到 100%
	社会福利等	养老保险覆盖率	上升：从 20%到 100%（国别差异）
	理性化等	成人识字率	上升：从 60%到 100%
	知识化等	大学普及率	上升：从 10%到 60%（国别差异）
	信息化等	互联网普及率	上升：从 0 到 80%（国别差异）
环境	绿色化等	废水处理率	上升：从 10%到 80%（国别差异）

资料来源：何传启（2017）

（二）现代化的模式多样性

现代化没有标准模式，没有最佳模式。在现代化的不同阶段，可以选择不同的现代化要素的组合模式。第一次现代化的要素组合模式有 10 多种，第二次现代化和综合现代化的要素组合模式各有 20 多种。

（1）第一次现代化的国家模式（表 3.14）。第一次现代化包括很多要素，如工业化、城市化、理性化、民主化和国际互动等。不同国家在不同时期采用的策略不同，在某个时期相对优先发展某种要素，于是形成不同模式。

表 3.14 第一次现代化的国家模式

序号	要素组合	模式	国家举例
1	工业化与民主化	工业化优先	德国、日本、韩国等
2		民主化优先	法国、芬兰、新西兰等
3		协调发展	英国、美国、瑞典等
4	工业化与城市化	工业化优先	法国、芬兰等
5		城市化优先	意大利、澳大利亚等
6		协调发展	瑞典、英国等

续表

序号	要素组合	模式	国家举例
7	经济与教育	经济优先	英国、葡萄牙等
8		教育优先	德国、瑞典、美国等
9		协调发展	意大利、法国等
10	市场与计划	自由市场经济	18～19世纪的西方国家
11		计划指令经济	20世纪50～80年代的东欧国家
12		混合经济	20世纪40年代以来的西方国家
13	追赶工业化	进口替代	20世纪30～80年代部分拉美国家
14		出口导向	20世纪50年代以来部分东亚国家或地区
15		协调发展	20世纪90年代以来部分发展中国家
16	国际互动	民族工业保护	19世纪德国等（后发国家）
17		自由贸易	19世纪英国等（先行国家）
18		殖民帝国	18～20世纪早期的西方殖民帝国
19		依附发展	20世纪部分的拉美国家和新独立国家

资料来源：中国现代化战略研究课题组和中国科学院中国现代化研究中心（2010）

（2）第二次现代化的国家模式（表3.15）。目前，第二次现代化的实践只有40多年历史。第二次现代化包括很多要素，如知识化、信息化、生态化和全球化等，不同要素组合形成不同发展模式。不同国家在不同时期采用的策略不同，在某个时期相对优先发展某种要素，就会形成不同模式，如知识化优先、信息化优先、生态化优先、协调发展等。

表3.15　第二次现代化的国家模式

序号	要素组合	模式	国家举例
1	知识化与信息化	知识化优先	美国、瑞典、芬兰等
2		信息化优先	日本、荷兰等
3		协调发展	澳大利亚、英国等
4	知识化与生态化	知识化优先	芬兰、比利时等
5		生态化优先	英国、荷兰等
6		协调发展	日本、挪威等
7	信息化与生态化	信息化优先	挪威、日本等
8		生态化优先	德国、英国等
9		协调发展	加拿大、比利时等
10	全球化	高贸易高投资	爱尔兰、比利时等

续表

序号	要素组合	模式	国家举例
11	全球化	中贸易中投资	德国、法国等
12		低贸易低投资	美国、日本等
13	经济与社会	经济优先	日本、爱尔兰等
14		社会优先	德国、瑞典、芬兰等
15		协调发展	比利时、荷兰、奥地利等
16	经济与生态	经济优先	美国、澳大利亚、加拿大等
17		生态优先	瑞士、奥地利、西班牙等
18		协调发展	德国、法国等
19	社会与生态	社会优先	美国、澳大利亚、加拿大等
20		生态优先	瑞士、奥地利、西班牙等
21		协调发展	丹麦、英国、法国等
22	经济、社会与生态	协调发展	法国、丹麦、英国等

资料来源：中国现代化战略研究课题组和中国科学院中国现代化研究中心（2010）

注：高贸易高投资即国际贸易和投资占 GDP 比例≥100%。中贸易中投资即 50%≤国际贸易和投资占 GDP 比例＜100%。低贸易低投资即国际贸易和投资占 GDP 比例＜50%

（3）综合现代化的国家模式（表 3.16）。综合现代化进程大致可以分为三个阶段。综合现代化是两次现代化协调发展，实际上是两次现代化的关键要素的不同组合。它是一个动态调整的过程。第一阶段：以工业化为主，知识化为辅，第一次现代化要素占优势地位。第二阶段：工业化和知识化并重，两次现代化并重。第三阶段：以知识化为主，工业化为辅，第二次现代化要素占优势地位，第一次现代化逐步完成。综合现代化的起点存在很大国别差异。在决定采用综合现代化路径时，不同国家起点不同，就是第一次现代化的完成程度不同，它们的做法也会有差别。第一次现代化完成程度比较高的国家，可以更多采用第二次现代化的要素，反之则反。综合现代化的模式同样具有很大国别差异。第一次现代化和第二次现代化都具有模式多样性，综合现代化的模式多样性更为显著，其要素组合模式更多。例如，工业化优先、民主化优先、城市化优先、知识化优先、信息化优先、知识化与工业化协调发展、信息化与工业化协调发展、工业化与生态化协调发展、城市化与信息化协调发展、城市化与生态化协调发展等。综合现代化是两次现代化的协调发展，第一次现代化和第二次现代化的若干模式，如教育优先、经济优先、社会优先、生态优先、经济协调发展、社会协调发展和生态协调发展等，同样适用于综合现代化。

表 3.16　综合现代化的国家模式（举例）

序号	要素组合	模式	国家举例
1	知识化与工业化	知识化优先	希腊、巴拿马等
2		工业化优先	墨西哥、南非等

续表

序号	要素组合	模式	国家举例
3	知识化与工业化	协调发展	智利、土耳其、泰国等
4	信息化与工业化	信息化优先	马来西亚、哥斯达黎加等
5		工业化优先	埃及、印度尼西亚等
6		协调发展	土耳其、泰国、越南等
7	工业化与生态化	工业化优先	马来西亚、泰国等
8		生态化优先	哥伦比亚、秘鲁等
9		协调发展	智利、哥斯达黎加等
10	国际互动	高贸易高投资	马来西亚等
11		中贸易中投资	中国等
12		低贸易低投资	巴西等
13	城市化与生态化	城市化优先、生态化优先、协调发展	—
14	城市化与信息化	城市化优先、信息化优先、协调发展	—
15	经济与教育	经济优先、教育优先、协调发展	—
16	经济与社会	经济优先、社会优先、协调发展	—
17	经济与生态	经济优先、生态优先、协调发展	—
18	社会与生态	社会优先、生态优先、协调发展	—
19	经济、社会与生态	协调发展	—

资料来源：中国现代化战略研究课题组和中国科学院中国现代化研究中心（2010）

第二节　现代化研究的十种理论

20 世纪 50 年代以来，世界现代化研究出现三次浪潮：经典现代化研究、后现代研究和新现代化研究，产生大批现代化理论；它们从不同角度阐释现代化科学的基本原理。下面系统分析其影响较大的十种理论（表 3.17）。

表 3.17　现代化研究的三次浪潮和十种理论

项目	第一次浪潮	第二次浪潮	第三次浪潮
大致时间	20 世纪 50～60 年代	20 世纪 70～80 年代	20 世纪 90 年代以来
主要理论	经典现代化理论、依附理论、世界体系理论	后现代化理论	生态现代化理论、反思性现代化理论、多元现代性理论、全球化理论、第二次现代化理论、综合现代化理论

资料来源：何传启（2010）

十种理论与分段现代化紧密相关。其中，三种（经典现代化理论、依附理论和世界体系理论）与第一次现代化相关，四种理论（第二次现代化理论、后现代化理论、反思性现代化理论和生态现代化理论）与第二次现代化相关，三种理论（综合现代化理论、多元现代性理论和全球化理论）与综合现代化相关。有些理论与两次现代化都相关。

一、第一次浪潮的三种理论

（一）经典现代化理论

经典现代化理论诞生于 20 世纪 50～60 年代。它是对 18 世纪工业革命以来世界现代化的进程和实践的一种理论阐述。它并不是一个单一理论，而是关于现代化的不同思想的一个理论集合。它缺少统一的系统表述，不同流派和不同学者的观点存在差异，学术争议长期存在。中国学者做出部分贡献，如提出经典现代化理论结构等（何传启，2003，2010）。一般而言，经典现代化理论包括一般理论、六个学派、六个分支（图 3.18）。

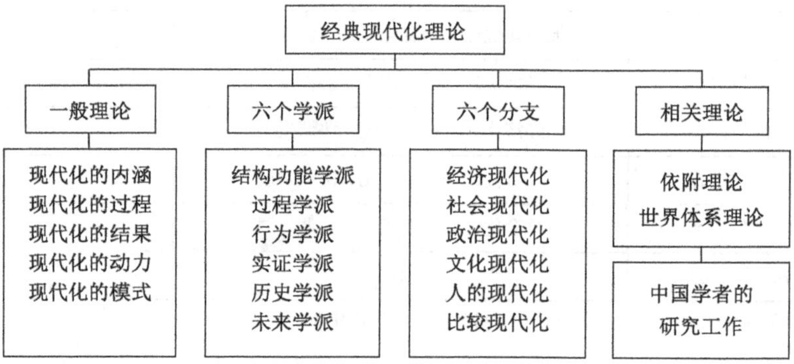

图 3.18　经典现代化理论的结构

资料来源：何传启（2003，2010）

1. 一般理论

在经典现代化理论中，不同学派和不同学者对现代化的理解和定义有所不同。尽管如此，学者普遍接受现代化的两个基本内涵：一是指发达国家工业革命以来发生的深刻变化；二是指发展中国家追赶世界先进水平的发展过程。同时，关于现代化的学术争论一直存在。

美国学者 Bendix（1967）认为，现代化是 18 世纪英国工业革命和法国大革命以来人类社会的一种深刻变化，是从传统社会向现代社会的转型过程；它既发生在先行国家，也存在于后进国家追赶世界先进水平的过程中。

Black（1976）认为，现代化过程包括四个阶段：①现代性的挑战；②现代化领导的稳固；③经济和社会的转型；④社会整合。罗斯托（2001）认为，经济发展可以分为五个阶段：①传统社会阶段；②为起飞创造前提条件的阶段；③起飞阶段；④成熟阶段；⑤高额的大众消费阶段。亨廷顿认为，现代化过程有九个特征：革命性、复杂性、系统性、全球性、长期性、阶段性、趋同性、不可逆、进步性（Black，1976）。

学者把传统农业社会的特点归纳为传统性，把已经完成现代化过程的国家的现代工业社会特点称为现代性；传统性和现代性是相对的，也是不对称的。不同学者对现代性的认识有一定差别，但现代性具有一些基本特征，现代性在不同领域有不同表现。关于经典现代化的动力和模式研究，也有许多文献（Black，1966，1976）。

经典现代化理论在解释发达工业国家18世纪60年代至20世纪60年代的发展过程时比较成功，在解释发展中国家追赶发达工业化水平的过程时也还可用，但在解释发达工业国家20世纪70年代以来的发展时就遇到了麻烦，基本上不适用。

2. 六个学派

经典现代化研究的文献非常丰富，其中相当部分是相互重叠或相互验证的文章。除经典现代化理论的一般理论外，如果按研究方法和特点划分，经典现代化研究可分为六个学派（表3.18）。当然，这种划分是人为的，难免有些武断。事实上，有些学者的思想是跨学派的，如帕森斯、布莱克和亨廷顿教授等。

表3.18　经典现代化研究的六个学派

学派	简要解释	主要代表人物
结构功能学派	结构功能主义。现代化是从传统社会向现代社会的转变。重点研究现代性和传统性的比较和转换	帕森斯、列维等
过程学派	现代化是从农业社会向工业社会转变的过程，这个过程包括一系列阶段和深刻的变化。重点研究转变过程的特点和规律	罗斯托等
行为学派	现代化必然涉及个人心理和行为的改变，强调人的现代化	英克尔斯等
实证学派	各国的现代化具有不同特点。开展现代化的实证研究	格尔申克隆等
历史学派	现代化涉及人类生活方方面面的深刻变化。包括比较研究、发展模式研究、定量指标研究等	布莱克等
未来学派	研究未来的发展趋势，重点研究发达国家的发展趋势	贝尔等

资料来源：何传启（2003，2010，2019）

3. 六个分支

经典现代化研究的学术文献，除经典现代化理论的一般理论和经典现代化研究的六个流派外，如果按研究领域划分，可以分为六个分支（表3.19），这些分支理论阐述了不同领域现代化的特点和规律。需要注意的是，经典现代化理论的一般理论和分支理论关于“现代化”的相关阐述实际上都是关于“第一次现代化”的相关阐述。

表3.19　经典现代化理论的六个分支

分支	简要解释	主要代表人物
经济现代化	阐述从传统经济向现代经济的转变	罗斯托、钱纳里等
社会现代化	阐述从传统社会向现代社会的变迁	帕森斯、列维、勒纳等

续表

分支	简要解释	主要代表人物
政治现代化	阐述从传统政治向现代政治的转变	伊斯顿、亨廷顿等
文化现代化	阐述从传统文化向现代文化的变迁	韦伯、哈贝马斯等
人的现代化	阐述现代人的心理和行为特点	英格尔斯、麦可勒兰德等
比较现代化	世界现代化的历史比较研究	布莱克、艾森斯塔特等

资料来源：何传启（2003，2010，2019）

（二）依附理论

依附理论是20世纪60年代兴起的一种国际政治经济理论。它试图用核心国家和边缘国家的依附关系，来解释边缘国家的欠发达现象，并把欠发达归咎于外部原因（图3.19）。在现代化理论谱系中，依附理论的地位和作用是有争议的。历史经验表明，不同国家不太可能齐步走，世界现代化过程必然伴随发达和欠发达现象。尹保云（2001）教授认为，依附理论可以大致分为三种类型：结构主义依附理论、激进的依附理论、依附发展理论。

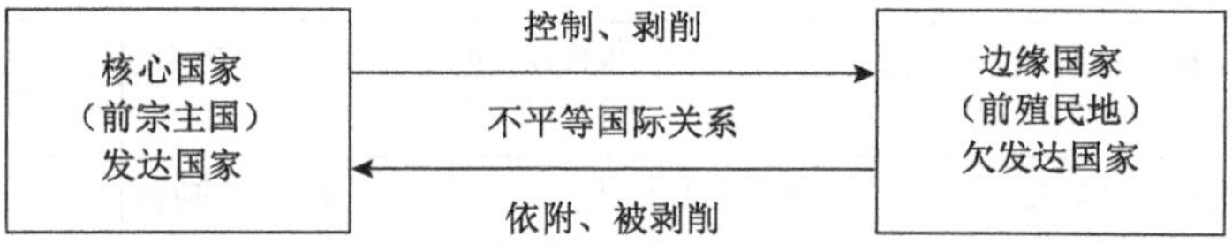

图3.19　依附理论的示意图

资料来源：何传启（2010）

（三）世界体系理论

世界体系理论是20世纪70年代兴起的一种有广泛影响的理论。它试图用中心地区—半边缘地区—边缘地区的依附关系、世界劳动分工和阶级冲突等变量来分析世界体系的历史演变，从而解释16世纪以来的世界发展史（Wallerstein，1974）（图3.20）。现代化是一个世界运动，必然导致世界体系的变化，世界体系的变化必然影响国家的现代化，但是，经典现代化理论本身没有世界体系层次的分析。考虑到现代化过程必然导致世界体系的变化，建立关于现代化过程的世界体系的理论解释是有意义的。当然，世界体系理论和依附理论一样，都是一种独立存在和自行演变的学术思想。

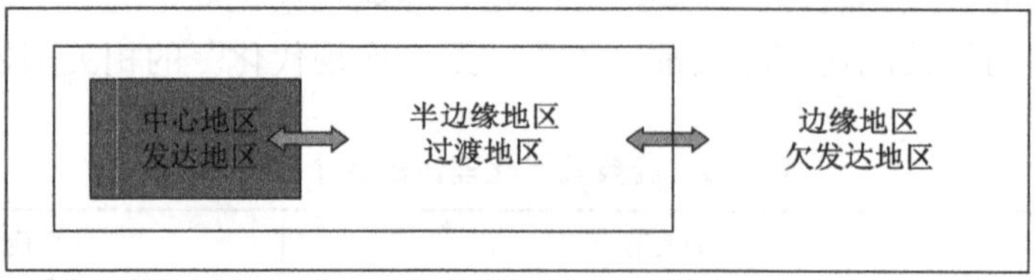

图3.20　世界体系理论的示意图

资料来源：何传启（2010）

二、第二次浪潮的主要理论

后现代化理论是第二次浪潮的主要理论。但它并不是一个完整的理论体系，而是关于后工业社会、后现代主义、后现代性和后现代化研究的一个思想集合。它有三个主要来源：对经典现代化和现代性的批判性重构、后工业社会的未来学展望、后物质主义和后现代文化的实证研究等（何传启，2003）。

美国学者贝尔（1997）把社会发展分为三个阶段：前工业社会、工业社会和后工业社会。他从五个方面刻画后工业社会。①经济方面：从产品生产经济转变为服务性经济；②职业分布：专业和技术人员阶级处于主导地位；③中轴原理：理论知识处于中心地位，它是社会革新与制定政策的源泉；④未来的方向：控制技术发展，对技术进行鉴定；⑤制定决策：创造新的“智能技术”。

美国学者哈桑（Hassan，1987）认为，后现代主义的主要特征包括破坏性、不确定性、破碎性、反正统性、非我性和内在性等。后现代主义是相对于现代主义的一种思潮，它建立在对现代主义和现代化运动的反思和批判的基础上。

美国学者英格尔哈特（Inglehart，1997）认为，历史发展不是线性的，从传统社会向现代社会的转变是现代化，从现代社会向后现代社会的转变是后现代化（图 3.21）；1970 年以来工业化国家发生的变化是后现代化，发展中国家发生的变化是现代化；从现代化向后现代化的转变包括政治、经济、性和家庭、宗教观念等的深刻变化，如从物质主义到后物质主义、从现代价值到后现代价值、从生存价值到幸福价值；现代化的核心目标是经济增长，通过工业化和系统的技术应用来扩大有形产品；后现代化的核心目标是使个人幸福最大化，追求生活质量和生活体验；在专业化、世俗化和个性化方面，后现代化是现代化的继续。文化变迁具有路径依赖性，后现代化的文化变迁包括后现代主义的兴起。

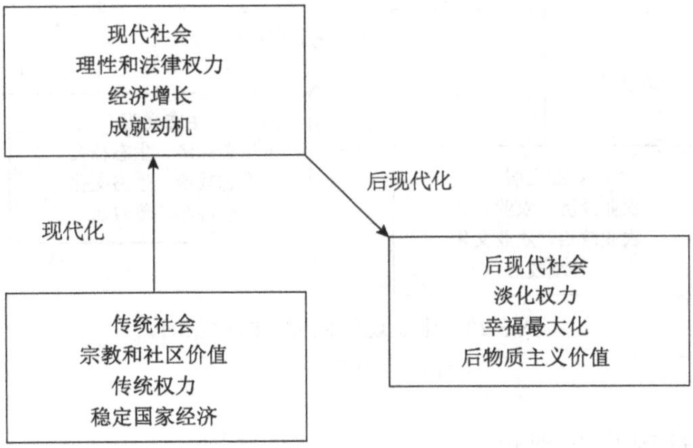

图 3.21　从现代化到后现代化

资料来源：Inglehart（1997）

德国学者查普夫（2000）认为，后物质主义社会、后工业社会、后现代社会、信息社会、风险社会、感性社会等概念在语义上都没有像“现代社会”这个概念更具有生命力。他赞成美国学者帕森斯的观点，发展（现代化、变迁）是容纳、价值普遍化、分化和地位提高的综合体。查普夫教授认为，经过冲突论和创新论“淬火”的现代化理论是解释世界现在和未来发展的合适的理论模式，现代社会需要继续现代化。根据查普夫的看法，美国杜克大学图亚江教授把这种现代化称为“第二种现代化”或“新现代化”（Tiryakian，1991）。

三、第三次浪潮的六种理论

（一）生态现代化理论

荷兰学者摩尔（Mol，2001）认为，最先是 20 世纪 80 年代早期，少数西欧国家如德国、荷兰和英国，首次提出生态现代化理论。这种理论主要以欧洲经验为基础，描述一种新模式：追求经济有效、社会公正和环境友好的发展。这是经济和环境的双赢模式；经济增长与环境保护相互协调，经济增长与环境压力脱钩。生态现代化的核心是预防、创新和结构转变。

中国学者何传启（2010）认为（图 3.22），生态现代化是现代生态和环境意识引发的世界现代化的生态转型，是现代化与自然环境的一种互利耦合；它包括从物质经济向生态经济、物质社会向生态社会、物质文明向生态文明的转变，自然环境和生态系统的改善，生态效率和生活质量的持续提高，生态结构、生态制度和生态观念的深刻变化，以及国际竞争和国际地位的明显变化等。

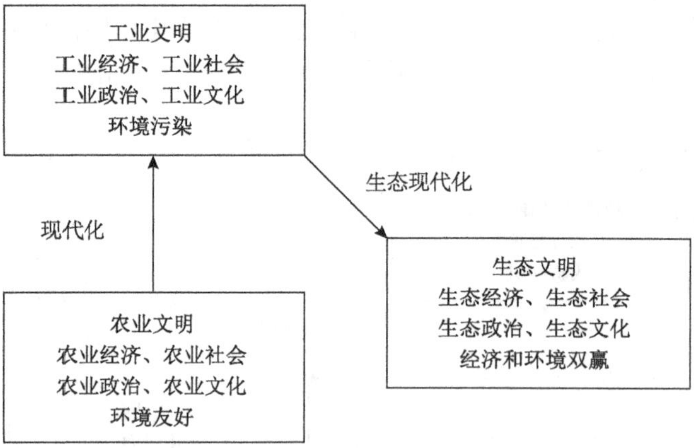

图 3.22　生态现代化理论的示意图

资料来源：何传启（2010）

（二）反思性现代化理论

德国学者贝克（Beck，1986）认为：①在 19 世纪，普通现代化分解了农业社会的结构，建立了工业社会；与此相似，今天的反思性现代化正在分解工业社会，并产生另一种现代性，这种新出现的现代性就是风险社会。②世界现代化包括两个阶段，即普通现代化和反思性现代化；普通现代化是从传统社会向工业社会的转变，反思性现代化是从工业社会向风险社会的转变，反思性现代化是现代化的现代化（图 3.23）。③工业社会的现代性是普通现代性，风险社会的现代性是反思现代性；普通现代性是第一现代性，反思现代性是第二现代性等。④普通现代性是指 1800～1950 年的工业社会的特征。普通现代性是一个半现代状态，它阻止进一步的现代化。反思现代性指风险社会的特点，如社会不平等的个性化、不确定性、风险全球化、民主对话、结构性失业、部分雇佣和工作安全性的退化等。

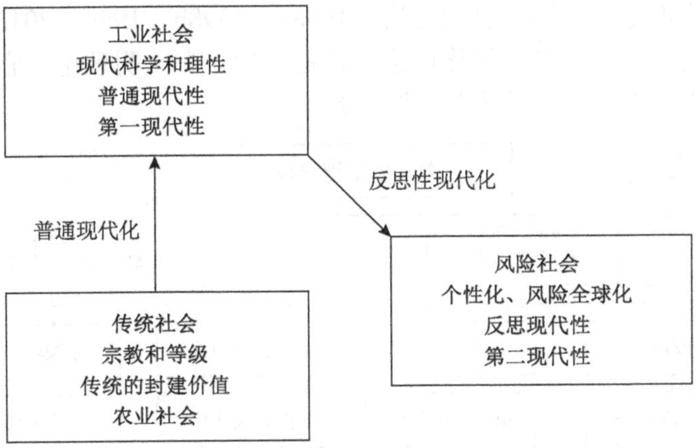

图 3.23 反思性现代化是“现代化的现代化”

资料来源：何传启（2010）

（三）多元现代性理论

20 世纪 90 年代以来，文化多样性和文化多元化引起广泛关注。这种思想在现代化研究领域产生了共鸣，“多元现代性”逐步成为一种学术时尚。以色列学者艾森斯塔特（Eisenstadt，2003）认为：多元现代性是关于现代时期的历史和特征的某种观点，它与 20 世纪 50 年代的经典现代化理论的阐述不同。经典现代化理论认为，现代性最初在欧洲出现，然后扩散到世界各地，并被后进国家照单全收。现代性确实蔓延到世界大多数地区，但没有产生一个单一的文明，或一种制度模式，而是产生了几种现代文明的发展，或至少多种文明模式。现代社会和正在现代化的社会的多元性和多样性远远超出了人们以往所承认的程度。现代性具有多种文化方案和制度模式。多元性和多样性被视为是不同现代社会独特面貌的主要决定因素。

（四）全球化理论

关于全球化没有统一定义。狭义理解是经济活动的全球联系和相互依赖的扩展，广义理解是经济、政治、文化、社会和环境等领域进行的、复杂的国际化过程。当国际化达到一定程度时，如说超过 50%的国家介入国际化过程的时候，就是真正的全球化。关于全球化理论，没有统一的理论表述，只有不同学者的观点并存。

赫尔德等（2001）认为，全球化可以追溯到人类文明的早期阶段，从大约 1 万年前到现在，全球化可以分为四个主要阶段：前现代的全球化（1 万年前～公元 1500 年）、现代早期的全球化（1500 年～1850 年）、现代的全球化（1850 年～1945 年）和当代的全球化（1945 年至今）。当代全球化是各个领域和各个方面的全球化的历史性汇合和集中。全球化分为四种类型：密集的全球化、分散的全球化、扩张的全球化和稀疏的全球化。

（五）第二次现代化理论

第二次现代化理论是中国学者何传启（1998a，1998b，1999，2013）提出的。第二次现代化理论不仅是一个广义现代化理论，也是一种人类文明理论，它使现代化理论与人类文明理论形成一个“有机整体”（图 3.24）。

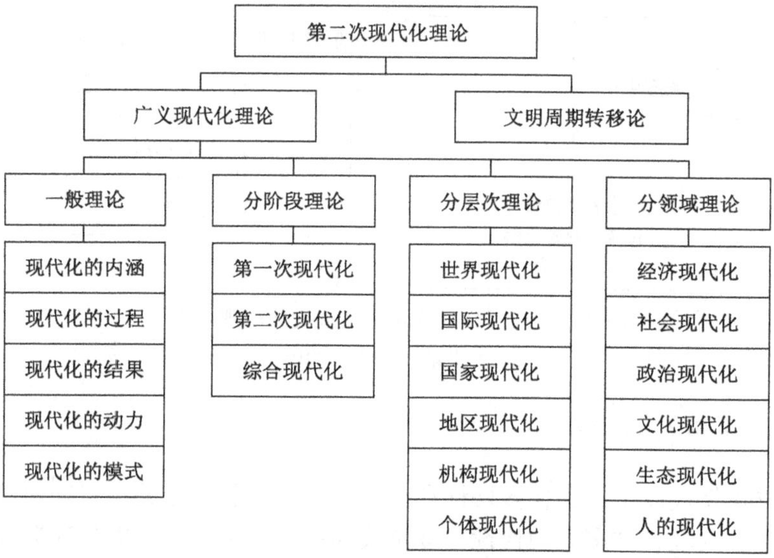

图 3.24　第二次现代化理论的结构

资料来源：何传启（1999，2003，2010，2019）

第一，从人类诞生到 21 世纪末，人类文明进程大致包括四个发展周期、十六个发展阶段和两次现代化。其中，四个周期是原始文化、农业文明、工业文明和知识文明周期；每个周期都包括起步、发展、成熟和过渡四个阶段，共计十六个阶段；从农业文明向工业文明的转变是第一次现代化，从工业文明向知识文明的转变是第二次现代化；22 世纪还会有新变化。在人类文明进程中，经济和社会发展水平、生产力水平和生活质量在不断提高，但发展方向发生了三次转折；不同时代人类文明有不同特征，不同国家和不同民族有不同表现，人类文明发展的不同方面有不同的规律和特点。

第二，现代化是指 18 世纪工业革命以来人类文明的一种深刻变化和国际竞争，它包括从传统政治向现代政治、传统经济向现代经济、传统社会向现代社会、传统文化向现代文化、传统人向现代人转变的历史过程及其变化；它既发生在先行国家，也存在于后进国家追赶人类发展的世界先进水平的过程中。概括地说，现代化是现代文明的形成、发展、转型和国际互动的复合过程，是文明要素的创新、选择、传播和退出交互进行的复合过程，是追赶、达到和保持人类发展的世界先进水平的国际竞争。

第三，从18世纪到21世纪末，世界现代化过程可以大致分为两大阶段：第一次现代化是指从农业时代向工业时代、农业经济向工业经济、农业社会向工业社会、农业文化向工业文化的转变过程和深刻变化，第二次现代化是指从工业时代向知识时代、工业经济向知识经济、工业社会向知识社会、物质文化向生态文化的转变过程和深刻变化；第二次现代化不是人类历史的终结，将来还有新的发展。

第四，两次现代化的结果是不同的，文明共性和传统性持续存在并发生作用。第一次现代化的结果是第一现代性、特色性、多样性和副作用的形成，在不同领域有不同特点。第二次现代化的结果是第二现代性、特色性、多样性和副作用的形成，在不同领域有不同表现。与此同时，国际体系、国家状态和国家地位也会发生变化。

（六）综合现代化理论

中国学者何传启（2003）提出综合现代化理论，它是第二次现代化理论的一个路径理论。2003年出版的《东方复兴：现代化的三条道路》一书系统阐述了综合现代化理论。它适合于目前没有完成第一次现代化的发展中国家。这些国家通过两次现代化的协调发展，有可能迎头赶上世界先进水平，达到发达国家第二次现代化水平。

综合现代化是发展中国家的一种现象，是两次现代化的协调发展和持续向第二次现代化转型的复合过程，是现代文明的形成、发展、转型和国际互动的复合过程，是文明要素的创新、选择、传播和退出交替进行的复合过程，是追赶和达到世界先进水平的国际竞争。

一般而言，综合现代化过程可以分为三个阶段（图3.25）：以工业化为主、工业化和知识化并重、以知识化为主；或者以第一次现代化为主、两次现代化并重、以第二次现代化为主。

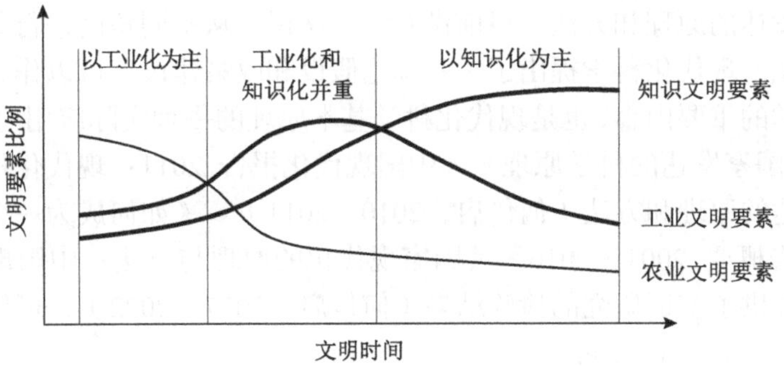

图3.25　综合现代化过程的三个阶段和文明结构变化

资料来源：何传启（2003）

不同国家综合现代化的起点不同，它的阶段划分也会有所差别。如果国家处于第一次现代化的起步期或发展期，农业文明比例仍然超过工业文明，那么，它进入综合现代化后，将经历三个阶段。如果国家处于第一次现代化的成熟期，农业文明比例已经低于工业文明，那么，它进入综合现代化后，将经历两个阶段。在某种意义上，生态文明可以看成是知识文明的一个组成部分，或者是知识文明的一个侧面

发展中国家在综合现代化阶段可以采用生态现代化原理和绿色发展模式，走绿色工业化和绿色城市化的发展道路，降低现代化过程的环境压力和生态成本（图 3.26）。虽然发展中国家的环境压力和生态成本也会先升后降，但它们的数值有可能小于发达国家。

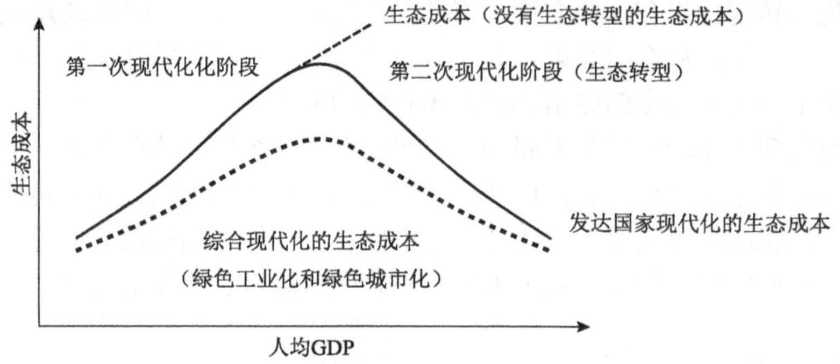

图 3.26　发展中国家综合现代化的生态成本

资料来源：何传启（2010）

综合现代化是一个迅速变化的过程，它不会是一帆风顺的，它伴随着痛苦、挫折、牺牲和人们不希望看到的副产品。综合现代化拒绝浪漫主义、空想主义和理想主义，它需要思想和实干。综合现代化必然导致社会结构的改变和权利的再分配，一部分人受益，一部分人受损。这就需要理解和尊重，需要对牺牲者给予补偿，对贡献者给予奖励。

第三节　国家发达的原理和方法

关于国家发达的原理和方法，目前没有统一认识。从不同角度进行研究，可能有不同的看法和认识。现代化科学提出了一些理论假设和政策建议，可以作为一家之言；它既是现代化科学的重要内容，也是现代化科学基本原理的一种实际应用（何传启，2010）。《现代化科学：国家发达的科学原理》《中国现代化报告 2011：现代化科学概论》系统阐述了国家发达的原理和方法（何传启，2010，2011）。《如何成为一个现代化国家：中国现代化报告概要 2001～2016》《国家现代化的原理与方法：中国现代化报告概要 2001～2021》提供了实证研究的检验结果（何传启，2017，2022），可供参考。

一、国家发达的原理

（一）国家发达的三个假设

首先，国家发达是一种世界现象，是国家现代化、国际竞争和国际分化的结果。在现代化过程中，发达国家是达到和保持世界先进水平的国家，其他国家是发展中国家；

发达国家的比例一般低于 20%，发展中国家的比例一般高于 80%；两类国家之间可以发生位置转换。

其次，国家水平与四类要素正相关，即价值、劳动、资本和技术。一般而言，国家水平与创新价值比例成正比，与劳动价值比例成反比；与物化劳动比例成正比，与活的劳动比例成反比；与有效劳动比例和高效劳动比例成正比，与无效劳动比例和低效劳动比例成反比；与有效投资比例和高效投资比例成正比，与无效投资比例和低效投资比例成反比；与高级资产比例成正比，与初级资产比例成反比；与先进技术比例成正比，与落后技术比例成反比等（表 3.20）。

表 3.20　国家发展水平与关键要素的逻辑关系

要素	与国家发展水平成正比的部分	与国家发展水平成反比的部分
价值	创新价值比例	劳动价值比例
劳动	物化劳动比例、有效劳动比例、高效劳动比例	活的劳动比例、无效劳动比例、低效劳动比例
资本	有效投资比例、高效投资比例、高级资产比例	无效投资比例、低效投资比例、初级资产比例
技术	先进技术比例	落后技术比例

资料来源：何传启（2010，2011）

注：国家发展水平与许多要素有关，如产业结构、就业结构、关键制度、生活质量和人的发展水平等

最后，国家发达具有二重性。一是相对稳定性。例如，在大约 50 年里发达国家保持发达水平的概率约为 90%。二是流动性。例如，在大约 50 年里，发达国家降级为发展中国家的概率约 10%，发展中国家升级为发达国家的概率约 5%。

（二）国家发达的三个维度

国家发达是一个多维复合现象，它至少需要满足生产力、社会进步和人类发展三个维度的标准。当然，三个标准是基本标准。从理论上说，发达国家需要在经济、社会、政治、文化、生态和人的现代化六个方面都达到世界先进水平。

第一，先进生产力维度。国家发达首先表现为具有先进生产力。生产力水平达到和保持世界先进水平的国家才是发达国家。一般而言，生产力是指在单位时间里劳动创造的价值。

在单位劳动时间里，社会劳动创造的总价值主要包括四种价值（表 3.21）。其中，劳动价值和创新价值是主体价值，资源价值和环境价值是相对次要的价值，而且具有二重性。

表 3.21　社会劳动创造的总价值（四元价值论）

价值	含义	解释	备注
劳动价值	普通劳动创造的价值	普通活劳动和物化劳动创造的价值	国家的劳动力和投资资本是有限的
创新价值	创造性劳动创造的价值	知识、技术和制度创新产生的价值	创新价值，理论上可以无限增加

续表

价值	含义	解释	备注
资源价值	资源成本的价值	自然资源的使用和损耗	增加 GDP，降低国家净储蓄
环境价值	环境改变的价值	环境破坏和环境改进的价值	环境破坏为负值，环境改进为正值

资料来源：何传启（2010，2011）

注：活的劳动指劳动力的劳动，包括普通活劳动和创造性劳动。物化劳动指固化在投资资本中的劳动。普通劳动包括普通活劳动和物化劳动。知识和技术创新包括新知识产权、新商品和新服务等。制度创新包括制度和观念创新，如新制度、新模式和新观念等。资源价值包括资源使用（价值转移）和资源损耗（价值损失）

如果不考虑资源和环境价值，劳动创造的价值包括劳动价值和创新价值；其中，劳动价值是普通劳动产生的价值，创新价值是创造性劳动产生的价值。一般而言，发达国家创新价值所占比例比较高，发展中国家劳动价值所占比例比较高；国家水平与创新价值比例正相关，与劳动价值比例负相关（图 3.27）；发达国家物化劳动比例比较高，发展中国家活的劳动比例比较高；国家水平与物化劳动比例正相关，与活的劳动比例负相关（图 3.28）。

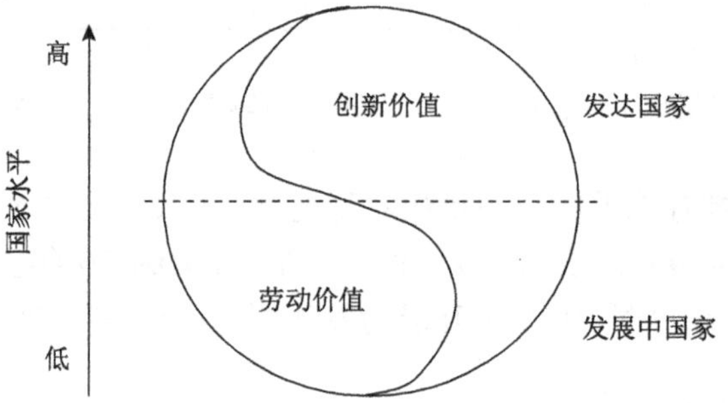

图 3.27　价值比例太极图

资料来源：何传启（2010）

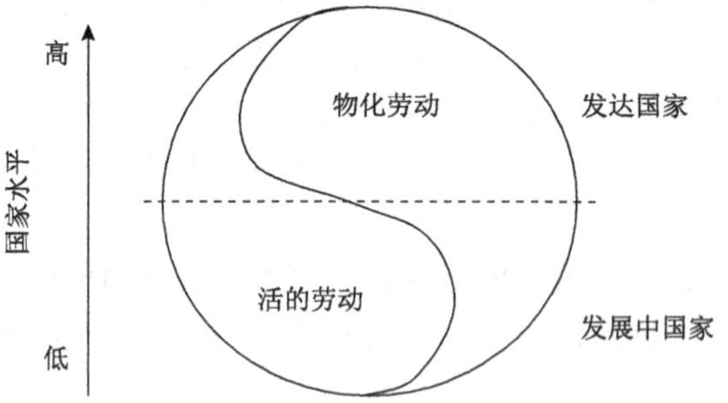

图 3.28　劳动比例太极图

资料来源：何传启（2010）

第二，社会进步维度。社会进步包括公共事业的发展和生活质量的提高等。社会进步要求促进和实现社会公平。社会公平一般包括机会公平、过程公平和结果公平等（表 3.22）。由于个体的天生差异，机会公平、过程公平和结果公平很难同时实现。按贡献分配可以促进过程公平，按需要调节可以促进结果公平。

表 3.22　社会公平的模式

公平	领域	解释
机会公平	教育、劳动、公务机会等	义务教育的公平、充分就业、普选权等
过程公平	收入分配：按贡献分配	投资资本和知识资本（劳动、知识和管理）都参与纯收入分配
结果公平	收入调节：按需要调节	个人收入调节：所得税、消费税、财产税等； 社会收入调节：社会保险、社会救助、社会福利、转移支付等

资料来源：何传启（2001，2010）

注：按贡献分配包括四种模式：贡献股份制、贡献分享制、贡献联合制和贡献报酬制

第三，人的全面发展维度。联合国开发计划署认为，人的全面发展包括民主与参与、经济与公平、健康与教育、和平与个人安全四个方面的进步（UNDP，2002）。人的全面发展要求人人平等、消除恐惧和增加选择，维护人的平等权利，提高教育普及水平和社会保障程度，尊重职业和生活的多样性等。

联合国开发计划署用人类发展指数来衡量人类发展水平，它包括健康长寿、良好教育和体面生活三个维度（UNDP，2002）。何传启研究员在《中国现代化报告 2010：世界现代化概览》中提出新人类发展指数（图 3.29），它包括五个维度，即健康长寿、优质教育、信息共享（精神丰富）、环境友好和优质生活（生活质量）。

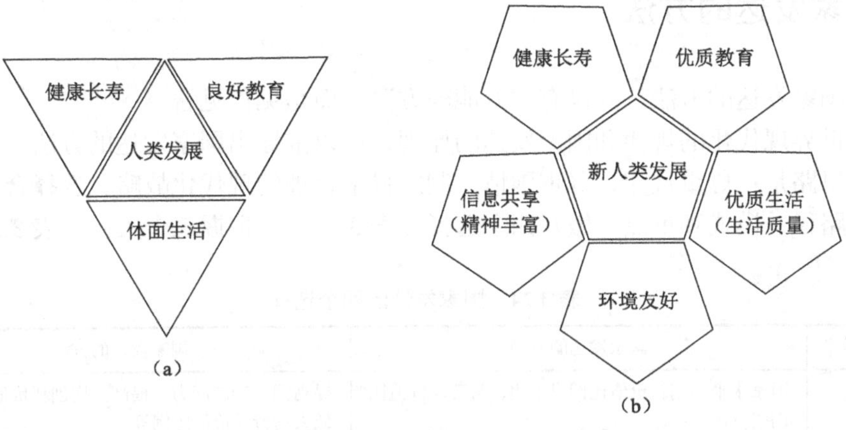

图 3.29　从人类发展指数到新人类发展指数（示意图）

资料来源：中国现代化战略研究课题组和中国科学院中国现代化研究中心（2010）

在 21 世纪，发达国家的判断标准需要增加环境友好维度，以实现经济与环境的双赢，人与自然互利共生。

21 世纪国家现代化四个关键：先进生产力、社会进步、人的全面发展和环境友好。

（三）国家发达的三个动力

现代化的动力因素包括创新、竞争、适应、交流、国家利益和市场需求等，它们也

是国家发达的动力因素。从物质和技术层面看，创新和学习（创新扩散）是关键动力因素；从制度和观念层面看，竞争和市场是关键动力因素。创新、学习和竞争是国家发达的根本动力（表 3.23）。

表 3.23　国家发达的三个动力

动力	政策措施举例	主要适用范围
创新	知识创新、制度创新、技术创新等	技术、制度和观念层面
学习	国际交流与合作、技术转移、外国直接投资等	技术和制度层面
竞争	公平竞争、反垄断、反侵权、反欺诈、反倾销、合理调节等	制度和观念层面

资料来源：何传启（2010）

现代化过程的创新不可能由一个国家完成，所有国家都需要创新，都需要学习，还要参与竞争。在不同发展水平的国家中，三个动力的作用大小有很大差别。

在技术层面，发达国家既重视创新，也重视学习，发展中国家更加重视学习。例如，高收入国家研究与发展经费占 GDP 比例、技术进口经费占 GDP 比例都高于其他国家。在制度层面，发达国家既重视竞争，也重视对市场竞争和收入分配的合理调节，发展中国家的市场和收入调节力度相对比较弱。例如，发达国家转移支付经费占 GDP 的比例高于发展中国家等。

二、国家发达的方法

关于国家发达的方法，并没有“万能药方”，而是见仁见智。

根据世界现代化的规律和国家发达的原理，可以推导出国家发达的方法。

基本思路是：尊重规律，尊重国情，制定科学合理的现代化战略，选择合适的现代化目标、路径、模式和重点；做好四个选择（表 3.24），把握三个关键（表 3.25）。

表 3.24　国家发达的四个选择

四个选择	国家发达的原理	国家发达的方法
价值选择	国家水平与创新价值比例成正比，与劳动价值比例成反比	提高国家创新能力，提高人均创新价值比例，降低人均劳动价值比例等
劳动选择	国家水平与物化劳动比例成正比，与活的劳动比例成反比；与有效劳动比例和高效劳动比例成正比，与无效劳动比例和低效劳动比例成反比	提高人均投资，提高人均物化劳动比例、人均有效劳动比例和高效劳动比例，降低人均活的劳动比例、人均无效劳动比例和低效劳动比例等
资本选择	国家水平与有效投资比例和高效投资比例成正比，与无效投资比例和低效投资比例成反比；与高级资产比例和优质资产比例成正比，与初级资产比例和不良资产比例成反比	提高投资效率，提高人均有效投资和高效投资、高级资产和优质资产比例，降低人均无效投资和低效投资、初级资产和不良资产比例等
技术选择	国家水平与先进技术比例成正比，与落后技术比例成反比	加快技术进步和技术退出，提高人均先进技术比例，降低人均落后技术比例等

资料来源：何传启（2010）

表 3.25　国家发达的三个关键

关键点	国家发达的原理	国家发达的方法
先进生产力	国家水平与劳动生产力成正比	提高人均资本、人均技能、技术和管理水平等
社会进步	国家水平与社会进步成正比	按贡献分配、按需要调节、生财有道、公平互助
人的全面发展	国家水平与人的全面发展成正比	按业绩晋升、按民意选择、各尽所能、平等互利

资料来源：何传启（2010）

第四节　现代化科学的常用标准

现代化既是一种人类行为，也是一种发展目标。在现代社会，人类行为有准则，发展水平有标杆。现代化研究和实践都需要客观标准。现代化标准，既可以来自理论研究，反映人类对现代化的追求和理想；但更多来自实证研究，反映世界现代化的客观进步和历史经验。目前关于现代化标准没有统一认识。下面举例介绍现代化科学的常用标准，这些常用标准具有学术性、实证性，以及是供研究使用的，可看作现代化科学基本原理的组成部分。它们是从自然科学角度研究和归纳的国际标准；不同国家有其基本国情，其国家标准需要专题研究。

一、现代化指标和评价标准

（一）世界前沿的判断标准（定量标准）

世界前沿水平：达到或超过高收入国家的平均水平（或发达国家的平均水平）。

世界先进水平：达到或超过高收入国家平均水平（或发达国家平均水平）的 80%。

世界平均水平：世界平均值代表的水平。

（二）现代化指标的水平分类标准（定量和相对标准）

现代化指标具有多样性。水平分类标准，适用于水平指标和部分特征指标（能够反映水平的特征指标），不适用于状态指标和转折指标。开放型指标和适度型指标的水平分类标准有所不同。表 3.26 显示开放型指标的水平分类标准。

表 3.26　现代化指标的水平分类标准（开放型指标）

指标水平	水平分类标准
发达水平	达到或超过高收入国家水平的 80%
中等发达水平	低于发达水平，但达到或超过高收入国家平均水平的 50%和世界平均水平

续表

指标水平	水平分类标准
初等发达水平	低于中等发达水平，但达到或超过高收入国家平均水平的 30%和世界平均水平的 60%
欠发达水平	低于高收入国家平均水平的 30%和世界平均水平的 60%

资料来源：何传启（2020）

注：本表为开放型指标的水平分类标准

（三）评价标准

（1）水平评价。以发达国家平均值（或高收入国家平均值）为标准值（基准值）。
（2）绩效评价。以发达国家平均值为水平标准，以国家目标为绩效标准。

二、现代化过程标准

（一）时间标准

（1）世界现代化的起步时间：18 世纪 60 年代（从理论角度看）。
（2）国家现代化的起步时间：工业化或民主化的起始时间（有国别差异）。

（二）性质标准

20 世纪 60 年代以来满足下面四个标准的文明变化，才属于现代化。
（1）生产力标准：有利于生产力的解放和发展。
（2）社会进步标准：有利于社会的公平和进步。
（3）人类发展标准：有利于人的自由解放和全面发展。
（4）环境友好标准：有利于人与自然的互利共生。

（三）阶段标准

首先，阶段划分的参考标准。①第一次现代化的起步标准：工业化或民主化起步（工业革命开始），现代工业比例上升，城市人口比例上升，农业比例下降等。②第二次现代化的起步标准：第一次现代化完成，工业比例持续下降，知识产业比例上升，服务业增加值比例和劳动力比例都超过 60%等。

其次，阶段完成的判断标准。①第一次现代化的完成标准：完成从农业社会向工业社会的转变，国家发展水平达到 1960 年发达工业国家的平均水平，城市人口比例超过 60%，农业增加值比例小于 15%，农业劳动力比例小于 30%等。②第二次现代化的完成标准：完成从工业社会向知识社会的转变，知识产业增加值比例超过 60%，知识产业劳动力比例超过 60%（一种预测）等。

三、现代化结果标准

（一）现代化国家的分类标准

一般而言，现代化国家是具有现代化水平和特征的国家，其分类标准如表 3.27 所示。

表 3.27 现代化国家的分类标准（综合标准）

项目	水平分类标准	排名标准
现代化国家（发达国家）	国家现代化指数达到或超过高收入国家平均值的 80%；60%的现代化指标水平达到发达水平，关键现代化指标的平均水平达到发达水平	排名进入世界前 20 位
非现代化国家（发展中国家）	国家现代化指数没有达到高收入国家平均值的 80%；60%的现代化指标水平没有达到发达水平，关键现代化指标的平均水平没有达到发达水平	排名没有进入世界前 20 位

资料来源：何传启（2020）

（二）国家现代化水平的分类标准

根据国家现代化水平，可以把国家水平分为四类，即发达水平、中等发达水平、初等发达水平和欠发达水平，其对应国家分别为发达国家、中等发达国家、初等发达国家和欠发达国家（表 3.28）；其中，后三类国家可以统称为发展中国家。

表 3.28 国家现代化水平的分类标准（综合标准）

项目	水平分类标准（严标准）	排名标准
发达水平（发达国家）	国家现代化指数达到或超过高收入国家平均值的 80%；60%的现代化指标水平达到发达水平，关键现代化指标的平均水平达到发达水平	排名处于世界前 20 位
中等发达水平（中等发达国家）	国家现代化指数达到或超过高收入国家平均值的 50%和世界平均值，但低于高收入国家平均值的 80%；60%的现代化指标水平达到中等发达水平，关键现代化指标的平均水平达到中等发达水平	排名处于世界第 21～40 位
初等发达水平（初等发达国家）	国家现代化指数达到或超过高收入国家平均值的 30%和世界平均值的 60%，但低于高收入国家平均值的 50%和世界平均值；60%的现代化指标水平和关键现代化指标的平均水平达到初等发达水平	排名处于世界第 41～80 位
欠发达水平（欠发达国家）	国家现代化指数低于高收入国家平均值的 30%和世界平均值的 60%；60%的现代化指标水平和关键现代化指标的平均水平低于初等发达水平	排名处于世界第 81～131 位

资料来源：何传启（2020）

注：排名标准是动态的，可根据实际评价结果逐年调整。本表排名标准约为 2015 年标准

（三）国家实现现代化的判断标准

根据国家现代化水平的高低，国家现代化实现程度可以分为三个等级，即基本实现现代化、平均实现现代化和全面实现现代化。它们的判断标准如表 3.29 所示。

表 3.29　国家实现现代化的判断标准（简表）

项目	国家现代化水平	世界排名
全面实现现代化（高标准实现现代化）	国家现代化水平达到或超过高收入国家平均水平；60%的现代化指标水平和关键现代化指标的平均水平达到或超过高收入国家平均水平；进入世界前列和发达国家前列	前 10 位
平均实现现代化（全国平均实现现代化）	国家现代化水平达到或超过高收入国家平均水平的 80%，但低于高收入国家平均水平；60%的现代化指标水平和关键现代化指标的平均水平达到发达水平；进入发达国家行列	第 11～20 位
基本实现现代化	严标准：国家现代化水平达到或超过高收入国家平均水平的 50%和世界平均水平，但低于高收入国家平均水平的 80%；60%的现代化指标水平和关键现代化指标的平均水平，达到或超过中等发达水平；进入中等发达国家行列	第 21～40 位

资料来源：何传启（2020）

注：排名标准是动态的，可根据实际评价结果逐年调整。本表排名标准约为 2015 年标准，为在人口超过 100 万人和统计数据比较齐全的 131 个国家中的排名

首先，基本实现现代化的判断标准（严标准）。①定性标准：现代化水平达到中等发达国家水平，具有中等发达国家的典型特征等。②定量标准：第二次现代化指数和综合现代化指数超过高收入国家平均水平的 50%和世界平均水平，但低于高收入国家平均水平的 80%。③排名标准。现代化指数排名处于世界第 21～40 位（在 131 个国家中），这是 2015 年的排名标准。排名标准是动态的，可根据实际评价结果逐年调整。

其次，平均实现现代化的判断标准。①定性标准：现代化水平达到发达国家水平，具有发达国家的典型特征等。②定量标准：第二次现代化指数和综合现代化指数达到高收入国家平均水平的 80%。③排名标准：现代化指数排名处于世界第 11～20 位（在 131 个国家中），这是 2015 年的排名标准。排名标准是一种动态标准，可根据实际评价结果逐年调整。

最后，全面实现现代化的判断标准。①综合标准：现代化水平达到世界前沿水平（达到或超过高收入国家平均水平或发达国家平均水平），第二次现代化指数达到或超过高收入国家平均水平，现代化水平的排名进入世界前 10 位（在 131 个国家中）。②领域标准：在政治、经济、社会、文化、生态和人的现代化六个领域达到世界先进水平；在行为、结构、制度和观念现代化等方面达到世界先进水平。人的现代化包括个人生活现代化等。③地区标准：所有地区达到发达水平；大部分地区达到世界前沿水平。

（四）国家现代化的水平分类标准汇总

国家现代化的水平分类标准，是政策研究和理论分析的常用标准（图 3.30）。

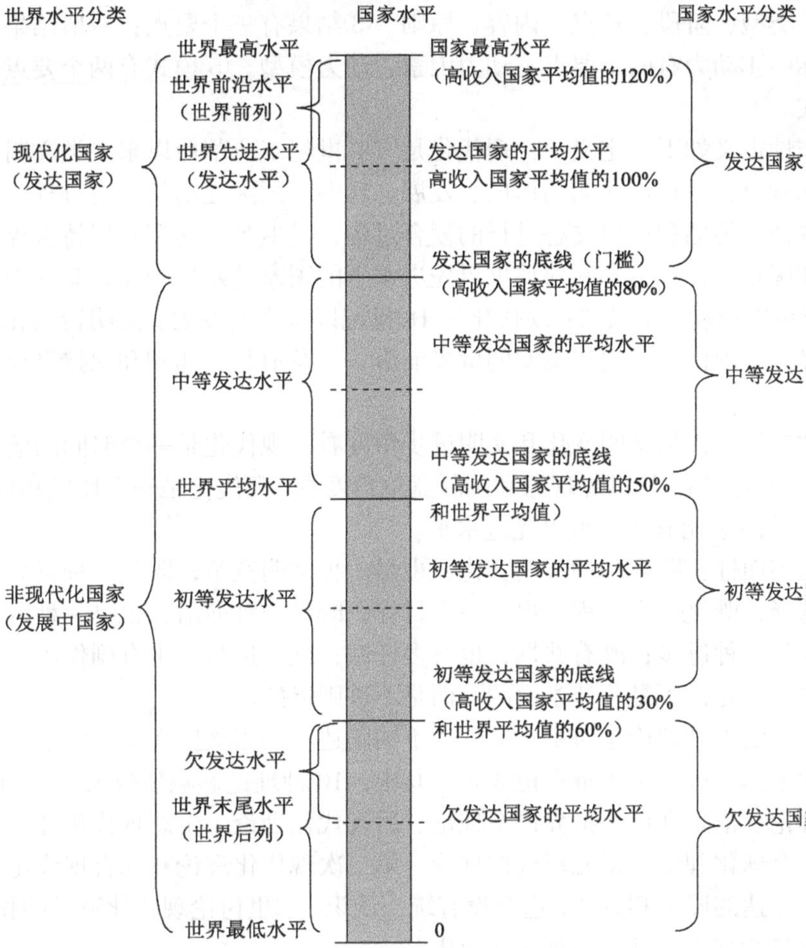

图 3.30　国家现代化的水平分类（示意图）

资料来源：何传启（2019，2020）

基于第二次现代化指数的水平分类，第二次现代化指数：世界和国家最大值为 120，高收入国家平均值为 100，世界平均值约为 50（每年有所不同）。世界平均值与高收入国家平均值的 50%不一致时，分组标准值就高不就低；其他类推。实际世界最高水平可以低于高收入国家平均值的 120%，实际世界最低水平可以高于 0

本章提要

现代化既是一种世界现象，也是一种文明进步和发展目标。作为世界现象，它有特征；作为文明进步，它有规律；作为发展目标，它有方法。现代化科学的一般理论，既要涵盖现代化的内涵、过程和结果，更要阐述现代化的特征、规律和方法等。

现代化科学和第二次现代化理论的一般理论，集中展现和阐述了现代化科学的基本原理，主要涉及现代化的内涵、过程、结果、动力和模式五个方面。

五个方面的要点如下。①内涵有三个要点：操作性定义、二重性、多面性。②过程有五个要点：类型、阶段、特点、内容、原则。③结果有三个要点：一般结果、三种变化、国家目标。④动力有两个要点：动力因素、动力模型。⑤模式有两个要点：三条路径、多种模式。

三个操作性定义如下。定义一：现代化是 18 世纪工业革命以来人类文明的一种前沿变化和国际竞争，是现代文明的形成、发展、转型和国际互动的前沿过程，是文明要素的创新、选择、传播和退出交替进行的复合过程，是追赶、达到和保持世界先进水平的国际竞争和国际分化；达到和保持世界先进水平的国家是发达国家，其他为发展中国家，两类国家可以流动。定义二：现代化是 18 世纪以来文明发展、文明转型和国际互动的交集。定义三：现代化是现代文明的世界前沿，以及追赶、达到和保持世界前沿的行为和过程。

现代化的二重性：从文明变化和文明进步角度看，现代化是一个时间问题，国家实现现代化的时间有先后；从世界现象和国际竞争角度看，现代化是一个比例和概率问题，只有不到 20%的国家能够达到世界先进水平。

现代化的多面性：既是一种文明变化，也是一种文明竞争；既是一种世界潮流，也是一种社会选择；既是一个过程，也是一个目标；既是一种前沿，也是一种过程；既是一种转型，也是一种进步；既有共性，也有多样性；既有进步，也有副作用；既有国际趋同，也有国际分化；不是一劳永逸的，而是不进则退的。

现代化研究的十种理论是对基本原理的不同阐述。20 世纪 50 年代以来，世界现代化研究有三次浪潮，产生了大批理论成果。其中，10 种理论影响比较大。它们分别是：经典现代化理论、依附理论、世界体系理论、后现代化理论、生态现代化理论、反思性现代化理论、全球化理论、多元现代性理论、第二次现代化理论和综合现代化理论等。

关于国家发达的原理和方法，迄今没有统一认识。这里讨论现代化科学的相关观点，可作为现代化科学基本原理的一种实际应用。

国家发达是一种历史现象，是国家现代化、国际竞争和国际分化的结果。在现代化过程中，发达国家是达到和保持世界先进水平的国家，其他国家是发展中国家；发达国家的比例一般低于 20%，发展中国家的比例一般高于 80%；两类国家之间可以流动。

国家发达与国家水平正相关。一般而言，国家水平与创新价值比例成正比，与劳动价值比例成反比；与物化劳动比例成正比，与活的劳动比例成反比；与有效劳动比例成正比，与无效劳动比例成反比；与有效投资比例成正比，与无效投资比例成反比；与高级资产比例成正比，与初级资产比例成反比；与先进技术比例成正比，与落后技术比例成反比等。

国家发达具有二重性。一是相对稳定性。例如，50 年里发达国家保持发达水平的概率约为 90%。二是流动性。例如，发达国家可以降级为发展中国家，50 年里降级概率约为 10%；发展中国家可以升级为发达国家，50 年里升级概率约为 5%。

国家发达的三个维度：先进生产力、社会进步、人的全面发展。21 世纪发达国家的判断标准需要增加环境友好维度。一般而言，生产力指在单位时间里劳动创造的价值，社会劳动创造的总价值包括劳动价值、创新价值、资源价值和环境价值等；发达国家创新价值所占比例比较高，发展中国家劳动价值所占比例比较高；发达国家物化劳动比例比较高，发展中国家活的劳动比例比较高。

国家发达的三个动力：创新、学习和竞争。在技术层面，发达国家既重视创新，也重视学习，发展中国家更加重视学习。在制度层面，发达国家既重视竞争，也重视对市场竞争和收入分配的合理调节，发展中国家的市场和收入调节力度相对比较弱。

国家发达的一般方法：遵循现代化科学和国家发达的基本原理，结合自己的国情和国际环境，选择合适的现代化目标、路径、模式、战略和措施。发达国家和发展中国家的国情和国际环境有所不同，它们的方法选择既有共性，又有差别。一般可关注四个方面：各尽所能，公平竞争；按贡献分配，按需要调节；按业绩晋升，按民意选择；生财有道，平等互利。

现代化科学的常用标准，涉及现代化指标和评价标准、现代化过程标准和现代化结果标准。它们是从自然科学角度研究和提出的国际性标准，具有学术性、实证性，是供研究使用的，是现代化科学基本原理的组成部分。不同国家有其基本国情，其国家标准需要专题研究。

现代化过程标准如下。①时间标准。世界现代化的起步时间：18 世纪 60 年代（从理论角度看，有领域差异）。国家现代化的起步时间：工业化或民主化的起始时间（有国别差异）。②性质标准。20 世纪 60 年代以来满足下面四个标准的文明变化才属于现代化：生产力标准（有利于生产力的解放和发展）、社会进步标准（有利于社会的公平和进步）、人类发展标准（有利于人的自由解放和全面发展）、环境友好标准（有利于人与自然的互利共生）。③阶段标准。第一次现代化的起步标准：工业化或民主化起步，现代工业比例上升，城市人口比例上升，农业比例下降等；第二次现代化起步的标准：第一次现代化完成，工业比例持续下降，知识产业比例上升，服务业增加值比例和劳动力比例超过 60%等。第一次现代化的完成标准：完成从农业社会向工业社会的转变，国家发展水平达到 1960 年发达工业国家的平均水平，城市人口比例超过 60%，农业增加值比例小于 15%，农业劳动力比例小于 30%等；第二次现代化完成的标准（预测）：完成从工业社会向知识社会的转变，知识产业增加值比例超过 60%，知识产业劳动力比例超过 60%等。

世界前沿水平的判断标准：一般以发达国家的平均水平为底线。世界先进水平（发达国家水平）的判断标准：达到或超过高收入国家平均值的 80%。发达国家的平均水平一般以高收入国家的平均值（或最高发展水平的 20 个国家的算术平均值）为代表。

国家实现现代化的标准：现代化水平达到发达国家水平，具有发达国家的典型特征等；第二次现代化指数和综合现代化指数超过或等于高收入国家平均值的 80%，现代化是指数排名处于世界前 20 名内（在 131 个国家中），排名标准属于动态标准，逐年调整。

现代化国家的判别标准：国家现代化指数达到或超过高收入国家平均值的 80%；60%的现代化指标水平达到发达水平，关键现代化指标的平均水平达到发达水平，排名进入世界前 20 位。

现代化科学的学科结构包括八个部分：一般理论、现代化史、研究方法、分段现代化、分层现代化、领域现代化、部门现代化和现代化政策。本教材第一章是现代化科学的学科简介（现代化史的组成部分），涉及学科结构第二部分。第二章讨论了现代化科学的研究方法，属于学科结构第三部分。第三章介绍现代化科学的基本原理，包括现代化科学的一般理论和现代化研究的 10 种理论等，前者涉及一般理论，后者涉及分段现代化。第三章涉及学科结构的第一部分和第四部分。第四章将进入其第五部分。

参考文献和推荐读物

贝尔 D. 1997. 后工业社会的来临：对社会预测的一项探索. 高铦，王宏周，魏章玲，译. 北京：新华出版社.

布莱克. 1989. 现代化的动力：一个比较史的研究. 景跃进，张静，译. 杭州：浙江人民出版社.

布莱克. 1996. 比较现代化. 杨豫，陈祖洲，译. 上海：上海译文出版社.

布赞 B，利特尔 R. 2004. 世界历史中的国际体系：国际关系研究的再构建. 刘德斌，等，译. 北京：高等教育出版社.

查普夫 W. 2000. 现代化与社会转型（第二版）. 陈黎，陆成宏，译. 北京：社会科学文献出版社.

何传启. 1998a. 知识经济与中国现代化. 光明日报，1998-04-07.

何传启. 1998b. 知识经济与第二次现代化. 科技导报，16(6): 3-4.

何传启. 1999. 第二次现代化：人类文明进程的启示. 北京：高等教育出版社.

何传启. 2001. 分配革命：按贡献分配. 北京：经济管理出版社.

何传启. 2003. 东方复兴：现代化的三条道路. 北京：商务印书馆.

何传启. 2009. 中国山区现代化的三种模式. 中国科学院院刊，24(3): 256-264.

何传启. 2010. 现代化科学：国家发达的科学原理. 北京：科学出版社.

何传启. 2011. 中国现代化报告 2011：现代化科学概论. 北京：北京大学出版社.

何传启. 2013. 第二次现代化理论：人类发展的世界前沿和科学逻辑. 北京：科学出版社.

何传启. 2017. 如何成为一个现代化国家：中国现代化报告概要 2001～2016. 北京：北京大学出版社.

何传启. 2018. 中国现代化报告 2018：产业结构现代化研究. 北京：北京大学出版社.

何传启. 2019. 现代化科学领导干部读本：现代化 100 问. 北京：人民日报出版社.

何传启. 2020. 中国现代化报告 2020：世界现代化的度量衡. 北京：北京大学出版社.

何传启. 2021. 中国现代化报告 2021：交通现代化研究. 北京：北京大学出版社.

何传启. 2022. 国家现代化的原理与方法：中国现代化报告概要 2001～2021. 北京：北京大学出版社.

赫尔德 D，麦克格鲁 A，戈尔德布莱特 D，等. 2001. 全球大变革：全球化时代的政治、经济与文化. 杨雪冬，周红云，陈家刚，等，译. 北京：社会科学文献出版社.

胡福明. 1994. 中国现代化的历史进程. 合肥：安徽人民出版社.

库兹涅茨 S. 1999. 各国的经济增长. 常勋，等，译. 北京：商务印书馆.

林被甸，董正华. 1998. 现代化研究在中国的兴起与发展. 历史研究，(5): 150-171.

罗荣渠. 1993. 现代化新论：世界与中国的现代化进程. 北京：北京大学出版社.

罗斯托 W W. 2001. 经济增长的阶段. 郭熙宝，王松茂，译. 北京：中国社会科学出版社.

尹保云. 2001. 什么是现代化：概念与范式的探讨. 北京：人民出版社.

中国现代化战略研究课题组，中国科学院中国现代化研究中心. 2010. 中国现代化报告 2010：世界现代化概览. 北京：北京大学出版社.

Beck U. 1986. Risk Society: Towards a New Modernity. London: SAGE Publications.

Beck U, Giddens A, Lash S. 1994. Reflexive Modernization: Politics, Tradition and Aesthetics in the Modern Social Order. Stanford: Stanford University Press.

Bell D. 1973. The Coming of Post-Industrial Society: A Venture in Social Forecasting. New York: Basic Books.

Bendix R. 1967. Tradition and modernity reconsidered. Comparative Studies in Society and History, (9): 292-346.

Black C E.1966. The Dynamics of Modernization: A Study in Comparative History. New York: Harper & Row.

Black C E. 1976. Comparative Modernization: A Reader. New York: The Free Press.

Eisenstadt S N. 2003. Comparative Civilization and Multiple Modernities. Leiden: Brill.

Hassan I. 1987. The Postmodern Turn: Essays in Postmodern Theory and Culture. Columbus: Ohio State University Press.

He C Q. 2012. Modernization Science: The Principles and Methods of National Advancement. New York: Springer.

Huntington S P. 1968. Political Order in Changing Society. New Haven: Yale University Press.

Inglehart R F. 1997. Modernization and Postmodernization: Cultural, Economic and Political Change in 43 Societies. Princeton: Princeton University Press.

Inkeles A, Smith D. 1974. Becoming Modern: Individual Changes in Six Developing Countries. Combridge: Harvard University Press.

Lerner D. 1958. The Passing of Traditional Society: Modernizing the Middle East. New York: Macmillan Pub Co.

Lyotard J F. 1984. The Postmodern Condition: A Report on Knowledge. Minneapolis: University of Minnesota Press.

Mol A P J. 2001. Globalization and Environmental Reform: the Ecological Modernization of the Global Economy. Cambridge: MIT Press.

Parsons T. 1951. The Social System. Glencoe: The Free Press.

Parsons T. 1971. The System of Modern Societies. Englewood: Prentice Hall.

Rostow W. 1960. The Stages of Economic Growth: A Non-Communist Manifesto. Cambridge: Cambridge University Press.

Tiryakian E. 1991. Modernization: exhumetur in pace(rethinking macrosociology in the 1990s). International Sociology, 6(2): 165-180.

UNDP. 2002. Human Development Report 2002: Deepening Democracy in a Fragmented World. New York: Oxford University Press.

Wallerstein I. 1974. The Modern World-System I: Capitalist Agriculture and the Origins of the European World-Economy in the Sixteenth Century. Oakland: University of California Press.

Weber M. 1930.The Protestant Ethic and the Sprit of Capitalism. London: Allen & Unwin.

课 堂 讨 论

1. 人类文明进程和世界现代化的周期表有何意义？
2. 发展中国家能够实现现代化吗？
3. 世界现代化的主要动力是什么？
4. 国家发达的标准是什么？

课后习题

1. 现代化有多少副面孔？
2. 简述世界现代化的创新驱动模型。
3. 经典现代化理论过时了吗？
4. 简述后现代化理论的局限性。
5. 全球化的机遇与挑战有哪些？
6. 第二次现代化理论的主要意义是什么？
7. 21 世纪国家现代化的三条路径是什么？
8. 国家实现现代化的三级定量标准是什么？
9. 国家发达的七种选择是什么？
10. 简述美国赶超英国的过程和经验。

第四章　分层现代化：四个层次现代化

现代化发生在人类文明的所有层次，如世界、国际、国家、地区、机构和个体层次等。分层现代化是现代化科学的一个重要组成部分，它与分段现代化和领域现代化有交叉（图 4.1）。一般而言，不同层次的现代化既有共性又有差异，现代化科学的一般理论在不同层次的适应性有所不同；国家是现代化研究的基本单元，每个层次的现代化都与国家现代化有紧密关系。本章重点介绍世界、国际、地区和城市四个层次现代化，其他层次现代化请参考《现代化科学：国家发达的科学原理》（何传启，2010）和相关学术文献。

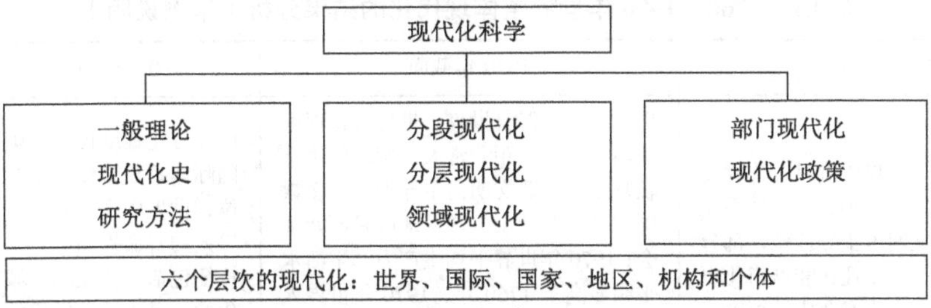

图 4.1　分层现代化的定位和结构

资料来源：何传启（2010，2019）

第一节　世界现代化

世界现代化是国家现代化的国际环境；国家现代化是世界现代化的重要基础；国际现代化、国家现代化与国际环境相互作用。世界现代化以国家为基本单元进行；世界层面的现代化不是“独立单元”，是一个分析单元，是用于研究分析的概念。世界现代化有两种含义：世界层面的现代化和世界范围的现代化（图 4.2）。其中，世界层面的现代化是现代化现象的一种表现形式和一个分析层次。

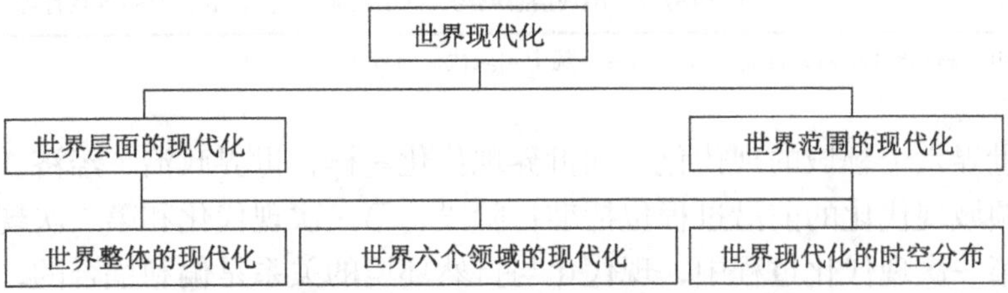

图 4.2　世界现代化的分析结构

资料来源：中国现代化战略研究课题组和中国科学院中国现代化研究中心（2010）

一、世界现代化的基本事实

《中国现代化报告 2010：世界现代化概览》分析了世界现代化的近 300 年历史。一般而言，世界现代化包括世界整体的现代化、世界六个领域的现代化和世界现代化的时空分布等。

首先，世界整体的现代化。把世界看作一个整体，虚拟为一个国家，分析它的现代化。世界平均值代表它的水平，前沿和末尾反映它的前后两端。

世界现代化的前沿过程大致可以分为准备阶段、第一次现代化和第二次现代化，两次现代化的分界点是 1970 年前后。如果把世界 1760 年和 1970 年截面进行比较，可以发现两个截面的主要差别，它显示了世界现代化 210 年的结果（表 4.1）。如果把世界 1970 年和 2015 年截面进行比较，可以发现两个截面的主要差别，这个差别显示了世界现代化 45 年的结果（表 4.2）。

表 4.1　1760～1970 年世界整体现代化的结果分析（举例说明）

1760 年截面	1970 年截面	1760～1970 年现代化的结果
世界是一个农业世界。世界分化程度不高，国际差距比较小，国际体系比较简单；农业文明占主导地位，部分地区是原始社会，工业化和城市化出现在欧洲；世界人均寿命比较短等	世界是一个混合世界。世界分化程度很高，国际差距非常大，国际体系比较复杂；工业文明占主导地位，多数国家是农业社会，部分地区是原始社会；1970 年世界平均生产力和生活水平明显高于 1760 年，1970 年世界人均寿命远远大于 1760 年，但环境污染比较严重等	世界分化程度提高，国际差距扩大，国际体系复杂化；工业文明占主导地位，世界生产力和生活水平提高，世界人均寿命提高等。工业文明的主要特征包括工业化的、城市化的、市场化的、民主的、世俗的、理性的、福利社会和普及义务教育等

资料来源：中国现代化战略研究课题组和中国科学院中国现代化研究中心（2010）

表 4.2　1970～2015 年世界整体现代化的结果分析（举例说明）

1970 年截面	2015 年截面	1970～2015 年现代化的结果
世界是一个混合世界。世界分化程度很高，国际差距非常大，国际体系比较复杂；工业文明占主导地位，多数国家是农业社会，部分地区是原始社会；1970 年世界平均生产力和生活水平明显高于 1760 年，1970 年世界人均寿命远大于 1760 年；环境污染比较严重等	世界是一个混合世界。世界分化程度很高，国际差距非常大，国际体系更加复杂；知识文明处于优势地位，多数国家是工业社会，部分国家是农业社会，部分地区是原始社会；2015 年世界平均生产力和生活质量明显高于 1970 年，2015 年世界人均寿命远大于 1970 年；出现信息鸿沟、网络犯罪等	世界分化程度提高，国际差距扩大，国际体系变化；知识文明处于优势地位，工业文明地位下降，世界生产力和生活质量提高，世界人均寿命提高等。知识文明的主要特征包括知识密集的、信息密集的、全球化的、绿色的、智能的、个性的、多元的、人性的和普及高等教育等

资料来源：中国现代化战略研究课题组和中国科学院中国现代化研究中心（2010）

其次，世界六个领域的现代化。同世界现代化一样，世界政治、经济、社会、文化和个人五个领域现代化的前沿过程包括准备阶段、第一次现代化和第二次现代化。在生态领域，在第一次现代化过程中，现代化与自然环境的关系是偏利耦合的，经济发展造成环境污染；在第二次现代化过程中，现代化与自然环境的关系是互利耦合的，被称为生态现代化。世界六个领域的现代化具有一些共性特点（表 4.3）。

表 4.3 世界六个领域的现代化的历史进程的特点（举例）

特点	世界六个领域现代化的特点的内涵
阶段性	都是有阶段的历史过程，多数领域包括第一次现代化和第二次现代化
异步性	不是同步进行的，如生态现代化是 20 世纪后期出现的
非线性	是非线性的，包括从传统向现代、现代向后现代的转型
可逆性	是部分可逆的，可以发生挫折、中断、倒退和反复等
多样性	过程和模式是多样的，没有两个领域现代化模式是一样的
复杂性	内涵是非常复杂的，包括生活、结构、制度和观念的变化
长期性	都是长期的过程，不可能在短期内完成
互动性	是相互影响的，如经济与社会、政治与文化、文化与个人、政治与环境等
协同性	存在一定的协同效应，如经济、社会、政治和文化现代化的协调性
全球性	都是全球性的现象

资料来源：中国现代化战略研究课题组和中国科学院中国现代化研究中心（2010）

最后，世界现代化的时空分布。先看世界现代化的地理分布（表 4.4）。18 世纪，世界现代化出现在西欧的少数国家。19 世纪上半叶，它扩散到西欧、北美、澳大利亚和新西兰等。19 世纪下半叶，它扩散到东欧、南欧、拉美、部分的亚洲和非洲国家。在 20 世纪上半叶，它扩散到世界多数地区和国家。20 世纪下半叶，第一次现代化扩散到全球，第二次现代化起步并扩散到全球。

表 4.4 世界现代化的地理分布（现代化覆盖的地区）

阶段		时间	欧洲	美洲	大洋洲	亚洲	非洲
第一次现代化	准备阶段	1300～1760 年	西欧	—	—	—	—
	第一次浪潮	1760～1870 年	西欧	北美	澳大利亚、新西兰	—	—
	第二次浪潮	1870～1945 年	欧洲	美洲	澳大利亚、新西兰	亚洲局部	非洲局部
	第三次浪潮	1945～1970 年	欧洲	美洲	大洋洲	亚洲	非洲
第二次现代化	准备阶段	1905～1970 年	西欧	北美	—	—	—
	第四次浪潮	1970～2020 年	欧洲	美洲	大洋洲	亚洲	非洲

资料来源：中国现代化战略研究课题组和中国科学院中国现代化研究中心（2010）

注：第一次现代化是逐步扩散的，第二次现代化则是快速扩散，尽管世界多数地区没有完成第一次现代化。如果从 14 世纪文艺复兴开始算起，第一次现代化的准备阶段费时 400 多年。如果从 20 世纪初相对论提出（物理学革命）算起，第二次现代化的准备阶段费时 60 多年

世界现代化的先发地区保持相对较高水平。在过去近 300 年里，西欧和西方衍生国保持了较高经济水平，属于第一集群；南欧经济水平低于西欧，但高于其他地区，属于

第二集群；东欧、拉美和亚洲的经济水平比较接近，属于第三集群；非洲经济水平较低，属于第四集群。亚洲在 20 世纪上半叶曾经下降到第四集群，但在 20 世纪后期回归第三集群。亚洲发展不平衡，20 世纪日本等国成为发达国家。

世界现代化的地理结构基本稳定。1950～2015 年，欧洲现代化水平比较高，美洲和亚洲现代化水平其次（两者大致相当），非洲现代化水平比较低。

国际体系的水平结构基本稳定。1960～2015 年，根据现代化指数分组，发达国家的比例为 13%～15%，中等发达国家的比例为 12%～23%；初等发达国家的比例为 25%～35%，欠发达国家的比例为 33%～45%。

国际体系的人口结构不断变化。1960～2015 年，完成第一次现代化的人口数量从约 2 亿人上升到约 18 亿人，人口比例从约 7%上升到约 25%；进入第二次现代化的人口数量从约 2 亿人上升到 10 亿人，人口比例从约 7%上升到 14%。

1960～2015 年，发达国家人口比例从约 20%下降到 12%，中等发达国家人口比例从约 13%下降到 6%，初等发达国家人口比例从约 12%上升到 33%，欠发达国家人口比例从约 55%下降到 45%。1960 年以来，部分发达国家出现人口负增长。

二、世界现代化的历史启示

世界现代化的近 300 年历史，不仅提供了基本事实和研究素材，而且包含丰富的经验和教训，可以提供历史启示。《中国现代化报告 2010：世界现代化概览》归纳了 10 点启示。

其一，世界现代化既是一种世界潮流，也是一种社会选择。相对于人类文明，现代化是一种趋势。相对于不同国家和社会，现代化是一种选择。选择现代化的国家就会推进现代化，但不同国家的进程是不同步的。没有采取现代化的国家和社会，可能会努力保持原有（现存）生活方式；虽然它们的社会变迁也会发生，但它们与人类文明前沿的物质生活差距会逐步扩大。

其二，世界现代化既是一种文明进步，也存在不少副作用。现代化是一个有副作用的过程，不同阶段的副作用不同。第一次现代化的副作用包括环境污染、生态退化、贫富差距和周期性经济危机等。第二次现代化的副作用包括信息鸿沟、网络犯罪和国际风险等。上一个阶段的副作用，可以成为下一个阶段的工作重点；解决上一个阶段的副作用，可以成为下一个阶段文明进步的新方向。在现代化进程中，需要抑制和减少现代化的副作用，降低现代化的社会成本。

其三，世界现代化以国家为基础，以世界为舞台。一般而言，国家现代化是世界现代化的基本单位，世界现代化的国际体系是国家现代化的竞争环境。国家现代化和国际竞争共同决定了国际体系的结构和变化，国际体系和国家自身努力共同决定了国家现代化的成效和国际地位。世界现代化是国家现代化、国际竞争和国际体系变化的一曲大合唱。既没有关起门来的现代化，也没有无视国家利益的现代化，国际互动是现代化的重要方面。

其四，世界现代化既有普遍的基本共性，也有广泛的多样性。在世界现代化的每一个层次和每一个方面都可以发现大量的共性，从人类生活、结构、制度到观念都有一些共性；同样，在世界现代化的每一个领域和每一个阶段，都可以发现大量的多样性，包括国家水平、速度、模式和形式的多样性等。世界现代化的共性和多样性，并不相互排斥，而是客观规律的两种形态。

其五，世界现代化既有国际分化，也有国际趋同。一般而言，经济效率的国际差距扩大，经济结构的国际差距缩小，如产业结构和就业结构的国际趋同；人均收入的国际差距扩大，社会结构的国际差距缩小，如城市化和教育结构的国际趋同；政治行为的多样化，政府结构的国际趋同；文化观念的多样化，文化产业和文化设施的国际趋同等。分化和趋同发生在不同方面。

其六，世界现代化既需要纵向比较，也需要横向比较。世界现代化的纵向比较可以反映人类文明的进步，可以分析国家绝对水平的提高。世界现代化的横向比较可以反映文明发展的国际差距和地理分布，可以分析国家相对水平和国际地位的变化。如果国家绝对水平提高的速度慢于其他国家，那么，它的相对水平和国际地位就会下降；反之则上升。世界现代化的国际比较必须是科学合理的，有些指标不宜进行发展水平的国际比较，如语言等。

世界现代化的国际比较可以发现很多重要事实。例如，世界现代化的截面结构是它的历史结构的一个缩影，人类文明的截面结构是它的历史结构的一个缩影；2000 年人类文明的截面结构是从人类诞生到 2000 年的人类历史进程的一个缩影，2000 年世界现代化的截面结构是从世界现代化起步到 2000 年的世界现代化历史进程的一个缩影。发展中国家可以在发达国家看到自己未来的文明结构和生活质量的缩影，但不同国家的生活方式和文化会有差别。后发型国家可以借鉴先行者的经验。

其七，世界现代化存在"马太效应"，人均收入的国际差距不断扩大。在国际体系中，虽然多数国家人均收入都会提高，但富国越来越富，穷国越来越穷，低收入国家相对贫困化。如果把按 2000 年价格计算的人均 GDP 作为分析指标，从 1960 年到 2000 年，高收入国家与低收入国家的绝对差距从约 8584 美元扩大到 25 767 美元，相对差距从 42 倍扩大到 66 倍。如果把按 1990 年价格计算的人均 GDP（按 1990 年 PPP 价格计算）作为分析指标，从 1960 年到 2000 年，高收入国家与低收入国家的绝对差距从约 6577 国际美元扩大到 21 163 国际美元，相对差距从 6 倍扩大到 21 倍。世界现代化需要采取有效措施，防止"马太效应"的扩大化，控制和缩小国际差距。

其八，世界现代化没有最佳模式，只有理性选择。在过去近 300 年里，有些国家保持发达国家的地位，有些国家成功晋级，有些国家地位下降；比较它们的发展模式，没有得到具有明显倾向的结果。地位上升的国家，在第一次现代化过程中，既有工业化优先、民主化优先和城市化优先模式，也有经济优先、教育优先和协调发展模式等；在第二次现代化过程中，既有知识化优先、信息化优先和生态化优先模式，也有协调发展模式等。所以，不同国家需要研究和寻求自己的合适模式，简单模仿其他国家的做法是有风险的。

其九，世界现代化的国际体系基本稳定，国家的国际地位可以变迁。在过去近 300

年里，在人口超过百万的统计数据比较齐全的国家中，发达国家的数量为 12～20 个，比例为 12%～15%；发展中国家的数量为 89～113 个，比例为 85%～88%。在 100 年里，发达国家降级为发展中国家的概率为 8%～23%；发展中国家升级为发达国家的概率为 1%～5%。现代化不是一劳永逸的，先进需要保先进，后进需要赶先进，世界将会丰富多彩。

其十，21 世纪发展中国家仍然有成功机会，但晋升发达国家的概率比较小。现代化包括文明发展、文明转型和国际竞争。从文明发展和文明转型角度看，每一个国家都会取得成功，但成功有先后。从国际竞争的角度看，并非每一个国家都能进入世界前列。依据过去近 300 年的历史经验，21 世纪发达国家将有 20 个左右，发展中国家有 100 多个，1～5 个发展中国家有可能晋级发达国家；100 多个发展中国家将争夺 5 张晋级发达国家的门票。21 世纪享受现代化生活的新增人口可能达到 7 亿人左右，其中，大约 5 亿人有可能来自发展中国家；21 世纪发展中国家的人口有可能达到 80 亿～100 亿人；大约 100 亿发展中国家人口将争夺 5 亿张享受现代化生活的门票。可以预计，21 世纪世界现代化的国际竞争仍将激烈而富有理性。

三、世界现代化理论

世界现代化理论是关于世界层次的现代化的一种理论解释，是第二次现代化理论的一种分层理论。现代化一般理论基本适用于世界现代化。世界现代化理论包括一般理论、分支理论和相关理论等（表 4.5）。这里讨论一般理论。

表 4.5　世界现代化理论的结构

分类	理论	主要内容
一般理论	元理论	世界现代化的内涵、过程、结果、动力和模式等
分支理论	分阶段理论	世界第一次现代化、世界第二次现代化
	分领域研究	世界经济、社会、政治、文化、生态和个人领域的现代化
	分部门研究	世界农业、工业、教育、科技、国防和交通等部门的现代化
相关理论	其他现代化理论	经典现代化理论、世界体系理论、第二次现代化理论等
	其他相关理论	文明理论、发展理论、进化理论、转型理论等

资料来源：何传启（2010，2011）

其一，世界现代化的内涵。世界现代化是一种世界文明变化和国际分化，是世界现代文明的形成、发展、转型和国际互动的前沿过程，是世界现代文明要素的创新、选择、传播和退出交替进行的复合过程，是追赶、达到和保持世界先进水平的国际竞争、国际分化和国际体系变化。

世界层面的现代化不是现代化的“独立单元”，而是一个分析层次。世界现代化与国家和国际现代化有关。世界现代化是国家现代化的国际环境，国家现代化是世界现代化的重要基础，国家现代化与国际环境的相互作用是国际现代化（图 4.3）。

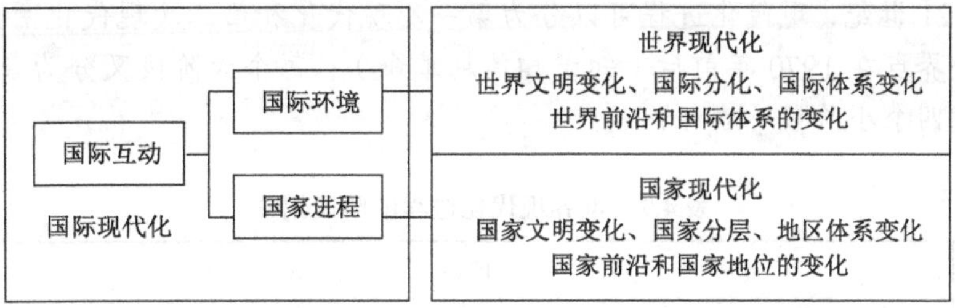

图 4.3 世界现代化、国际现代化和国家现代化的关系

资料来源：何传启（2010，2011）

国家进程指国家现代化进程；国际互动包括国际交流、合作、竞争和冲突等

其二，世界现代化的过程。世界现代化是一个复杂和长期的过程。关于世界现代化的起点和阶段划分，迄今没有统一认识（具体见专栏 4.1、专栏 4.2 和专栏 4.3）。第二次现代化理论认为，18～21 世纪，世界现代化的前沿过程分为第一次现代化和第二次现代化两个阶段。第一次现代化是从农业文明向工业文明的转变，第二次现代化是从工业文明向知识文明、物质文明向生态文明的转变。它遵循 10 个基本原则（表 4.6）。

表 4.6 世界现代化的一般原则

编号	原则	内容
1	进程不同步	世界现代化在不同区域和不同领域的进程是不同步的
2	分布不均衡	世界现代化在不同区域和不同领域的分布是不均衡的
3	结构稳定性	世界现代化的国际体系的水平结构是相对稳定的
4	先行效应	一步先可能步步先，先行者拥有更多的成功机会
5	快行效应	一步快可能步步快，快行者拥有更多的成功机会
6	强者效应	一年强可能年年强，强者拥有更多的话语权
7	适者效应	适应国际竞争的国家获得利益，不适应国际竞争的国家付出代价
8	后发效应	后发者可以学习和借鉴先行者的知识和经验，节省时间成本
9	建立者效应	知识和制度的创立者，将获得相应知识产权或较大相关利益
10	马太效应	发达国家越来越富，欠发达国家相对贫困化，国际人均收入差距扩大

资料来源：何传启（2010）

专栏 4.1 世界现代化的起点

关于世界现代化的起点大致有三种主要观点。①16～17 世纪的科学革命是世界现代化的起点；②17～18 世纪的启蒙运动是世界现代化的起点；③18 世纪的英国工业革命和法国大革命是世界现代化的起点。其中，第三种观点得到较多支持。《中国现代化报告》系列认为，18 世纪的工业革命可以作为世界现代化的起点。

关于世界现代化的阶段划分大致有五种观点。根据现代化进程的前沿特征和水平划分，18～21 世纪，现代化进程可以分为第一次现代化和第二次现代化两大阶段，两个阶段的分界点在 1970 年前后（知识和信息革命）；每个大阶段又分为起步、发展、成熟和过渡四个小阶段（表 4.7）。

表 4.7　世界现代化进程的阶段划分

阶段划分	内容	备注
三次浪潮	第一次浪潮（1780～1860 年）、第二次浪潮（19 世纪下半叶至 20 世纪初）和第三次浪潮（20 世纪下半叶）（罗荣渠，1993）	经典现代化的内部阶段
四个阶段	现代性的挑战、现代化领导集团的巩固、社会和经济转型、社会整合（Black，1966）	
五个阶段	经济成长的五个阶段：传统社会、为起飞创造前提条件阶段、起飞阶段、向成熟推进阶段和大众消费阶段（Rostow，1960）；后来增加了第六个阶段：生活质量阶段	
四个时期	准备时期、转变时期、高级现代化时期和国际一体化时期（Black，1976）	
两大阶段	经典现代化和后现代化（现代社会和后现代社会）（Crook et al.，1992；Inglehart，1997）	两次现代化
	简单现代化和反思性现代化（工业社会和风险社会）（Beck，1986；Beck et al.，1994）	
	第一次现代化和第二次现代化（工业社会和知识社会）（何传启，1998a，1998b，1999，2003）	

资料来源：何传启（2010，2019）

专栏 4.2　世界现代化的阶段划分

关于世界现代化的阶段划分没有统一认识。一般而言，世界现代化的阶段划分可以依据它的前沿轨迹和特征进行。事实上，人类文明的历史阶段和社会阶段的划分，都是依据人类文明进程的前沿轨迹和特征进行的。当然研究角度不同，认识会有所差别（图 4.4）。

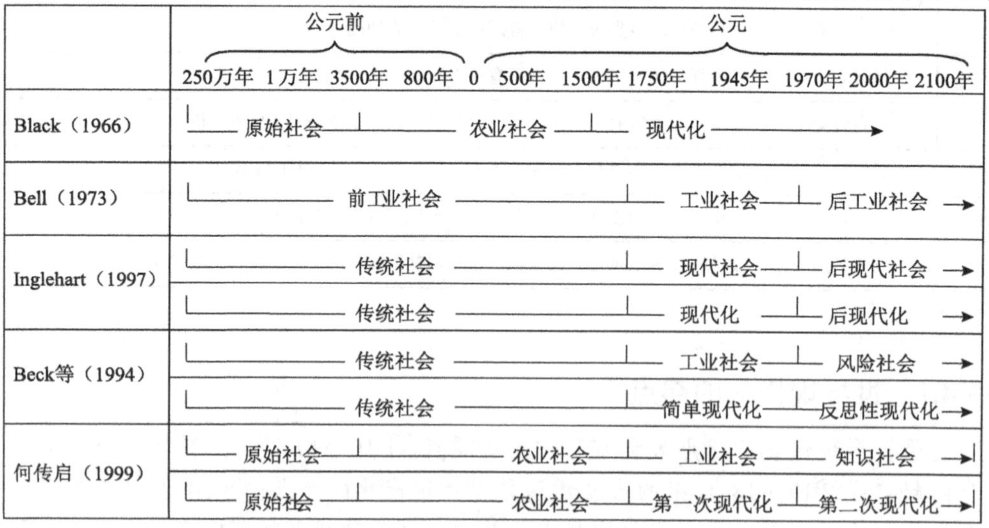

图 4.4　世界现代化和人类文明的主要阶段

资料来源：何传启（2010，2019）

专栏 4.3　世界现代化的两大阶段和六次浪潮

第二次现代化理论认为，18～21 世纪，根据它的前沿内涵和特征，世界现代化过程可以分为两大阶段和六次浪潮（表 4.8）；其中，第五次和第六次浪潮是一种预测。

表 4.8　世界现代化的两大阶段和六次浪潮

浪潮	大致时间	六次浪潮的内容	两大阶段
第一次	1763～1870 年	第一次产业革命、机械化、城市化、社会分化流动	第一次现代化 工业化、城市化、民主化、理性化、福利化、流动化
第二次	1870～1945 年	第二次产业革命、电气化、电器化、普及义务教育	
第三次	1945～1970 年	第三次产业革命、自动化、福利化、普及中等教育	
第四次	1970～2020 年	知识和信息革命、信息化、网络化、普及高等教育	第二次现代化 知识化、信息化、生态化、全球化、个性化、多元化
第五次	2020～2050 年	新生物学革命、生物经济、仿生化、生物经济社会	
第六次	2050～2100 年	新物理学革命、文化经济、体验化、文化经济社会	

资料来源：何传启（2010，2019）

注：依据现代化前沿轨迹的内涵和特征进行划分。第五次和第六次浪潮是一种预测。不同国家的现代化进程是不同步的，不同国家的现代化阶段划分可以有所差别。对于先行国家，六次浪潮是先后发生的。对于后发国家，可以两次或多次浪潮的内容同时发生，可以把几次浪潮的内容压缩在同一个时期进行

其三，世界现代化的结果。世界现代化的结果包括现代性、多样性和副作用的形成和扩散，包括劳动生产率和生活质量提高、社会进步、政治民主、文化多元、生态变化和人类全面发展，包括国际收入差距扩大，国际分化和国际体系变化等。

1763～1970 年，世界现代化的结果是第一现代性和多样性的形成和扩散，国家分化成传统国家和工业化国家、发展中国家和发达国家等；副作用包括环境污染等，部分传统价值持续存在并发挥作用。

1970 年以来，世界现代化的结果是第一现代性、第二现代性和多样性的形成和扩散，国家分化成传统国家、工业化国家和信息化国家、发展中国家和发达国家等；副作用包括网络犯罪等，部分传统价值持续存在并发挥作用。

国际体系的水平结构基本稳定。在过去近 300 年里，发达国家的比例低于 20%，发展中国家的比例高于 80%；100 年里发达国家保持发达水平的概率为 90%左右，发达国家降级的概率为 10%左右；发展中国家升级为发达国家的概率为 5%。

其四，世界现代化的动力。微观动力因素包括创新、竞争、适应和交流等，宏观动力因素包括国家现代化和国际竞争等。国际竞争是四组国家的不对称国际博弈，国家竞争力大小与历史条件、现实水平、创新能力、学习能力、博弈能力、路径选择和国际体系等紧密相关。动力机制可参考现代化的动力机制。

第一次现代化的国际竞争很多是不平等的竞争，第二次现代化的国际竞争很多是不对称的竞争。21 世纪四组国家的国际竞争是不对称的国际博弈。

其五，世界现代化的模式。在不同时期有不同模式。1760～1970 年，世界现代化是第一次现代化模式。1970 年以来，进入第二次现代化的国家不断增加，处于第一次现代化的国家从增加到减少；世界现代化是一种混合模式。由于进入第二次现代化和处于第一次现代化的国家是各自独立的，它们之间没有协调机制，所以，不能说世界现代化是一种综合现代化。

第二节　国际现代化

一般而言，国家的生存和发展受到两个环境因素的制约，一个是自然环境，另一个是国际环境，它们之间有所交叉。如果说，国家现代化与自然环境的相互作用和互利耦合是生态现代化，那么国家现代化与国际环境的相互作用可以简称为国际现代化（图 4.5）。国际现代化是跨国层次的现代化，是现代化现象的一种表现形式和分析层次。国际现代化研究旨在揭示国家现代化与国际环境相互作用的特征和规律，为制定国家现代化的国际战略提供一种理论基础和国际借鉴。它可以作为国际关系或国际政治学的一个分支。

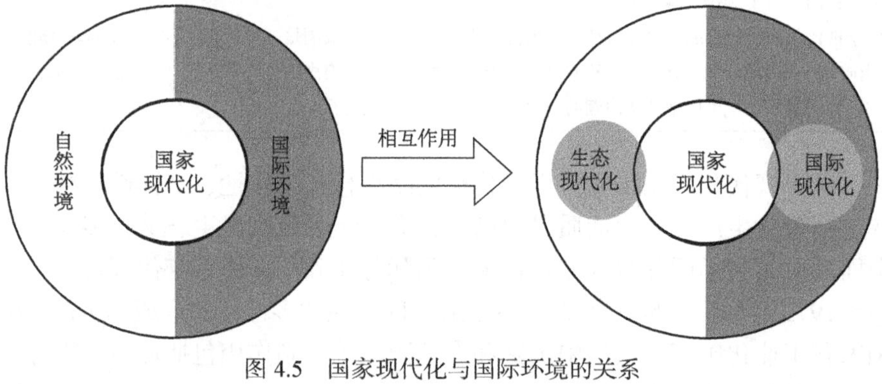

图 4.5　国家现代化与国际环境的关系

资料来源：何传启（2008，2010，2017）

一、国际现代化的客观事实

《中国现代化报告 2008：国际现代化研究》对国际现代化的近 300 年历史进程进行时序分析、截面分析和国别分析，分析范围涉及 5 个领域（经济、社会、政治、文化和生态）和 4 个要素（国际互动、国际结构、国际制度和国际观念）等。

第一，经济领域的国际互动。18 世纪以来，国际贸易占 GDP 的比例上升，贸易结构发生变化；国际投资占 GDP 的比例上升，但国家差别较大。19 世纪以来，国际债务上升，发展中国家债务沉重。20 世纪，跨国公司数量增长，平均关税下降；国际贸易占 GDP 的比例与国家水平和国家实力没有显著关系，国际贸易占 GDP 的比例与国家影响力和竞争力正相关；国际投资中发达国家约占80%，其他约占20%等。

第二，社会领域的国际互动。18世纪以来，国际移民总量增加，年度移民率波动。20世纪国际移民流向发生变化，发达国家成为净移入国。20世纪后期，发达国家外籍人口的比例上升，发达国家外籍大学生的比例上升。20世纪国际旅游的规模持续扩大。18世纪以来国际组织的数量增长，目前非政府组织（non-governmental organization，NGO）数量是政府间国际组织（international governmental organization，IGO）数量的10倍左右等。

第三，政治领域的国际互动。18世纪以来现代国家和政府间国际组织的数量增加，20世纪后半叶外交关系数量和国际相互依存度上升。18世纪以来国际战争频率没有下降，但国家差异较大；国际战争的分布和参战国家结构发生变化；20世纪参战次数较多的国家是苏联（1991年解体）和美国等；20世纪后期国际武器贸易波动。20世纪后40年里，发展中国家接受的外国援助总额和人均国际援助增加，发达国家对外援助占GDP的比例和外国援助占受援国GDP的比例下降等。

第四，文化领域的国际互动。20世纪后期，国际信息和文化贸易发展迅速，高技术出口发展迅速，技术贸易的增长快于经济增长；发达国家技术贸易占世界比例超过90%，低收入国家技术贸易占世界比例不到1%。20世纪，国际体育交流发展迅速，国际科技交流和国际会议快速增长等。

二、国际现代化的历史经验

（一）国际现代化的一般经验

其一，国际现代化不能盲目行事。国际体系的结构具有相对稳定性。没有充分的物质基础和合适的国际环境，单方改变国际结构和世界秩序的努力很难成功。虽然霸权周期转移论受到许多批评，但是，霸权周期和国际体系的稳定性紧密相关。

其二，国际现代化不能急于求成。国家的国际地位是可以改变的，但短期和中期改变的概率都比较小。例如，从经济发展中国家成功晋级为经济发达国家行列的国家（根据人均GDP水平分类）数量比较少，18世纪有美国等，19世纪有澳大利亚、新西兰和阿根廷等，20世纪有芬兰、日本和新加坡等。

其三，国际现代化的作用不能过高估计。国家现代化的成败是国家自身努力与国际环境共同决定的。国际现代化不能决定国家的成败，但可以影响国家的成败，加速国家分化。一般而言，国际依附可以作为一种暂时策略，而不是一种长期战略。

其四，国际现代化不能忽视内因。在国际现代化过程中，很多时候内部因素是发展中国家失败的主要原因。在导致国家失败的内部原因中，地理条件、社会制度、文化观念和人的作用不能低估。在国际互动过程中，有少数人可能会背叛国家利益、损公肥私或出卖同胞利益获取个人好处。虽然这种人非常非常少，但其危害比较大。

其五，国际现代化不能一厢情愿。国际现代化的国际互动是双向行为，不能一厢情愿。在国际现代化过程中，单方面地追求国际合作和国际交流，犹如害相思病，可能付出很大代价而一无所获。根据利益互动原理，利益是国际互动的决定性因素；建立在互惠互利的基础上的国际互动有可能是持久的和可以信赖的国际互动。

其六，国际现代化不能本末倒置。国家现代化是根本所在，国际现代化是一种措施。国际现代化是提高国家水平的一种途径，而不是目标。不能把国际现代化作为目标，不能把国际化程度作为考核指标。国际化程度只是一种分析和参考指标。不能片面追求国际化和全球化。国际化和全球化必须服务于国家现代化的战略需要和国家利益。

其七，国际现代化不能追求完美。在许多时候，国际现代化是一种信息不完全、地位不对称、环境变化快的国际博弈。这种博弈可以是零和博弈，也可以是非零和博弈。在有些时候，看似理想的国际互动，可能就是国际陷阱。国际误导和欺骗时有发生。国际互动没有最佳模式，只有理性选择。

其八，落后就可能挨打，农业文明无力抵挡工业文明。落后的小国可能没人关注；落后的大国往往被人蚕食。落后的经济大国不仅不是世界舞台的主要角色，而且在有些时候是先进国家的瓜分对象。在 18 世纪和 19 世纪，瓜分的是政治利益，包括土地和权利等。在 20 世纪，瓜分的是经济利益，包括资源和市场等。在 21 世纪，瓜分的将是战略利益，包括观念和知识等。在知识时代，先进国家可能成为头脑国家，落后国家可能成为躯干国家；农业文明无力与工业文明竞争，工业文明难以与知识文明竞争。

其九，理性面对国际贸易和国际投资。国际贸易比例和国际投资比例不是越高越好，而是要理性分析。2004 年统计数据显示，国际贸易比例与人均国民收入没有显著关系，外国投资存量比例与人均国民收入没有显著关系，对外投资存量比例与人均国民收入显著正相关，外国投资和对外投资总存量比例与人均国民收入显著正相关。根据国际贸易和国际投资占 GDP 的比例，可以把国家分为三种类型。第一种类型是高贸易和高投资（贸易和投资比例超过 80%）。第二类为中贸易和中投资（贸易和投资比例都在 60%左右）。第三类为低贸易和低投资（贸易和投资比例一般在 40%以下）。国际贸易和国际投资的国家分布不均衡，贸易和投资模式与国家发展水平的关系不是简单的线性关系。

其十，必须高度警惕国际战争。根据国际战争的统计分析，如果不考虑战争的规模差异，那么，在过去的两个世纪里，国际战争的发生频率没有下降。一些学者相信，21 世纪的国际竞争仍然比较激烈，战略资源、太空资源和网络空间的争夺可能升温，国际战争的风险依然存在。所以，爱好和平的国家，需要做好两手准备。一方面，坚持促进和平发展；另一方面，高度警惕国际战争的可能性，并做好面对国际战争的准备。

（二）国际现代化的国别经验

在过去近 300 年里，有些国家比较成功，有些国家不太成功；国际现代化的国别经验值得注意。在英国、美国、德国、日本和拉美国家的经验和教训中，有四条经验是普遍存在的。

其一，善于抓住国际机遇。英国、美国、德国和日本都善于抓住国际机遇。英国在 18～19 世纪抓住工业革命的历史机遇，成为世界超级大国。德国在 19 世纪抓住第二次工业革命的机遇成为欧洲强国，在 20 世纪抓住第三次和第四次工业革命机遇成为发达国家。日本在 19 世纪抓住第二次工业革命扩散机遇实现经济起飞，在 20 世纪抓住第三次工业革命和冷战机遇实现战后复兴，成为经济强国和发达国家。韩国在 20 世纪抓住冷战和两次工业革命机遇，逐步接近发达国家水平。芬兰和爱尔兰在20世纪抓住第四次工业革命机遇，成为发达国家和竞争力位居世界前列的国家。

其二，近朱者赤，与发达国家合作有利发展。发达国家之间相互合作，发展中国家通过与发达国家的合作，可以提高国家水平，如日本、韩国和新加坡等。其中，日本的例子发人深思。日本和中国启动现代化的时间和起因大致相当，都是19世纪60年代前后，都是西方列强用武力打开国门，但两国选择的路径不同，结果相差很大。日本主动推进全面现代化，制度现代化和工业现代化并重，学习西方的制度、文化和技术。中国推行洋务运动，采取工业现代化模式，学习西方的现代技术和军事，相对忽视制度现代化。30多年后，日本抓住工业革命扩散机会，成为东方工业化强国；中国失去工业革命机会，成为半封建半殖民地国家。20世纪后50年，日本、韩国和新加坡等与发达国家为伍，技术和经济水平迅速提高，先后接近或达到发达国家水平。

其三，重视科技和教育。美国、德国和日本都是教育先行国家。相对发达的国民教育和高等教育，提高了国民素质。较高的国民素质，是实现现代化的成功追赶的重要条件。英国、美国、德国和日本都重视科技的作用。虽然它们的科技体制各有特色，如英国的基础研究体系、美国和德国的知识创新和技术创新体系和日本的技术创新体系等，但是科技在保证国家成功和维持世界先进地位方面的作用则是大同小异的。

其四，内因和外因的共同作用。英国、美国、德国和日本的成功都是内因和外因的共同作用决定的。外因是世界发展出现了历史机遇、国际环境发生有利变化。内因是采取了合理的政策和对策，全面推进现代化。拉美国家现代化起步并不晚，然而，拉美现代化没有完全成功的国家案例。依附理论认为，拉美的欠发达是西方资本主义的必然产物。虽然这种观点有合理之处，但把拉美欠发达完全归咎于外部因素是不确切的。拉美国家内部的政治腐败和动荡、贫富差距和社会分裂、注重经济忽视社会等是普遍现象，也是欠发达的重要原因。

三、国际现代化理论

国际现代化理论是关于国际现代化现象的一种理论解释，是一种分层现代化理论。一般而言，国际现代化理论包括一般理论、分支理论和相关理论等（表4.9）。国际现代化理论是中国学者何传启研究员2008年提出来的。

表4.9　国际现代化理论的结构

分类	理论	主要内容
一般理论	元理论	国际现代化的定义、过程、结果、动力和模式等
分支理论	分阶段理论	第一次现代化过程的国际互动、依附理论、世界体系理论； 第二次现代化过程的国际互动、全球化理论等
	分领域研究	经济、社会、政治、文化、个人和环境领域的国际互动
	分部门研究	农业、工业、教育、科技、国防和交通等部门的国际互动

续表

分类	理论	主要内容
相关理论	其他现代化理论	生态现代化理论、反思性现代化理论、第二次现代化理论等
	其他相关理论	国际关系理论、社会互动理论、冲突理论、博弈论、区域合作等

资料来源：中国现代化战略研究课题组和中国科学院中国现代化研究中心（2008）

注：一般而言，国际关系学研究是基于国家实力的国际环境和国际互动研究；国际现代化研究是基于国家水平（从现代化角度）的国际环境和国际互动研究。它们各有侧重，可以相互检验和补充

其一，国际现代化的内涵。国际现代化是国家现代化与国际环境的一种相互作用，是现代化过程的国际互动。它是一个复杂过程，也是一种跨国行为，发生在多个层次和多个领域，主要涉及三个方面：国家现代化、国际环境和国际互动。国际现代化的主要概念见表 4.10，国际现代化的简化层次模型如图 4.6 所示。

表 4.10　国际现代化的主要概念

概念	主要内容
国家现代化	国家层面的现代化，包括国家整体现代化、国家六个领域现代化和国家现代化的时空分布变化等
国际环境	国家现代化的外部因素的总和，包括世界现代化、国际体系和国际互动的制度和观念等。国际环境有多种分类方式，如分层次环境（世界环境、区域环境和周边环境）、分领域环境（经济、社会、政治、文化和生态环境）、历史环境、现实环境和未来环境等
国际互动	国际互动指在现代化过程中，国家以交互的或交换的方式对别国和国际环境采取行动，或者对别国和国际环境的行动与变化做出回应，它是国家现代化的重要方面
国际地位	国际地位指国家在国际体系中被普遍承认的位置，可根据国家相对水平或实力来定义
地位象限	由国家水平和国家实力共同决定的国际地位，可以用象限图来表示，简称国际地位的象限图。它分为四个象限：第一象限（高水平和强实力）、第二象限（高水平和弱实力）、第三象限（低水平和强实力）、第四象限（低水平和弱实力）。第一象限的代表国家是美国，第二象限的代表是卢森堡，第三象限的代表是印度，第四象限的代表是布隆迪
国际分化	国际分化指国家的国际分工、国际地位和国际差距的变化，包括国家的国际劳动分工、国际市场分工、国际地位分化、国际差距和国际差别的扩大等，包括国家分层和国家流动
国家分层	国家分层指国家在国际体系的分层结构中的等级、层次及其变化过程，包括国家流动
国家流动	国家流动指国家的国际地位的变化。从一个国际等级向另一个国际等级的变化，或者国际排名的变化。国家的国际地位转移具有一定概率
国际结构	国际结构指国际体系的各种要素（如国家）相互关联的方式，具有相对稳定性； 国家水平结构：发达国家、中等发达国家、初等发达国家、欠发达国家； 国家实力结构：世界强国、中等强国、初等强国和世界弱国； 国家规模结构：世界大国、中型国家、小型国家和微型国家

资料来源：中国现代化战略研究课题组和中国科学院中国现代化研究中心（2008）

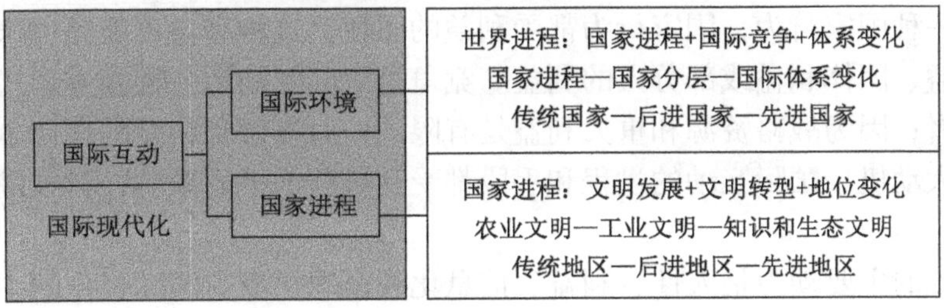

图 4.6 国际现代化的简化层次模型

资料来源：中国现代化战略研究课题组和中国科学院中国现代化研究中心（2008）

国际环境有不同类型，如分层环境、领域环境和时间环境等；国际互动有不同类型，如分层次互动（与分层环境的互动）、分领域互动（与领域环境的互动）和地理影响等；国际互动有不同途径，如国际合作、国际交流、国际冲突和国际竞争等。

其二，国际现代化的过程。国际现代化的过程可以分为两大阶段。两大阶段为第一次现代化和第二次现代化过程的国际现代化，或工业时代和知识时代的国际现代化。两个阶段的内容和特点是不同的。

国际现代化过程大致有 12 个特点：普遍性、多样性、阶段性、复杂性、演化性、非决定性、国别差异性、国家水平效应、国家实力效应、国际战争持续存在、国际合作逐步加强和工业文明效应。工业时代和知识时代的国际现代化的特点有所不同。

国际现代化过程遵循四个原理：联合作用、利益互动、路径选择和象限互动原理。它们是关于国际互动的意义、过程、选择和特征的理论解释。

一个国家的国际互动可以有三种形式：当国际地位与另一个国家大致相当的时候，发生横向互动；当国际地位比另一个国家高的时候，发生向下的纵向互动；当国际地位比另一个国家低的时候，发生向上的纵向互动。向下互动和向上互动的策略是不完全相同的。向下互动的国家一般具有心理、水平和实力优势，具有较大的主动权和选择权。向上互动的国家一般具有心理、水平和实力劣势，具有相对的选择权和依附可能。

国际现代化过程遵循八个原则：相互作用、作用效果不同、物以类聚、近朱者赤、目标导向、国家利益、最大最小准则和有限理性原则。国际互动的八个原则是相对的，存在许多例外的情况，如国际人道主义组织的活动等。

其三，国际现代化的结果。直接结果反映在三个方面。国家现代化的变化，包括国家水平、国际地位和国际观念等的变化；国际环境的变化，包括国际结构、国际制度和国际观念等的变化；国际互动的变化，包括国际互动的过程、特点、性质和规模的变化等。

作用效果体现在三个层次。国家层次的变化：国家行为、国家水平、国际地位和国际观念等的变化；国际体系层次的变化：国家分层、国际体系的结构、制度和观念等的变化；跨国层次的变化：国家分化、国际互动自身的变化等。

国家目标有三个：提高国家水平和国际地位，这是最终目标；改善国际环境，保持有利的国际环境；提高国际互动能力，保证前两个目标的实现。

其四，国际现代化的动力。多种要素的联合作用，包括人性、利益、竞争和科技等。国际互动是一种人类行为，人类行为都受人性和价值观（生物本能和社会教化）的支配。

国际互动是一种国家行为，国家行为都受利益的驱使；这种利益可能是国家利益，也可能是政府利益、团体利益或部分人的利益。竞争是国际互动的一种基本形式，也是国际互动的促进者；因为战略资源和重大利益是有限的，对资源和利益的理性争夺就成为国际互动的强大动机。国际互动的过程和手段都受到科技水平的影响；科技进步会促进国际互动。

国际交流的主要动力是人性、利益、信息化和全球化等。国际合作的主要动力是人性、利益、科技进步和环境压力等。国际冲突的主要动力是人性、利益、资本积累和战略资源等。国际竞争的主要动力是利益、资源、创新和市场等。

在工业时代的国际现代化过程中，权力竞争和生存竞争是国际互动的发动机；在知识时代的国际现代化过程中，合作竞争和发展竞争是国际互动的助推器。工业时代的竞争是国家实力的竞争，维护国家生存权，争夺世界性霸权，是国际互动的动力源泉。知识时代的竞争是国家水平的竞争，保持世界领先地位，追赶世界先进水平，是国际互动的动力源泉。

其五，国际现代化的模式。国际现代化有四条路径：国际合作、国际交流、国际竞争和国际冲突等。国际现代化有四种模式：综合互动、横向互动、向下互动和向上互动。向下互动和向上互动可以统称为纵向互动。国际互动采用什么途径和模式，与互动双方、关联者和国际体系有关系。一般会根据互动双方的对比选择互动策略。

国际现代化的两类策略：国际地位象限相同的国家之间的国际互动，一般为平等的和对称的横向互动；国际地位象限不同的国家之间的国际互动，一般为不平等的和非对称的纵向互动。如果两个国家的国际地位部分相同部分不同，则可能同时发生横向互动和纵向互动，简称综合互动。

第三节　地区现代化

地区现代化有两种理解：跨国地区是指世界不同区域，国内地区指国内不同区域。在本节，地区现代化是指国内地区现代化，它包括世界范围的地区现代化、国家范围的地区现代化和单个地区的现代化。地区现代化是现代化的一种表现形式和一个分析层次。一般而言，地区现代化是国家现代化的组成部分，它既是相对独立的，又受国家现代化的制约。

《中国现代化报告 2004：地区现代化之路》选择美国、欧盟国家、墨西哥和印度等 18 个国家，作为发达国家和发展中国家的分析样本，简要分析其 171 个地区现代化的发展趋势，归纳总结其基本事实和重要启示。

一、地区现代化的基本事实

其一，地区现代化是客观存在的。在 18 个国家 171 个地区的发展过程中，地区经济差距的缩小和扩大，地区发展水平的趋同和趋异，地区相对水平的追赶和退步等现象，普遍存在。地区相对水平的变化包括：先进保先进、后进赶先进、先进退步为后进、后进仍然为后进等现象。这些与国家现代化现象基本一致。

其二，地区现代化遵循国家现代化的一般规律。在 18 个国家的地区现代化过程中，经典现代化的工业化和城市化、第二次现代化的知识化和信息化等现代化的基本规律，都被地区历史统计数据和学者的分析所验证。地区现代化包括政治现代化，地区的政治现代化是由国家政治决定的。没有国家的政治现代化，就没有全面的地区现代化。

其三，地区现代化不是国家现代化的简单“缩小”。地区是国家的组成部分，地区现代化是国家现代化的组成部分。国家内部地区现代化的模式和道路具有多样性，例如，美国 50 个州和 195 个县的现代化，在工业化和城市化等方面，与美国国家现代化有很多不同。

其四，地区现代化过程中的地区互动。地区之间既相互竞争，又相互依存。在自由竞争条件下，市场作用力将拉大地区差距。地区之间经济和人口流动以及国家干预，如通过政策杠杆（如转移支付和优惠政策等）调节，可以促进地区间的协同发展。

其五，地区现代化与地区基础能力的关系紧密。西班牙学者研究发现成功地区的主要特点有：①地区城市系统在经济增长和生产活动中扮演着重要角色；②容易获得人力资本，合格劳动力的供应稳定；③具有开放性和参与能力；④容易获得先进的生产服务，如战略规划、技术咨询、商业化和出口、研究与开发、专业的金融服务等；⑤地区政府和组织系统非常高效；⑥具有吸引外部投资的“吸引力”。

其六，地区现代化进程具有不平衡性。从 18 个国家地区现代化的发展水平和发展阶段看，地区之间都存在很大差异。发达国家的地区差距小于发展中国家，进入第二次现代化时期的国家的地区差距小于处于第一次现代化时期的国家。

其七，地区经济现代化本质是生产力水平的提高。

其八，地区经济中农业比重减少现象普遍存在，但不是绝对的，具有一定弹性。

其九，地区经济工业化和非工业化都具有一定弹性，不是绝对的（图 4.7）。

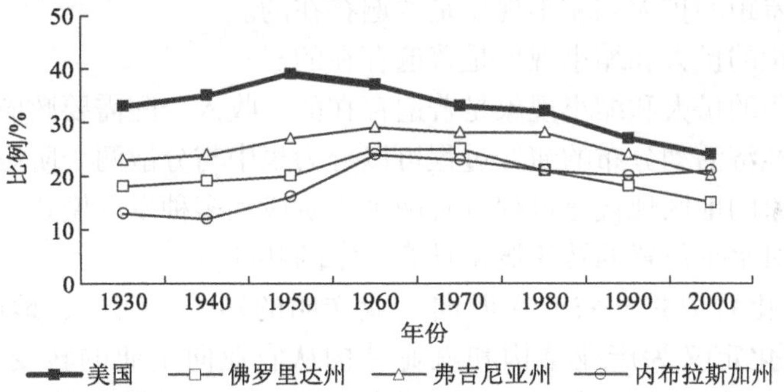

图 4.7　1930～2000 年美国及其 3 个州的工业增加值占 GDP 比例的变化

资料来源：何传启（2017）

3 个州工业增加值占 GDP 比例没有达到 30%的时候，就出现工业比例下降

其十，地区经济服务化（服务业比重增加）是必然趋势。

其十一，地区社会现代化本质是居民生活水平的提高。

其十二，地区的城市化和郊区化都具有一定弹性，不是绝对的（图 4.8）。

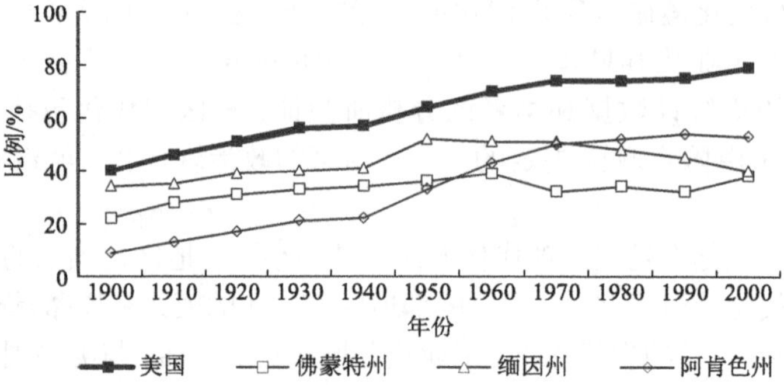

图 4.8 1900～2000 年美国及其 3 个州的城市化率的变化

资料来源：何传启（2017）

3 个州城市化率没有达到 60%的时候，就出现城市化率下降

其十三，地区基础设施的现代化有重要意义。

其十四，地区知识领域现代化本质是科学知识和信息生产能力和普及程度的提高。

其十五，地区知识领域现代化包括“普及义务教育”和“知识化信息化”两个阶段。

其十六，发达国家和发展中国家地区知识领域现代化模式不同。

二、地区现代化的重要启示

（1）在一级地区（省级地区），地区现代化与国家现代化具有较强一致性。

（2）在二级地区（县级地区），地区现代化与国家现代化的关系具有多样性。

（3）地区现代化进程的不同步和不平衡现象是普遍存在的。

（4）地区间差距的扩大和缩小现象是普遍存在的。

（5）城乡差距的扩大和缩小现象是普遍存在的。

（6）收入差距的扩大和缩小现象是普遍存在的，收入分配需要政府调控。

（7）人口和经济活动分布的演变过程可以分为集中与分散两个阶段。

（8）发达国家的地区现代化过程具有两个大阶段和多种发展模式。

（9）地区相对水平位置的转移概率具有一定的共性。

如果把工业化看成是从农业文明向工业文明的转变，那么，地区工业化是必需的。如果把工业化定义为产业结构和就业结构从农业向工业的转变，那么，地区工业化有很大弹性。非工业化是经济和文明发展的一个新阶段，而且在地区之间有比较大的弹性。

如果把城市化理解为从农业文明向城市文明转变的形式，那么，地区城市化是必需的。如果把城市化定义为城市人口比重的增加，那么，地区城市化有很大弹性。生活在农村也可以享受城市文明。郊区化既是城市文明的扩散，又是城市文明的新发展，而且有较大弹性。

三、地区现代化理论

（一）地区现代化的相关理论

地区现代化过程包括地区经济、社会、政治、知识和文化等各方面的变迁。所以，各个领域的科学理论，特别是各种发展理论，都可以为地区现代化理论作出贡献。例如，经济发展理论、经济增长理论、政治发展理论、文化变迁理论、社会发展理论、区域发展理论、经济地理理论等。

（二）地区现代化的一般理论

地区现代化理论是对18世纪以来地区现代化进程的基本规律和特征的系统的理论阐述。何传启认为，同经典现代化理论和第二次现代化理论一样，地区现代化理论应该包括五个基本要素：地区现代化的内涵、过程、结果（目标）、动力和模式等。

第一，内涵。地区现代化是指 18 世纪工业革命以来地区发展的世界前沿，以及追赶、达到和保持世界先进水平的行为和过程。它既是发达地区达到并保持世界先进水平的行为和过程，又是发展中地区追赶和达到世界先进水平的行为和过程；既是发达地区保持的世界先进水平的连续变化的状态函数，又是发展中地区追赶世界先进水平的变化的目标函数。

第二，过程。18～21 世纪，地区现代化过程可以分为两大阶段。第一阶段简称为地区第一次现代化，是指从农业经济向工业经济、农业社会向工业社会、农业文明向工业文明的转变过程；第二阶段简称为地区第二次现代化，是指从工业经济向知识经济、工业社会向知识社会、工业文明向知识文明、物质文明向生态文明的转变过程。地区第二次现代化不是地区发展的终结，将来还有新的现代化。地区现代化过程中经济结构转变是有弹性的，不是绝对的。发达地区现代化过程的两个阶段是先后进行的；发展中地区现代化过程可以两个阶段先后进行，也可以是两次现代化协调发展，走新型综合现代化道路。

地区现代化过程一般遵循四个基本原理：进程不同步原理、空间不均衡原理、结构稳定性原理和地位可变迁原理。不同水平国家地区现代化相对地位变迁的概率不完全相同。根据欧美国家的经验，在 21 世纪的前 20 年里，高水平地区大约 80%仍然是高水平，中等水平地区大约 70%仍然是中等水平，初等水平地区大约 60%仍然是初等水平，低水平地区大约 80%仍然是低水平地区；高水平地区降级的概率约为 20%；中等水平地区升级的概率约为 20%，降级的概率约为 10%；初等水平地区升级的概率约为 30%，降级的概率约为 10%；低水平地区升级的概率约为 20%（图 4.9）。地区的地位变化的概率高于国家的地位变化的概率。

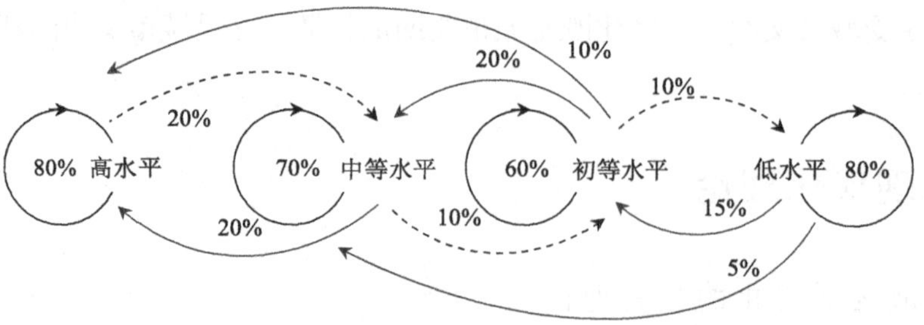

图 4.9　20 年里地区现代化水平的转移概率的参考值

资料来源：何传启（2017）

图中虚线为降级

第三，结果（目标）。地区第一次现代化的结果是第一现代性的实现和普及，地区第二次现代化的结果是第二现代性的发展和普及，地区新型综合现代化的结果是第一现代性和第二现代性的互动和转换。第二次现代化理论阐述了第一现代性和第二现代性。地区现代化第一个目标是完成第一次现代化，第二个目标是完成第二次现代化，第三个目标是达到并保持世界先进水平，实现综合现代化。人的全面发展是地区现代化的实质。

第四，动力。地区第一次现代化的主要动力是投资、技术进步、工业化和城市化等，地区第二次现代化的主要动力是知识创新、制度创新和人力资本等，地区新型综合现代化的主要动力则是教育和投资、工业化和信息化、城市化和郊区化、技术和制度创新等。地区第一次现代化的经济发展可以用古典经济理论和新古典经济理论来解释；地区第二次现代化和新型综合现代化的经济发展更多地要用新增长理论与区域新发展理论等来解释。

第五，模式。地区两次现代化的发展模式都是多样的，受地区地理条件、基础能力和外部环境的影响。地区第一次现代化的发展模式是工业化和城市化等的多种组合，地区第二次现代化的发展模式是知识化、信息化、全球化、郊区化和地区创新体系等的多种组合，地区新型综合现代化的发展模式是工业化、信息化、城市化和郊区化等的多种组合。

地区现代化理论，除上述基础理论外，还至少可以分为七个分支和八个流派，例如，地区经济现代化理论、地区社会现代化理论、地区政治现代化理论、地区文化现代化理论、地区人的现代化理论、地区生态现代化理论、地区经典现代化理论、地区第二次现代化理论、地区新型综合现代化理论等。有关地区现代化研究，目前在理论与案例、战略与模式、政策与管理等方面，至少有 50 个重大课题需要研究。

第四节　城市现代化

城市是文明的载体，是历史的缩影，是文化的中心，是创新的前沿。一般而言，城市是以非农业人口为主的人类聚居地，它不仅具有一定的人口规模和人口密度（表 4.11），而且具有相应的法律地位、基础设施、公共服务、公共管理和社会功能。城市现代化是城市和城市体系的现代化，是现代化的一种表现形式。《中国现代化报告 2013：城市现代化研究》指出，城市现代化是 18 世纪以来城市文明的一种前沿变化，它包括从传统城市向现代城市和发达城市的转型过程及其国际竞争，包括城市政治、经济、社会、文化、环境和市民的现代化，城市形态和功能、建筑和住房、基础设施、公共服务、公共管理和国际联系的现代化，城市生活、城市结构、城市制度、城市观念的现代化等。

表 4.11　设立城市的人口标准（最低限额）

国家	人口低限/人	国家	人口低限/人
瑞典、丹麦	200	斯洛文尼亚、中非	3 000
巴布亚新几内亚	500	越南、科特迪瓦	4 000
加拿大、澳大利亚、新西兰	1 000	比利时、斯洛伐克、印度、约旦	5 000
爱尔兰、巴拿马	1 500	英国、瑞士、意大利、西班牙、希腊	10 000
法国、挪威、捷克、葡萄牙	2 000	荷兰、叙利亚、尼日利亚	20 000
美国、墨西哥	2 500	日本、韩国	50 000

资料来源：何传启（2013）

注：不同国家的城市标准差别较大，统计数据的国际可比性有限

一、城市现代化的基本事实

（一）城市功能等六个系统现代化的基本事实

（1）城市功能和形态。城市功能可以大致分为共性功能和个性功能，前者反映城市共性，后者反映城市特色（表 4.12）。城市共性功能的演变具有一些普遍特征。城市个性功能与城市规模、自然条件和历史沿革等有关。根据城市功能不同，城市可以分为六级：世界城市、国际城市、国家中心城市、区域中心城市、普通城市和镇。

表 4.12　城市功能的变迁

功能		农业社会的城市	工业社会的城市	知识社会的城市
共性功能	功能结构	以政治功能和贸易功能为主，以生产功能和文化功能为辅	以经济功能和社会功能为主，政治功能和文化功能并存	以服务功能和文化功能为主，政治功能和生态功能并存
	影响因素	地理位置、自然条件	资源、分工、集聚	创新、信息化、全球化
个性功能	功能特点	功能具有多样性	大型城市：综合性功能。中型城市：功能多样化。小型城市：功能有特色和专业化	
	影响因素	地理位置、自然条件	城市规模、地理条件、自然资源、城市定位、城市传统和历史沿革	

资料来源：何传启（2013）

城市形态与城市的地理条件、经济和社会结构有关，与交通技术和发展阶段有关。根据城市人口密度和建筑形态，城市可以分为三类：密集型城市、分散型城市和中间型城市。根据城市规模，城市分为超大城市、特大城市、大型城市、中型城市和小型城市等。城市体系的形态最初是一个个分离的城市（中心地），后来逐步形成城市圈、城市群、城市带、城市延绵区、大都市区、城市网络等多种地理分布形态。

（2）城市建筑和住房。城市建筑和住房的结构与状态既反映城市风格，也反映城市发展水平和生活水平。有些时候，城市典型建筑成为一个城市的主要标识。城市建筑质量提高是一个长期过程，城市最高建筑、建筑密度和建筑风格等的变迁具有阶段性。在发展中城市，贫民窟仍然大量存在。

20 世纪以来，城市人均住房面积具有上升的趋势，人均住房面积、住房间数和房价的国际差别很大。根据联合国的人居环境调查（UN-Habitat，2002），20 世纪 90 年代，工业化国家城市单元房价中间值为家庭平均年收入的 5 倍,发展中国家城市为 8 倍左右，美国城市为 3 倍左右，合理值为 3～5 倍；工业化国家城市单元房平均月租为家庭平均月收入的 20%，发展中国家城市为 30%左右，美国为 25%左右。根据联合国的人居环境调查，20 世纪 90 年代，发展中国家城市私有和私租住房约占 80%，公租房约占 10%，转型国家城市公租房约占 25%，拉美国家的无房者将近 3%。

（3）城市基础设施。城市基础设施是城市公共服务的基础，直接反映城市发展的硬件水平。大致可以分为两类：硬性基础设施和软性基础设施。19 世纪以来城市基础设施不断发展和完善。例如，现代城市给排水系统是 19 世纪开始形成的；1863 年世界第一条城市地铁在英国伦敦市投入运营，2010 年世界上大约有 160 多个城市拥有城市地铁；19 世纪法国、英国和德国等兴建地下综合管沟，将地下管道集称为“综合管廊”（公共沟），统一布局和管理（图 4.10）。随着技术进步，城市基础设施与时俱进，目前城市地下管线包括 20 多种管网，所有城市都面临基础设施的挑战。

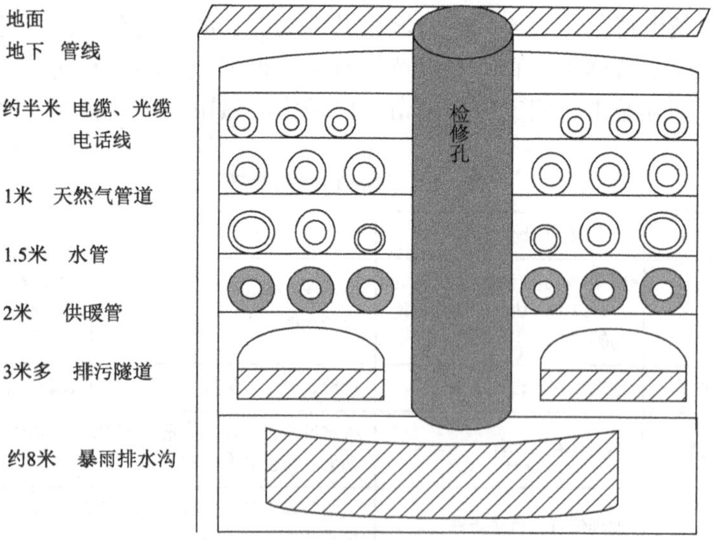

图 4.10　英国城市地下综合管廊截面示意图

资料来源：西尔弗曼（2008）

（4）城市公共服务。城市公共服务指城市公共部门等向城市公众提供公共产品和公共服务，直接反映城市发展状况的软件水平。公共服务的发展具有多样性、阶段性、递进性、延续性、差异性、决策民主化和社会化、国际差别大等特点。从服务内容看，城市公共服务大致经历了三个阶段：有限的公共服务、系统的公共服务以及公共服务社会化和均等化。从服务方式看，城市公共服务大致经历了三个阶段：以政府供应为主，政府供应和社会组织参与，政府购买服务和市场化。

（5）城市公共管理。城市管理是对城市公共利益、公共事务和公共部门等的管理，直接反映城市发展的管理水平。城市公共服务、公共管理和基础设施是高度交叉的。城市管理的发展大致经历了行政管理、公共管理和公共治理三个阶段。

21 世纪发达国家的城市管理，从公共管理走向公共治理，公民个人、企业组织和政府部门都参与城市公共治理，建设智慧城市和绿色城市。公共治理与传统公共管理相比有一些新特点，如权力分散化、目标管理、合同外包、企业化管理、政府间合作和服务导向等。

（6）城市国际联系。城市国际联系的多少和质量反映城市竞争力和影响力，反映城市国际化程度，影响城市生活质量。城市国际联系发生在各个领域。随着全球化、国际化和信息化的推进，世界已成为一个“地球村”，但国际联系分布不均。

（二）城市经济等六个领域现代化的基本事实

（1）城市经济。城市经济是一种混合经济，包括都市农业、工业经济、服务经济和知识经济等。20 世纪发达国家城市经济占国民经济的比例达到 90%左右。

城市经济产业结构与经济效率之间的关系比较复杂，不同城市的产业集聚和产业特色有所不同。根据宏观经济结构特点，城市经济主要有四种类型：①制造业主导型（制造业占比超过 30%）；②服务业主导型（服务业占比超过 80%）；③都市农业型（农业超过工业）；④综合经济型（工业和服务业基本相当）。

城市经济增长的主要来源包括：资本深化（劳动力人均资本增加）、人力资本增长（劳动力人均知识和技能增加）、技术进步和规模经济等。根据城市经济增长动力，城市经济分为四类：创新驱动型、投资驱动型、规模驱动型和多轮驱动型。

（2）城市社会。20 世纪发达国家城市人口占全国人口的比例达到 80%左右，城市社会逐步成为国家社会的主体。城市公共教育、公共卫生和社会福利全面发展，城市贫困现象长期存在，城市犯罪现象在发达国家和发展中国家普遍存在，城市性别不平等现象普遍存在，城市就业率和失业率长期波动等。

（3）城市政治。城市政治具有很大多样性。大型城市、中型城市和小型城市的城市治理具有不同的特点；不同文化背景和不同发展水平国家的城市治理具有不同的特点。联合国人类住区规划署认为，城市治理是个人和组织、公共和私人规划与管理城市的方法总和，是协调各种冲突和不同利益，进行合作的持续过程。

（4）城市文化。城市文化既有共性也有多样性。城市文化与城市发展水平有紧密关系，与城市特色和城市竞争力等有紧密关系。不同城市的文化产业发展水平不同。随着物质生活的满足，文化生活成为人们的日常追求。文化生活方式和生活质量影响城市居民的生活质量和城市竞争力等。

18 世纪以来，随着文化设施和信息技术的发明与创新，城市文化生活发生了很大变化。19 世纪出现的电话和电影，20 世纪出现的电视和互联网等，极大地改变了城市文化生活的面貌。科技进步不断更新现代文化的内涵，改变人们的文化生活。科研机构一般主要集中在城市；但是，并非每个城市都有科研机构。

（5）城市环境。环境问题是所有城市面临的共同难题，而且与城市发展水平有关。一般而言，目前发达城市的环境保护和治理已经取得很大进展，更多是保持优良环境的可持续性；发展中城市的环境问题非常严峻，更多是污染防治，减少和治理各种污染，提高空气质量。例如，20 世纪末城市废水和废物处理率，发展中国家分别约为 35%和 46%，发达国家分别是 94%和 78%。

城市环境变化不仅与地理条件、科技水平、产业结构和经济发展有关，而且与环境政策、生产和消费模式有很大关系。1992 年世界银行的《世界发展报告》检验了环境退化和人均收入的关系，发现城市颗粒物浓度和城市二氧化硫浓度与城市人均收入的关系曲线，为倒“U”形曲线。这就是环境库兹涅茨曲线。

（6）城市居民。城市居民既是城市现代化的行为主体，也是城市现代化的受益者。18 世纪以来，城市人口增长率因城市而异；城市人口流动性比较大。19 世纪以来，城市居民的平均预期寿命延长，城市社会老龄化。目前有些发达城市老龄人口比例已超过 20%。20 世纪以来，城市离婚率上升，儿童肥胖率上升等。

（三）城市生活等四个要素现代化的基本事实

（1）城市生活。城市生活泛指发生在城市的人类生活，涉及生活条件、生活方式、生活质量和生活观念等。18 世纪以来，城市生活条件和生活方式从机械化、电气化到信息化，不同国家和不同城市的生活水平与生活质量有很大差别。

19 世纪以来，发达国家城市职工的休闲时间不断增加，家庭平均规模变小，家庭结构多样化，医疗和养老保险覆盖率提高，宗教活动长期存在，私人汽车普及率提高，娱乐和社会活动多样化；城市居民识字率提高，文化消费不断增长等。20 世纪以来，电影、电视和网络文化等极大丰富了市民文化生活。

1700～2000 年，城市生活发生了很大变化。但是，城市生活的变化不是一首优美流畅的田园牧歌，而是一部起伏跌宕的交响乐。大量历史资料显示，18 世纪和 19 世纪是部分城市的“黑暗时代”，那些城市特别是工业城镇生活条件很差，工业和生活污染、传染病、犯罪、拥挤和贫民窟等普遍存在。

（2）城市结构。根据联合国《世界城市化展望 2011》和有关资料估算，2010 年世界城市约有 12.8 万个，其中，大型城市有 449 个，中型城市有 513 个，小型城市约有 12.7 万多个；大型城市包括超大型城市（人口超过 1000 万人的城市）23 个、特大型城市（人口 500 万～1000 万人的城市）38 个和大型城市（人口 100 万～500 万人的城市）388 个。

1950～2010 年，世界大型城市人口比例从 23%上升到 38%，中型城市人口比例为 9%至 10%，小型城市人口比例从 67%下降到 51%。在世界范围内，城市人口向大型城市集中。不同国家和城市的中心城市和郊区人口比例有很大差别。2000 年美国郊区人口比例约为 50%，欧洲郊区人口比例约为 22%。

（3）城市制度。制度是规范人类行为的规章、程序、伦理道德和习俗的集合。城市制度的变迁是复杂的和有序的，存在很大的时代差异、国别差异、地区差异和城市差异。知识社会、工业社会和农业社会的城市制度有很大差别。

（4）城市观念。城市观念是城市文化的重要内容。城市观念的变迁是复杂的和不同步的，存在很大的时代差异、国别差异和城市差异。知识社会、工业社会和农业社会的城市观念有很大差别。

（四）城市现代化过程中的城市化

世界城市化可以大致分为两大阶段：传统城市化和现代城市化。传统城市化有 5000 多年历史（公元前 3500 年～公元 1750 年）。现代城市化有 200 多年历史，可分为工业城市化、社会城市化和服务城市化三个小阶段（表 4.13）。

表 4.13　世界城市化的主要阶段

项目	传统城市化（商业城市化）	现代城市化		
		工业城市化	社会城市化	服务城市化
大致时间	公元前 3500 年～公元 1750 年	1760～1870 年	1870～1970 年	1970～2100 年
城市化水平	一般小于 10%	10%～30%	30%～60%	60%以上
郊区化水平	—	一般小于 5%	5%～30%	30%以上
主要特点	城市人口和城市人口比例增长缓慢，城市人口比例波动，农业比例变化比较小	城市人口和住宅数量持续增长，城市人口比例增长缓慢或波动，农业比例快速下降（非农业化）	城市人口和住宅快速增长，城市人口比例快速增长，郊区人口比例开始增长	城市人口比例上升比较慢，郊区人口比例上升比较快，城乡动态平衡，工业比例下降（非工业化）
增长动力	商业和政治需求、劳动分工、农业生产率提高	工业化、工业生产率提高	工业化和社会转型	服务化、信息化、全球化、环境保护、现代化转型

资料来源：何传启（2013）

1950～2010 年，根据城市人口比例的高低，发达国家城市化可大致分为三种类型。一是高度城市化，2010 年城市人口比例超过 90%；包括比利时、以色列和日本等 3 个国家。二是中度城市化，2010 年城市人口比例为 80%～90%；包括美国、英国和法国等 11 个国家。三是低度城市化，2010 年城市人口比例低于 80%，包括德国、意大利、奥地利等 7 个国家。

1950～2010 年，根据城市体系人口结构变化，世界城市化可大致分为三种模式。①大城市主导型城市化：2010 年大城市人口占全国人口比例超过 40%；②小城市主导型城市化：2010 年小城市人口占城市人口比例超过 70%；③中间型城市化。

1950～2010 年，世界城市体系的结构表现为大城市比例上升，小城市比例下降。世界城市体系的结构如图 4.11 所示。

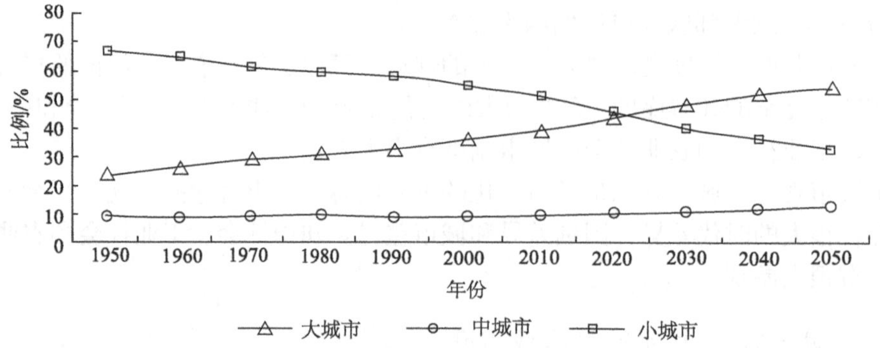

图 4.11　世界城市体系的结构（情景分析）

资料来源：何传启（2013）

在地区层次上，地区城市化具有多样性。例如，20 世纪，美国 50 个州中，多数州的城市化与美国城市化是一致的，但是，缅因州、亚拉巴马州、俄克拉何马州等先后发生城市人口比例下降，佛蒙特州、西弗吉尼亚州和密西西比州等的城市化率低于 50%；2000 年州最高的城市化率达 91%，最低的达 38%。

二、城市现代化的历史经验

世界城市现代化起源于 18 世纪，已有近 300 年历史。但在 19 世纪以前，除少数城市外，多数城市的发展缺少规划；20 世纪以来，城市规划成为城市发展的基本手段。20 世纪的城市现代化具有系统设计和技术驱动的双重特点。

（1）城市现代化既是一种世界现象和国际潮流，也是一种社会选择。在过去近 300 年里，绝大多数国家、地区和城市选择了城市现代化，只有少数社群例外。

（2）城市现代化与现代城市化是一个伴生现象，属于现代化过程的两个不同侧面。一般而言，现代城市化是社会现代化的一个主要内容，主要指现代化过程中社会人口居住结构的变化，包括城市数量增加、城市人口和城市人口比例的扩大等；城市现代化是地区现代化的一种表现形态，主要指从传统城市向现代城市的转型，包括城市文明水平和城市生活质量的提高。当然，这种划分是相对的。城市化有极限，城市现代化没有止境。

（3）城市现代化具有双重任务。城市既是文明的标志、文化的中心、财富的象征和创新的前沿，也是犯罪的温床、贫困的泥潭、污染的源头和拥挤的空间。城市现代化既要扩展和提升城市文明的光明面——城市发展的四个进步：文明、文化、财富和创新；也要抑制或消除城市文明的阴暗面——城市发展的四个挑战：犯罪、贫困、污染和交通堵塞等，就是消除“城市病”现象。

（4）城市建筑和住房现代化是一个长期任务。随着科技进步和生活水平提高，城市建筑的城市规划、建筑设计、建筑材料、建筑技术、建筑质量和建筑文化都在发生变化，城市居住文化、住房要求和住房质量都在与时俱进。

（5）城市基础设施现代化是一个长期挑战。现代城市需要现代基础设施。基础设施从规划和建设，到运营和维护，是一个长期过程。基础设施的质量和满意度是衡量城市现代化的一个硬指标。

（6）城市公共服务现代化是一个热点问题。城市服务是现代城市的一个基本功能，而且是不断增长的功能。它的服务对象不仅是城市居民，而且包括非城市居民。城市公共服务的质量和满意度同样是衡量城市现代化的一个硬指标。

（7）城市公共管理现代化是一个关键问题。城市管理的演进是一个长期过程，从行政管理、公共管理到新公共管理。一般而言，公共管理并没有标准模式或最佳模式，公共管理现代化的道路是漫长的。

（8）城市环境治理现代化是一个国际潮流。现代城市的环境压力与城市人口规模和密度成正比，与城市经济结构和密度正相关。在工业城市化和社会城市化阶段，城市环境污染成为一个社会公害，环境治理逐步受到关注。在服务城市化阶段，随着环境意识和生活质量的提高以及经济结构的转型，城市环境治理会走向良性轨道。

（9）城市交通现代化是一个世界性的难题。现代城市的交通压力同样与城市人口密度和城市人口规模成正比，与城市经济密度和经济结构正相关。每个城市的交通问题都需要专题研究。城市交通现代化是没有止境的。

（10）城市现代化需要合理保护和利用传统文化。城市既是传统文化的载体，也是现代文化的前沿。文化创新是城市现代化的活力来源。同时，传统建筑文化与城市特色紧密相关。城市现代化不是对传统文化的全面否定，而是合理利用。

三、城市现代化的基本原理

城市现代化是一种客观现象。迄今为止，关于城市现代化研究，虽然文献丰富，但没有统一认识。这里我们将现代化科学的基本原理应用于城市现代化。

（一）城市现代化的操作性定义

在现代化科学里，城市现代化没有统一定义，但有多种操作性定义。

定义一　城市现代化是 18 世纪以来城市文明的一种前沿变化和国际竞争，是现代城市的形成、发展、转型和国际互动的前沿过程，是城市要素的创新、选择、传播和退出交替进行的复合过程，是追赶、达到和保持世界城市先进水平的国际竞争和国际分化；达到和保持世界城市先进水平的城市是发达城市，其他城市是发展中城市，城市地位可以发生变化。

定义二　城市现代化是城市发展的世界先进水平，以及追赶或保持这种世界先进水平的行为和过程。

定义三　城市现代化是城市发展、城市转型、城市国际互动的交集。

概括地说，城市现代化是 18 世纪以来城市文明的一种深刻变化，它既包括城市政治、经济、社会、文化等各个领域从传统向现代的转变，也包括城市环境的优质化和城市居民的全面发展、城市生产力和生活质量的提高、城市国际地位和城市体系的变化等。

18～21 世纪，城市现代化的前沿过程大致分为第一次城市现代化和第二次城市现代化两个阶段，两次城市现代化的协调发展是综合城市现代化；22 世纪城市还会有新变化。

城市现代化既是一种文明变迁，也是一种国际竞争；既需要国内视角，也需要国际视角；既有城市进步，也有副作用；既有共性，也有多样性；既有城市结构趋同，也有城市经济分化；城市现代化不是一劳永逸的，而是不进则退的。

（二）城市现代化的过程

城市现代化过程大致分为两类：前沿过程是发达国家的城市现代化，追赶过程是发展中国家的城市现代化。它们既有联系又有差别，而且相互影响。

第一次城市现代化（1760～1970 年）是从传统城市向现代城市、从农业社会的城市向工业社会的城市的转型，它包括从手工业城市向工业化城市、封建城市向民主城市、宗教城市向世俗城市、军事城市向市民城市的转型等。它包括城市劳动生产率、土地生产率和居民收入水平的提高，城市建筑、住房和基础设施的不断完善，城市公共服务和公共管理的理性化和民主化等。

第二次城市现代化（1970～2100 年）是从现代城市向发达城市、工业社会的城市向知识社会的城市的转型，它包括从工业城市向信息城市（数字城市和智慧城市）、经济城市向生态城市（绿色城市和低碳城市）、生产型城市向服务型城市、资本密集型城市向知识密集型城市、粗放型城市向节约型城市的转型等。它包括城市生活质量、创造力和竞争力的提高，城市建筑、住房和基础设施的智能化和绿色化，城市公共服务和公共管理的人性化和公平性等。

综合城市现代化（1980～2100 年）是发展中国家的一种路径选择，是两次城市现代化的协调发展，并持续向第二次城市现代化转变，它包括两次城市转型（从传统城市向现代城市、现代城市向发达城市的转型）的联动和持续向发达城市转变，包括城市的三化整合（工业化+信息化+绿色化）和八化协调（工业化、信息化、城市化、郊区化、绿色化、智能化、民主化和福利化），包括城市生产率和市民收入的提高，社会福利和生活质量的提高，城市建筑、住房和基础设施的智能化和绿色化，城市公共服务和公共管理的民主化和信息化，城市竞争力和城市地位的提高等。

（三）城市现代化的结果

城市现代化的结果包括城市现代性、特色性、多样性和副作用的形成，包括城市生产率和生活质量的提高、城市生态变化和市民的全面发展，城市建筑、住房和基础设施的改善，城市公共服务和公共管理的民主化和理性化，城市前沿、城市体系和城市状态的变化等。不同国家、地区和城市的城市现代化的结果既有共性又有差异；两次城市现代化的结果是不同的。

在城市层次上，城市现代化的标准为城市生产力和生活质量、城市基础设施、公共服务、公共管理、城市环境与市民发展水平等达到当时世界先进水平。城市现代化是动态的。今天的发达城市，明天有可能下降为发展中城市，反之亦然。

从政策角度看，城市现代化的主要目标包括：提高城市生产力和生活质量，实现城市的环境优化和市民的全面发展；发达国家、地区和城市的政策目标是保持世界先进水平，发展中国家、地区和城市的政策目标是追赶和达到世界先进水平。

（四）城市现代化的动力

城市现代化的动力因素非常多，主要因素包括城市创新、城市竞争、城市适应、城市交流、公共利益和市场需求等。在发达城市，城市创新作用比较突出；在发展中城市，城市交流作用比较突出。城市现代化的制约因素也有不少。

城市现代化动力模型包括：创新驱动模型、双轮驱动模型、联合作用模型、四步超循环模型、创新扩散模型、创新溢出模型、竞争驱动模型、经济和社会驱动模型、城市生产力函数、要素优化模型等。城市生产率与城市技术、劳动力人均资本和人均技能成正比，与先进技术、优质资产和优质劳动力比例成正比。

根据城市收支平衡模型，城市生产和消费影响城市发展。城市第一产出是城市为城外居民生产和提供的产品和服务的净收入，城市第二产出是城市为城内居民生产和提供的产品和服务的净收入；城市第一消费是城市居民购买城外生产和提供的产品和服务的消费支出，城市第二消费是城市居民购买城内生产和提供的产品和服务的消费支出；城市贡献比是城市第一产出与城市第一消费之比。城市第一产出大于城市第一消费，城市贡献比大于1，这是城市发展的一个重要条件。

（五）城市现代化的模式

城市现代化是一个历史过程，具有时间跨度和发展路径。不同国家、地区和城市的城市现代化，有自己的发展路径和阶段模式。

21世纪城市现代化大致有三条基本路径：第一次城市现代化路径、第二次城市现代化路径和综合城市现代化路径。发达国家、地区和城市可以选择第二次城市现代化路径，发展中国家、地区和城市可以选择三种路径中的一种路径。

城市现代化没有标准模式，没有最佳模式，只有合适模式。一般而言，第一次城市现代化的模式选择更多受自身条件的影响，大约有24种模式；第二次城市现代化的模式选择更多受科技水平和国际环境的影响，大约有27种模式；综合城市现代化的模式选择更多受国际环境和政策预期的影响，大约有33种模式。

（六）城市现代化的政策选择

从战略角度看，城市现代化目标包含三类目标：共性目标、个性目标和减少副作用。共性目标包括完成两次城市现代化，追赶、达到或保持城市现代化的世界先进水平。个性目标包括形成、保持和扩展自己的特色，强化竞争优势等。不同国家、地区和城市的个性目标有所不同，不同时期减少副作用的要求也是不同的。

城市政策创新和措施选择一般遵循五个原则：有利于城市生产力的解放和提高、有利于城市社会的公平和进步、有利于市民生活质量的提高和市民的全面发展、有利于城市生态系统的平衡和稳定、有利于城市科技的进步和国际竞争力的提高等。

本章提要

（1）现代化发生在人类文明的所有层次，如世界、国际、国家、地区、机构和个体层次等。分层现代化是现代化科学的一个重要组成部分，它与分段现代化和领域现代化有交叉。一般而言，不同层次的现代化既有共性又有差异，现代化一般理论在不同层次的适应性有所不同；国家是现代化研究的基本单元，每个层次现代化都与国家现代化有紧密关系。

（2）世界现代化有两种含义：世界层面的现代化和世界范围的现代化。世界现代化是国家现代化的国际环境，国家现代化是世界现代化的重要基础，国际现代化、国家现代化与国际环境相互作用。世界现代化以国家为基本单元进行；世界层面的现代化不是“独立单元”，是一个分析单元，是用于研究分析的概念。

（3）世界现代化遵循十大原则：进程不同步、分布不均衡、结构稳定性、先行效应（一步先可能步步先，先行者拥有更多的成功机会）、快行效应（一步快可能步步快，快行者拥有更多的成功机会）、强者效应（强者拥有更多的话语权）、适者效应（适应国际竞争的国家获得利益，不适应国际竞争的国家付出代价）、后发效应（后发者可以学习和借鉴先行者的知识和经验）、建立者效应（知识和制度的创立者，将获得相应知识产权或较大相关利益）、马太效应（发达国家越来越富，欠发达国家相对贫困化）。

（4）国际现代化。国家的生存和发展受到两个环境因素的制约：一是自然环境，二是国际环境。它们之间有所交叉。如果说国家现代化与自然环境的相互作用和互利耦合是生态现代化，那么国家现代化与国际环境的相互作用可以简称为国际现代化。国际现代化是跨国层次的现代化，是现代化现象的一种表现形式和分析层次。国际现代化研究旨在揭示国家现代化与国际环境相互作用的特征和规律，为制定国家现代化的国际战略提供一种理论基础和国际借鉴。

（5）地区现代化有两种理解：跨国地区是指世界不同区域，国内地区是指国内不同区域。地区现代化是现代化现象的一种表现形式和一个分析层次。一般而言，地区现代化是国家现代化的组成部分，它既是相对独立的，又受国家现代化的制约。地区现代化与国家现代化的关系主要有五个方面：第一，地区现代化是国家现代化的有机组成部分，但是，地区现代化的加总不等于国家现代化。第二，地区现代化遵循国家现代化的一般规律，但是地区现代化不是国家现代化的简单“缩小”。第三，地区现代化既是地区行为，也需要国家调控；在国家内部的地区现代化中，地区之间是竞争与合作并存，需要国家从国家现代化的整体优化出发，进行调节。第四，地区现代化包括政治现代化；政治现代化是以国家为基本单元的；从政治角度看现代化，国家现代化是一个整体，在很大程度上，地区政治是由国家政治决定的，缺少国家政治现代化，就没有全面的地区现代化。第五，地区现代化和国家现代化是相互作用的，不同领域情况不同。

（6）发达国家的城市现代化大致经历了两个阶段：第一次城市现代化（1760～1970年）是从传统城市向现代城市、农业社会的城市向工业社会的城市的转型，它包括从手工业城市向工业化城市、封建城市向民主城市、宗教城市向世俗城市、军事城市向市民城市的转型等。它包括城市劳动生产率、土地生产率和居民收入水平的提高，城市建筑、住房和基础设施的不断完善，城市公共服务和公共管理的理性化和民主化等。第二次城市现代化（1970～2100年）是从现代城市向发达城市、工业社会的城市向知识社会的城市的转型，它包括从工业城市向信息城市（数字城市和智慧城市）、经济城市向生态城市（绿色城市和低碳城市）、生产型城市向服务型城市、资本密集型城市向知识密集型城市、粗放型城市向节约型城市、简陋和非宜居城市向文明和宜居城市的转型等。它包括城市生活质量、创造力和竞争力的提高，城市建筑、住房和基础设施的智能化和绿色化，城市公共服务和公共管理的人性化和公平性等。

参考文献和推荐读物

陈述彭. 2003. 地学的探索（第五卷）：城市化区域发展. 北京：科学出版社.

布赞 B, 利特尔 R. 2004. 世界历史中的国际体系：国际关系研究的再构建. 刘德斌, 等, 译. 北京：高等教育出版社.

董正华. 2009. 世界现代化进程十五讲. 北京：北京大学出版社.

樊杰, 陆大道, 等. 2001. 中国沿海发达地区现代化带动战略研究. 北京：中国友谊出版公司.

何传启. 1998a. 知识经济与中国现代化. 光明日报, 1998-04-07.

何传启. 1998b. 知识经济与第二次现代化. 科技导报, 16(6): 3-4.

何传启. 1999. 第二次现代化：人类文明进程的启示. 北京：高等教育出版社.

何传启. 2003. 东方复兴：现代化的三条道路. 北京：商务印书馆.

何传启. 2008. 中国现代化报告 2008：国际现代化研究. 北京：北京大学出版社.

何传启. 2010. 现代化科学：国家发达的科学原理. 北京：科学出版社.

何传启. 2011. 中国现代化报告 2011：现代化科学概论. 北京：北京大学出版社.

何传启. 2013. 中国现代化报告 2013：城市现代化研究. 北京：北京大学出版社.

何传启. 2017. 如何成为一个现代化国家：中国现代化报告概要 2001～2016. 北京：北京大学出版社.

何传启. 2019. 现代化科学领导干部读本：现代化 100 问. 北京：人民日报出版社.

赫尔德 D, 麦克格鲁 A, 戈尔德布莱特 D, 等. 2001. 全球大变革：全球化时代的政治、经济与文化. 杨雪冬, 周红云, 陈家刚, 等, 译. 北京：社会科学文献出版社.

克拉克 G. 2018. 全球城市简史. 于洋, 陈静, 焦永利, 译. 北京：中国人民大学出版社.

肯尼迪 P. 2006. 大国的兴衰：1500—2000 年的经济变迁与军事冲突. 陈景彪, 王保存, 王章辉, 等, 译. 北京：国际文化出版公司.

吉尔平 R. 2006. 国际关系政治经济学. 杨宇光, 等, 译. 上海：上海人民出版社.

陆大道, 薛凤旋. 1997. 1997 中国区域发展报告. 北京：商务印书馆.

陆大道, 刘毅, 樊杰, 等. 2000. 1999 中国区域发展报告. 北京：商务印书馆.

陆大道, 刘毅, 樊杰, 等. 2001. 2000 中国区域发展报告：西部开发的基础、政策与态势分析. 北京：商务印书馆.

罗荣渠. 1993. 现代化新论：世界与中国的现代化进程. 北京：北京大学出版社.

芒福德 L. 2005. 城市发展史：起源演变和前景. 宋俊岭，倪文彦，译. 北京：中国建筑工业出版社.
钱乘旦. 2010. 世界现代化历程（总论卷）. 南京：江苏人民出版社.
宋林飞. 2002. 区域现代化的探索. 南京：河海大学出版社.
吴良镛. 2003. 城市化与城市现代化. 苏南科技开发, (4): 8-9.
西尔弗曼 B. 2008. 地下世界：城市基础设施. 卢玲，刘贵志，译. 哈尔滨：哈尔滨工业大学出版社.
肖林，周国平. 2017. 卓越的全球城市：不确定未来中的战略与治理. 上海：格致出版社，上海人民出版社.
谢文蕙，邓卫. 1996. 城市经济学（第二版）. 北京：清华大学出版社.
杨重光. 2004. 中国城市现代化战略研究. 理论与现代化, (4): 9-14.
姚士谋，汤茂林. 1999. 中国城市现代化概念及指标体系. 城市规划, (1): 60-61.
张鸿雁. 2002. 论城市现代化的动力与标志. 江海学刊, (3): 60-65.
中国现代化战略研究课题组，中国科学院中国现代化研究中心. 2004. 中国现代化报告 2004：地区现代化研究. 北京：北京大学出版社.
中国现代化战略研究课题组，中国科学院中国现代化研究中心. 2008. 中国现代化报告 2008：国际现代化研究. 北京：北京大学出版社.
中国现代化战略研究课题组，中国科学院中国现代化研究中心. 2010. 中国现代化报告 2010：世界现代化概览. 北京：北京大学出版社.
朱铁臻. 2002. 城市现代化研究. 北京：红旗出版社.
Beck U. 1986. Risk Society: Towards a New Modernity. London: SAGE Publications.
Beck U, Giddens A, Lash S.1994. Reflexive Modernization: Politics, Tradition and Aesthetics in the Modern Social Order. Stanford: Stanford University Press.
Bell D. 1973. The Coming of Post-Industrial Society: A Venture in Social Forecasting. New York:Basic Books.
Black C E.1966. The Dynamics of Modernization: A Study in Comparative History. New York: Harper & Row.
Black C E. 1976. Comparative Modernization: A Reader. New York: The Free Press.
Crook S, Pakulski J, Waters M. 1992. Post-Modernization: Change in Advanced Society. London: SAGE Publications.
Inglehart R F. 1997. Modernization and Postmodernization: Cultural, Economic and Political Change in 43 Societies. Princeton: Princeton University Press.
Martinelli A. 2005. Global Modernization: Rethinking the Project of Modernity. London: SAGE Publications.
Rostow W. 1960. The Stages of Economic Growth: A Non-Communist Manifesto. Cambridge: Cambridge University Press.
UN-Habitat. 2002. Global Urban Indicators Database, Version 2. [2024-12-24]. https://unhabitat.org/sites/default/files/download-manager-files/Global%20Urban%20Indicators%20Database.pdf.

课 堂 讨 论

1. 简要介绍家乡所在地区现代化的变化。
2. 世界现代化的空间分布是怎样的？
3. 国际现代化的作用有多大？
4. 城市化与城市现代化的关系如何？

课后习题

1. 世界现代化的主要启示有哪些？
2. 国际现代化的历史经验有哪些？
3. 地区现代化的主要启示有哪些？
4. 请为家乡城市设计一个城市现代化简要方案。
5. 什么是农村现代化？
6. 简述德国现代化的过程和特点。

第五章　领域现代化：四个领域现代化

现代化发生在人类文明的全部领域，如经济、社会、政治、文化、生态和个人领域等。领域现代化是不同领域现代化的一种统称。它是现代化的一种表现形式，是现代化科学的一个重要组成部分，与分段现代化和分层现代化有交叉（图 5.1）。一般而言，不同领域的现代化既有共性又有差异，现代化科学的一般理论在不同领域的适应性有所不同；国家是现代化研究的基本单元，每个领域的现代化都与国家现代化有紧密关系，是国家现代化的组成部分。本章重点介绍经济、社会、文化和生态四个领域现代化，其他领域现代化请参考《中国现代化报告 2011：现代化科学概论》（何传启，2011）和相关领域的学术文献。

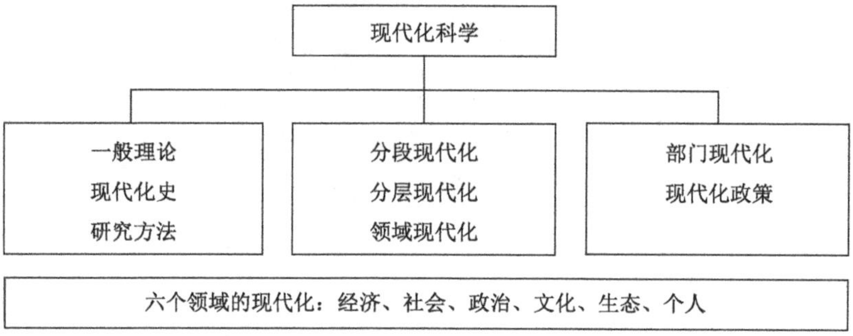

图 5.1　领域现代化的定位和结构

资料来源：何传启（2010，2011）

第一节　经济现代化

经济现代化是经济领域的现代化，是现代化的一种表现形式。在过去近 300 年里，经济现代化是世界经济变化的主旋律，不同国家表现差别很大，世界经济中心随之发生转移。在发展中国家，经济现代化的作用非常突出，它既是现代化的重要基础，也是现代化的主要动力。没有经济的现代化，就没有全面的现代化。关于经济现代化的学术文献比较丰富。

一、什么是经济现代化

（一）经济和经济领域

关于经济和经济领域没有统一定义。一般而言，经济指与商品和服务的生产、分配和消费有关的活动。它涉及分层经济、经济过程、经济体系（经济亚部门）和经济环境等（图 5.2）。经济领域是人类文明的一个主要领域，是利用稀缺或有限资源生产有价值的商品和服务，并进行分配和满足经济与消费需求的领域。经济领域可以分为多个部门，如农业、工业和服务业等。

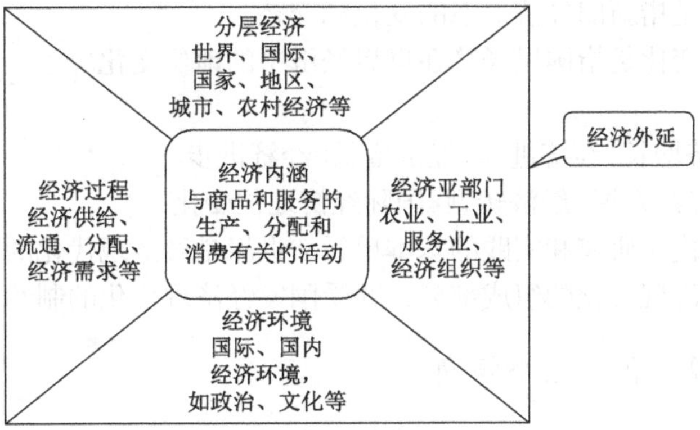

图 5.2　经济内涵和外延的操作性定义

资料来源：中国现代化战略研究课题组和中国科学院中国现代化研究中心（2005）

（二）经济现代化的内涵和外延

经济现代化是经济领域现代化的简称，是现代化在经济领域的表现形式。它包括分段经济现代化、分层经济现代化、经济亚领域现代化和经济部门现代化等（图 5.3）。

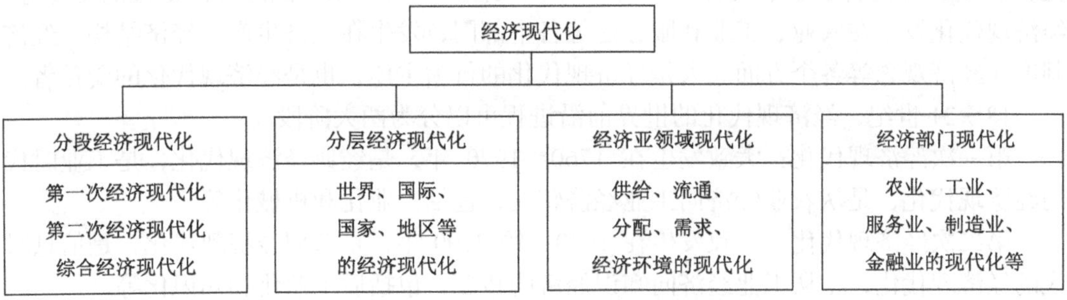

图 5.3　经济现代化的研究对象

资料来源：中国现代化战略研究课题组和中国科学院中国现代化研究中心（2005）

经济现代化的内涵：经济现代化是 18 世纪工业革命以来经济领域的一种前沿变化和国际竞争，它包括现代经济的形成、发展、转型和国际互动，经济要素的创新、选择、传播和退出，以及追赶、达到和保持世界经济先进水平的国际竞争、国际分化和国家分层等。

经济现代化的外延：经济现代化包括经济行为、经济结构、经济制度和经济观念的现代化，经济供给、流通、分配、需求和经济环境的现代化，农业、工业和服务业的现代化和经济现代化的时空分布变化等。

经济现代化的概念模型如下所示。

假设：

（1）经济增长是指经济总量和规模的扩大。

（2）经济进步是指经济质量和效益的提高。

（3）经济转型是指新旧经济形态的变化和交替。

（4）经济地位变化是指国民经济在世界经济中的地位变化。

那么：

经济发展=经济增长+经济进步+经济增长×经济进步。

经济现代化=经济发展×经济转型×国际经济地位变化。

国家是经济现代化研究和实践的基本单元，世界是经济现代化的国际舞台，地区经济现代化是国家经济现代化的组成部分，并受国家经济现代化的制约。

（三）经济现代化的三个视角

（1）经济现代化是一个经济现象，是经济发展的世界前沿以及追赶、达到和保持世界经济前沿水平的行为和过程。通俗地说，经济现代化也是一种国际经济竞争，是追赶、达到和保持世界经济前沿的国际竞争和国际分化。

形象地说，经济现代化犹如一场经济发展的国际马拉松比赛，跑在前面的国家是经济发达国家，跑在后面的国家是经济发展中国家；发达者可下降，发展者可上升；两类国家之间转换有一定规律。

（2）经济现代化是一种经济变化，是 18 世纪工业革命以来经济领域的一种深刻变化，是从传统经济向现代经济的巨大转变，以及世界经济体系和国际经济地位的变化等。经济现代化发生在农业、工业和服务业等各个部门，发生在经济生产、经济结构、经济制度和经济观念等各个方面。人是经济现代化的行为主体，也是经济现代化的受益者。

18～21 世纪，经济现代化的世界前沿进程可以分为两大阶段。

第一次经济现代化：大致发生在 1760～1970 年，是经典经济现代化，是工业时代的经济现代化，是从农业经济向工业经济转变，包括工业化和机械化等。

第二次经济现代化：大致发生在 1970～约 2100 年，是新型经济现代化，是信息时代的经济现代化，是从工业经济向知识经济的转变，包括后工业化和知识化等。

（3）经济现代化是一个发展目标。已经实现经济现代化的国家，要保持先进的现代化水平；尚未实现经济现代化的国家，要努力追赶和早日实现经济现代化。

概括地说，经济现代化既是 18 世纪以来经济发展的世界前沿，以及达到和保持世界经济前沿水平的行为和过程；也是经济领域的深刻变化，是从传统经济向现代经济的巨大转变，以及世界经济体系和国际经济地位的变化；同时是一个发展目标。18 世纪至

21 世纪，世界经济现代化可分为两大阶段，即第一次经济现代化和第二次经济现代化。22 世纪还会有新变化。

二、经济现代化的发展趋势

在过去近 300 年里，经济现代化如潮水，一浪高过一浪。其中，经济现代化的前三次浪潮导致了从农业经济向工业经济的转变，第四次浪潮正在促成从工业经济向知识经济的转变。每一次浪潮都是由重要发明和技术创新推动的，相应的制度创新导致经济形态的转变。预计 21 世纪还会有两次经济浪潮（表 5.1）。

表 5.1　经济现代化的两大阶段和六次浪潮

浪潮	大致时间	核心内容	主要特点	两大阶段
第一次	1760～1870 年	第一次产业革命	机械化、蒸汽机、殖民效应	第一次经济现代化 工业化、非农业化、全国性市场
第二次	1870～1945 年	第二次产业革命	电气化、内燃机、贸易效应	
第三次	1945～1970 年	第三次产业革命	自动化、计算机、冷战效应	
第四次	1970～2020 年	知识和信息革命	信息化、绿色化、智能化、知识效应	第二次经济现代化 知识化、非工业化、市场全球化
第五次	2020～2050 年	新生物学和再生革命	仿生工程、再生工程、新生物效应	
第六次	2050～2100 年	新物理学和时空革命	超级运输、太空旅行、新物理效应	

资料来源：中国现代化战略研究课题组和中国科学院中国现代化研究中心（2005）

注：第二次浪潮的时间包括 1914～1945 年的经济危机和调整，知识效应包括高技术革命等。第五次和第六次浪潮是一种预测，将决定于未来科技和文化的发展

（一）经济现代化的六次浪潮

第一次浪潮：机械化（1760～1870 年），主要包括第一次产业革命、欧洲农业革命和运输革命，主要表现为经济持续增长、农业比例下降、工业比例上升、全国市场一体化、工业技术和制度扩散到其他经济部门等。技术发明和创新、殖民效应、海外贸易和资本积累是主要动力。1760～1825 年，工业革命主要集中在英国，尽管有些欧洲国家和美国在“悄悄学艺”。1825 年，英国废除了禁止机械出口的法律，工业革命开始向欧洲传播。最先受益的是比利时、法国、德国等欧洲大陆国家，以及美国和欧洲的海外殖民地，然后是俄罗斯和日本等。在 1870 年，大约有五个国家是工业化国家或工业化程度比较高的国家，它们是欧洲的英国、法国、比利时和德国，美洲的美国。英国成为许多国家模仿和追赶的对象。

第二次浪潮：电气化（1870～1945 年），既包括第一次产业革命的扩散，又包括第二次产业革命的兴起，而第二次产业革命是第二次浪潮的核心和前沿。两次产业革命既有相同之处，也大不相同。相同的是它们都是由技术发明、技术与制度创新推动的，不同的是第二次产业革命的中心已经转移到欧洲大陆和北美，而不再是在英国；第二次产

业革命以科学为基础，以电、内燃机和电气化为特点，第一次产业革命以技术为基础，以煤、蒸汽机和机械化为特点。随着第二次浪潮的推进，世界经济格局发生变化，德国成为欧洲最大的工业国家，英国屈居欧洲第二；北美的美国成为世界头号工业强国，亚洲的日本工业化也取得较大进展。产业革命扩散主要集中在欧洲、美洲、澳大利亚和新西兰，以及亚洲的日本等。

第三次浪潮：自动化（1945～1970 年），包括第三次产业革命和农业国家的现代化。前者是第三次浪潮的核心和前沿，后者是农业国家的第一次现代化浪潮。两者叠加产生了许多新变化，使现代化波及全球。经济学家麦迪森（2003）认为，1945～1970 年是人类经济史上的黄金岁月，全球经济进入增长最快的时期，工业经济发展达到鼎盛时期。经济发展的原因是多方面的，其中，工业经济制度的健全、国际贸易的兴旺和第三次产业革命起了重要作用，当然，战后经济恢复、投资规模扩大和工业化扩散的作用不可低估。第三次产业革命的技术创新领域有：人工合成技术、电子工业、工业自动化、新材料、新能源和航空航天工业等。在此期间，西欧和日本的经济增长大大快于美国，劳动生产率和人均 GDP 接近美国，工业国家的经济呈现趋同的现象。经济结构的变化同样明显，农业比例继续下降，工业比例经过上升后开始回落，服务业则快速上升。

第四次浪潮：信息化（1970～2020 年），包括经济前沿的知识革命，以及后进国家的现代化。前三次浪潮都是由产业革命推动的，第四次浪潮是由知识革命推动的。产业革命导致工业比例的上升和农业比例的下降，知识革命导致工业比例的下降和知识产业比例的上升。所以这次浪潮具有经济革命的性质，而且波及全球。知识革命至少包括信息革命、高技术和学习革命等内容。知识革命和知识经济发源于美国，并迅速传播到欧洲和世界各地。由于知识的穿透性和吸引力，知识经济的崛起速度远远超过了工业经济。在产业革命发生 100 年后，人们才认识到它的意义。而几乎在知识革命发生的同时，就有人识别并预测它的未来。根据信息技术的发展周期，发达国家的第四次浪潮大体在 2020 年前后结束。

第五次浪潮：新生物学和再生革命（2020～2050 年），是一种猜想，将以新生物学和再生革命为基础，包括仿生（人工智能）、创生、再生和新生物经济等。

第六次浪潮：新物理学和时空革命（2050～2100 年），是一种猜想，将以新物理学和时空革命为基础，包括新能源、新运输和太空旅行等。

（二）经济现代化与技术变迁

经济现代化六次浪潮都是技术创新推动的，重要发明和创新与经济周期有紧密关系（表 5.2）。技术变迁既是经济现代化的动力，也是经济现代化的重要内涵。技术创新和制度创新是经济现代化的两个关键。

表 5.2　重要发明、创新与康德拉季耶夫经济周期

项目	第一个周期	第二个周期	第三个周期	第四个周期	第五个周期
上升时期	1790～1815 年	1845～1873 年	1890～1929 年	1948～1973 年	1992～2020 年

续表

项目	第一个周期	第二个周期	第三个周期	第四个周期	第五个周期
下降时期	1815～1845年	1873～1890年	1929～1948年	1973～1992年	2020～2040年
重要发明	电动机、发电机、钢、电报、铁路	内燃机、汽车、电话、洗衣机、电冰箱、阿司匹林、人造丝	飞机、生产线、磺胺药、半导体、计算机、彩电、原子弹	通信卫星、激光、微处理器、避孕药、航天、DNA重组、录像机、互联网	基因图谱、纳米技术、量子计算机、生物芯片
重要创新	机械化、纺织、铁、蒸汽机、铁路	电气化、发动机、发电站、化工、钢、铁路	电力、汽车、飞机、家用电器	自动化、电子计算机、原子能、个人电脑、航天	因特网、电子商务、生物工程、软件
发展阶段	第一次产业革命	第二次产业革命	两次世界大战	第三次产业革命、第一次信息革命	第二次信息革命 新生物学革命

资料来源：中国现代化战略研究课题组和中国科学院中国现代化研究中心（2005）

（1）第一次浪潮的技术创新，以轻纺工业和机械工业为主，技术创新集中在六个领域：①纺织工业，纺纱机和织布机等技术发明和创新，最先实现了机械化；②煤炭工业，蒸汽机的发明和改进，安全灯的发明，提高了英国煤产量；③冶金工业，搅炼法和铁皮滚轧机发明，后来还发明了转炉炼钢法；④机械工业，铣床和刨床技术发明，机械制造基本实现机械化；⑤运输业，开运河、修公路、发明蒸汽机车、建铁路等；⑥通信业，发明电报等。

（2）第二次浪潮的技术创新，以钢铁、石化和运输业为主，技术创新集中在六个领域：①动力工业，内燃机、发电机和电动机的发明改变人类的动力来源；②钢铁工业，发明了多种炼钢法，钢铁产量直线上升；③能源和石油化工，石油勘探、采油技术和炼油技术提供了各种工业用油，包括汽油；④煤化工，提供大量种类的染料、化学制品和副产品，如阿司匹林等；⑤运输工业，发明了摩托车、汽车和飞机等，汽车工业和航空工业启动；⑥电讯产业，发明了无线电报、无线电广播和电话等，美国发明家爱迪生还发明了电灯、留声机和电影放映机等。

（3）第三次浪潮的技术创新，以电子产业和自动化为主，技术创新集中在六个领域：①人工合成技术，合成产品数量超过了天然产品；②电子工业，电子计算机及其商业应用，电子装置等；③工业自动化，系统控制、传感技术等；④新材料，塑料、铝、合金和稀有金属等；⑤能源工业，原子能等；⑥运输业，高速公路，汽车和航空航天工业等。

（4）第四次浪潮的技术创新，以信息产业和高技术为主，技术创新分布在多个领域，知识革命第一阶段的主要技术创新有：①信息技术领域，如微电脑、因特网、移动通信、电子商务和政务、新型计算技术、人机交流技术等；②生物技术领域，如DNA重组、克隆技术、细胞工程、酶工程、蛋白质工程和基因工程等；③其他高技术领域，如材料技术、先进制造、先进能源、航天技术、自动化技术、环境技术、光电技术、海洋技术等。

（5）第五次和第六次浪潮的技术创新。第五次浪潮的技术创新以仿生和再生为主，技术创新分布在多个领域，知识革命第二阶段的主要技术创新有可能将围绕三个领域展开：①生命和再生工程领域；②信息仿生工程领域；③纳米仿生工程领域。知识革命第三阶段的主要技术创新有可能将围绕三个领域展开：①新能源和超级运输领域；②新空间和超级制造领域；③文化和精神体验领域。当然，这仅是一种预测。

（三）经济现代化与制度变迁

制度变迁是经济现代化的重要内涵和动力（表 5.3）。一般而言，制度是规范人类行为的规章、程序、伦理道德和习俗的集合（诺思，1992）。基本经济制度是经济活动的核心制度，是关于生产要素的所有与配置、生产成果的分配的制度。基本经济制度是不断变化的。基本经济制度往往存在几个亚种。从制度变迁角度看，从农业经济制度向工业经济制度的转变是第一次经济现代化，从工业经济制度向知识经济制度的转变是第二次经济现代化。

表 5.3 人类经济史上的基本经济制度

经济时间	原始经济时代	农业经济时代	工业经济时代	知识经济时代
历史时间	人类诞生至 公元前 3500 年	公元前 3500 年至 公元 1760 年	1760 年至 1970 年	1970 年至 2100 年
经济形态	原始经济	农业经济	工业经济	知识经济
基本制度	原始公有制	土地制度	市场制度	知识制度（形成中）
生产制度	集体劳动	农业生产制度	工业生产制度	弹性工作、知识化生产
流通制度	实物交换	地区性贸易、关税	全国性市场、高关税	市场全球化、低关税
分配制度	平均分配	按权力和地权分配	按资本或按劳动分配	按贡献分配、按需要调节
消费制度	实时消费	自行消费	赋税消费、高消费	绿色消费、合理消费
环境制度	自然崇拜	适应自然	改造自然	生态与经济协调

资料来源：中国现代化战略研究课题组和中国科学院中国现代化研究中心（2005）

（四）经济现代化与经济形态转变

经济形态转变是经济现代化的一种宏观表现形式。从人类诞生到 21 世纪末，在不同“经济时间”有不同的经济活动，代表当时先进生产力水平的经济活动有不同特点，它们的核心技术、核心产业、基本生产方式、结构、制度和观念等有本质的差别。可以把四个经济时代的反映先进生产力水平的经济活动归为不同经济形态，简称为基本经济形态（表 5.4）。不同经济形态的产业结构和就业结构有很大不同。从农业经济向工业经济、从工业经济向知识经济的转变，代表了经济现代化的两个阶段。

表 5.4 人类经济史上的基本经济形态

经济时间	原始经济时代	农业经济时代	工业经济时代	知识经济时代
历史时间	人类诞生至 公元前 3500 年	公元前 3500 年至 公元 1760 年	1760 年至 1970 年	1970 年至 2100 年

续表

经济时间	原始经济时代	农业经济时代	工业经济时代	知识经济时代
生产方式	集体狩猎采集	家庭式小生产	工业化大生产	知识化全球化生产
核心技术	食物采集技术	食物生产技术	物质生产技术	知识信息生产应用
主导产业	自然食物获取	食物生产	物质生产和服务	知识生产和服务
基本结构	狩猎采集超过 95%	农牧业超过 90%	工业超过 50%	知识产业超过 50%
基本制度	原始公有制	奴隶制、封建制	市场经济制度	正在形成中
基本观念	平均分配	按权力和地权分配	按资本或劳动分配	按贡献分配
经济形态	原始经济	农业经济	工业经济	知识经济

资料来源：中国现代化战略研究课题组和中国科学院中国现代化研究中心（2005）

（五）经济领域六个方面的发展趋势

（1）经济供给。在过去近 300 年里，生产效率不断提高，生产效率的国际差距扩大（图 5.4），生产效率的世界前沿在转移；国家经济的世界地位的转移具有一定概率。19 世纪以来，失业率长期波动，经济周期长期存在，20 世纪下半叶经济周期的振幅减小。20 世纪后期，资源使用效率提高；发达国家知识对经济增长的贡献率上升，资本和劳动对经济增长的贡献率下降；劳动力素质、基础设施等与生产效率正相关。

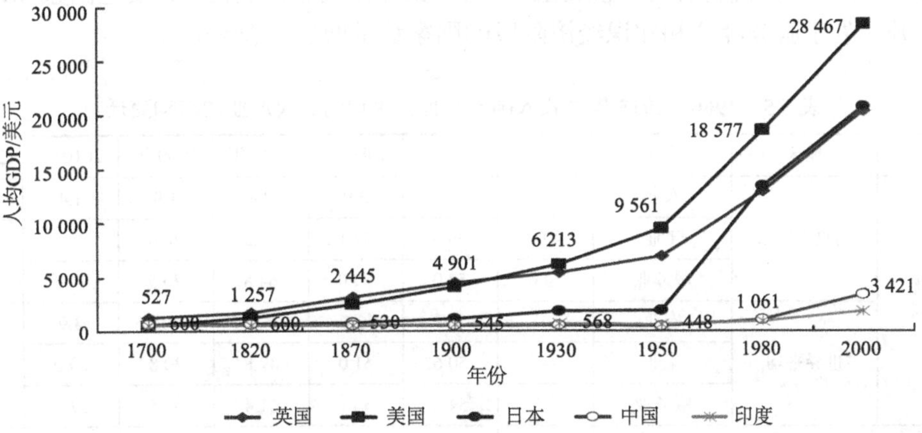

图 5.4 1700～2000 年人均 GDP 的增长

资料来源：中国现代化战略研究课题组和中国科学院中国现代化研究中心（2005）

受数据获取限制，横坐标仅作示意，非标准刻度

（2）经济需求。20 世纪以来，消费占 GDP 的比例下降。20 世纪后期，家庭消费比例与人均国民收入负相关，政府消费比例和知识资本投资比例与人均国民收入正相关。

（3）经济流通。18 世纪以来，经济市场化和商品化程度提高，国际贸易量增加。20 世纪以来，平均关税率下降。20 世纪后期，货币供应（M2）占 GDP 的比例、国内信贷比例与人均国民收入正相关，国际贸易比例与人均国民收入的相关性不显著等。

（4）经济分配。19 世纪以来，发达国家收入分配的不平等性先升后降，然后部分国家出现波动。收入分配不平等的变化表现为一条倒“U”形曲线（图 5.5）。20 世纪以来，政府税收比例和转移支付比例提高。20 世纪后期，收入分配的公平性、政府收入比例、税收比例和转移支付比例与人均国民收入正相关。

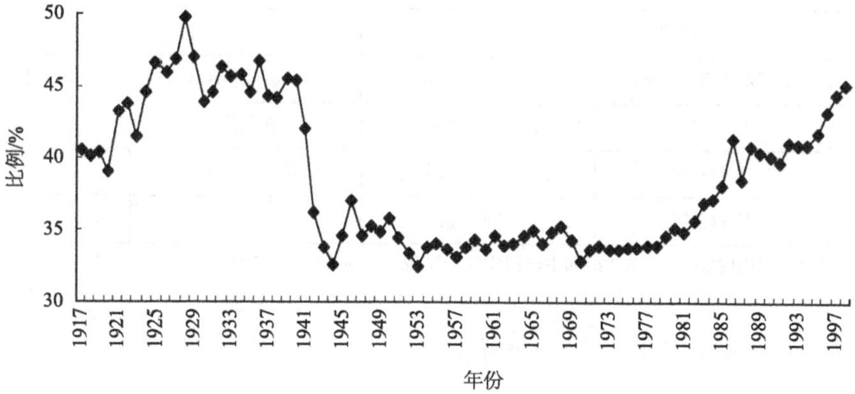

图 5.5　20 世纪美国收入分配不平等的变化（10%的最高收入者的收入占全部收入的比例）

资料来源：中国现代化战略研究课题组和中国科学院中国现代化研究中心（2005）

（5）经济结构。18 世纪以来，农业经济占国民经济比例下降（非农业化）；发达国家工业经济占国民经济比例经历上升和下降（工业化和非工业化）两个阶段（表 5.5）。20 世纪以来，服务经济占国民经济比例上升（服务化或非物质化），发达国家知识经济比例上升，处于服务经济和知识经济阶段的国家数量增加（表 5.6）。

表 5.5　1960～2015 年高收入国家和世界平均的三次产业的结构变迁

项目	地区	产业	1960 年	1970 年	1980 年	1990 年	2000 年	2010 年	2015 年
增加值比例/%	高收入国家	农业	6.0	4.0	3.9	2.8	1.9	1.4	1.4
		工业	40.0	39.0	37.1	32.5	28.0	25.5	24.4
		服务业	54.0	57.0	59.0	64.8	70.5	73.2	74.2
	世界平均	农业	—	8.0	6.6	5.4	5.1	3.9	3.8
		工业	—	50.6	51.0	47.8	30.8	29.0	27.1
		服务业	—	54.0	56.1	61.4	64.5	67.2	69.1
劳动力比例/%	高收入国家	农业	18.0	12.4	9.0	6.7	4.9	3.5	3.2
		工业	38.0	39.4	33.7	31.3	27.1	23.0	22.5
		服务业	44.0	48.2	57.3	62.0	68.0	73.5	74.4
	世界平均	农业	60.7	56.1	52.0	41.8	39.6	32.4	29.5
		工业	7.5	10.0	15.3	20.8	19.5	21.3	21.5
		服务业	31.8	33.9	32.7	37.3	40.9	46.3	48.9

资料来源：何传启（2018）

注：1990 年劳动力数据为 1991 年的值。1991～2015 年数据来自世界银行《世界发展指标》（World Bank，2018）。1960～1990 年数据来自世界银行的《世界发展报告》早期版本，可参考《中国现代化报告 2005：经济现代化研究》和《中国现代化报告 2006：社会现代化研究》。不同国家工业比例的“拐点”，发生的时间和数值的大小有很大不同

表 5.6　世界不同国家的经济发展阶段

项目	1960年	1970年	1980年	1990年	2000年	2010年	2015年	备注
农业经济国家/个	74	65	65	56	50	38	36	多数处于工业化过程中
工业经济国家/个	12	15	12	18	12	10	12	满足工业经济的标准
服务经济国家/个	1	2	6	16	26	30	37	满足服务经济的标准
知识经济国家/个	—	—	—	1	4	8	9	满足知识经济的标准
国家样本/个	118	119	121	131	131	131	131	2000 年人口超百万人的国家

资料来源：何传启（2018）

注：在本表中，经济阶段的划分标准为：农业经济，农业增加值比例大于 15%，农业劳动力比例大于 30%；工业经济，农业增加值比例小于 15%，农业劳动力比例小于 30%，同时服务业增加值比例和劳动力比例小于 60%；服务经济，服务业增加值比例和劳动力比例都大于 60%，同时知识产业增加值比例和劳动力比例都小于 40%；知识经济，知识产业增加值比例和劳动力比例都大于 40%。知识经济的分析样本为经济合作与发展组织（Organization for Economic Co-operation and Development，OECD）具有产业数据的 24 个国家

（6）经济周期。经济周期长期存在，但振幅减小（图 5.6）。经济周期的持续性：全部宏观经济变量的波动都是持续的；不同变量的波动不尽相同。过去近 300 年里，经济周期的振幅、范围和时间发生很大变化。基钦周期（存货周期）：2～4 年；朱格拉周期（投资周期）：5～7 或 7～11 年（平均 9 年）；康德拉季耶夫周期（技术发明周期）：40～60 年（平均 50 年）。经济周期的波动性：波动性大于总产量的变量，如投资、资本利用、耐用品消费等；波动性与总产量大致相同的变量，如总工作时间、就业等；波动性小于总产量的变量，如劳动生产率、政府支出、实际工资、资本等。

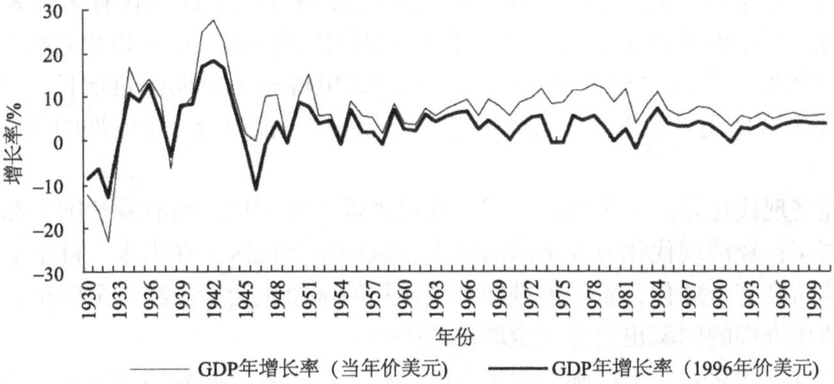

图 5.6　1930～2000 年美国 GDP 年增长率的变化（9 年左右的周期）

资料来源：中国现代化战略研究课题组和中国科学院中国现代化研究中心（2005）

（六）经济现代化的经验和启示

（1）经济现代化是相对有序的和可以预期的。在一般情况下，20 世纪世界经济变化是相对连续的和有规律可循的。其中，经济效率呈上升的趋势，资源使用效率呈上升的趋势，产业结构和就业结构发生了非农业化、服务化和非物质化，以及从工业化向非工

业化的转变，其他经济结构发生了明显的变化。经济现代化确实有章可循。

（2）经济现代化是一个革命的过程。在过去近 300 年里，世界经济发生了两次革命，它们分别是工业经济革命和知识经济革命，而经济结构的转变是两次经济革命的物质基础。第一次结构转变是工业部门逐步取代农业部门的地位，成为国民经济的主导部门；第二次结构转变是知识和信息部门逐步取代工业部门的地位，成为国民经济的主导部门。

（3）经济现代化是一个长期的过程。在过去近 300 年里，经济现代化包括工业化和非工业化两个阶段；在未来一百年里，经济现代化将完成信息化、知识化、绿色化和全球化的任务。在 18～21 世纪的 400 年里，经济现代化分为两个大阶段：工业化和知识化。

（4）经济现代化是一个复杂的过程。经济现代化不仅包括经济效率的提高，也包括经济结构、经济制度和经济观念的变化，这些变化是以核心生产要素、核心技术、主导产业和生产方式的变化为基础的。生产模式和经济形态的转变和更替，是经济现代化的关键。

（5）经济现代化是一个不平衡的过程。在过去近 300 年里，经济现代化是不同步的，表现为经济效率增长的不同步、经济结构变化的不同步、经济制度和观念变化的不同步以及经济形态转变的不同步等；经济现代化成就的空间分布不均衡。可以预计，未来一百年的经济现代化也是不同步的和不均衡的。

（6）经济现代化是一个动态的过程。经济现代化不仅内涵是变化的，而且不同国家的表现也是变化的。经济现代化是一场国际竞争，既然是竞争就会有输赢。输家和赢家不是一成不变的，而是有一定的概率会转移。所以，世界经济中心是可变的，世界经济前沿是变化的，国际经济差距是变化的，国家经济地位是可变的。

（7）经济现代化是一个可能停滞、中断或倒退的过程。整个世界的经济现代化进程是连续的和不可逆的，但是，某个国家和地区的经济现代化进程就有多种表现形式，它可以是连续的，也可以是不连续的；可以出现停滞或中断，也可以出现暂时的倒退，甚至长期的倒退。在过去近 300 年里，有些国家出现一个时期的负增长，经济结构、制度和观念出现倒退；在未来一百年，有些国家同样可能出现一个时期的负增长、停滞或倒退。

（8）经济现代化是一个全球的过程。在过去近 300 年里，所有发达国家都是参与全球竞争的国家；经济现代化波及全球的绝大多数国家和地区。在未来一百年里，发达国家将全面参与经济全球化，希望推进经济现代化的国家也会参与经济全球化，就是不参与经济全球化进程的国家也会受到全球化的影响。

（9）经济现代化是一个国际差距扩大的过程（经济效率趋异的过程）。1700～2001年，人均 GDP（按 1990 年国际美元计算）的相对差距从 15 倍扩大到 73 倍，绝对差距从 1700 美元扩大到 26 700 多美元，扩大了约 15 倍，年均复合差距扩大速度约为 0.92%。在过去近 300 年出现的人均收入的差距鸿沟，在未来一百年内不仅不会弥合，还会扩大；而且还产生了新的差距鸿沟，如数字鸿沟和知识鸿沟等。

（10）经济现代化是一个经济结构趋同的过程。在过去近 300 年里，农业比重不断下降，服务业比重呈上升趋势，工业比重经历上升和下降两个阶段，知识产业比重不断上升。由于全部产业的比重的总和等于 100%，各种产业的比重都会有一个极限值，于是产业结构和就业结构就会逐步趋同。事实上，不仅生产结构将趋同，其他经济结构如投资结构、人力资源结构、流通结构、贸易结构、需求结构、分配结构和消费结构等方面也已经发生并将继续出现结构趋同的趋势。当然，趋同不等于完全一样，多样性仍然存在，趋同是相对的。

（11）经济现代化是一个进步的过程。过去近 300 年的经济现代化过程既是劳动生产率提高的过程，也是资源使用效率提高的过程，同时是经济福利和经济公平增加的过程。在未来一百年里，没有理由怀疑这种趋势会中断或逆转。所以，经济现代化是进步的，尽管在进步的过程中会发生种种问题，甚至是灾难性的问题。

（12）经济现代化是一个充满风险的过程。经济现代化不是免费的，需要付出成本和代价。在经济现代化过程中，随着核心技术和主导产业的更替，老的技术和旧的产业将失去其原有的经济价值和地位，有些行业和人群将遭受损失。技术老化和产业转移的加速将增加受损者和受惠者的数量，从而激化经济和社会矛盾。同时，地球的不可再生和可再生资源都是有限的，对经济资源的争夺也会激发国际和国内矛盾。另外，科学和技术是一把“双刃剑”，既可造福人类，也可能造成危害。技术风险始终存在，而且有扩大的可能。经济现代化过程拒绝盲目乐观，要求风险控制和危机管理。

（13）经济现代化不是一个完全自发的过程。经济系统是一个自组织系统，可以在一定边界条件下自动运行。但是，经济现代化是一个全球竞争的过程。不论是发达国家还是发展中国家，如果要实现经济现代化，达到和保持世界经济先进水平，就必然谋求在激烈国际竞争中的有利地位，谋求占有更多的战略资源和市场空间。这种竞争，不先则后，不进则退，进慢则退，退则落后。经济现代化是一个人工控制的开放系统，而不是一个完全自发的过程。

（14）经济现代化是可以定量分析的。经济变量的时序分析和截面考察的结果是基本一致的。这说明，在一定程度上，经济截面结构可以作为经济时序变化的“时间缩影”，即可以把经济变化的“时间结构”转换为经济变化的“平面结构”进行分析。它同时表明，时序分析和截面考察的结合，是经济现代化研究的有效方法。

三、经济现代化理论

经济现代化理论是关于经济现代化现象的一种理论，是一个领域现代化理论。目前它大致包括两个理论集合：经典经济现代化理论和广义经济现代化理论。经济现代化理论与许多经济学理论有关，如经济发展阶段理论、工业化理论、部门经济学、经济发展理论、经济增长理论、经济结构理论、发展经济学等。

（一）经典经济现代化理论

作为经典现代化理论的一个重要分支，经典经济现代化理论是在 20 世纪 50 年代至 60 年代形成的。1960 年，美国经济学家罗斯托的《经济增长的阶段》的问世，可以作为经典经济现代化理论诞生的一个重要标志。迄今为止，经典经济现代化理论并没有一个公认的、完整的理论体系，而且与规模宏大和历史悠久的经济学理论有着千丝万缕和难舍难分的联系。实际上，经典经济现代化理论是关于经典经济现代化的一个学术思想集合。具体内容请参阅《中国现代化报告 2005：经济现代化研究》和有关学术文献。

（二）广义经济现代化理论

广义经济现代化理论是关于 18～21 世纪的经济现代化现象的一种理论解释，是第二次现代化理论在经济领域的应用，是中国学者何传启提出来的。广义经济现代化理论包括一般理论、分支理论和相关理论等（表 5.7）。下面简要介绍其一般理论。

表 5.7　广义经济现代化理论的结构

分类	理论	主要内容
一般理论	元理论	经济现代化的内涵、过程、结果、动力和模式等
分支理论	分阶段理论	第一次经济现代化、第二次经济现代化、综合经济现代化
	分层次研究	世界、国家、地区、城市、农村等的经济现代化
	亚领域研究	经济供给、经济流通、经济分配、经济需求和经济环境的现代化
	分部门理论	农业、工业、服务业、制造业、信息业、金融和贸易等部门的现代化
相关理论	其他现代化理论	经典现代化理论、经典经济现代化理论、第二次现代化理论等
	经济学相关理论	工业化理论、经济发展理论、演化经济学、工业经济、知识经济等

资料来源：中国现代化战略研究课题组和中国科学院中国现代化研究中心（2005）

1. 经济现代化的内涵

经济现代化是 18 世纪工业革命以来经济领域的一种前沿变化和国际竞争，它包括现代经济的形成、发展、转型和国际互动，经济要素的创新、选择、传播和退出，以及追赶、达到和保持世界经济先进水平的行为和过程。

一般而言，经济现代化指经济变迁的世界前沿和达到世界前沿的行为和过程，它包括从农业经济向工业经济、从工业经济向知识经济的两次转变，经济效率和人均收入的持续提高，经济福利、经济公平、国家经济地位和国际经济体系的变化等。国家是经济现代化研究和实践的基本单元，世界是经济现代化的国际舞台，地区经济现代化是国家经济现代化的组成部分，并受国家经济现代化的制约。

一般而言，经济发展包括经济增长和经济进步，经济现代化是经济发展、经济转型、国际经济竞争和国际地位变化的交集。国际经济地位的变化包括四种情况：保持世界经济的先进水平、与世界经济先进水平的差距缩小、不变或扩大。

2. 经济现代化的过程

经济现代化是一个复杂的、长期的和全球的过程，包括生产模式、核心技术、主导产业、经济行为、经济结构、经济制度和经济观念的变化。18～21 世纪，经济现代化的前沿过程分为第一次和第二次经济现代化两个阶段。第一次经济现代化包括三次浪潮，第二次经济现代化将包括三次浪潮。两次经济现代化有不同的内涵和特点（表 5.8），有不同的产业结构（表 5.9）。两次经济现代化的协调发展是综合经济现代化。22 世纪经济现代化还会有新变化。

表 5.8 广义经济现代化的两个阶段

项目	第一次经济现代化	第二次经济现代化
时间	1760～1970 年	1970～2100 年
内容	从农业经济向工业经济的转型等	从工业经济向知识经济的转型等
特点	工业化、市场化、标准化、非农业化	知识化、绿色化、全球化、非工业化、非物质化
观念	经济增长、经济效率、物质主义	经济质量、生态意识、经济与环境的双赢
技术	机械化、电气化、自动化	信息化、数字化、智能化、知识化、绿色化
生产	工业化大生产，工业是主导产业	知识化、绿色化和全球化生产，知识产业是主导产业
流通	市场化、商品化、货币化	网络化、国际化、证券化
动力	技术、资本、人口、国际竞争等	知识、信息、创新、生态意识、国际竞争等
目标	生产物质产品，满足物质生活需要	生产物质和知识产品，满足物质和精神生活需要
现代性	第一经济现代性：工业经济、市场经济、物质经济、资本经济、国民经济等	第二经济现代性：知识经济、信息经济、生态经济、文化经济、生物经济、服务经济、世界经济等
副作用	环境污染、周期性经济危机等	网络经济犯罪、国际经济风险等

资料来源：中国现代化战略研究课题组和中国科学院中国现代化研究中心（2005）

表 5.9 工业经济和知识经济时代的产业分类

工业经济	知识经济		具体经济部门
三次产业	三大产业	六大集群	24 个部门
第一产业（农业）	物质产业	农业	农业（农牧业、林业、渔业）
第二产业（工业）		工业	采矿业，制造业，建筑业，公共事业，环境治理
第三产业（服务业）	服务产业	流通服务	批发和零售，运输和储存，食宿服务，房地产和租赁
		其他服务	其他的个人和家庭服务，其他劳务服务
	知识产业	人类发展服务	科学研发，教育，信息和交流，艺术、娱乐和文娱，旅行，健康和社会帮助
		基本运行服务	金融和保险，专业和技术活动，行政和辅助，公共管理和社会安全，成员组织，国际组织

资料来源：何传启（2018）

第一次经济现代化是从农业经济向工业经济、自给经济向市场经济的转型过程及深刻变化，它包括从小农经济向商品经济、土地经济向资本经济、自然经济向技术经济、分散经济向集中经济、地区经济向国民经济的转变等。特点包括工业化、机械化、电气化、自动化、专业化、标准化、集中化、规模化、市场化和非农业化等。非农业化指农业比例持续下降的现象。

第二次经济现代化是从工业经济向知识经济、物质经济向生态经济的转型过程及深刻变化，它包括从产品经济向服务经济、资本经济向信息经济、实体经济向虚拟经济、规模经济向创新经济、效率经济向效益经济、国民经济向世界经济的转变等。目前特点包括知识化、信息化、服务化、智能化、分散化、生态化、绿色化、非物质化、全球化和非工业化等。非工业化指工业比例持续下降的现象。

第二次经济现代化是一个复杂历史过程，包括经济发展、转型、国际竞争和国家经济地位变化，生产模式、核心技术、主导产业、基本结构、基本制度和基本观念等的知识化与绿色化等。相对于工业经济，知识经济是一种新经济形态，有许多新特点（表 5.10）。

表 5.10　知识经济的主要特点

项目	主要特点
生产要素	核心生产要素：知识（信息）、无形资产、知识劳动者
生产特征	信息化、网络化、实时生产、清洁生产、敏捷生产和智能化生产等
企业特征	网络结构、伙伴关系、灵活性、创新型、环境友好、知识生产型等
管理特点	信息化、网络化、人性化、柔性管理、知识管理、创新管理、文化管理、战略管理等
技术特点	数字化、智能化、知识化、绿色化、可视化、柔性制造等
产品特点	智能化、特色化、个性化、艺术化、绿色化、非物质化、市场周期短等
市场特点	全球化、无国界、变化快、绿色化、网络化、电子商务等
产业结构	新三大产业：以知识产业为主，物质产业（工业和农业）和传统服务业为辅
分配特点	按贡献分配，按需要调节，知识资本和投资资本参与纯收入分配
就业特点	知识劳动者就业率高，体力劳动者失业率高，失业保险普及
企业文化	创新、合作、学习、生态意识、重视知识资本和投资资本
增长动力	知识和信息生产与应用、创新和知识劳动者、环境意识

资料来源：何传启（1999）

经济现代化过程具有 12 个特点：革命的、长期的、复杂的、不平衡的、局部可逆的、动态的、全球的、进步的、有风险的、非完全自发的、经济效率分化、经济结构趋同等。

3. 经济现代化的结果

经济现代化的结果包括经济现代性、特色性、多样性和副作用的形成；不同国家经济现代化的结果既有共性又有差异；两次经济现代化的结果是不同的。

在世界经济层面，经济现代化的结果表现在六个方面。一是两次经济革命和两次经济转型的完成；二是经济效率和人均收入的增长；三是经济福利和公平的改善；四是国际经济效率差距的扩大和经济结构差别的缩小；五是世界经济中心的迁移；六是国际经济体系的变化。前三个方面适合于国家和地区经济现代化，后者还包括国际经济地位的变化。

在经济现代化过程中，一部分国家达到和保持世界经济先进水平，成为经济发达国家，其他国家是经济发展中国家，两类国家之间可以流动。一般而言，经济发达国家约占 20%，其他国家约占 80%；在 50 年内，经济发达国家降级为发展中国家的概率在 10%左右，经济发展中国家升级为发达国家的概率在 5%左右；两类国家处于动态平衡中。

国家经济现代化的目标包括：完成第一次经济现代化，完成第二次经济现代化，追赶、达到和保持世界经济的先进水平，成为经济发达国家或缩小国际经济差距。

4. 经济现代化的动力

动力因素包括创新、交流、竞争、适应、国家利益和市场需求，包括经济增长、需求变化、全球化和合理预期，包括知识资本、社会资本、物质资本、人力资本、生态意识、知识消费的增长、经济结构的变化和企业家精神等。动力模型包括创新驱动、双轮驱动、联合作用、创新扩散、创新溢出、竞争驱动、生产力函数、要素优化、结构优化等。在不同层次、不同国家和不同阶段，经济现代化的动力有所不同。

5. 经济现代化的模式

21 世纪经济现代化大致有三条基本路径（图 5.7）。第一次经济现代化路径对应工业化模式等；第二次经济现代化路径对应信息经济模式、生态经济模式、生物经济模式和体验经济模式等；综合经济现代化路径对应新型工业化模式，包括工业化、非工业化、知识化、信息化、智能化和生态化的协调发展等。在不同模式里，还有许多的亚模式。

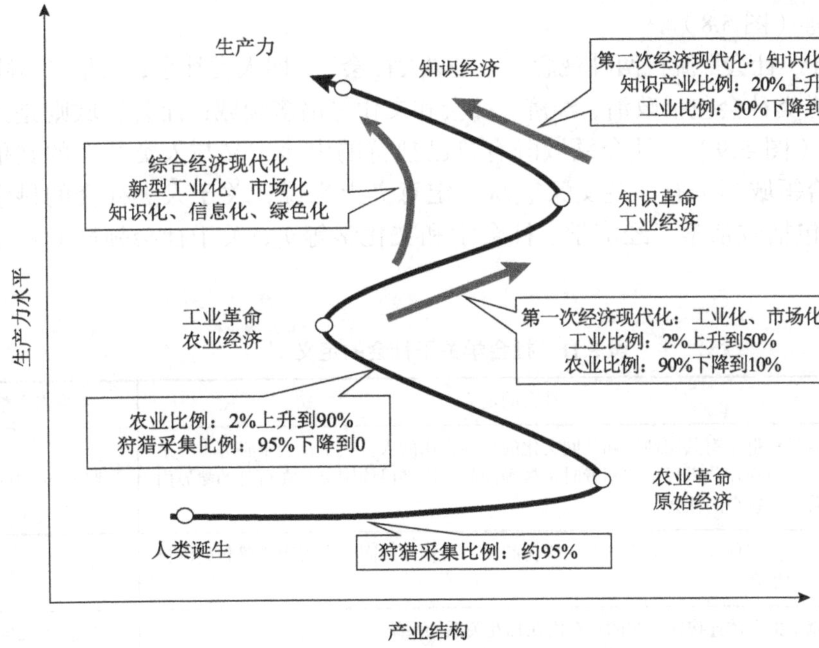

图 5.7　经济现代化的三条路径

资料来源：中国现代化战略研究课题组和中国科学院中国现代化研究中心（2005）

坐标横轴为产业结构，结构刻度为：原始经济时期为农业与狩猎采集之比（估计），农业经济时期为狩猎采集与农业之比，工业经济时期为工业与农业之比，知识经济时期为工农业与知识产业之比

第二节 社会现代化

社会现代化是社会领域的现代化，是现代化的一种表现形式。如果以社会生产力的水平和结构为分类依据，人类社会发展大致经历四个阶段，它们分别是以狩猎和采集为基础的原始社会、以农业和畜牧为基础的农业社会、以工业和服务为基础的工业社会、以知识和信息为基础的知识社会。其中，从农业社会向工业社会的转变是社会现代化的第一阶段，从工业社会向知识社会的转变是社会现代化的第二阶段。关于社会现代化研究的文献非常丰富。

一、什么是社会现代化

（一）社会和社会领域

关于社会没有统一定义（表 5.11）。美国社会学家罗伯逊（1990）认为，社会就是一群享有共同地域和共同文化的相互作用的人。中国社会学家郑杭生（2003）认为，社会是人类生活的共同体。《中国现代化报告 2006：社会现代化研究》认为，社会是享有共同地域和文化的相互作用的人类共同体，其外延涉及分层社会、社会生活、社会亚部门和社会环境等（图 5.8）。

目前，关于“社会”流行两种观念。一是“大社会”，即人类社会；二是“小社会”，即社会领域。人类社会包括政治、经济、社会和文化等诸多领域；社会领域则是人类社会的一个领域（图 5.9）。社会领域既有自己独特的内涵，又与人类社会的其他领域（如经济和政治领域等）有一些交叉。从一定意义上来说，关于人类社会的科学研究是社会科学（包括政治学、经济学、社会学和文化学等），关于社会领域的科学研究是社会学。

表 5.11 社会学关于社会的定义

序号	社会的定义	参考文献
1	社会就是一群享有共同地域和共同文化的相互作用的人。一个社会未必等于一个国家，不过在现代世界上这两者时常是等同的。许多民族国家都在自己的疆界内含有若干个较小的社会	罗伯逊（1990）
2	社会是一群居住在一起并具有共同文化的人，是相互认同、有着团结感和集体目标的人的集合	波普诺（1999）
3	社会就是把个体连接在一起的具有内在相互关系的系统	吉登斯（2003）
4	社会是人类生活的共同体	郑杭生（2003）
5	社会是由有一定联系的、相互依存的人们组成的超乎个人的、有机的整体	王思斌（2003）

资料来源：中国现代化战略研究课题组和中国科学院中国现代化研究中心（2006）

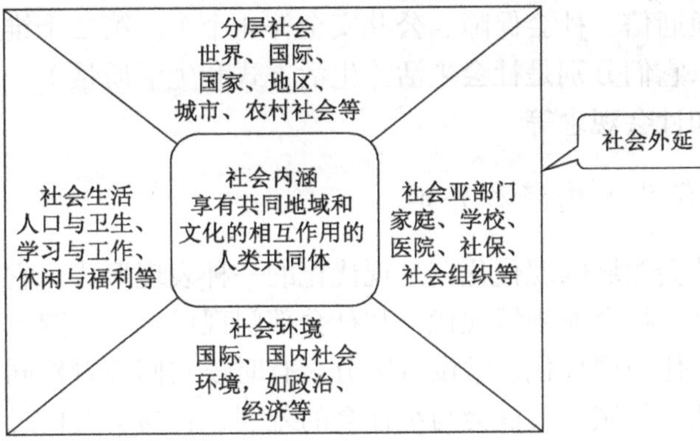

图 5.8　社会内涵和外延的操作性定义

资料来源：中国现代化战略研究课题组和中国科学院中国现代化研究中心（2006）

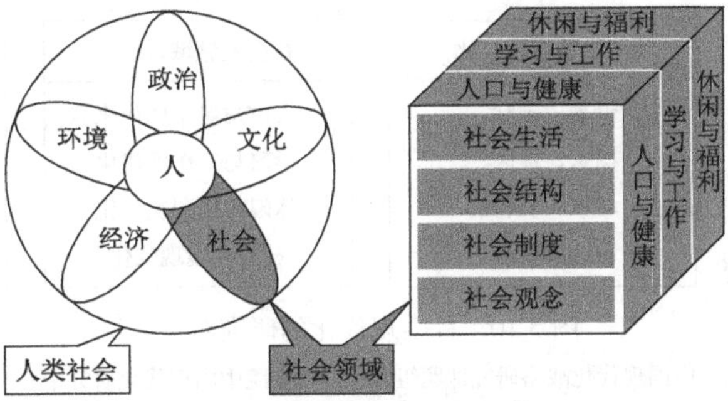

图 5.9　人类社会和社会领域的宏观结构示意图

资料来源：中国现代化战略研究课题组和中国科学院中国现代化研究中心（2006）

关于社会领域没有统一定义，关于社会领域的具体内涵没有统一认识。《中国现代化报告 2006：社会现代化研究》把社会领域分为两个研究维度（表 5.12）。第一个维度是分领域维度，包括 3 大类和 12 个分领域，它们分别是：人口与健康类（人口、家庭、家居和卫生等 4 个）；学习与工作类（教育、劳动、收入和贫困等 4 个）；休闲与福利

表 5.12　社会领域的范围和维度

项目	人口与健康	学习与工作	休闲与福利
社会生活	人口、家庭、家居、卫生等	教育、劳动、收入、贫困等	休闲娱乐、交通通信、社会保障、公共安全等
社会结构	人口、家庭、城市化、社会分层、社会流动、卫生结构等	教育、劳动力、职业、收入、贫困结构等	休闲娱乐、交通通信、社会保障、犯罪结构等
社会制度	生育、家庭、居住、卫生的制度等	教育、学习、劳动、分配、消除贫困的制度等	休闲、交通通信、社会保障、公共安全的制度等
社会观念	相关的理论和观念	相关的理论和观念	相关的理论和观念

资料来源：中国现代化战略研究课题组和中国科学院中国现代化研究中心（2006）

注：本表所列的社会领域是不完备的，本表的社会领域特指用于本书研究的领域

类（休闲娱乐、交通通信、社会保障、公共安全等 4 个）。第二个维度是分层次维度，包括 4 个研究层次；它们分别是社会生活（生活方式和生活质量）、社会结构（结构和变化）、社会制度和社会观念等。

（二）社会现代化的内涵和外延

社会现代化是社会领域的现代化，是现代化的一种表现形式。它包括分段社会现代化、分层社会现代化、社会亚领域现代化和社会部门现代化等（图 5.10）。在经典现代化文献中，社会现代化与现代化常常没有区分，有时候它们被看作同义词。这种观点没有区别人类社会与社会领域、大社会与小社会的差别，容易引发概念混淆。

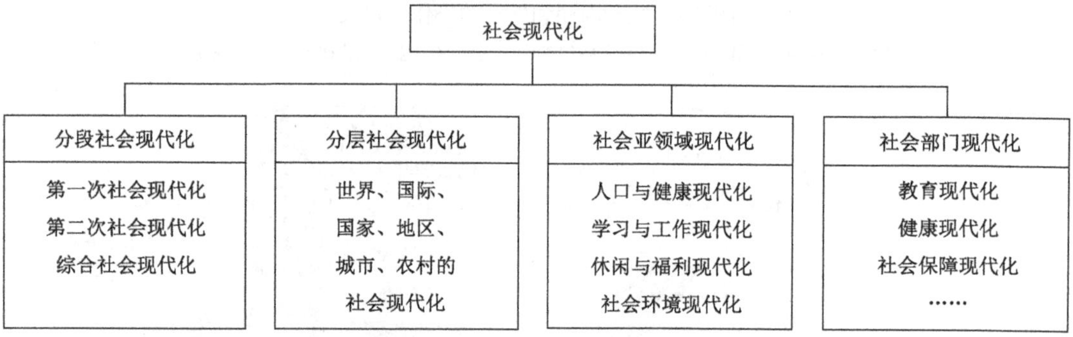

图 5.10　社会现代化的研究对象

资料来源：中国现代化战略研究课题组和中国科学院中国现代化研究中心（2006）

社会现代化的内涵：社会现代化是 18 世纪工业革命以来社会领域的一种前沿变化和国际竞争，它包括现代社会的形成、发展、转型和国际互动，社会要素的创新、选择、传播和退出，以及追赶、达到和保持世界社会先进水平的国际竞争、国际分化和国家分层等。

社会现代化的外延：社会现代化包括社会生活、社会结构、社会制度和社会观念的现代化，包括人口与健康、学习与工作、休闲与福利的现代化，包括医疗、教育、社会保障的现代化和社会现代化的时空分布变化等。国家是社会现代化研究和实践的基本单元，地区社会现代化是国家社会现代化的组成部分，并受国家社会现代化的制约。

社会现代化的概念模型如下所示。

假设：

（1）社会进步是指生活质量和福利、社会效率和公平的提高。

（2）社会适应是指生活方式和社会环境的积极性变化。

（3）社会转型是指新旧社会形态的变化和交替。

（4）社会地位是指社会生产力和生活质量等的国际地位。

那么：

社会发展=社会进步+社会适应+社会进步×社会适应。

社会现代化=社会发展×社会转型×国际社会地位变化

（三）社会现代化的三个视角

（1）社会现代化是一个社会现象，是社会发展的世界前沿，以及追赶、达到和保持世界社会前沿水平的行为和过程。社会现代化也是一种国际竞争，是追赶、达到和保持世界社会前沿水平的国际竞争和国际分化。形象地说，社会现代化犹如一场社会领域的国际马拉松比赛，跑在前面的国家是社会发达国家，跑在后面的国家是社会发展中国家；发达者可下降，发展者可上升；两类国家之间转换有一定规律。

（2）社会现代化是一种社会变迁，是 18 世纪以来社会领域的一种深刻变化，是从传统社会向现代社会的巨大转变，以及世界社会体系和国际社会地位的变化等。社会现代化发生在教育、卫生和社会保障各个部门，发生在社会生活、社会结构、社会制度和社会观念各个方面。人是社会现代化的行为主体，也是社会现代化的受益者。

18～21 世纪，社会现代化的世界前沿进程可以分为两大阶段：①第一次社会现代化，大致发生在 1760～1970 年，是经典社会现代化，是工业时代的社会现代化，是从农业社会向工业社会的转变，包括城市化和福利化等。②第二次社会现代化，大致发生在 1970～2100 年，是新型社会现代化，是信息时代的社会现代化，是从工业社会向知识社会的转变，包括郊区化和知识化等。

（3）社会现代化是一个发展目标。已经实现社会现代化的国家，要保持现代化水平；尚未实现社会现代化的国家，要继续努力和早日实现社会现代化。

概要地说，社会现代化既是 18 世纪以来社会发展的世界前沿，以及达到和保持世界社会前沿水平的行为和过程；也是社会领域的一种深刻变化，是从传统社会向现代社会的巨大转变，以及世界社会体系和国际社会地位的变化；同时是一个发展目标。18～21 世纪，世界社会现代化可分为两大阶段，即第一次社会现代化和第二次社会现代化。22 世纪还会有新变化。

二、社会现代化的发展趋势

社会现代化始于 18 世纪中叶，它是社会变迁的一种形式。一般而言，社会现代化和经济现代化是紧密相关的。在经济现代化高潮迭起的时候，社会现代化也会浪潮涌动（表 5.13）。相对于经济现代化的六次浪潮，社会现代化的六次浪潮的分界点并不十分清晰。

表 5.13　社会现代化的两大阶段和六次浪潮

浪潮	大致时间	社会现代化的内涵	两大阶段
第一次	1760～1870 年	城市化、机械化、城市卫生、社会救济、发展初等教育	第一次社会现代化 城市化、福利化、流动化、义务教育等
第二次	1870～1945 年	城市化、电气化、公共卫生、社会保险、普及义务教育	
第三次	1945～1970 年	福利化、自动化、技术化、普及汽车、普及中等教育	

续表

浪潮	大致时间	社会现代化的内涵	两大阶段
第四次	1970～2020 年	知识化、网络化、绿色化、郊区化、全球化、普及高等教育	第二次社会现代化 知识化、郊区化、绿色化、高等教育等
第五次	2020～2050 年	生物经济、城乡平衡、知识无障碍获取、休闲化、智能运输	
第六次	2050～2100 年	体验经济、再生工程、休闲工作融合、超级运输体验	

资料来源：中国现代化战略研究课题组和中国科学院中国现代化研究中心（2006）

注：第五次和第六次浪潮是一种预测。有学者认为，发达国家城市化以后进入“逆城市化”，包括城市人口向郊区和乡镇的迁移等，这里简称为郊区化，然后达到城乡平衡

（一）社会现代化的六次浪潮（与经济现代化六次浪潮相对应）

第一次浪潮：1760～1870 年。它与第一次产业革命相对应，经历了一个长期的孕育过程，并主要发生在欧洲国家，其本质是伴随工业化而来的城市化、机械化、理性化、社会分化、社会流动、发展初等教育、建立公共卫生、建立社会救济、社会生产力和生活水平提高等。

第二次浪潮：1870～1945 年。社会现代化浪潮已经扩展到欧洲、美洲和亚洲等广大地区，其特征是城市化、电气化、机械化、专业化、社会流动、社会运动、社会分化、社会转型和整合、普及初等义务教育、发展公共卫生、建立社会保险制度、城市社会形成、生活水平和社会生产力提高等。在两次世界大战期间，普及初等义务教育，社会运动和社会分化，家庭机械化和电气化，生活水平提高，社会保障制度得到发展。

第三次浪潮：1945～1970 年。它包括工业化国家的社会现代化和发展中国家的社会现代化。主要内容包括城市化、福利化、社会分化和整合、科层化、技术化、自动化、大众传播、建立福利国家、普及中等教育和发展高等教育等。

第四次浪潮：1970～2020 年。它是由知识革命推动的。产业革命导致工业劳动力比例的上升和农业劳动力比例的下降，知识革命导致工业劳动力比例的下降和知识劳动力比例的上升。所以，第四次浪潮与第一次浪潮一样，具有社会革命的性质。第四次浪潮同样有一个孕育过程。迄今为止，第四次浪潮主要内容包括信息化、网络化、知识化、创新化、郊区化和城乡平衡、国际化、绿色化、多样化、普及高等教育和终身学习等。

第五次浪潮：2020～2050 年。第五次浪潮是一种预测，以新生物效应和生物经济社会形成为特征。生物、信息与纳米技术走向交叉融合，生物经济成为主导产业，信息转换器实现人脑和电脑信息转换，社会观念发生革命性变化。

第六次浪潮：2050～2100 年。第六次浪潮是一种预测，以新物理效应和文化经济社会形成为特征。以新物理学革命为基础，人类的能源、制造和运输技术发生革命性变化，时空观念发生革命性变化，文化生活和情感体验将主导社会经济。

（二）社会现代化与社会制度变迁

社会制度变迁是社会现代化的重要内容（表 5.14）。基本社会制度是关于社会资源的所有、配置和分配的制度。在原始社会时代，基本社会制度是原始公有制，社会资源

是公有的，社会资源平均分配或按需要分配。从社会制度变迁角度看，从农业社会制度向工业社会制度的转变是第一次社会现代化，从工业社会制度向知识社会制度转变是第二次社会现代化。

表 5.14　人类社会史上基本社会制度的代表性特征（举例）

项目	原始社会时代	农业社会时代	工业社会时代	知识社会时代
历史时间	人类诞生至公元前 3500 年	公元前 3500 年至公元 1760 年	1760 年至 1970 年	1970 年至 2100 年
社会形态	原始社会	农业社会	工业社会	知识社会
基本制度	原始公有制度	农业土地制度	社会福利制度	信息社会的制度
人口制度	自然生殖	鼓励生殖	有节制地生殖	自主选择地生殖
家庭制度	母系、父系家庭	大家庭、道德婚姻	小家庭、法定婚姻	家庭和婚姻多样化
教育制度	言传身教	非规范教育	普及初等义务教育	普及高等教育
工作制度	男狩猎女采集	家庭式自然工作制	工业化标准工作制	多样化、弹性工作制度
分配制度	平均分配	按权力和地权分配	按资本或按劳动分配	按贡献分配，按需要调节
保障制度	氏族自我保障	家庭自我保障	社会保障和福利	社会保障和福利

资料来源：中国现代化战略研究课题组和中国科学院中国现代化研究中心（2006）

新社会制度的形成是一个历史过程，从孕育、引入、发展、成熟到被淘汰，每个阶段都有不同特点。于是，从一种基本社会制度到另一种制度，必然有一些中间形态的社会制度，可以称为过渡性社会制度或亚社会制度。

（三）社会现代化与社会形态转变

从人类诞生到 21 世纪末，人类社会先后出现了原始社会、农业社会、工业社会和知识社会四种基本社会形态。每一种社会形态，都有自己的基本结构，包括人口、家庭、居住、卫生、教育、劳动、收入、休闲、交通通信和社会制度等的结构；都有自己的基本特征，包括社会生产力、社会生活、社会结构、社会制度和社会观念的特征等（表 5.15）。

表 5.15　人类社会史上的基本社会形态及其代表性特征

项目	原始社会	农业社会	工业社会	知识社会
历史时间	人类诞生至公元前 3500 年	公元前 3500 年至公元 1760 年	1760 年至 1970 年	1970 年至 2100 年
生产方式	集体狩猎采集	农业手工生产	工业化大生产	知识化全球化生产
生产技术	高效狩猎技术	食物生产技术	物质生产技术	知识信息生产应用
社会生活	狩猎采集迁徙	农耕游牧生活	城市化、电气化	网络化、郊区化、全球化

续表

项目	原始社会	农业社会	工业社会	知识社会
社会结构	狩猎采集超过 95%	农牧业超过 95%	工业劳动超过 50%	知识劳动超过 50%
社会制度	原始公有制度	农业土地制度	社会福利制度	信息社会制度
社会观念	平均分配	按权力和地权分配	按资本或劳动分配	按贡献分配，按需要调节

资料来源：中国现代化战略研究课题组和中国科学院中国现代化研究中心（2006）

（四）社会领域三个方面的发展趋势

（1）人口与健康。18 世纪以来，人均预期寿命和健康寿命延长，人口自然增长率从上升到下降，社会流动与分化持续进行，从城市化、郊区化到城乡平衡。19 世纪以来，人口和婴儿死亡率稳步下降，人口老龄化趋势日益明显，家庭日益小型化和多样化，公共卫生持续改善，家庭设施持续改善。20 世纪以来，公共卫生和人均卫生费用增长。

（2）学习与工作。18 世纪以来，劳动力结构持续变化，职业结构持续变化，社会生产力和人均收入提高，收入分配公平性变化，发达国家收入分配公平性先降后升（部分国家出现波动）。19 世纪以来，普及初等义务教育，劳动时间在缩短，失业率不断波动。20 世纪以来，普及中等教育和高等教育，公共教育和人均教育费用增长，绝对贫困人口比例下降。

（3）休闲与福利。18 世纪以来，交通运输不断发展，社会保障制度的发展经历了四个阶段：社会救济、社会保险、社会福利和福利改革。19 世纪以来，休闲时间在延长，通信技术不断发展。20 世纪以来，娱乐休闲多样化和网络化，电脑和互联网普及率提高，信息费用和人均信息费用在上升，社会保障和福利的费用在上升。20 世纪，犯罪和自杀现象普遍存在并长期波动。20 世纪末，170 个国家和地区建立社会保障制度。

在过去近 300 年里，社会生活、社会结构、社会制度和社会观念持续变化，社会变迁是高度不平衡和不同步的，人均国民收入的国际差距扩大等。

（五）社会现代化的历史启示

（1）社会现代化既是一种历史必然，又是一种社会选择。对于人类文明而言，社会现代化是一种历史必然，代表了人类文明前进的一个方向。对于不同国家和民族而言，社会现代化是一种社会选择。选择了社会现代化的国家和民族，就需要承受社会现代化的责任和结果。没有选择社会现代化的国家和民族，必然承受其结果。这种结果大约是：停留在传统农业社会或原始社会阶段（表 5.16），与人类文明前沿的差距与日俱增。

表 5.16　1700～2001 年世界人口分布的大致估计

年份	人口/万人	人口估计数/万人				估计人口比例/%			
		原始社会	农业社会	工业社会	知识社会	原始社会	农业社会	工业社会	知识社会
1700	—	—	59 821	—	—	0.86	99	—	—

续表

年份	人口/万人	人口估计数/万人				估计人口比例/%			
		原始社会	农业社会	工业社会	知识社会	原始社会	农业社会	工业社会	知识社会
1820	104 109	520	102 152	1 437	—	0.50	98	1	—
1900	156 400	520	138 290	17 590	—	0.33	88	11	—
1960	302 040	520	210 957	90 563	—	0.17	70	30	—
1981	450 660	520	148 264	276 959	25 437	0.12	33	61	6
2001	612 770	520	109 026	413 744	90 000	0.08	18	68	15

资料来源：中国现代化战略研究课题组和中国科学院中国现代化研究中心（2006）

注：原始社会以狩猎和采集为生，1700～2001年狩猎采集人口数采用2001年的数据

（2）社会现代化不是一帆风顺的，而是波浪式前进。社会现代化不以个人意志为转移，而是遵循客观规律。波浪式前进就是一个重要规律。它是由三个因素决定的：知识和技术创新的波动性、经济运行的波动性、人类思想和认识的波动性（创新和守旧的对抗）等。

（3）社会现代化的重大进展，依赖于重大创新和扩散。在人类文明前沿，社会现代化更多的是一种自然演化，但自然发展不是天上掉下来的馅饼，而是由创新和扩散等推动的。事实上，社会现代化的每一次革命性进步都是重大创新和扩散的结果。

（4）社会现代化有三个来源。首先是对传统社会的部分继承和发展，如科技知识和社会道德等。其次是对传统社会的部分否定和转折，如城市化和郊区化等。最后是知识和制度创新，如工业革命和知识革命等。在社会现代化不同阶段，三大来源的重要性有所不同。

（5）社会现代化不仅有社会进步，如生活质量、社会效率、国民素质、社会福利、社会公平的提高等；还有社会正适应，如生活方式、生活环境、社会环境的积极性变化等。有些社会适应，如信息化和休闲化等，同时反映了一种社会进步；有些社会适应，如家庭小型化和人口出生率下降等，反映的仅是一种与社会进步相适应的社会变化。

（6）社会现代化具有“后发效应”。根据过去近300年的历史经验，社会现代化可以分为先发型和后发型。其中，先发型国家具有“竞争优势”，因为它可以引导世界潮流、利用世界资源和制定世界规则；后发型国家具有“后发效应”，因为它可以借鉴和利用先发型国家的成功经验与先进技术，减少失误。但在国际社会竞赛中，“后发效应”的作用不能被过高估计，因为引进技术是一种市场行为，而且影响因素很多；后发型国家需要提高国际竞争力和鉴别能力，谨防落入“被利用、操纵和误导”的国际陷阱。

（7）社会现代化没有最佳模式，只有合理选择和路径依赖性。社会现代化的实质是相同的，但形式是多样的。社会现代化的方向是相同的，但路径是多样的。例如，西方发达国家不同国家的教育体制是不同的，社会保障体系是不同的，公共卫生体系是不同的。

（8）社会现代化不是一劳永逸的，而是相对的和地位可变的。社会现代化具有结构稳定性和地位可变性。过去近300年历史表明，社会现代化的世界结构是基本稳定的，大约20%的国家是社会现代化的发达国家，大约80%的国家是社会现代化的发展中国家；不同国家的国际社会地位是可以变化的，变化是有规律的。例如，在1960～2003年的

43 年里，大约 88%的发达国家和 90%多的发展中国家的国际地位没有变化，约 12%的发达国家降级为发展中国家，约 6%的发展中国家升级为发达国家。发展中国家包括中等发达、初等发达和欠发达国家。

三、社会现代化理论

社会现代化理论是关于社会现代化现象的一种理论，是一个领域现代化理论。目前它大致包括两个理论集合：经典社会现代化理论和广义社会现代化理论。它是社会变迁理论的一个流派，社会变迁理论还包括社会进化理论、社会转型理论和社会发展理论等。

（一）经典社会现代化理论

20 世纪 50 年代开始形成，但其思想源头可以追溯到很早。事实上，人类社会的诞生就意味着社会思想的萌动，人类社会的变迁必然伴随着社会思想的演化。在公元前，古希腊哲学家柏拉图提出《理想国》，中国思想家提出“大同社会”和“太平社会”等。20 世纪，“现代化社会”成为许多国家和学者的追求目标。古往今来，理想社会就一直是思想家思考和追求的目标，社会思想源远流长。但是，对社会现代化发挥直接作用的社会思想是文艺复兴和启蒙运动的社会思想。社会学的诞生是 19 世纪中期的事情。虽然每一种社会理论多少都会与社会现代化有关，但那些阐述社会变迁的理论与社会现代化关系更紧密，如社会进化论、社会转型论和社会发展论等。

经典社会现代化理论，作为经典现代化理论的一个重要分支，是在 20 世纪 50～60 年代形成的。美国社会学家的三本专著的问世，包括《社会系统》（Parsons，1951）、《传统社会的消逝：中东现代化》（Lerner，1958）和《现代化与社会结构》（Levy，1966）等，标志着经典社会现代化理论的诞生。经典社会现代化理论是关于经典社会现代化的一个学术思想集合。

（二）广义社会现代化理论

广义社会现代化理论是关于 18～21 世纪的社会现代化现象的一种理论解释，是第二次现代化理论在社会领域的应用，是中国学者何传启提出来的。它包括一般理论、分支理论和相关理论等（表 5.17）。下面简要介绍其一般理论。

表 5.17　广义社会现代化理论的结构

分类	理论	主要内容
一般理论	元理论	社会现代化的内涵、过程、结果、动力和模式等
分支理论	分阶段理论	第一次社会现代化、第二次社会现代化、综合社会现代化
	分层次研究	世界、国家、地区等的社会现代化
	亚领域研究	人口与卫生、学习与工作、休闲与福利、社会环境的现代化
	分部门理论	教育、卫生、社会保障、能源、交通和通信等社会部门的现代化

续表

分类	理论	主要内容
相关理论	其他现代化理论	经典现代化理论、后现代化理论、反思性现代化理论、第二次现代化理论等
	社会学相关理论	城市化、社会变迁、社会发展、社会系统、工业社会、知识社会等
	其他相关理论	社会信息化、生活质量、生态社会学、现代主义、后现代主义等

资料来源：中国现代化战略研究课题组和中国科学院中国现代化研究中心（2006）

1. 社会现代化的内涵

社会现代化是 18 世纪工业革命以来社会领域的一种前沿变化和国际竞争，它包括现代社会的形成、发展、转型和国际互动，社会要素的创新、选择、传播和退出，以及追赶、达到和保持世界社会先进水平的行为和过程。

一般而言，社会现代化指社会变迁的世界前沿和达到世界前沿的行为和过程，包括从农业社会向工业社会、从工业社会向知识社会的两次转变，社会效率和生活质量的提高，生活方式和生活观念的变化，国民文化与健康素质的提高，社会福利、社会公平和国际社会地位的变化等。国家是社会现代化研究和实践的基本单元，地区社会现代化是国家社会现代化的组成部分。

一般而言，社会发展包括社会进步和社会正适应，社会现代化是社会发展、社会转型、国际社会竞争和国际社会地位变化的交集。国际社会地位的变化包括四种情况：保持世界社会的先进水平、与世界社会先进水平的差距缩小、不变或扩大。

社会现代化有三个来源。其一，对传统社会的部分继承和发展；其二，对传统社会的部分否定和转折（解构和转向）；其三，知识创新、技术创新和制度创新与创新扩散等。这里的“传统社会”是一个相对的和动态的概念，其中，第一次社会现代化过程中的“传统社会”指农业社会，第二次社会现代化过程中的“传统社会”指工业社会。

2. 社会现代化的过程

它是一个复杂的、多层次和多路径的过程。18～21 世纪，社会现代化的前沿过程分为第一次社会现代化和第二次社会现代化两个阶段。第一次社会现代化包括三次浪潮，第二次社会现代化将包括三次浪潮。两次社会现代化有不同的内涵和特点（表 5.18），两次现代化的协调发展是综合社会现代化。

表 5.18 广义社会现代化的两个阶段

项目	第一次社会现代化	第二次社会现代化
大致时间	1760～1970 年	1970～2100 年
人口与卫生	城市化，流动化，机械化，电气化，自动化，家庭小型化，婚姻法治化，分化、分层和整合，公共卫生等	知识化、郊区化、城乡平衡、信息化、智能化、绿色化、国际化、家庭多样化、人口老龄化、社会长寿化、妇儿权益等
学习与工作	专业化、技术化、理性化、普及初等义务教育等	个性化、创新化、多样化、生态化、普及高等教育、终身学习等

续表

项目	第一次社会现代化	第二次社会现代化
休闲与福利	福利化、公平性、公共交通等	自然化、信息化、休闲化，将来还有新特点
现代性	第一社会现代性，包括工业社会、城市社会、福利社会、理性社会、技术社会、开放社会、民主社会、生活水平等	第二社会现代性，包括知识社会、信息社会、生态社会、学习社会、世界社会、创新社会、休闲社会、多元社会、生活质量等
副作用	贫富分化、机械和组织的副作用等	信息鸿沟、网络的副作用等

资料来源：中国现代化战略研究课题组和中国科学院中国现代化研究中心（2006）

第一次社会现代化是从农业社会向工业社会、封建社会向公民社会的转型过程及深刻变化，它包括从乡村社会向城市社会、家族社会向福利社会、专制社会向民主社会、封闭社会向开放社会、自然社会向技术社会、稳定社会向流动社会的转变等。它的特点包括城市化、福利化、流动化、专业化、世俗化、理性化、机械化、电气化、自动化、技术化、高效性、开放性、公平性、社会分化、社会整合和普及初等义务教育等。

第二次社会现代化是从工业社会向知识社会、物质社会向生态社会的转型过程及深刻变化，它包括从城市社会向城乡平衡社会、物理社会向网络社会、教育社会向学习社会、紧张社会向休闲社会、机械社会向人性社会、民族社会向世界社会的转变等。目前它的特点包括知识化、信息化、智能化、郊区化、城乡平衡、绿色化、生态化、自然化、创新化、国际化、多样化、个性化、休闲化、妇儿权益、普及高等教育和终身学习等。

社会现代化过程有 12 个特点：相对可预期的、全球的、长期的、有阶段的、进步的、积极性适应、转型的、系统的、不平衡的、复杂的、国际竞赛、不可逆的世界趋势等。

3. 社会现代化的结果

社会现代化的结果包括社会现代性、特色性、多样性和副作用的形成；不同国家社会现代化的结果既有共性又有差异；两次社会现代化的结果是不同的。

社会现代化的结果包括六个方面的变化：一是两次社会形态转型的完成；二是社会效率和生活质量的提高；三是生活方式和观念的积极性变化；四是人类文化和健康素质的提高；五是社会福利和公平的大幅提高；六是生活质量国际差距扩大和社会结构国际差别缩小等。

在社会现代化过程中，一部分国家达到和保持世界社会先进水平，成为社会发达国家，其他国家是社会发展中国家，两类国家之间可以流动。一般而言，大约 20%的国家达到和保持世界先进水平，属于社会发达国家；大约 80%的国家没有达到世界先进水平，属于社会发展中国家。在 1960～2010 年这 50 年时间内，社会发达国家降级为发展中国家的概率在 10%左右，社会发展中国家升级为发达国家的概率在 5%左右；两类国家的地位升降处于动态平衡中。

国家社会现代化的目标是：完成第一次社会现代化，实现从农业社会向工业社会的转型；完成第二次社会现代化，实现从工业社会向知识社会的转型；追赶、达到和保持世界社会先进水平，成为社会发达国家，或缩小国际社会差距。

4. 社会现代化的动力

动力因素包括创新、交流、竞争、适应、国家利益和社会需求，包括社会推力（经济增长、科技进步、教育发展等的推力）、社会拉力（政治发展、文化变迁、全球化等的拉力）、社会压力（人口变化、环境变化等的压力）。动力模型包括：创新驱动、联合作用、创新扩散、创新溢出和竞争驱动等。在不同层次、不同国家和不同阶段，社会现代化的动力有所不同。

5. 社会现代化的模式

21世纪，社会现代化大致有三条基本路径。第一次社会现代化路径对应城市化和福利化模式等；第二次社会现代化路径对应知识化和绿色化模式等；综合社会现代化路径对应新型城市化模式，包括城市化、郊区化、福利化、知识化、信息化和绿色化的协调发展等。

《中国现代化报告 2006：社会现代化研究》提出广义社会现代化的社会时间表、周期表、坐标系和路径图，社会现代化的概念模型、数量模型、目标模型和动力模型，讨论了广义社会现代化理论的分段理论，包括第二次社会现代化和综合社会现代化等，还讨论了社会现代化的方法。

第三节　文化现代化

地球上有多少个民族，世界上有多少个国家，就会有多少种文化。从国际法和人道主义的角度观察，每一种文化都是平等的，都享有平等的生存和发展的权利，是人类文化的组成部分。从发展和现代化的角度观察，不同种文化具有不同的文化生产力、文化竞争力和文化影响力，不同民族和国家具有不同的发展水平和文化生活质量。综合人类学和现代化的观点，每一种文化都面临两个挑战，那就是民族文化的合理保护和文化现代化。

《中国现代化报告 2009：文化现代化研究》认为，在世界现代化进程中，文化变迁和文化现代化是一种普遍现象；文化现代化是文化领域的现代化，是现代化的一种表现形式；文化具有双重性——民族性（文化本身）和商品性（文化商品），文化现代化受国家利益和市场需求的双重驱动。

一、什么是文化现代化

（一）文化和文化领域

关于文化没有统一定义。英国学者泰勒（2005）认为，文化或文明，就其广泛的民族学意义来说，是包括全部的知识、信仰、艺术、道德、法律、风俗以及作为社会成员的人所掌握和接受的任何其他才能和习惯的复合体。美国学者哈维兰（2006）认为，文化是共享的理想、价值和信念，人们用它们来解释经验和生成行为，并反映在行为中。

《中国现代化报告 2009：文化现代化研究》对文化概念进行梳理，提出文化的内涵和外延（图 5.11）。

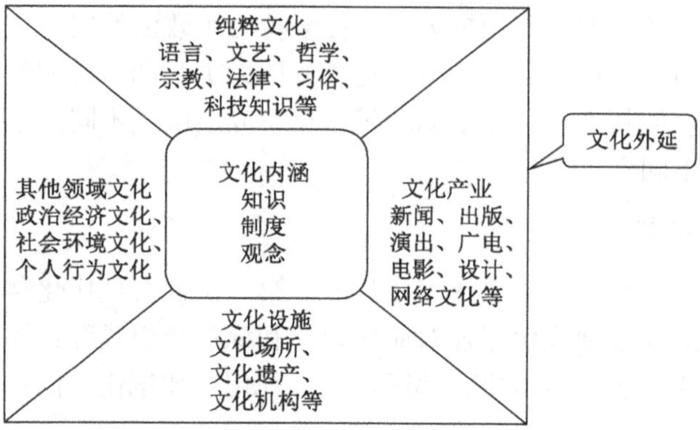

图 5.11　文化内涵和外延的操作性定义

资料来源：中国现代化战略研究课题组和中国科学院中国现代化研究中心（2009）

（1）文化的内涵。文化是影响和解释人类生活方式的知识、制度和观念的复合体，是人类对真善美的追求和体现；其中，知识包括关于自然和人类社会的编码知识和隐含知识，制度指规范人类行为的规章、程序、伦理道德和习俗的集合，观念指思想、信仰、道德观、价值观和审美观等。

（2）文化的外延。文化包括纯粹文化、文化产业、文化设施和其他领域文化，包括语言、文艺、哲学、宗教、法律、道德、习俗、科技知识、基础设施、关键产业、政治文化、经济文化、社会文化、环境文化、个人行为文化等。

关于文化领域没有统一定义。《中国现代化报告 2009：文化现代化研究》认为，文化领域是文化的创造、生产、传播、服务、消费和保存的领域，文化部门是文化的生产、传播、服务、保存和管理的相关部门。文化领域包括两个部分：独立的部分（纯粹文化、文化设施和文化产业）和交叉的部分（其他领域文化）。从文化政策和文化管理的角度划分，文化领域还可以分为文化部门、文化相关部门、其他领域和部门文化（表 5.19）。

表 5.19　文化领域的一种部门结构（基于文化政策和文化管理）

文化部门			文化相关部门	其他领域和部门文化
纯粹文化	文化设施	文化产业	教育、科技、信息、旅游等	经济、社会、政治、环境、个人
语言、文艺、哲学、宗教、法律、习俗、科技知识等	文化场所、文化遗产、文化机构等	新闻、出版、演出、广电、电影、设计、广告、娱乐、网络文化等	教育文化、科技文化、信息文化、旅游文化、体育文化等	经济文化：生产文化、消费文化等； 社会文化：卫生文化、饮食文化等； 政治文化：司法文化、国防文化等； 环境文化：生态文化、国际文化等； 个人文化：行为文化、思想观念等

资料来源：中国现代化战略研究课题组和中国科学院中国现代化研究中心（2009）

注：文化场所包括图书馆、博物馆、档案馆、纪念馆和其他文化活动中心等，文化遗产包括一般文化遗产和无形文化遗产（非物质文化遗产）等，文化机构包括文化组织和文化管理机构等

（二）文化现代化的内涵和外延

文化现代化是文化领域的现代化，是现代化的一种表现形式。它包括分段文化现代化、分层文化现代化、文化亚领域现代化和文化部门现代化等（图 5.12）。如果说文化是人类的精神家园，那么，文化现代化就是人类精神家园的现代化。文化现代化非常复杂，需要从不同角度进行研究；不同角度的研究，可以得到有价值的不同认识。不同认识相互补充，集思广益利国利民。

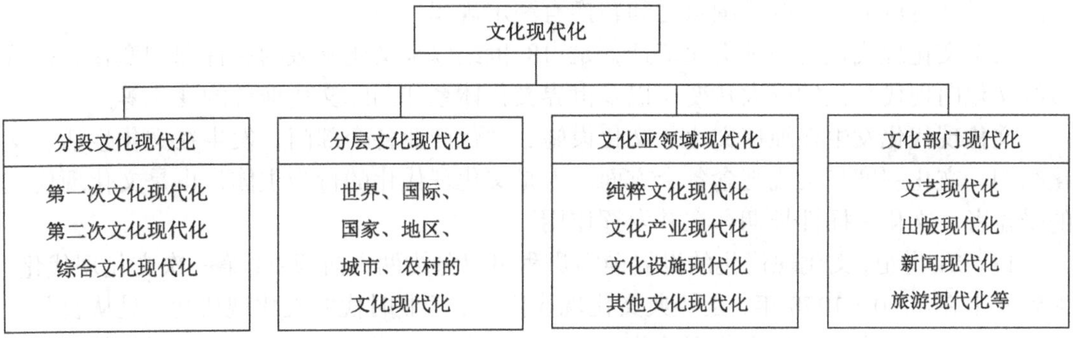

图 5.12　文化现代化的研究对象

资料来源：中国现代化战略研究课题组和中国科学院中国现代化研究中心（2009）

（1）文化现代化的内涵：文化现代化是 18 世纪工业革命以来文化领域的一种前沿变化和国际竞争，它包括现代文化的形成、发展、转型和国际互动的复合过程，文化要素的创新、选择、传播和退出交互进行的复合过程，不同国家追赶、达到和保持文化变迁的世界前沿地位的国际互动。

（2）文化现代化的外延：文化现代化包括纯粹文化、文化设施、文化产业和其他文化的现代化，还包括文化生活、文化形式、文化体系和文化管理的现代化等。

（3）文化现代化的概念模型：涉及文化发展、文化进步、文化转型和文化互动等（表 5.20）。

表 5.20　文化现代化的概念模型

假设和推论		主要的内容
主要假设	假设一	文化进步指有利于生产力提高、社会进步和人类全面发展的文化变迁
	假设二	文化正适应指有利于生产力提高、社会进步和人类全面发展的文化调适
	假设三	文化转型指从农业文化向工业文化、工业文化向知识文化的两次转变
	假设四	国际文化地位变化指国家文化创造力和文化生活质量的国际地位变化
主要推论	模型一	文化发展=文化进步+文化正适应+文化进步×文化正适应
	模型二	文化现代化=文化发展×文化转型×国际文化地位变化
	模型三	文化现代化=文化发展×文化转型×国际文化互动

资料来源：中国现代化战略研究课题组和中国科学院中国现代化研究中心（2009）

（三）文化现代化的三个视角

（1）文化现代化是一个文化现象，是18世纪以来文化变迁的世界前沿，以及追赶、达到和保持世界文化前沿的行为和过程。文化现代化也是一种国际竞争，是追赶、达到和保持世界文化前沿的国际竞争和国际分化。

文化现代化犹如一场文化领域的国际马拉松比赛（适合于可以国际比较的文化指标），跑在前面的国家是文化发达国家，跑在后面的国家是文化发展中国家；发达者可下降，发展者可上升；两类国家之间转换有一定规律。

（2）文化现代化是一种文化变迁，是18世纪以来文化领域的一种深刻变化，是从传统文化向现代文化的巨大转变，以及世界文化体系和国际文化地位的变化等。

文化现代化发生在纯粹文化、文化设施、文化产业各个部门，发生在文化生活、文化结构、文化制度和文化观念各个方面。人是文化现代化的行为主体，也是文化现代化的受益者。文化多样性长期存在并发挥作用。

18～21世纪，文化现代化的世界前沿进程可以分为两大阶段：①第一次文化现代化，大致发生在1760～1970年，是经典文化现代化，是工业时代的文化现代化，是从农业文化向工业文化转变，包括文化理性化、世俗化、大众化等；②第二次文化现代化，大致发生在1970～2100年，是新型文化现代化，是信息时代的文化现代化，是从工业文化向知识文化、物质文化向生态文化的转变，包括文化产业化、网络化和知识化等。

（3）文化现代化是一个发展目标。已经实现文化现代化的国家要保持现代化水平，尚未实现文化现代化的国家要努力和早日实现文化现代化。

概要地说，文化现代化既是18世纪以来文化发展的世界前沿，以及达到和保持世界文化前沿的行为和过程，也是文化领域的一种深刻变化，是从传统文化向现代文化的巨大转变，以及世界文化体系和国际文化地位的变化，文化多样性长期存在；文化现代化同时还是一个发展目标。18～21世纪，世界文化现代化可分为两大阶段，即第一次文化现代化和第二次文化现代化。

二、文化现代化的发展趋势

文化现代化始于18世纪，它是文化变迁的一种形式。一般而言，文化现代化与经济和社会现代化是紧密相关的。经济和社会现代化的前沿轨迹分为两次现代化和六次浪潮。文化现代化的前沿轨迹也可以大致分为两次现代化和六次浪潮（表5.21）。《中国现代化报告2009：文化现代化研究》系统分析了文化现代化的过程、经验和启示等。

表5.21　文化现代化的两大阶段和六次浪潮

浪潮	大致时间	文化现代化的内容	两大阶段
第一次	1760～1870年	启蒙运动、文化专业化、报纸	第一次文化现代化 专业化、世俗化、理性化、商品化、科学化、现代文化、工业文化
第二次	1870～1945年	工业文化、文化商品化、电影	
第三次	1945～1970年	大众传播、消费文化、彩色电视	

续表

浪潮	大致时间	文化现代化的内容	两大阶段
第四次	1970～2020年	网络文化、生态文化、数字多媒体	第二次文化现代化 产业化、生态化、多元化、人性化、全球化、后现代文化、网络文化
第五次	2020～2050年	仿生文化、自然文化、文化民主化	
第六次	2050～2100年	全球文化、再生文化、宇宙文化	

资料来源：中国现代化战略研究课题组和中国科学院中国现代化研究中心（2009）

注：第五次和第六次浪潮是一种预测，具有“科学猜想”的性质

（一）文化现代化的六次浪潮（分别与经济现代化的六次浪潮相对应）

第一次浪潮：1760～1870年。它发生在第一次产业革命时期，主要发生在欧美国家，其本质是思想解放、破除迷信、传播科学和崇尚人文精神，文化领域逐步获得独立地位。它在六个方面取得重要进展。①科技进步与知识传播，如自然科学的三大发现：细胞理论、能量守恒和转化定律、达尔文生物进化论；法国《百科全书》等。②思想解放与制度创新，如《独立宣言》《人权与公民权宣言》《法国民法典》和专利制度等。③文学和艺术的大发展，如古典主义音乐、浪漫主义音乐、洛可可建筑、浪漫主义文学和批判现实主义文学等。④信仰自由和哲学繁荣，先后出现一大批伟大思想家，如伏尔泰、卢梭、亚当·斯密、康德和马克思等。⑤文化获得独立地位，新闻、出版和演出等非常活跃。⑥城市文化兴起。

第二次浪潮：1870～1945年。它发生在第二次产业革命和两次世界大战期间。它在六个方面取得重大进展。①科技进步，如电磁理论、量子力学、相对论、自行车、发电机、汽车和飞机等。②通信和文化设备创新，如电话、照相机、留声机、无线电、收音机、录音机、电影和电视等。③现代文学和现代艺术的发展，如现实主义文学、现代主义文学、现代美术、现代音乐和现代舞蹈等。④现代哲学的发展，包括科学哲学和人本主义哲学，如分析哲学、逻辑实证主义、唯意志论、生命哲学、现象学、存在主义、心理分析学派和西方马克思主义等。⑤文化商业化，如电影和流行音乐的工业化生产等。⑥休闲文化的兴起，体育活动和假日旅游大众化。

第三次浪潮：1945～1970年。它大致发生在第三次产业革命时期。它的时间虽然较短，但取得进展是明显的。①科技进步，如原子能、自动化、电子技术、生物技术、卫星技术和航天技术等。②文化设备创新，如晶体管收音机等。③现代文艺的发展，如存在主义文学、荒诞派戏剧、黑色幽默小说、先锋派音乐和电影艺术等。④现代哲学和思想的发展，如现代主义、结构主义、证伪主义、逻辑实用主义和科学范式理论等。⑤大众传播和消费文化的发展，报纸、广播、电视和电影日复一日地将无数信息传达给大众，电视、电影和流行音乐构成工业文化的核心。⑥现代科技的社会影响扩大，科学文化快速发展。

第四次浪潮：1970～2020年。它大致与经济和社会现代化的第四次浪潮相对应，是由知识和信息革命推动的。它在六个方面取得重要进展。①高技术和信息革命，如信息

技术、生物技术、材料技术、纳米技术和航天技术等。②文化创新，网络文化如网络游戏、网络文学、网络媒体和网络立法，生态文化如环保运动、生态意识和环境立法，文化多样性和多元化等。③后现代文化，如后现代文学、后现代艺术、后现代建筑、后现代主义、女权主义、网络伦理和信息哲学等。④文化产业和文化贸易的兴起，文化增加值和就业比例大幅提高等。⑤文化制度和政策创新，文化组织和文化赞助的多元化，文化民主化、文化多样性和文化遗产保护。⑥文化的主导地位，文化竞争和文化消费成为国际热点。

第五次浪潮：预计发生在 2020～2050 年。以仿生文化和自然文化为主要特征。新生物学和再生革命的发展，导致生物、信息与纳米技术走向交叉融合，形成具有改造和操纵生命功能的生命工程和再生工程，生物寿命可以调控，生物经济成为主导产业，社会观念发生革命性变化。信息转换器实现人脑和电脑信息转换，知识信息无障碍获取成为社会现实，“仿生人”将进入家庭和办公室，仿生文化和自然文化将相辅相成。在一定程度上，“仿生人”是机器人的升级版，将具有人形化（人类外观）、人性化（人类情感）和人能化（人类功能）等特点。“仿生人”进入家庭，必将引发家庭的第四次革命。第一次家庭革命是家庭小型和核心化，第二次家庭革命是家庭机械和电气化，第三次家庭革命是家庭信息和网络化，第四次家庭革命是家庭仿生和多元化。四次家庭革命将彻底改变家庭结构和功能。

第六次浪潮：预计发生在 2050～2100 年。以全球文化和宇宙文化为主要特征。以新物理学和时空革命为基础，结合高技术和新能源的发展，人类的制造和运输技术发生革命性变化，时间和空间观念发生革命性变化；超级制造系统取代人类的许多体力和脑力劳动，超级运输系统将使人类可以到达他们想去的地方，文化生活和情感体验将主导社会经济；全球文化有可能出现共识，宇宙文化有可能成为部分人的生活方式。

（二）文化现代化与制度变迁

文化现代化包含文化制度的变迁（表 5.22）。一般而言，基本文化制度是关于文化资源的所有、配置和分配的制度。从原始社会、农业社会、工业社会到知识社会，制度变迁发生在文化的各个方面，与此同时，文化观念的变化也是深刻的。

表 5.22 基本文化制度的时序变迁（特征举例）

项目	原始社会	农业社会	工业社会	知识社会
历史时间	人类诞生至 公元前 3500 年	公元前 3500 年至 公元 1760 年	1760 年至 1970 年	1970 年至 2100 年
文化形态	原始文化	农业文化	工业文化	知识文化
基本制度	原始宗教制度	文化控制制度	文化检查和文化市场	网络化和国际化制度
语言制度	自然语言	民族语言、宗教语言	官方语言、民间语言	网络语言、语言保护

续表

项目	原始社会	农业社会	工业社会	知识社会
文学制度	口头文学	宗教文学、文学控制	出版检查、专业化	网络文学、文学保护
艺术制度	原始艺术	宗教、宫廷和民间艺术	出版检查、商业化	网络艺术、艺术保护
宗教制度	原始宗教	民族、国家和民间宗教	宗教分化、世俗化	多元化、民间化
法律制度	原始习俗	古代法律、古典法律	法律体系、知识产权	网络法律、生态法律
道德习俗	原始习俗	宗教的、封建的、神权	工业的、市场的、特权	网络的、多元的、人权
科技制度	—	个体行为、科技组织	科技体制、专业化	创新体系、国际化
文化设施	宗教设施	官方和民间文化设施	文化体系、专业化	数字化、国际化
文化产业	—	官方、民间文化活动	大众文化、市场化	网络化、全球化

资料来源：中国现代化战略研究课题组和中国科学院中国现代化研究中心（2009）

（三）文化领域八个方面的发展趋势

（1）纯粹文化。18世纪以来，语言持续变迁，从古典语言、现代语言到后现代语言，语言种类减少；成人识字率提高，部分国家已经饱和；文学流派不断变迁，从古典文学、浪漫主义文学、现实主义文学、现代文学到后现代文学；艺术流派不断变迁，从古典艺术、浪漫主义艺术、现代艺术到后现代艺术；哲学持续变迁，从古典哲学、现代哲学到后现代哲学；宗教持续存在，宗教多元化和部分国家宗教世俗化；科技革命多次发生，科学文化快速发展。20世纪70年代以来，绿色文化和网络文化兴起等。

（2）文化设施。18世纪以来，文化场所的种类和数量增加，文化组织的种类和数量增加。19世纪以来，文化设备的种类增加，普及率提高；信息设备的种类增加，普及率提高；体育和娱乐设备的种类增加，旅游、教育和科技设施持续发展。20世纪以来，自然和文化遗产保护加强等。

（3）文化产业。18世纪以来，世界报纸发行量上升，发达国家报纸发行量从上升到下降。19世纪以来，图书出版持续增长，图书出版年增长率约为2%；广播覆盖率上升，电影产量增加；休闲和娱乐业持续发展。20世纪以来，电视覆盖率上升，看电视时间增加；20世纪后期新媒体产业和网络游戏快速发展；文化产业增加值、文化产业就业和文化贸易增长等。

（4）政治文化和经济文化。18世纪以来，民主文化和民主化程度上升；20世纪后期政府信息化发展迅速。19世纪以来，每周劳动时间下降，休闲时间增加；童工数量和童工比例下降；发达国家分配公平性先降后升，消费文化的国际差别比较大；发达国家工业劳动力比例先升后降；现代企业文化在发展等。

（5）社会文化和个人文化。18世纪以来，发达国家人口增长率先升后降，教育普及率和受过高等教育的人口比例上升，发达国家受过中等教育的人口比例先升后降。19世纪以来，养老保险覆盖率上升，社会福利费用上升；部分国家家庭规模下降，妇女总和生育率下降。20世纪以来，部分国家妇女避孕率上升，离婚率上升，结婚率下降；部分国家吸烟率先升后降等。

（6）生态文化和国际文化。19 世纪以来，国家保护区的数量和面积比例上升，20 世纪环保支持率和废物循环利用率上升等。19 世纪以来，国际组织和国际会议数量增长，国际旅游和体育交流数量增长，国际留学生数量增长。20 世纪翻译外文图书数量增长，国际移民数量增长等。

（7）文化政策。18 世纪以来，文化民主化在发展，知识产权保护在加强。19 世纪以来，文化投资是多元化的，部分国家政府文化投资增加；科学文化和人文文化是分离的，科学文化的作用不断扩展。20 世纪，国际文化公约的批准国增加，世界文化遗产和无形文化遗产的保护加强，国际文化合作加强；文化政策存在多样性，文化多样性受到保护，文化自由日益受到尊重等。

（8）文化现代化。18 世纪以来，文化生活和文化内容持续变化，文化制度和文化观念持续变化，文化变迁不是线性的，文化变迁是多元的和多途径的，部分传统文化持续存在和得到传承。19 世纪以来国家文化竞争力和影响力发生变化。20 世纪末部分国家文化产业增加值比例和文化产业就业比例超过农业等（表 5.23）。

表 5.23　部分发达国家文化产业规模超过农业

国家	文化产业增加值占GDP 的比例/%	文化产业就业占总劳动力的比例/%	农业增加值占 GDP 的比例/%	农业就业占总劳动力的比例/%
美国	6.6	4.0	1.2	2.5
德国	3.4	—	1.0	2.5
英国	3.8	4.3	1.0	1.2
法国	3.1	3.2	1.6	2.5
加拿大	3.5	4.1	2.2	2.8
澳大利亚	3.3	5.1	3.4	4.0

资料来源：中国现代化战略研究课题组和中国科学院中国现代化研究中心（2009）

注：有关数据为 1999 年至 2004 年期间可以获得的数据。不同国家文化产业的定义和统计口径有所差别

（四）文化现代化的历史经验

（1）文化现代化既是一种历史必然，也是一种文化选择。对于人类文化而言，文化现代化是一种历史必然，代表了人类文化发展的主方向。对于不同国家和民族而言，文化现代化是一种文化选择。文化选择是人类的一种根本权利。每个民族和国家都有文化选择的权利。任何民族和国家的文化选择，都不应以损害其他民族和国家的文化选择为代价。选择文化现代化的国家和民族，就会推进文化现代化。没有选择文化现代化的国家和民族，就会停留在原有文化、传统文化或原始文化阶段，与人类文化前沿的差别会扩大。所有民族和国家都需要承担自己选择的后果。

（2）文化现代化既有国家利益，又有市场竞争。文化具有两种属性。①文化具有民族属性。文化可以作为一个民族和国家的身份标识（文化身份），体现民族和国家的文

化权益。②文化具有商品属性。文化可以作为一种商品，根据市场需求进行生产和交易并获利。文化变迁受到国家利益和市场竞争的两种作用。文化二重性必然导致文化现代化的二重性。文化现代化的二重性表现为：既要维护国家文化权益和文化创造力，又要提高文化生活质量和文化竞争力，它们经常是一致的。文化现代化过程有两个导向：国家利益和市场需求。对待文化现代化的二重性，不同国家有不同做法。有些国家强调国家的文化权益，有些国家强调文化的商品属性。

（3）文化现代化既有高度的多样性，又有部分的趋同性。文化现代化多样性的主要表现是：①不同国家和不同领域的文化现代化具有不同特点；②世界文化是多元的；③许多国家包括发达国家内部的文化也是多元的；④文化生活方式具有多样性等。文化现代化具有部分趋同性的主要表现是：①不同国家的文化设施、文化产业、科学技术、经济文化和生态文化等具有一定的趋同性；②文化生活质量具有一定的收敛性或部分的趋同性；③国际文化和国际制度具有部分的趋同性；④工业文化、城市文化和网络文化具有部分趋同性等。虽然文化现代化具有多样性，但文化现代化仍然有一般规律。

（4）文化现代化具有一定的先导作用。①文化现代化的起步早于世界现代化。一般而言，文化现代化可以追溯到文艺复兴、宗教改革、科学革命和启蒙运动；启蒙运动是文化现代化的起点，是欧洲现代化的先导，也是世界现代化的先导。世界现代化的起点是英国工业革命。②发达国家历史经验表明，先有思想解放，后有现代化。先有科学革命和启蒙运动，后有英国工业革命、美国革命和法国大革命等。③在发展中国家，经济发展和社会进步可以推动文化现代化。

（5）文化创新是文化现代化的根本来源。如果没有文化创新，文化现代化就成为无源之水。在人类文化前沿，文化现代化更多是一种自然演化，但自然演化并不是自驱发展的，而是由创新和创新扩散等推动的。文化现代化的每一次革命性进步，都是重大创新和创新扩散的结果。

（6）文化现代化不是单一的，而是多姿多彩的。文化现代化可以是快速的，也可以是相对缓慢的；可以是革命性的突变，也可以是渐进性的变化；可以是一种静悄悄的变化，也可以是一种轰轰烈烈的社会运动。18 世纪的法国大革命和 20 世纪 60 年代的欧美学生运动引发的文化变迁具有革命的色彩。20 世纪 70 年代环境运动引发的环境文化变化具有社会运动的性质。20 世纪 80～90 年代的信息革命引发的网络文化变迁，也具有革命的色彩。当然，信息革命引发的文化革命没有暴力，只有爆炸性的信息化浪潮，是一种和平的文化革命。

（7）文化现代化研究应该避免线性思维。文化现代化是多维复合的，不同文化领域的变迁有不同的特点。有些文化变迁是非线性的，如文化制度和文化观念的转向，包括从传统文化向现代文化、现代文化向后现代文化、物质文化向生态文化的转向等。有些文化变迁具有部分线性特点，如科学技术、文化知识、文化设施和文化产业的发展等。文化现代化是部分可逆的，在某些条件下文化现代化可以发生局部逆转。文化现代化建设需要避免单向的机械思维。

（8）文化现代化不能闭门造车。文化现代化不是孤立的，而是一种国际文化互动，包括文化的国际合作、国际交流、国际竞争和国际冲突。没有任何一个国家的文化现代化，不从其他国家吸收文化要素；没有任何一个国家的文化现代化，会拒绝国际文化交流与文化合作。不同国家的文化竞争力和文化影响力存在差异，文化现代化的发达国家具有较强的文化竞争力。

（9）文化现代化没有现成模式可以照搬，但成功经验可以借鉴。文化现代化没有最佳模式，只有理性选择和路径依赖性。文化现代化的实质是相同的，但形式是多样的。文化现代化的目标是相同的，但路径是多样的。文化现代化的要求是相同的，但模式是多样的。不同国家的语言、文艺、哲学、宗教、法律、文化体系和文化传统是不同的，文化政策和文化选择具有很大差异，不能简单模仿。先行国家创造了历史经验，后进国家可以获得诸多国际借鉴。

（10）文化现代化不能简单进行水平比较。文化现代化包括语言、文学、艺术、哲学和宗教等的变化，这些变化很难进行发展水平的跨国比较和历史比较。文化现代化的国际比较只能在有限范围内进行，如文化生活、文化设施和文化产业等。

（11）文化现代化不是对传统文化的全面否定。文化现代化不是割断传统文化与现代文化的联系，不是全盘否定和抛弃传统文化，也不是全面发展传统文化，而是传统文化的部分继承和发展、传统文化的部分否定和转折、传统文化的合理保护和有效利用。在文化现代化过程中，传统文化持续存在并发挥作用。例如，古典科学、古典哲学、古典艺术、古典文学、宗教、语言和世界文化遗产等，迄今是各级学校的教科书的重要内容；古典艺术、古典文学、普通文化遗产和无形文化遗产等，是文化产业的重要资源等。

（12）文化现代化不是破坏文化遗产，而是合理保护和利用文化遗产。在文化现代化过程中，对文化遗产的作用的认识是逐步深化的。文化遗产的作用主要有：民族文化身份的重要元素、文化创新的重要源泉、文化产业的重要资源、文化多样性的组成部分、文化竞争力和文化影响力的重要成分等。文化全球化不是削弱文化遗产的作用，而是突出文化遗产的国际意义。文化遗产的合理保护和有效利用，是文化现代化的一个有机组成部分，而且是不可替代的部分。

（13）文化现代化包括五种变化。①文化中心化，指少数强势文化的中心地位得到巩固和加强的现象。文化多样性同时存在。②文化边缘化，指部分文化的社会地位和国际影响江河日下的现象。③文化遗产化，指部分文化失去社会功能、而被作为文化遗产保护起来的现象。④文化消失化，指部分文化失去传承、记录或保护而消失的现象。⑤文化商业化，指文化载体和文化要素被商业开发和经营的现象。世界文化的五大变化，导致了世界文化体系的结构变化，不同文化的国际竞争力和影响力随之变化。

（14）文化竞争力逐步成为国家的核心竞争力。一般而言，文化现代化包括文化分化和文化去分化的两个阶段。文化分化是指文化从社会整体中分化出来，成为一个相对独立的领域，就像政治领域和经济领域一样。独立的文化领域，是一个自治的领域，主要表现是文化的专业化和职业化等。文化去分化是指文化与社会、文化与经济的高度融合，文化与社会和经济的边界模糊化等。文化分化使文化获得独立地位。文化去分化导致文化影响渗透到全社会，文化竞争力成为国家的一种核心竞争力。

三、文化现代化理论

文化现代化理论是关于文化现代化现象的一种理论，是一个领域现代化理论。它大致包括四个理论集合：经典文化现代化理论、广义文化现代化理论、多元现代性理论和其他现代化理论的文化论述等。文化现代化理论与文化变迁理论、文化学理论、文化经济理论和其他现代化理论有所交叉。这里重点讨论前两个理论集合。

（一）经典文化现代化理论

经典文化现代化理论是经典现代化理论的一个重要分支。迄今为止，文化现代化的学术文献非常丰富，但经典文化现代化理论没有系统的、公认的一般理论阐述。一般而言，经典文化现代化理论有两个来源：文化学家对文化现代化的研究和解释，非文化领域（如历史和社会学）的现代化学者对文化现代化的研究和解释。如果把他们的研究主题和相关思想集合起来，可以提出经典文化现代化理论的结构，并归纳它的一般理论。具体内容请参阅《中国现代化报告 2009：文化现代化研究》和相关学术文献。

（二）广义文化现代化理论

广义文化现代化理论是关于 18～21 世纪的文化现代化现象的一种理论解释，是第二次现代化理论在文化领域的应用，是中国学者何传启提出来的。广义文化现代化理论包括一般理论、分支理论和相关理论等（表 5.24）。下面简要介绍其一般理论。

表 5.24　广义文化现代化理论的结构

分类	理论	主要内容
一般理论	元理论	文化现代化的定义、过程、结果、动力和模式等
分支理论	分阶段理论	第一次文化现代化、第二次文化现代化、综合文化现代化
	分层次研究	世界、国际、国家、地区、机构、个体等的文化现代化
	亚领域现代化	纯粹文化、文化设施、文化产业、文化生活、文化结构、文化制度和文化观念等的现代化
	文化部门现代化	语言、文艺、哲学、宗教、科技、娱乐、出版、体育、旅游等的现代化
相关理论	其他现代化理论	经典现代化理论、后现代化理论、多元现代性理论、第二次现代化理论等
	文化学相关理论	文化变迁理论、文化人类学、文化社会学、文化经济学、当代文化研究等
	其他相关理论	体验经济、创意产业、版权产业、现代主义、后现代主义等

资料来源：中国现代化战略研究课题组和中国科学院中国现代化研究中心（2009）

文化的操作性定义：文化是影响和解释人类生活方式的知识、制度和观念的复合体，是人类对真、善、美的追求和体现。文化复合体是一个有机整体，其中，知识是文化的基础，制度是文化的核心，观念是文化的灵魂，当然这不是一成不变的。文化领域是人类文明的六个研究领域之一，是与文化的创造、生产、传播、销售、服务、保存和消费相关的领域。

1. 文化现代化的内涵

文化现代化是 18 世纪启蒙运动以来文化领域的一种前沿变化和国际竞争，它包括现代文化的形成、发展、转型和国际互动，文化要素的创新、选择、传播和退出，以及追赶、达到和保持文化变迁的世界前沿地位的行为和过程。

一般而言，文化现代化指文化变迁的世界前沿和达到世界前沿的行为和过程，它包括从传统文化向现代文化、现代文化向后现代文化的两次转变，文化创造力和文化生活质量的提高，文化设施和文化产业的发展，人类自我解放和全面发展等。

《中国现代化报告 2009：文化现代化研究》认为，文化现代化有三个标准，它们分别是：有利于生产力的解放和发展，又不破坏自然环境；有利于社会的公平和进步，又不妨害经济发展；有利于人类的自由解放和全面发展，又不损害社会和谐。

文化现代化是现代化过程的文化变迁，是 18 世纪以来文化变迁与现代化的交集，是 18 世纪以来文化变迁的一种表现形式。文化变迁具有多种形式，符合文化现代化的三个标准的文化变迁就属于文化现代化，否则就不属于文化现代化。

文化现代化有三个来源：①对传统文化的部分继承和发展，如语言、文艺、哲学和科技的传承等；②对传统文化的部分否定和转向，如传统技术、文化制度和文化观念的扬弃与转向等；③文化创新和文化交流，如知识创新、制度创新、观念创新和文化扩散等。

不同时期和不同类型的文化现代化，有不同特点和不同要求。例如，第一次文化现代化的基本要求包括文化专业化、文化理性化、文化商品化和促进经济发展等；第二次文化现代化的基本要求包括文化产业化、文化多元化、文化民主化和促进人的全面发展等。

2. 文化现代化的过程

它是一个复杂的、多元的和长期的过程。18～21 世纪，文化现代化的前沿过程可以分为两个阶段，两次文化现代化有不同的内涵。两次文化现代化的协调发展是综合文化现代化。22 世纪还会有新变化。

第一次文化现代化是从传统文化向现代文化、农业文化向工业文化的转型过程及深刻变化，它包括专制文化向民主文化、封建文化向公民文化、宗教文化向世俗文化、迷信文化向科学文化、附庸文化向职业文化、家族文化向福利文化、农村文化向城市文化的转型等。

第二次文化现代化是从现代文化向后现代文化、工业文化向知识文化的转型过程及深刻变化，它包括从物质文化向生态文化、实体文化向网络文化、权威文化向平民文化、机械文化向人性文化、国家文化向全球文化、文化汇聚向文化多元的转型等。

如果说，第一次文化现代化是一个文化分化过程，文化从社会整体中分离出来和文化内部的分化，那么，第二次文化现代化是一个文化融合过程，文化与经济和社会的重新融合，经济和社会过程的文化化，文化产业逐步成为支柱产业。

文化现代化的一般特点有12个：部分可预期的、非线性的、部分可逆的、路径依赖的、多路径的、多元的、不均衡的、不同步的、非孤立的、系统的、有阶段的和全球的等。

3. 文化现代化的结果

文化现代化的结果包括文化现代性、特色性、多样性和副作用的形成等。

第一次文化现代化的结果是第一文化现代性、特色性和多样性的形成，是工业文化和现代文化的形成与扩散，包括文化分化、民主文化、科学文化、大众文化、城市文化、福利文化和职业文化等；副作用包括人情淡化等。

第二次文化现代化的结果是第二文化现代性、特色性和多样性的形成，是知识文化和后现代文化的形成和扩散，包括文化去分化、文化产业化、文化多样性、网络文化、生态文化、创新文化、人性文化和全球文化等，副作用包括网络依赖等，将来还会有新发展。

从政策角度分析，文化现代化的结果主要是六个方面的深刻变化。它们分别是：两次文化转型的完成、文化创造力和文化生活质量的提高、文化内容和文化结构的变化、文化制度和文化观念的变化、人类的自由解放和全面发展、国际文化体系的变化以及文化产业成为世界经济的主导产业等。这些变化发生在纯粹文化、文化设施、文化产业和其他文化领域。

从理论角度分析，文化现代化的目标主要有三个：完成第一次文化现代化，完成第二次文化现代化，追赶、达到和保持文化变迁的世界前沿地位。第三个目标是动态的，而且适用范围有限，如文化设施、文化产业、科技、信息、体育和旅游等，存在文化发展的世界先进水平，语言、艺术和宗教等没有世界先进水平。

从政策角度分析，文化现代化的目标主要有三个：维护国家和民族的文化权益，提高国民的文化生活水平和生活质量，提高文化创造力、文化竞争力和文化影响力。人类的自由解放和全面发展，既是现代化的一个总体目标，也是文化现代化和人的现代化的一个关键目标。

4. 文化现代化的动力

文化现代化的动力因素和动力机理是不同的。一般而言，创新是文化现代化的根本来源，竞争是文化变迁的激励机制，适应是对外部环境变化的文化调适，交流是文化变迁的促进因素，国家利益是文化发展的引导因子，市场需求是文化产业的决定因素。发达国家创新作用比较突出，发展中国家经济和交流作用比较突出。动力模型包括：创新驱动、双轮驱动、联合作用、创新扩散和创新溢出等。在不同层次、不同国家和不同阶段，文化现代化的动力有所不同。

5. 文化现代化的模式

文化现代化没有通用的最佳路径。21 世纪文化现代化有三条基本路径。文化现代化没有标准模式，只有理性选择。不同国家和地区，在文化现代化的不同阶段，可以创造不同的成功模式或失败模式。这些模式又成为后来者研究、学习和借鉴的样板。

在过去近 300 年里，发达国家的文化现代化过程的模式有很大差异。例如，法国文化现代化模式，具有浪漫主义和革命精神；德国文化现代化模式，具有理性主义和批判精神；美国文化现代化模式，具有实用主义和科学精神；英国文化现代化模式，具有商业主义和古典精神；日本文化现代化模式，具有商业主义和儒家精神等。

如果说地球是人类的物理家园，那么，文化是人类的精神家园，文化生活是人类的精神生活。如果说经济现代化是人类物质生活的现代化，那么，文化现代化是人类精神生活的现代化，是人类精神家园的现代化。随着物质生活的极大丰富，精神生活的重要性日益凸显。21 世纪，文化创造、文化产业和文化现代化将发挥越来越重要的作用。

第四节　生态现代化

从诞生的那一天开始，人类就生活在自然环境之中。自然环境为人类提供了生命支持、物质和文化服务（MEA，2005）。没有自然环境，就没有人类文明。目前，关于人类与自然的相互关系的理论和思想，流派众多，学术文献浩如烟海。在众多理论中，20 世纪 80 年代德国学者胡伯提出的生态现代化理论,已经成为发达国家的环境社会学的一个主要理论。生态现代化要求采用预防和创新原则，推动经济增长与环境退化脱钩，实现经济与环境的双赢。《中国现代化报告 2007：生态现代化研究》系统研究生态现代化现象，丰富和扩展了生态现代化理论。

一、什么是生态现代化

（一）人类活动对自然环境的影响

地球上的所有生命，都离不开物质和能源，人类也是如此。人类所需要的物质和能源来自自然环境。这就意味着，人类与环境的关系，是贯穿人类历史长河的一个永恒主题。自然环境，既影响我们的生产和生活方式，也影响经济和社会的结构，还关系国家和民族的命运。与此同时，人类活动必然对环境产生重大影响。关于人类活动对自然环境的影响有大量文献和理论模型。一些学者认为人类活动正在改变地球生态系统和生态系统的服务功能，如全球气候的变化、臭氧层的破坏、生物多样性的丧失、生态系统的结构和功能的改变、土地利用的变化、环境质量的退化、自然资源的减少和退化等（图 5.13）。

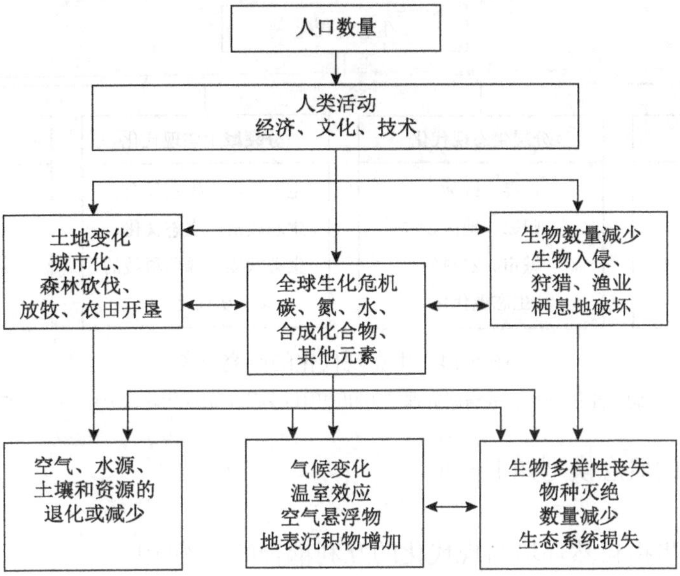

图 5.13　人口数量对自然系统影响的理论模型

资料来源：艾伦比（2005）

人类活动对环境的影响，受人口数量、富裕程度和技术等因素的影响。

人类活动的环境影响的主方程为

$I=P\times A\times T$ 或环境影响=人口×人均 GDP×（环境影响/GDP）=人口×（环境影响/人口）

其中，I（impact）为环境影响；P（population）为人口数；A（affluence）为富裕程度（生活水平），可用人均 GDP 代表；T 为技术因素，可用单位 GDP 的环境影响代表（陶在朴，2003）。

（二）生态现代化的内涵和外延

关于生态现代化，迄今没有统一定义。《中国现代化报告 2007：生态现代化研究》认为，生态现代化是环境领域的现代化，是现代化的一种表现形式；是现代化与自然环境的一种相互作用，是国家现代化与自然环境的互利耦合。生态现代化是世界现代化的一种发展转型。

生态现代化的内涵：生态学原理全面渗透和广泛应用所引发的世界现代化的生态革命和生态转型。

生态现代化的外延：世界现代化各领域的生态转型，包括经济、社会、政治、文化、环境和个人等。它包括分段生态现代化、分层生态现代化、分领域生态现代化和部门生态现代化等（图 5.14）。

在经典现代化过程中，人类与自然的关系是征服和改变自然；传统的技术不考虑资源环境；传统工业化造成资源和环境破坏；传统城市化使环境和生态退化。生态现代化过程则是人类与自然的和谐共生，新型的技术绿色化，社会与环境协调发展，经济与生态双赢。

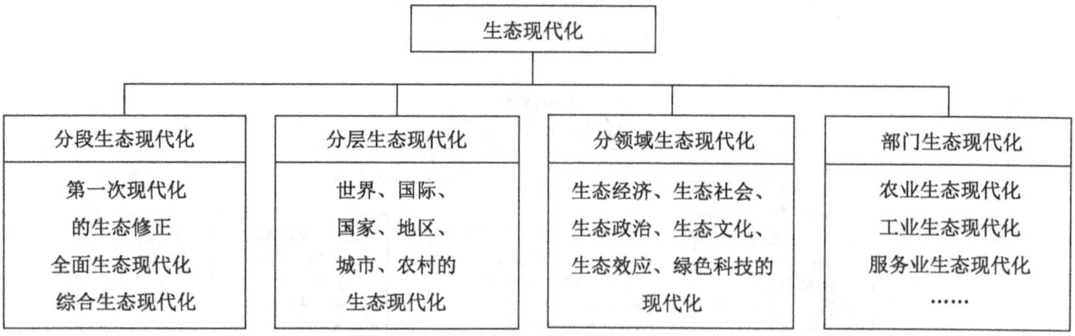

图 5.14　生态现代化的研究对象

资料来源：中国现代化战略研究课题组和中国科学院中国现代化研究中心（2007）

生态现代化的概念模型如下所示。

假设：

（1）生态进步指自然环境与现代化的互利耦合的生态响应。

（2）经济生态化指经济发展与自然环境的互利耦合的经济转变。

（3）社会生态化指社会变迁与自然环境的互利耦合的社会转变。

（4）国际相关地位变化指国家生态效率和生态质量的国际地位变化。

那么：

生态现代化=生态进步×经济生态化×社会生态化×国际相关地位变化

或者：生态现代化=生态进步×经济生态化×社会生态化×国际竞争

生态现代化是生态进步、经济生态化、社会生态化和国际相关地位变化的交集。

生态现代化研究还需要注意各类行为主体的差异。例如，世界与国家、国家与地区、农业和工业以及家庭与企业的生态现代化的差异等。

（三）生态现代化的分析框架

生态现代化研究不是单纯的生态学研究、环境研究、政策研究，而是综合交叉研究。

生态现代化研究的基本内容是：生态变迁、生态经济、生态社会和现代化的耦合关系；它有两个研究维度，一是分领域维度，包括生态响应、生态经济和生态社会等三大领域；二是分层次维度，包括生态效率、生态结构、生态制度和生态观念等四个层次（表 5.25）。

表 5.25　生态现代化研究的结构矩阵

项目	生态响应	生态经济	生态社会
基本范畴	现代化的生态效应：现代化引发的自然资源、环境和生态系统的变迁	现代经济的生态转型：现代化过程中生态学原理在经济领域的应用及其引发的深刻变化	现代社会的生态转型：现代化过程中生态学原理在社会领域的应用及其引发的深刻变化
生态效率与技术	现代化过程中自然资源、环境和生态系统的变迁	生态农业、生态工业、绿色服务、绿色经济等	生态城市、生态农村、绿色能源交通、绿色社会、生态安全等

续表

项目	生态响应	生态经济	生态社会
生态结构与组织	资源环境和生态的结构	生态经济的结构和组织	生态社会的结构和组织
生态制度与政治	资源环境和生态的制度	生态经济的制度和政治	生态社会的制度和政治
生态观念与文化	资源环境和生态的观念	生态经济的观念和文化	生态社会的观念和文化

资料来源：中国现代化战略研究课题组和中国科学院中国现代化研究中心（2007）

注：生态效率是一个宽泛概念，指现代化过程中与资源、环境和生态相关的各种效率；生态结构指现代化过程中与资源、环境和生态相关的各种结构；生态制度和生态观念等，可以类推

二、生态现代化的基本事实

生态现代化始于 20 世纪 70 年代，是现代化的一种表现形式。自 18 世纪的工业革命和政治革命以来，现代化前沿轨迹已经出现了四次浪潮。生态现代化，既是现代化第四次浪潮的一个组成部分，又是现代化的一次生态转型。

（一）生态现代化的四个方面的客观事实

（1）生态效应。18 世纪以来，人口规模和人口密度上升，化石能源生产和生态足迹增大，人均耕地、草地和淡水资源下降，人均森林资源和生物多样性下降，人均钢铁产量从上升到下降，人均矿产生产具有地域多样性，PM2.5（particulate matter 2.5，细颗粒物）从上升到下降，人均工业废水生化需氧量（biochemical oxygen demand，BOD）从上升到下降，温室气体排放在增加，但部分国家已经下降。19 世纪以来自然保护区增加等。1998 年《科学》杂志发表文章介绍人类活动对地球的影响：有 1/3～1/2 的陆地面积已经被人类活动所改变；从工业革命以来，大气的二氧化碳体积分数（含量）提高了 30%；人工固氮的总量已经超过天然固氮总量；被人类利用的地表淡水，已经超过可利用总量的 50%；近两千年来，地球上大概有 1/4 的鸟类物种已经灭绝；接近 2/3 的海洋渔业资源，已经被过度捕捞或耗尽（Lubchenco，1998）。

（2）生态经济。18 世纪以来，物质生产效率和土地生产率上升，物质经济的比例下降，人均物质产值上升，谷物单产和现代有机农业比例上升。20 世纪以来，农业化肥使用强度从上升到下降，经济能源和资源密度从上升到下降，单位 GDP 的二氧化碳排放从上升到下降，废物循环利用率上升，自然资源消耗比例具有地域差异，环境库兹涅茨曲线上升等。环境库兹涅茨曲线指环境退化与人均收入的关系表现，为一条倒“U”形曲线。

（3）生态社会。18 世纪以来，物质劳动力比例下降。19 世纪以来，人均服务收入上升，长寿人口比例上升，城市安全饮水和卫生设施数量上升，农村安全饮水和卫生设施数量上升。20 世纪以来，城市废水处理率上升，城市空气污染从上升到下降，人均城市废物排放量上升，能源使用效率从下降到上升，环境风险具有地域差异等。

（4）生态现代化的综合事实。20 世纪以来，生态效率和生态结构持续变化，生态制度和生态观念持续变化，生态转型具有高度的不平衡性和不同步性，国际环境协议和国际污染转移有全球性影响，经济发展与许多人均自然资源的相关性不显著；自然资源的生产和消费模式具有品种和地域差异等。在过去的 20 多年里，发达国家经济持续增长，环境明显改善，国家经济与环境指标脱钩率达到 52%（OECD，2002）。

（二）生态现代化的技术路径

人类经济活动的效率和效果，与所采用的技术紧密相关。人类的科技发展，是不断演进的历史过程。在人类文明的不同历史时期，人类的主导技术是不同的，不同技术对环境的影响也是不同的。生态现代化的历史演化，受人类技术进程的影响，存在一个技术路径。由于世界发展的不同步，在某个历史截面，我们又可以看到不同技术的并存。这就造成了生态现代化的技术影响的截面特征多样化和时序特征的阶段化。

例如，在农业文明时代，人类的主导技术是农业技术，包括灌溉农业技术、水利技术等，还有手工业技术和采矿技术等。当时的经济活动的主要环境影响是土地退化等。工业时代的机械化和电气化技术形成工业化大生产，环境影响扩大到空气污染和河流污染。随着知识时代的经济全球化、信息技术和生物技术的发展，环境管理和气候变化成为全球问题。

（三）生态现代化与生态制度

环境问题引起社会关注是工业革命期间的事情；环境问题引发全球关注是 20 世纪 70 年代。关于环境的法规和制度，可以追溯到工业革命时期，甚至农业文明时代（表 5.26）。例如，工业革命的先行国家——英国，在 19 世纪初就开始环境立法。19 世纪以来，生态和环境制度的变化，可以大致分为四个阶段：探索、命令与控制、市场调节和综合管理。特别是进入 21 世纪以来，世界环境法律体系出现了两个趋势：第一是环境法规数量和国际环境协议大量增加；第二是各种环保主义的“非政府组织”的成长，它们已成为国际环保的实际力量（艾伦比，2005）。

表 5.26　人类文明史上生态制度的代表性特征（举例）

项目	原始文化时代	农业文明时代	工业文明时代	知识文明时代
历史时间	人类诞生至公元前 4000 年	公元前 4000 年至公元 1760 年	1760 年至 1970 年	1970 年至 2100 年
生产方式	集体狩猎采集	农业手工生产	工业化大生产	知识化和绿色化生产
生活模式	狩猎采集、迁徙	游牧、农耕定居	工业化城市生活、流动	全球化信息生活、流动
资源利用	野生动植物	土地、森林、水等	土地、矿产、生物资源等	自然资源、信息和知识等
资源消费	食物、木材、水等	粮食、木材、水等	能源、生物、工业原料等	自然资源、知识和信息等
生态问题	自然灾害	土地和森林退化	环境污染、资源退化等	全球变化、生态安全等
资源制度	自由获取	私有、国家所有	资源市场、公共物品	资源和环境的资产化
环境制度	—	水利制度等	城市和工业环境制度	国内和国际环境制度

续表

项目	原始文化时代	农业文明时代	工业文明时代	知识文明时代
生态制度	—	保护森林等	国家保护区和公园	保护区制度、国际公约
极端后果	原始部落的毁灭	古代文明的崩溃	局部重大伤亡和损失	全球性生态灾难

资料来源：中国现代化战略研究课题组和中国科学院中国现代化研究中心（2007）

注：每个时代又分为四个阶段，每个阶段的特点也是不同的。本表内容是举例性的，而不是完备的分析

（四）生态现代化的历史经验

如果从1972年联合国首次人类环境大会算起，生态现代化已经有50多年历史。在过去的50多年里，生态现代化在争论和冲突中前行。特别是在发达国家，如一些西欧和北欧国家，生态现代化的进步是明显的。其历史经验具有启发意义。

第一，生态现代化是一种历史必然。随着地球人口密度的增加，人类的物质需求和废物排放都将逐步逼近自然环境可以承受的极限。虽然技术进步可以部分缓解环境压力，但仅有技术进步是不够的。人类生活模式和现代化模式的生态转型是必须的。随着全球化和发达国家生态现代化的进步，发展中国家将不可回避生态现代化的国际和国内压力，所以，生态现代化逐步成为一种不可逆转的世界潮流。

第二，生态现代化不会一帆风顺。生态现代化，需要理性处理经济与环境的关系。随着经济波动和环境变化，人们的观念也会发生变化。当经济衰退时，环境意识会受到挑战。当环境危机时，经济增长会受到质疑。是要汽车，还是要蓝天，在不同条件下有不同答案。当然，既有汽车，又有蓝天，那是最好的。生态现代化一直是在争论中前行。

第三，生态现代化需要创新和学习。生态现代化要求环境友好的技术创新和制度创新，要求生态合理的结构转变和模式转变。在这个过程中，观念的变化是关键。在生态现代化的先行国家，创新和观念变化是本质所在。在生态现代化的后行国家，学习和观念变化是重点，地域性创新也是必不可少的。创新和学习是推动生态现代化的两个杠杆。

第四，生态现代化需要国内合作。生态现代化是一次生态革命，涉及经济、社会、政治、文化、环境管理和个人行为的生态合理的转变。政府、企业、社会、环境保护组织等，都面临生态革命的冲击。它们既是变革的力量，也是变革的对象；它们需要改变别人，也需要改变自己。冲突与合作就在所难免。20世纪60年代和70年代，冲突和对抗是环境运动的突出特征。20世纪80年代以来，环保斗争在继续，但环保合作已经成为主流。环境议程的全民合作和民主参与是生态现代化的一个典型特征。

第五，生态现代化需要国际合作。太阳系只有一个地球，人类都生活在地球上。地球的大气循环、水循环、碳循环、物质流动和能量流动等，都是在全球范围内进行的，它们跨越了国界，超越了民族。全球气候变化、臭氧层破坏、空气污染扩散、废物污染转移、生物多样性保护、自然资源和能源的合理开发和利用等，都需要全球公民的通力合作。空气是没有国界的。虽然全球的平等合作还是一个口号，但许多领域的国际合作已经展开。

第六，生态现代化没有最佳模式。从世界范围来看，生态现代化可以分为三大类型。

欧洲的生态现代化，比较具有“理想主义”的特征。绝大多数欧洲国家的国土面积比较小，受国际环境的影响比较大，而且西欧国家具有优良的学术传统。他们首先提出生态现代化理论，推动欧盟的环境合作，并积极向世界其他国家传播生态现代化。北美的生态现代化，比较具有“实用主义”的特征。北美国家，地大物博，自然条件得天独厚。他们首先提出工业生态学，推动环境立法和环境治理，关注生物多样性保护，重视环境质量和经济增长，理论创新相对比较少。发展中国家的生态现代化，比较具有“现实主义”的特征。发展中国家多数结合本国国情，有选择地推进生态现代化，政府和科学界的作用比发达国家更为突出。其中，有些国家选择综合生态现代化，有些国家选择经典现代化的生态修正。

20 世纪 90 年代以来，发达国家经济增长和环境改善，发展中国家则面临经济发展和环境保护的双重压力，国际环境贸易和环境外交非常活跃。在这个过程中，有些学者强调资源环境的承载力和世界现代化的生态转型；有些学者采用双重标准，要求发展中国家保护环境和节约资源，发达国家则保持较高的资源消费水平和人均生态足迹。

三、生态现代化理论

生态现代化理论既是一个环境社会学理论，也是一个现代化理论，是 20 世纪 80 年代德国学者胡伯提出的。《中国现代化报告 2007：生态现代化研究》系统阐述了广义生态现代化理论的基本原理。生态现代化理论是现代化理论的一个领域。目前，它大致包括两个理论集合：欧洲生态现代化理论和广义生态现代化理论。

（一）欧洲生态现代化理论

生态现代化理论诞生于 20 世纪 80 年代早期的欧洲（Mol，2001）。它追求经济有效、社会公正和环境友好的发展，经济增长与环境保护相互协调，经济增长与环境压力脱钩，实现经济和环境的双赢。这种理论主要以欧洲经验为基础，研究者主要集中于欧洲国家，故简称为欧洲生态现代化理论。

目前关于生态现代化没有统一定义。一般而言，它大致有四层含义。第一，生态现代化是一种环境社会学理论，是提供环境改革的一种社会学解释；第二，生态现代化是理解和分析技术密集的环境政策和生态转型的新范式（框架）；第三，生态现代化是对发达国家 20 世纪 80 年代以来与环境和经济改革相关进步的真实反映；第四，生态现代化是一种社会变迁理论，是描述环境意识引发的经济和社会转型过程，包括生产和消费模式、环境和经济政策、现代科技、政府管理和现代制度的生态转变等。生态现代化的核心是预防、创新和结构转变。

（二）广义生态现代化理论

广义生态现代化理论是何传启研究员在《中国现代化报告 2007：生态现代化研究》中提出来的，是欧洲生态现代化理论在世界范围和现代化意义上的拓展和应用，也是第二次现代化理论在环境领域的一种应用，大致是生态现代化研究的“第三代理论”。它认为，现代社会的环境问题绝大多数是人为的。解铃还须系铃人。人为的问题，需要人来解决。生态现代化不是简单地从污染治理入手，而是从改变人的行为模式出发，通过改变经济和社会发展模式，达到环境保护和经济发展双赢的目的。广义生态现代化的本质是：高效低耗、无毒无害、脱钩双赢、互利共生。它包括一般理论、分支理论和相关理论（表 5.27）。

表 5.27　广义生态现代化理论的结构

分类	理论	主要内容
一般理论	元理论	生态现代化的定义、过程、结果、动力和模式等
分支理论	分阶段理论	第一次现代化的生态修正、全面生态现代化、综合生态现代化
	分层次研究	世界、国际、国家、地区、机构、个体等的生态现代化
	亚领域研究	生态经济、生态社会、生态政治、生态文化等领域的生态现代化
	分部门研究	农业、工业、服务业、交通、能源等部门的生态现代化
相关理论	其他现代化理论	反思性现代化理论、第二次现代化理论等
	生态学相关理论	宏观生态学、人类生态学、环境科学、工业生态学、生态经济学、生态文化、生态社会等
	其他相关理论	有机农业、清洁生产、绿色能源、绿色化学、绿色技术、绿色制造等

资料来源：中国现代化战略研究课题组和中国科学院中国现代化研究中心（2007）

注：全面生态现代化理论是欧洲的生态现代化理论的一种扩展

1. 生态现代化的内涵

生态现代化是 20 世纪 70 年代以来人类文明和现代化的一种生态转型，是现代化与自然环境的一种互利耦合，它包括生态文明的形成、发展和国际互动，生态文明要素的创新、选择、传播和退出，以及追赶、达到和保持生态文明的世界先进水平的行为和过程等。

一般而言，生态现代化是从物质文明向生态文明的转型，是生态文明的世界前沿和达到世界前沿的行为和过程，它包括从物质经济向生态经济、物质社会向生态社会、物质政治向生态政治、物质文化向生态文化的转变，包括生态质量的改善，生态效率的提高，生态结构、生态制度和生态观念的变化，以及相关国际地位的变化等。

现代化与自然环境的相互作用始终存在。在第一次现代化过程中，现代化与自然环境的相互作用是一种偏利关系，经济发展与环境退化正相关。在第二次现代化过程中，现代化与自然环境的相互作用是一种互利关系，经济发展与环境保护实现双赢。

生态现代化的实质是一种发展模式，其要点是：现代化与环境退化逐步脱钩，经济发展、社会变迁与环境保护达到良性耦合，人类与自然实现互利共生和协同进化。生态现代化是生态进步、经济生态化、社会生态化、国际竞争和国际相关地位变化的交集。

生态现代化的基本要求包括非物化、绿色化、生态化、经济与环境退化脱钩等。具体讲，生态现代化的基本要求包括生产和消费的非物化与绿色化，经济和社会的生态化，现代化与环境退化脱钩（表 5.28）。

表 5.28　生态现代化的基本要求（三化一脱钩）

基本要求	具体内涵
非物化（轻量化）	高效：提高物质生产率、资源生产率、能源生产率、土地生产率等； 低耗：降低经济和社会的物质消耗、资源消耗、能源消耗、碳能消耗等； 高品：提高经济的服务比重、文化比重、信息和知识比重、经济品质和生活品质等； 低密：降低经济和社会的物质密度、资源密度、能源密度、碳能密度等
绿色化	无毒：降低对环境和健康的有毒物和有毒废物的生产和排放，无毒化、低排放和污染治理等； 无害：降低对环境和健康的有害物和有害废物的生产和排放，无害化、低排放和环境治理等； 清洁：发展环保技术、清洁生产、绿色产品、清洁能源、绿色交通和绿色生活，降低排放等； 健康：提高经济和社会中环境友好、人体无害、安全优质的绿色要素的比例等
生态化	预防原则：发展生态农业、生态工业、生态旅游、生态城镇、保护自然和生物资源等； 创新原则：环境友好的知识创新、技术创新和制度创新，提升生态效率和生态文化等； 循环经济：提高废物再循环、再利用、再制造和废物处理率等； 双赢原则：经济发展的同时，加强生态重建，降低生态退化，经济和环境双赢等
经济与环境退化脱钩	经济与物质脱钩：经济发展与物质需求增长脱钩； 经济与资源脱钩：经济发展与自然资源消耗增长脱钩； 经济与能源脱钩：经济发展与能源消耗增长脱钩； 经济与污染脱钩：经济发展与环境污染增长脱钩； 经济与生态退化脱钩：经济发展与生态退化脱钩； 经济与环境互利耦合：经济发展与环境进步良性耦合等

资料来源：中国现代化战略研究课题组和中国科学院中国现代化研究中心（2007）

2. 生态现代化的过程

生态现代化是 20 世纪 70 年代起步的，它的前沿过程可以分为相对非物化和绿色化、高度非物化和生态化、经济与环境双赢、人类与自然互利共生等四个阶段。18～21 世纪，现代化的前沿过程可以分为第一次现代化和第二次现代化，生态现代化的前沿过程与第二次现代化的前沿过程基本一致，两次现代化的生态效应是不同的。

生态现代化的主要特点包括：相对可预期的、全球的、长期的、复杂的、进步的、转型的、系统的、渐进的、不平衡的、很难逆转的世界趋势、非物化、绿色化、生态化、经济与环境双赢、人类与自然互利共生等。

生态现代化的 10 个基本原则是：预防原则、创新原则、效率原则、不等价原则、非物化原则、绿色化原则、生态化原则、民主参与原则、污染付费原则、经济和环境双赢原则。此外，自然科学、技术科学、社会科学、人文科学和综合学科的许多原则和原理，如热力学第一定律和第二定律等，也适用于生态现代化。

3. 生态现代化的结果

生态现代化的结果包括生态现代性、特色性和多样性的形成。目前生态现代性的主要特点包括非物化、绿色化、生态化、现代化与环境退化脱钩、经济与环境双赢、人类文明与自然环境互利共生等。随着生态现代化的进步，生态现代性的新特点还会出现。

生态现代化的结果有六个方面的深刻变化：一是完成生态转型，人类与自然互利共生；二是自然环境改善，环境压力趋向最小，环境友好；三是生态效率提高，节约资源和能源；四是生态结构和制度高级化；五是生态观念普及；六是生态转型的国际地位的变化。

生态现代化的目标如下：实现现代化与环境退化的完全脱钩，实现经济与环境的双赢；追赶、达到和保持生态转型的世界先进水平等。

4. 生态现代化的动力

动力因素包括生活质量（后物质价值）、生态安全、知识创新、生态意识、生态运动（公民社会）、生态政治、企业环境责任、技术创新、制度创新、结构非物化、环境成本内部化、国际环境政治、国际环境贸易等。动力机理包括创新驱动、联合作用、复合互动、创新扩散等。

5. 生态现代化的模式

21 世纪生态现代化有三条基本路径：全面生态现代化、综合生态现代化和第一次现代化的生态修正（图 5.15）。基本模式包括：非物化、绿色化和生态化三结合模式，绿色工业化、绿色城市化和结构生态化三结合模式，工业化、城市化和环境管理三结合模式。环境议程、工业生态学、生态园区、绿色生产和消费是可以广泛应用的模式。

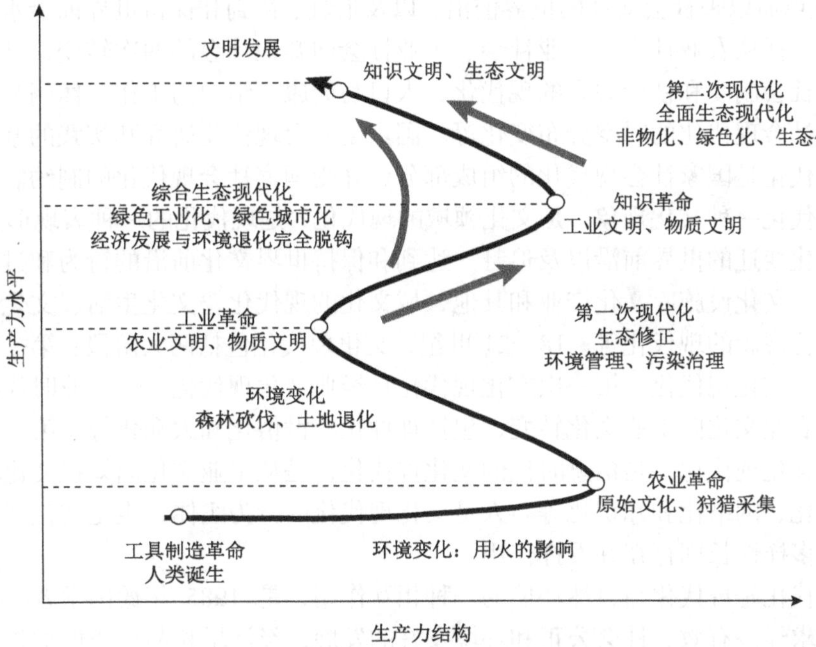

图 5.15　生态现代化的基本路径

资料来源：中国现代化战略研究课题组和中国科学院中国现代化研究中心（2007）

一般而言，欧洲的生态现代化具有较多理想主义的特点，北美的生态现代化具有较多实用主义的特点，发展中国家的生态现代化具有较多现实主义的特点。

本章提要

现代化发生在人类文明的全部领域，如经济、社会、文化、政治、生态和个人领域等。领域现代化是不同领域现代化的一种统称。领域现代化是现代化科学的一个重要组成部分，它与分段现代化和分层现代化有交叉。一般而言，不同领域的现代化既有共性又有差异，现代化一般理论在不同领域的适应性有所不同；国家是现代化研究的基本单元，每个领域的现代化都与国家现代化有紧密关系，是国家现代化的组成部分。

经济现代化是一个经济现象，是经济领域的现代化，是现代化的一种表现形式，是18世纪工业革命以来经济发展的世界前沿，以及追赶、达到和保持世界前沿水平的行为和过程，它包括从农业经济向工业经济、工业经济向知识经济的两次转变，包括经济行为、经济结构、经济制度和经济观念的现代化等。它大致有六次浪潮。①第一次浪潮：机械化（1760～1870年）；②第二次浪潮：电气化（1870～1945年）；③第三次浪潮：自动化（1945～1970年）；④第四次浪潮：信息化（1970～2020年）；⑤第五次浪潮：新生物学和再生革命（2020～2050年）；⑥第六次浪潮：新物理学和时空革命（2050～2100年）。第五次和第六次浪潮是一种预测。22世纪世界经济还将发生新的变化。

社会现代化是一种社会现象，是社会领域的现代化，是现代化的一种表现形式，是18世纪工业革命以来社会变迁的世界前沿，以及追赶、达到和保持世界前沿水平的行为和过程，它包括从农业社会向工业社会、工业社会向知识社会的两次转变，社会生活、社会结构、社会制度和社会观念的现代化，人口与健康、学习与工作、休闲与福利的现代化，以及社会现代化的时空分布变化等。国家是社会现代化研究和实践的基本单元，地区社会现代化是国家社会现代化的组成部分，并受国家社会现代化的制约。

文化现代化一种文化现象，是文化领域的现代化，是现代化的一种表现形式，是18世纪以来文化变迁的世界前沿以及追赶、达到和保持世界文化前沿的行为和过程，它包括纯粹文化、文化设施、文化产业和其他领域文化的现代化，文化生活、文化结构、文化制度和文化观念的现代化等。18～21世纪，文化现代化包括两大阶段：第一次文化现代化和第二次文化现代化。第一次文化现代化是经典文化现代化，是工业时代的文化现代化，是从农业文化向工业文化转变，包括理性化、世俗化和大众化等。第二次文化现代化是新型文化现代化，是信息时代的文化现代化，是从工业文化向知识文化转变，包括文化产业化、网络化和知识化等。人是文化现代化的行为主体，也是文化现代化的受益者，文化多样性长期存在并发挥作用。

生态现代化是现代化与自然环境的一种相互作用，是1985年德国学者胡伯首先提出的。它追求经济有效、社会公正和环境友好的发展，经济增长与环境保护相互协调，经济增长与环境压力脱钩，实现经济和环境的双赢。《中国现代化报告2007：生态现代化研究》提出一种广义生态现代化理论。这种理论认为，生态现代化是20世纪70年代以来人类文明和现代化的一种生态转型，是现代化与自然环境的一种互利耦合，是生态文明发展的世界前沿，以及追赶、达到和保持其世界前沿水平的行为和过程，它包括从物质文明向生态文明、物质经济向生态经济、物质社会向生态社会、物质政治向生态政治（绿色政治）、物质文化向生态文化的转变，包括生态质量的改善，生态效率的提高，生态结构、生态制度和生态观念的变化，以及相关国际地位的变化等。

根据广义生态现代化理论，生态现代化是现代化的一种表现形式，是环境领域的现代化，是国家现代化与自然环境的互利耦合，是世界现代化的生态转型。生态现代化的实质是一种发展模式，其要点是：现代化与环境退化逐步脱钩，经济发展、社会变迁与环境保护达到良性耦合，人类与自然实现互利共生和协同进化。生态现代化是生态进步、经济生态化、社会生态化、国际竞争和国际相关地位变化的交集。生态现代化的基本要求包括非物化、绿色化、生态化、经济与环境退化脱钩等。具体讲，生态现代化的基本要求包括生产和消费的非物化与绿色化，经济和社会的生态化，现代化与环境退化脱钩。

参考文献和推荐读物

艾伦比 B R. 2005. 工业生态学：政策框架与实施. 翁端，译. 北京：清华大学出版社.

贝尔 D. 1997. 后工业社会的来临：对社会预测的一项探索. 高铦，王宏周，魏章玲，译. 北京：新华出版社.

波普诺 D. 1999. 社会学（第十版）. 李强，等，译. 北京：中国人民大学出版社.

查普夫 W. 2000. 现代化与社会转型（第二版）. 陈黎，陆成宏，译. 北京：社会科学文献出版社.

哈维兰 W A. 2006. 文化人类学（第十版）. 瞿铁鹏，张钰，译. 上海：上海社会科学院出版社.

何传启. 1999. 第二次现代化：人类文明进程的启示. 北京：高等教育出版社.

何传启. 2010. 现代化科学：国家发达的科学原理. 北京：科学出版社.

何传启. 2011. 中国现代化报告2011：现代化科学概论. 北京：北京大学出版社.

何传启. 2018. 中国现代化报告2018：产业结构现代化研究. 北京：北京大学出版社.

亨廷顿 S P. 1989. 变化社会中的政治秩序. 王冠华，等，译. 北京：生活·读书·新知三联书店.

吉登斯 A. 2003. 社会学（第四版）. 赵旭东，齐心，王兵，等，译. 北京：北京大学出版社.

肯尼迪 P. 2006. 大国的兴衰：1500—2000年的经济变迁与军事冲突. 陈景彪，王保存，王章辉，等，译. 北京：国际文化出版公司.

库兹涅茨 S. 1999. 各国的经济增长. 常勋，等，译. 北京：商务印书馆.

联合国教科文组织. 2002. 世界文化报告2000：文化的多样性、冲突与多元共存. 关世杰，等，译. 北京：北京大学出版社.

刘易斯 W A. 1990. 经济增长理论. 梁小民，译. 上海：三联书店上海分店.

罗伯逊 I. 1990. 社会学. 黄育馥，译. 北京：商务印书馆.

罗斯托 W W. 2001. 经济增长的阶段. 郭熙宝，王松茂，译. 北京：中国社会科学出版社.

麦迪森 A. 2003. 世界经济千年史. 伍晓鹰，许宪春，叶燕斐，等，译. 北京：北京大学出版社.

诺思 D C. 1992. 经济史上的结构和变革. 厉以平，译. 北京：商务印书馆.

孙立平. 1988. 社会现代化. 北京：华夏出版社.

泰勒 E. 2005. 原始文化：神话、哲学、宗教、语言、艺术和习俗发展之研究. 连树声，译. 桂林：广西师范大学出版社.
谭崇台. 2001. 发展经济学. 太原: 山西经济出版社.
陶在朴. 2003. 生态包袱与生态足迹: 可持续发展的重量及面积观念. 北京: 经济科学出版社.
王思斌. 2003. 社会学教程（第二版）. 北京: 北京大学出版社.
吴国盛. 2018. 科学的历程. 长沙: 湖南科学技术出版社.
徐宗华. 2007. 现代化的政治文化维度. 北京: 人民出版社.
燕继荣. 2006. 发展政治学: 政治发展研究的概念与理论. 北京: 北京大学出版社.
郑杭生. 2003. 社会学概论新修（第三版）. 北京: 中国人民大学出版社.
中国现代化战略研究课题组, 中国科学院中国现代化研究中心. 2005. 中国现代化报告 2005: 经济现代化研究. 北京: 北京大学出版社.
中国现代化战略研究课题组, 中国科学院中国现代化研究中心. 2006. 中国现代化报告 2006: 社会现代化研究. 北京: 北京大学出版社.
中国现代化战略研究课题组, 中国科学院中国现代化研究中心. 2007. 中国现代化报告 2007: 生态现代化研究. 北京: 北京大学出版社.
中国现代化战略研究课题组, 中国科学院中国现代化研究中心. 2009. 中国现代化报告 2009: 文化现代化研究. 北京: 北京大学出版社.
周宪. 2005. 文化现代性与美学问题. 北京: 中国人民大学出版社.
Apter D E. 1965. The Politics of Modernization. Chicago: The University of Chicago Press.
Harrison D. 1988. The Sociology of Modernization and Development. London: Unwin Hyman.
Inkeles A. 1966. The modernization of man//Weiner M. Modernization: The Dynamics of Growth. New York: Basic Books.
Inkeles A, Smith D. 1974. Becoming Modern: Individual Changes in Six Developing Countries. Combridge: Harvard University Press.
Lubchenco J. 1998. Entering the century of the environment: a new social contract for science. Science, 279 (5350) : 491-497.
Lerner D. 1958. The Passing of Traditional Society: Modernizing the Middle East. New York: Macmillan Pub Co.
Levy M J. 1966. Modernization and the Structure of Societies: A Setting for International Affairs. Princeton: Princeton University Press.
Lyotard J F. 1984. The Postmodern Condition: A Report on Knowledge. Minneapolis: University of Minnesota Press.
Marx K. 1867. Capital, Volume I. London: Lawrence and Wishart.
McClelland D C. 1961. The Achieving Society. Princeton: Van Nostrand.
MEA. 2005. Our Human Planet: Summary for Decision-Makers. Washington: Island Press.
Mol A P J. 2001. Globalization and Environmental Reform: the Ecological Modernization of the Global Economy. Cambridge: MIT Press.
OECD. 2002. Indicators to measure decoupling of environment pressure from economic growth. Paris: OECD.
Parsons T. 1951. The Social System. Glencoe: The Free Press.
Parsons T. 1971. The System of Modern Societies. Englewood: Prentice Hall.
Rostow W. 1960. The Stages of Economic Growth: A Non-Communist Manifesto. Cambridge: Cambridge University Press.
Ward R E, Rustow D A. 1964. Political modernization in Japan and Turkey. Princeton: Princeton University Press.
Weber M. 1930.The Protestant Ethic and the Sprit of Capitalism. London: Allen & Unwin.

World Bank. 2018. World development indicator. [2024-06-13]. https://data.worldbank.org/indicator?tab=all.

课堂讨论

1. 简述经济现代化与社会现代化的关系。
2. 简述技术创新与产业革命的关系。
3. 简述文化变迁与文化现代化的关系。
4. 简述生态文明与生态现代化的关系。
5. 如何推进人的全面发展和现代化？

课后习题

1. 什么是领域现代化？
2. 什么是经济现代化？
3. 简述世界经济现代化的六次浪潮。
4. 什么是社会现代化？
5. 什么是文化现代化？
6. 什么是生态现代化？
7. 什么是人的现代化？
8. 什么是国家治理体系现代化？
9. 简述日本现代化的过程和特点。

第六章　部门现代化：农业现代化

现代化发生在人类文明的所有部门，部门现代化是现代化科学的一个重要部分（图 6.1），它与领域现代化、分层现代化和分段现代化有交叉。一般而言，不同部门的现代化既有共性也有差异，现代化科学一般理论在不同部门的适用性有所不同；国家是现代化的基本单元，每个部门的现代化都与国家现代化有紧密关系。根据《所有经济活动的国际标准行业分类》，国民经济分为农业、工业和服务业三大部门，农业是第一产业，工业是第二产业，服务业是第三产业。

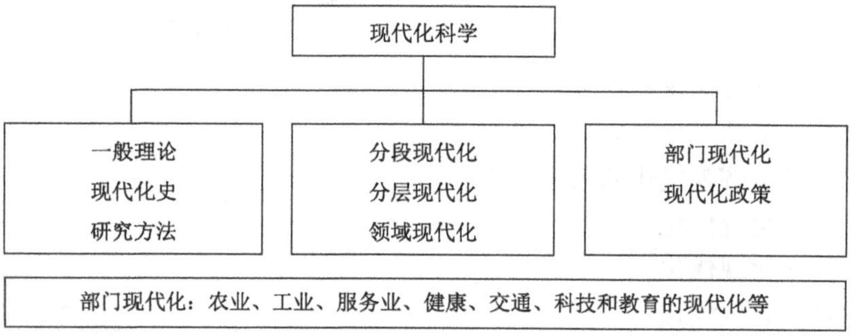

图 6.1　农业现代化的学科定位

资料来源：何传启（2010，2011）

第一节　什么是农业现代化

农业既是一个古老产业，也是一个现代产业，更是一个伟大产业。在过去的 6000 年里，农业的作用和地位发生了很大变化。但是，不论发生多少变化，农业是人类文明的第一基石。因为，没有农业就没有人类文明的延续，就没有人类种族的繁盛。农业现代化是 18 世纪以来的一次农业变迁，是世界现代化的一种表现形式。在过去近 300 年里，农业现代化提高了人类的食物和营养供给，提高了农民的收入水平和生活质量，以及工业的原料供应。农业具有二重性，一是食物供给的非替代性和刚性，二是农业商品的市场竞争。农业发展和农业现代化受国家利益和市场需求的双重驱动，需要发挥政府和市场的联合作用。

一、什么是农业

一般而言，农业是通过培育生物体（动物和植物等）生产食品、纤维和其他经济与生活用品的产业（图 6.2）。狭义农业指种植业，广义农业包括种植业、畜牧业、渔业和林业等。

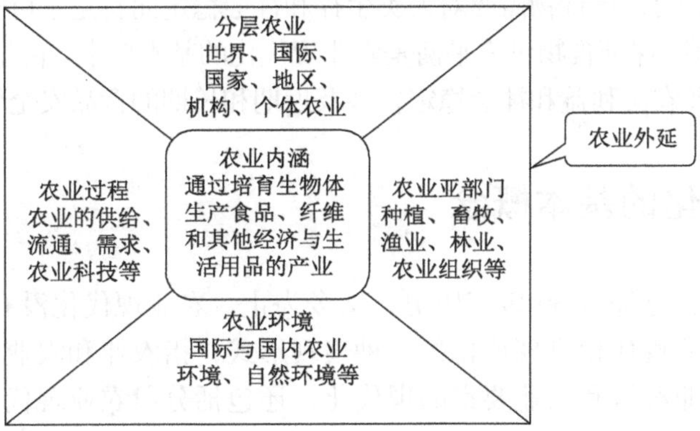

图 6.2　农业内涵和外延的操作性界定

资料来源：何传启（2012）

农业生产资料包括劳动力、土地、生物种质、水、肥、农药、能源、农具和农机等，农业主要产品包括食品、纤维、燃料、饮料、畜力、农业粗物质等。农业发展受地理、气候、农业生产资料的生物学特征、农业产品的经济和社会需求等的影响比较大（专栏 6.1）。

专栏 6.1　农业的特殊性

农业特殊性，与农业生产资料的生物学特征和农产品供需的经济与社会特性有关。

其一，农业生产讲季节：农作物和动物的生长有些具有季节性，延误季节影响收成。

其二，作物生长分区域：农作物和动物的生长需要一定的地理条件，不可能随地生长。

其三，农业就业有弹性：农业劳动力的季节性就业和失业现象（就业不充分）普遍存在。

其四，农业产品有时限：部分农业产品和食品的保鲜期有限，食品产销和消费时限性很强。

其五，农业需求有刚性：人类每天都需要消费一定农产品，农业需求具有时效性和不可替代性。

其六，农业消费有极限：农产品的人均消费（理性消费）有极限，不可能无限增长。

其七，农业的自然风险：自然条件和自然灾害对农业的影响比较大，农业的自然风险比较大。

其八，农业的社会风险：食品供应、食品质量和安全的社会影响比较大，农业的社会风险比较大。

其九，农业的经济风险：农产品的生产、销售和储存具有一定的经济风险，影响农业可持续性等。

资料来源：何传启（2012）。

农业是国民经济的基础部门，在人类生存与发展中发挥着重要作用。它提供满足人类生存的食物和物质需要，且食物需要对人类生存和社会稳定而言是不可替代的。一般而言，食物保存有一定期限。保证食物供需平衡是农业现代化的基本要求。农业现代化涉及国家利益和国际竞争，涉及农民利益和社会稳定，涉及近期和长期的食品安全等。

二、农业现代化的基本概念

农业现代化研究已经有 60 多年历史，迄今为止，农业现代化没有统一定义。

一般而言，农业现代化是现代化的一种表现形式，指农业和农业经济的现代化，它包括农业生产、农业经济和农业要素的现代化，还包括分段农业现代化、分层农业现代化、农业子系统现代化和农业亚部门现代化等（图 6.3）。农业现代化是国家现代化和经济现代化的一个组成部分，是国家现代化的重要基础。

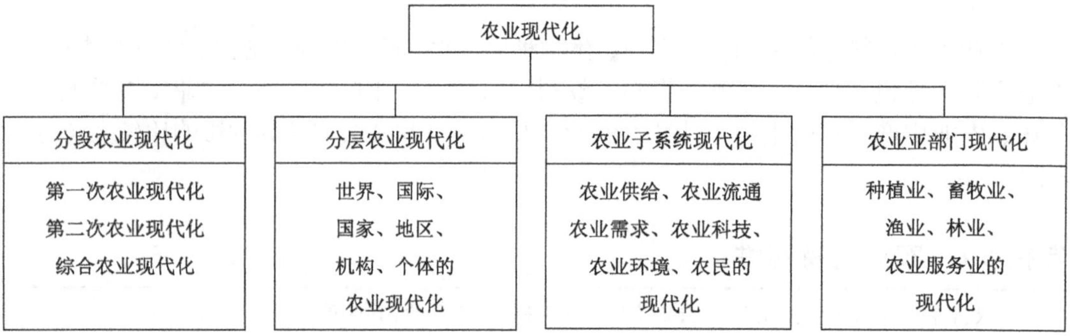

图 6.3　农业现代化的研究对象

资料来源：何传启（2012）

农业现代化与农民和农村现代化相关；农民现代化属于人的现代化的范畴，农村现代化属于地区现代化的范畴，它们可以部分纳入农业现代化范畴。发达国家农村居民大部分不是农民，发展中国家农村居民大部分是农民。综合农业现代化是两次农业现代化的协调发展，是农业现代化的一条基本路径

关于农业和农业现代化的定位，可以有多种观点。如果把农业看成是一个部门（国民经济的一个分部门），农业现代化是农业部门的现代化。如果把农业看成是一个领域（经济领域的一个分领域），农业现代化是农业领域的现代化。如果把农业看成是一个系统（经济系统的一个分系统），农业现代化是农业系统的现代化。

农业现代化的内涵：农业现代化是 18 世纪工业革命以来农业和农业经济的一种前沿变化和国际竞争，它包括现代农业的形成、发展、转型和国际互动，农业要素的创新、选择、传播和退出，以及追赶、达到和保持世界农业先进水平的国际竞争、国际分化和国家分层等。

农业现代化的外延：农业现代化包括世界、国家和地区的农业现代化，农业行为、农业结构、农业制度和农业观念的现代化，农业供给、农业流通、农业需求、农业环境、农业科技和农民的现代化，农业生产方式、经营方式、基础设施和农业管理的现代化，农业、牧业、渔业、林业和农业服务业的现代化，农业现代化的时空分布变化等。

农业现代化的概念模型涉及农业发展、农业转型和农业国际互动等（表 6.1）。

表 6.1　农业现代化的概念模型

假设和推论	内容
假设一	农业增长指农业产量、农业增加值和农民收入的增长
假设二	农业进步指农业效率和效益的提高、农业技术和制度进步、农民福利和生活质量的改善
假设三	农业转型指新旧农业形态的变化和交替（包括两次农业转型）
假设四	国际农业地位变化指农业经济水平和农业竞争力的国际地位变化
推论一	农业发展=农业增长+农业进步+农业增长 × 农业进步
推论二	农业现代化=农业发展×农业转型×国际农业竞争和国际农业地位变化

资料来源：何传启（2012）

注：20 世纪后期以来，部分国家农业绝对规模缩小；农业增长可以调整为农民收入增长

三、农业现代化的三个视角

现代化科学认为，农业现代化是一个高度综合的概念，需要多维度的解析和探讨。

（1）农业现代化是一个农业现象，是 18 世纪以来农业发展的世界前沿，以及追赶、达到和保持世界农业前沿水平的行为和过程。农业现代化也是一种国际竞争，是追赶、达到和保持世界农业前沿水平的国际竞争和国际分化。

形象地说，农业现代化犹如农业发展的一场国际马拉松比赛，跑在前面的国家是农业发达国家，跑在后面的国家是农业发展中国家；前者可下降，后者可上升；两类国家之间转换有一定规律。其中，农业发达国家是实现农业现代化的国家。

（2）农业现代化是一种农业变迁，是从传统农业向现代农业的巨大转变，以及世界农业体系和国家国际地位的分化等。农业现代化发生在种植、畜牧、林业和渔业各个部门，发生在农业行为、农业结构、农业科技、农业制度和农业观念各个方面。

18～21 世纪，农业现代化的世界前沿进程可以分为两大阶段。

第一次农业现代化：大致发生在 1760～1970 年，是经典农业现代化，是工业时代的农业现代化，是从传统农业向现代农业转变，包括农业机械化、规模化和市场化等。

第二次农业现代化：大致发生在 1970～2100 年，是新型农业现代化，是知识时代的农业现代化，是从现代农业向智慧农业的转变，包括信息化、智能化和绿色化等。

（3）农业现代化是一个发展目标。已经实现农业现代化的国家，要保持现代化水平；尚未实现农业现代化的国家，要努力和早日实现农业现代化。

概括地说，农业现代化既是 18 世纪以来农业发展的世界前沿，以及追赶、达到和

保持世界农业前沿水平的行为和过程；也是农业系统的一种深刻变化，是从传统农业向现代农业和智慧农业的巨大转变，以及世界农业体系和国家国际地位的分化；同时是一个发展目标。18～21世纪，世界农业现代化可分为两大阶段，即第一次农业现代化和第二次农业现代化。

第二节　农业现代化的发展趋势

农业是主要生产粮食的部门，粮食是人类生存的基础。农业发展是人类发展的重要组成部分，农业现代化是世界现代化的重要组成部分。在世界农业发展史上，大致产生了四种农业形态（表6.2），农业现代化是从传统农业向现代农业和智慧农业的转变，包括农业生产、农业经济和农业要素的现代化等。一般而言，农业现代化是经济现代化的组成部分，在经济现代化高潮迭起的时候，农业现代化也会浪潮涌动（表6.3）。

表6.2　人类历史上的农业范式及其代表性特征

项目	原始农业	传统农业	初级现代农业	高级现代农业
历史时间	人类诞生至公元前3500年	公元前3500年至公元1760年	1760年至1970年	1970年至2100年
农业资源	天然动植物	土地、水利等	土地、良种、化肥等	土地、信息、投资等
农业生产	狩猎、采集	手工、分散生产	机械化、集约化	信息化、绿色化
农业流通	无	区域性贸易	全国性贸易	全球性贸易
农业需求	食物	食物和纤维等	食物和工业原料	食物和工业原料
农业经济	无	小农经济	商品经济	全球性商品经济
农业科技	狩猎采集技术	传统农业知识	现代农业科技	农学、生物学、生态学等
农业环境	自然环境	自然和社会环境	自然和国内环境	国内和国际环境
农民	部落农民	传统农民	现代农民	知识型农民
农业特征	食物采集、平等平均	生存农业、自然农业	工业化农业、市场化农业	知识化农业、生态农业等
农业比例	几乎全部的生产活动	国民经济的95%	国民经济的10%	国民经济的1%

资料来源：何传启（2012）

注：本表的四种农业范式分类，是农业范式分类中的一种分类方式，反映农业变迁的世界前沿轨迹

表6.3　世界农业现代化的两大阶段和六次浪潮

浪潮	大致时间	农业现代化的内容	两大阶段
第一次	1760～1870年	商品化、市场化、机械化、科学化、组织化	第一次农业现代化 市场化、机械化、化学化、工业化、农业比例下降
第二次	1870～1945年	化学化、水利化、电气化、专业化、工业化	
第三次	1945～1970年	集约化、体系化、良种化、标准化、自动化	

续表

浪潮	大致时间	农业现代化的内容	两大阶段
第四次	1970～2020 年	生态化、信息化、知识化、国际化、多样化	第二次农业现代化 知识化、信息化、生态化、多样化、工厂化、国际化
第五次	2020～2050 年	精准化、智能化、优质化、工程化、多样化	
第六次	2050～2100 年	工厂化、订单化、自然化、多样化	

资料来源：何传启（2012）

注：六次浪潮的划分和内容是相对的，有些内容在几次浪潮中都出现，但重点可能有所不同。第五次浪潮和第六次浪潮是一种预测，将决定于未来科技和人口的发展

一、农业现代化的六次浪潮

（1）第一次浪潮（1760～1870 年）。它主要指第一次产业革命时期欧洲发生的农业革命，内容包括农业生产科学化（引进新品种和“科学种田”等）、农业产品商品化、农业经济市场化、农业技术机械化、农业用地集中化、农业劳动专业化、农业合作社和公司型农场等现代农业组织形式兴起、农民识字率提高、农业劳动力和增加值比例下降等。

（2）第二次浪潮（1870～1945 年）。它主要指第二次产业革命和两次世界大战期间世界农业的前沿变化，内容包括农业技术机械化和电气化、农业经济商品化和市场化、农业生产专业化和规模化、农业经营制度化和企业化、化学肥料和农药的使用、农业水利的发展、优良品种和农业科技的发展、农民素质提高、农业劳动力和增加值比例继续下降等。同时，水土流失加剧，农业污染出现，农业经济周期性危机发生，农业受自然灾害影响仍然严重等。

（3）第三次浪潮（1945～1970 年）。它包括第三次产业革命对世界农业的影响和农业国家的绿色革命等。世界农业的前沿变化包括农业技术的机械化、电气化和自动化，农业生产的专业化、标准化和规模化，农业服务的市场化和专业化，农业的集约化、良种化、水利化和化学化继续发展，国家农业政策和农业经济系统化，现代农业科技继续发展，农民素质大幅度提高，农业劳动力和增加值比例继续下降，国际农业贸易增加，化肥和农药污染引起世界关注等。在此期间，发达国家先后完成以市场化、机械化、化学化和系统化为主要特征的第一次农业现代化，形成高效的、科学的现代农业的经济、技术和政策体系。

绿色革命是 20 世纪 60 年代发生在发展中国家的一场技术革命，以大规模采用农作物优良品种和现代农业技术、粮食产量大幅度提高为特征。国际农业科研机构培育成功矮秆、半矮秆和高产的小麦与水稻新品种，并在发展中国家推广，11 个发展中国家水稻亩产提高约 60%。

（4）第四次浪潮（1970～2020 年）。受高技术、信息革命和生态革命的影响，世界农业前沿发生深刻变化。第一，信息革命引发农业的信息化浪潮；第二，生态革命引发生态农业、持续农业、有机农业和绿色农业等的兴起；第三，生物技术等高技术的发展，丰富了农业的技术选择，扩展了农业的发展前景；第四，知识经济和知识社会的兴起，带动农业经济的知识和生态转型，知识型农业快速发展。知识型农业目前的特点包括知识化、

信息化、生态化、自然化、多样化、智能化、精准化和工厂化，农业比例继续下降等。

（5）第五次浪潮预计发生在 2020～2050 年。它以新生物学革命为基础，包括生物工程、纳米工程、信息工程和新能源技术等在农业部门的应用和变化等。农业比例下降的趋势有可能发生逆转，知识型农业劳动力和增加值比例有可能上升。

（6）第六次浪潮预计发生在 2050～2100 年。它以新物理学革命为基础，包括太空技术、生物工程、新型能源、超级制造和超级运输在农业部门的应用和变化等。知识型农业高度发达，工厂化、自然化和订单化农业等成为基本特征。

二、农业现代化的三个发展趋势

（一）世界农业生产的发展趋势

第一，农业资源。农业资源总量变化较慢，但人均资源变化较快。人均资源与资源总量成正比，与人口成反比。20 世纪，世界人均农业资源总体下降，人均资源与农业劳动生产率之间没有显著关系；农业资源的国别差异非常大，人均耕地最大相差超过 1 万倍。21 世纪人均农业资源会继续下降。

第二，农业投入。18 世纪以来，农业劳动力总量从上升到下降；农业劳动力比例不断下降（图 6.4），目前发达国家农业劳动力比例在 1%左右。19 世纪以来，农业土地集约化程度提高，但国别差异比较大；农业资本投入持续增加，包括机械、化肥、农药和能源等；农业科技投入在增加，农业良种应用扩大，作物单产持续提高等。20 世纪，农业劳动力比例与农业劳动生产率负相关，土地集约程度与农业劳动生产率正相关，农业资本投入与农业劳动生产率、土地生产率和谷物单产正相关。

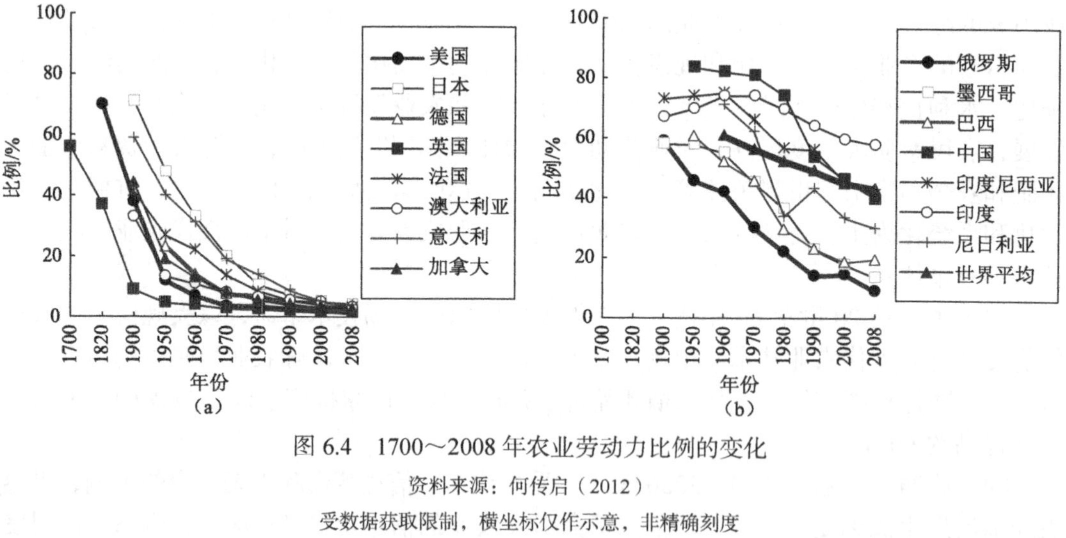

图 6.4　1700～2008 年农业劳动力比例的变化

资料来源：何传启（2012）

受数据获取限制，横坐标仅作示意，非精确刻度

21 世纪，农业劳动力总量和比例会继续下降；农业土地的集约化程度可能继续提高；农业资本投入继续增加，但结构发生变化，农药和化肥使用密度可能下降。

第三，农业生产效率和结构。18 世纪以来，农业相对规模缩小，目前世界农业增加值比例约为 3%，发达国家在 1%左右；农业效率不断提高，农业劳动生产率的国际差距扩大；目前农业劳动生产率绝对差距达 6 万多美元，相对差距有 900 多倍。19 世纪以来，农场平均规模扩大，规模经营比较普遍。20 世纪以来，种植和畜牧业比例较大，林业和渔业以及农业服务业比例较小；发达国家牲畜产值比例为 40%～80%，作物产值比例为 20%～60%；农场多种经营，农民收入多元化等。

21 世纪，农业增加值比例会继续下降，部分国家农业增加值总量下降；发达国家农业的种植业与畜牧业的产值比例大致在 1∶1 左右；农业效率继续提高，农业效率的国际差距继续扩大；农业相对规模与农业效率的关系仍将负相关。

（二）世界农业经济的发展趋势

第一，农业供给。18 世纪以来，农民人均供应人口缓慢上升，2008 年发达国家农民人均供应 61 人，世界平均 5 人。20 世纪以来，食物供应能力提高，但国家差别大，人均肉食供应最大相差约 40 倍，目前大约有 30 多个国家粮食完全自给；粮食自给率与人均可耕地面积和人均作物面积正相关。

21 世纪，农民人均供应人口会继续上升，食物供应能力会继续提高，国别差异很大；粮食自给率的国家差别非常大，只有部分国家能够完全自给。

第二，农业流通。19 世纪以来，国际农业贸易不断增长，国际农业贸易存在很大国别差异和品种差异，农产品净出口国家都比较少；农产品关税普遍下降，目前世界平均低于 10%；农产品国际贸易摩擦和冲突时有发生；国际农业贸易摩擦与农业补贴紧密相关，不同国家农业补贴差别很大。

21 世纪，国际农业贸易会继续增长，国别差异会扩大；农产品关税可能会继续下降；国际农业贸易摩擦会继续存在。

第三，农业需求和消费。人均消费需求有极限。2010 年，发达国家，每天人均蛋白质供应约为 100 克，脂肪供应约为 150 克；每年人均谷物消费约为 110 公斤（1 公斤=1 千克），肉食消费约为 90 公斤（图 6.5）。

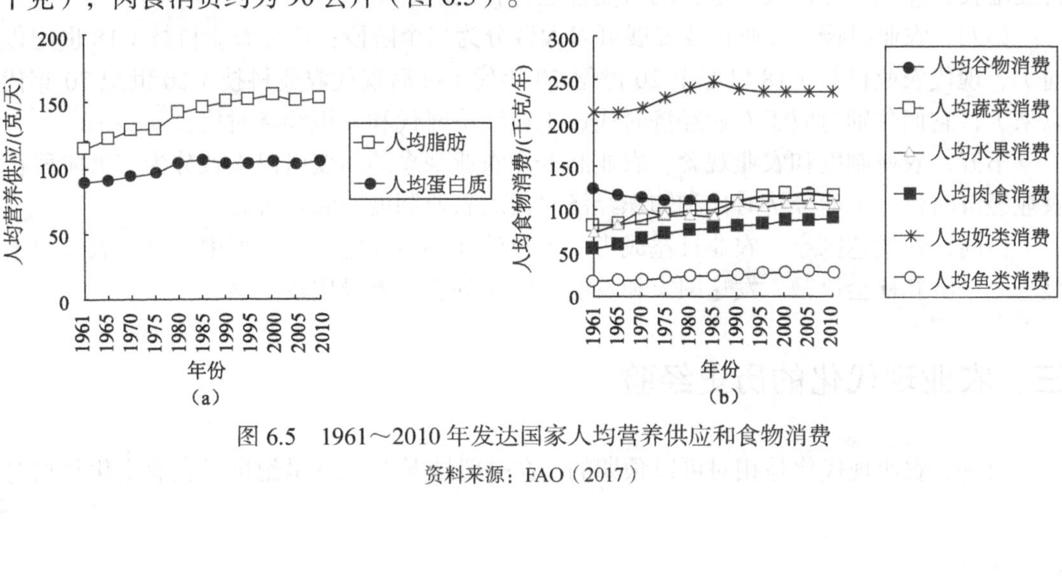

图 6.5　1961～2010 年发达国家人均营养供应和食物消费

资料来源：FAO（2017）

20 世纪以来，人均消费水平提高，人均营养供应有较大增长；发达国家的人均粮食消费和人均肉食消费数量逐步接近；发展中国家仍然以粮食消费为主，但肉食消费在增加；世界人均粮食消费下降，人均蔬菜、水果、肉食和奶类消费增加。

21 世纪，人均食物需求和消费会有极限，但食物需求和消费总量会不断增加；世界人均粮食消费将趋向合理水平，世界人均蔬菜、水果、肉食和奶类消费会增加，逐步达到一个合理值；发展中国家的食物供应将面临重大挑战。

（三）世界农业要素的发展趋势

第一，农民。19 世纪以来，农民素质提高，农民识字率提高和受教育年数增长；农民收入增长。20 世纪农民收入多元化，收入来自农场的多种经营、对外务工和国家农业补贴等。21 世纪，农民素质会继续提高，发达国家农民将普及高等教育；农民收入会继续提高，农民收入仍将是多元的。

第二，农村。18 世纪以来，随着城市化、工业化和农业劳动力比例下降，农村人口比例下降。19 世纪以来，农村基础设施改善，如饮水、卫生、交通、电力、文化和通信设施改善等。20 世纪以来，农村农业人口比例下降，这是一个普遍现象，但也有一些例外；农村绝对贫困人口比例下降。21 世纪，世界农村人口比例和农村农业人口比例会继续下降；农村基础设施会继续发展和完善。

第三，农业环境。18 世纪以来，世界人口不断增长。19 世纪以来，农业人口比例下降。由于农业占国民经济比例的持续下降，农业经济的相对地位下降。虽然农业经济的相对地位下降，但绝对地位没有变化，它仍是国民经济的一个基石。

20 世纪以来，农业生态环境、水土流失和全球气候变化等受到普遍关注；农民人均补贴收入增加，国家农业补贴政策与世界贸易组织的农业政策需要协调一致。

21 世纪，世界农业总需求持续增长，农业补贴、农业贸易和生态环境问题仍将存在。随着世界人口增长，尽管人均消费需求有极限，但世界农业总需求仍然会持续增长。在世界农业自然资源基本稳定的条件下，如果世界人口继续增长，世界农业的需求压力会持续增长，爆发世界性农业危机的可能性是存在的。

第四，农业科技。农业科技发展可以大致分为三个阶段：传统农业科技（18 世纪以前）、现代农业科技（18 世纪至 20 世纪 70 年代）和后现代农业科技（20 世纪 70 年代以来），它们分别对应于农业经济时代、工业经济时代和知识经济时代。

第五，农业制度和农业观念。农业制度和农业观念的演变可以大致分为三大阶段：农业经济时代、工业经济时代和知识经济时代的农业制度与农业观念。

目前，在发达国家，农业日益成为一个政治和环境议题；在发展中国家，农业更多是一个经济和社会议题。发达国家和发展中国家的农业差异比较明显。

三、农业现代化的历史经验

第一，农业现代化是相对可以预期的。在一般情况下，20 世纪世界农业变化是相对连续的和有规律可循的，大约67%的农业指标与国家经济水平显著相关。例如，农业效率上升，资源使用效率上升，农民收入增加，农业产业比例和农业就业比例下降，农业从“赋税产业”向“补贴产业”转变等。

第二，农业现代化是一个长期的过程。农业现代化包括从生存农业向商品农业、工业化农业向知识化农业的转变；其中，第二个转变尚没有完成。

第三，农业现代化是一个复杂的过程。农业现代化不仅包括农业效率的提高，也包括农业结构、农业制度和农业观念的变化。其中，农业生产模式、农业结构、农业制度和农业形态的转变与更替，是农业现代化的关键。

第四，农业现代化是一个不平衡的过程。在过去近300年里，农业现代化是不同步的，表现为农业效率增长的不同步、农业结构变化的不同步、农业制度和观念变化的不同步和农业形态转变的不同步等，农业现代化成就的空间分布不均衡。

第五，农业现代化是一个动态的过程。农业现代化不仅内涵是变化的，而且不同国家的表现也是变化的。农业现代化是一场国际竞争，犹如一场国际农业马拉松比赛，输家和赢家不是一成不变的。世界农业中心是可变的，世界农业前沿是变化的，国际农业差距是变化的，国家农业地位是可变的。

第六，农业现代化是一个可逆的过程，可以出现停滞、中断或倒退现象等。整个世界的农业现代化进程是连续的和不可逆的，但是，某个国家和地区的农业现代化进程就有多种表现形式，它可以是连续的，也可以是不连续的；可以出现停滞或中断，也可以出现暂时的倒退，甚至长期的倒退。

第七，农业现代化是一个全球的过程。在过去近300年里，所有农业发达国家都是国际竞争的参与者，农业现代化逐步波及全球的绝大多数国家和地区。在未来100年里，所有国家或者参与农业国际化，或者受到农业国际化的影响。

第八，农业现代化是一个国际差距扩大的过程（农业效率趋异的过程）。1970～2008年，高收入国家和低收入国家平均的农业劳动生产率（按2000年价格美元计算）的相对差距从26倍扩大到92倍，绝对差距从7000美元扩大到25 000多美元。可以预计，21世纪农业效率的国际差距还会扩大。

第九，农业现代化是一个进步的过程。过去近300年的农业现代化过程，既是农业劳动生产率提高的过程，也是资源使用效率提高的过程，同时是农民福利和生活质量改善的过程。在未来100年里，没有理由怀疑这种趋势会中断或逆转。所以，农业现代化是进步的，尽管在进步过程中会发生种种问题，甚至是灾难性问题。

第十，农业现代化是一个充满风险的过程。农业现代化不是免费的，需要付出成本和代价。在农业现代化过程中，随着产业转型和技术更替，老技术将失去其原有的农业价值，有些人群将受到损失。另外，科学和技术是一把“双刃剑”，技术风险始终存在，而且有扩大的可能。农业现代化过程要求风险控制和危机管理。

第十一，政府在农业现代化过程中有不可替代的作用。农业现代化过程是从农业税收向农业补贴的转变过程。如果没有政府支持，农业现代化是难以实现的。

第十二，科技和教育在农业现代化过程中有不可替代的作用。农业科技进步和农业科技知识普及是农业现代化的两个重要基础。

第三节　农业现代化的基本原理

农业现代化是一个客观现象和世界潮流。关于农业现代化的理论研究受到部分学者的关注。农业现代化理论包括经典农业现代化理论（舒尔茨，1999）、两次农业现代化理论（张冬平和黄祖辉，2002；黄祖辉和邓启明，2008）和广义农业现代化理论等（何传启，2012）。这里简要介绍广义农业现代化的主要观点（表 6.4）。关于其他农业现代化理论的系统介绍，可参阅《中国现代化报告 2012：农业现代化研究》和有关文献。

表 6.4　广义农业现代化的一般理论

方面	基本内容
内涵	农业现代化是农业系统的现代化，是 18 世纪工业革命以来的一种农业变迁和国际竞争，是现代农业的形成、发展、转型和国际互动的前沿过程，是农业要素的创新、选择、传播和退出交替进行的复合过程，是追赶、达到和保持世界农业先进水平的国际竞争和国际分化等
过程	农业现代化是一个复杂过程，包括农业发展、农业转型、国际农业竞争、国际农业分化和国家农业分层，包括农业行为、农业结构、农业制度和农业观念的变化，包括农业发展的世界前沿和达到世界前沿的过程等。18～21 世纪，农业现代化过程的前沿轨迹可以分为两大阶段，其中，第一次农业现代化是从传统农业向初级现代农业、自给型农业向市场化农业的转型过程和深刻变化，它的主要特点包括市场化、集约化、机械化、化学化、专业化和农业比例下降等；第二次农业现代化包括从初级现代农业向高级现代农业、市场化农业向知识型农业的转型，目前特点包括知识化、信息化、生态化、工厂化、国际化、多样化和生物技术的普遍应用等；两次农业现代化的协调发展是综合农业现代化。22 世纪农业现代化还会有新变化。它遵循现代化的 10 个基本原则
结果	农业现代性、特色性、多样性和副作用的形成，包括农业效率和农民收入的提高、农业供给和需求的动态平衡、农民福利与农业环境的改善、农业科技和农业制度的发展、农业比例下降，以及国家农业水平、国际农业地位和国际农业体系的变化等。第一次农业现代化的结果是第一农业现代性、特色性和多样性的形成，副作用包括农业环境污染和水土流失等；完成第一次农业现代化的主要标志是完成农业的市场化、机械化和体系化，农业效率、农业比例和农民收入达到市场化农业的先进水平（20 世纪 60 年代的世界先进水平）。第二次农业现代化的结果是第二农业现代性、特色性和多样性的形成，副作用包括农业贸易冲突、食物风险等；完成第二次农业现代化的主要标志是完成知识化和生态化，农业综合效益和农民综合素质达到知识型农业的先进水平（未来某个时间）等。实现农业现代化的基本标准包括农业效率、农民收入、农业比例和制度达到当时世界先进水平等
动力	农业现代化的动力因素包括创新、交流、竞争、适应、国家利益和市场需求，包括经济增长、需求变化、工业化、信息化、全球化和合理预期，包括自然资源禀赋、技术进步、制度进步、农业结构变化、农业环境变化、农业政策变化和国际农业体系变化等。动力模型包括：创新驱动、三新驱动、双轮驱动、联合作用、四步超循环、创新扩散、创新溢出、竞争驱动、经济和社会驱动、农业生产力函数等。不同国家和不同阶段农业现代化的动力有所不同
模式	农业现代化的路径和模式是多样的，具有路径和资源依赖性，受农业资源禀赋、文化传统和国际环境的影响；在 21 世纪有三种基本路径：第一次农业现代化路径、第二次农业现代化路径和综合农业现代化路径；农业现代化的模式具有多样性和客观条件依赖性，不同客观条件的国家和地区可以创造或选择不同模式，不同发展阶段可以有不同模式

资料来源：何传启（2012）

注：现代农业没有统一定义。一般而言，现代农业包括初级现代农业和高级现代农业。初级现代农业指机械化、市场化、专业化和工业化农业，以 20 世纪 60 年代工业化国家的市场化农业为代表。高级现代农业是指知识化、生态化和国际化的知识型农业，目前以发达国家的知识型农业为代表，它还在发展过程中

一、农业现代化的内涵

在现代化科学里，农业现代化没有统一定义，但有多种操作性定义。

定义一 农业现代化是 18 世纪以来世界农业的一种前沿变化和国际竞争，是现代农业的形成、发展、转型和国际互动的前沿过程，是农业要素的创新、选择、传播和退出交替进行的复合过程，是追赶、达到和保持世界农业先进水平的国际竞争和国际分化等；达到和保持世界农业先进水平的国家是农业发达国家，其他国家是农业发展中国家，两类国家之间可以转换，地位转移有一定概率。

定义二 农业现代化是现代农业的世界前沿，以及达到世界前沿的行为和过程。

定义三 农业现代化是 18 世纪以来农业发展、农业转型和国际农业互动的交集。

简而言之，农业现代化是现代农业和农业经济的世界先进水平，以及追赶、达到和保持世界农业和农业经济的先进水平的行为和过程。它包括从传统农业（自给型农业）向初级现代农业（市场化农业）、初级现代农业向高级现代农业（知识型农业）的两次转变，农业效率和农民收入的持续提高，农民福利和生活质量的持续改善，保持农产品供需平衡和国家粮食安全，国家农业地位和国际农业体系的变化等；18～21 世纪，农业现代化的前沿过程可以分为第一次农业现代化和第二次农业现代化，两次农业现代化的协调发展是综合农业现代化，综合农业现代化主要适合于发展中国家。

从农业变迁和农业转型角度看，每一个国家的农业现代化都会进步和有可能成功，但国家农业进步有快慢，农业水平有高低，成功时间有先后。

从世界前沿和国际竞争角度看，只有部分国家的农业能够达到和保持世界先进水平，不同国家成功的概率有差异。在过去 50 年里，农业发达国家的比例不到 20%，农业发展中国家的比例超过 80%；农业发展中国家升级为发达国家的概率为 2%左右，农业发达国家降级为农业发展中国家的概率为 10%左右。

农业现代化的三个判断标准是：有利于农业生产力的解放和提高，有利于农民生活质量的提高和农民的全面发展，有利于农业生态系统平衡和国家食品安全。

二、农业现代化的过程和结果

（一）农业现代化的过程

一般而言，农业现代化过程大致分为两类：前沿过程和追赶过程。前沿过程是农业发达国家的农业现代化，追赶过程是农业发展中国家的农业现代化。18～21 世纪，农业现代化前沿过程可以分为两大阶段。22 世纪农业还会有新变化。

1760～1970 年，世界农业现代化的前沿过程是第一次农业现代化。

第一次农业现代化是从传统农业向初级现代农业、自给型农业向市场化农业的转型。它的特点包括市场化、商业化、集约化、专业化、工业化、机械化、电气化、自动化、化学化、良种化、水利化、规模化、标准化、科学化、制度化和体系化等，包括农业劳动生产率、农业土地生产率和农民生活水平提高，农业劳动力比例和农业增加值比例下降等。它的结果是第一农业现代性、特色性和多样性的形成，副作用包括农业环境污染和水土流失等。

1970～2100年，世界农业现代化的前沿过程是第二次农业现代化。

第二次农业现代化是从初级现代农业向高级现代农业、工业化农业向知识化农业的转型。目前它的特点包括知识化、信息化、智能化、精准化、生态化、绿色化、自然化、多样化、订单化、立体化、工厂化、国际化和生物技术的普遍应用等，包括农业综合效益、农产品质量、国际竞争力和农民生活质量提高，农业劳动力和农业增加值比例继续下降等。它的结果是第二农业现代性、特色性和多样性的形成，副作用包括农业贸易冲突、食物风险等。

如果说，第一次农业现代化是初级农业现代化，是从传统农业向初级现代农业的转变；那么，第二次农业现代化是高级农业现代化，是从初级现代农业向高级现代农业的转变；两次农业现代化的协调发展是综合农业现代化。

综合农业现代化是农业现代化的一条基本路径，它包括两次农业转型（从自给型农业向市场化农业、工业化农业向知识化农业的转型）的联动和持续向知识化农业的转变，包括农业市场化、机械化、信息化、绿色化和国际化的协调发展，包括农业效率和农民收入的提高、农民福利与生活质量的改善、农业比例的下降、国际农业竞争力和国际农业地位的提高等。

（二）农业现代化的结果

农业现代化的结果包括农业现代性、特色性、多样性和副作用的形成，包括农业生产率和农民生活质量提高、农业生态变化和农民全面发展，不仅包括农业供求动态平衡、农业科技发展和农业比例下降，还包括世界农业前沿、国际农业体系和国家农业状态的变化。不同国家农业现代化的结果既有共性又有差异。

第一次农业现代化的结果是第一农业现代性、特色性和多样性的形成，包括农业劳动生产率、农业土地生产率和农民生活水平提高，农业劳动力比例和农业增加值比例下降；副作用包括农业环境污染和水土流失等。完成第一次农业现代化的主要标志是完成农业的市场化、机械化和专业化，农业效率、农业比例和农民收入达到市场化农业的先进水平（20世纪60年代的世界先进水平）。

第二次农业现代化的结果是第二农业现代性、特色性和多样性的形成，包括农业综合效益、农产品品质、农业国际竞争力和农民生活质量提高，农业劳动力比例和农业增加值比例继续下降；副作用包括农业贸易冲突、食物风险等。完成第二次农业现代化的主要标志是完成知识化和生态化，农业综合效益和农民综合素质达到知识型农业的先进水平（未来某个时间）等。

国家农业现代化的目标包括：完成第一次农业现代化，实现从传统农业向初级现代农业的转型；完成第二次农业现代化，实现从初级现代农业向高级现代农业的转型；追赶、达到和保持世界农业的先进水平，成为农业发达国家或缩小国际农业差距；同时确保粮食安全。前两个目标的实现是一个“时间问题”，所有国家都有可能先后完成；第三个目标的实现是一个“比例和概率问题”，只有部分国家能够达到和保持世界先进水平。

从政策角度看，国家农业现代化的主要目标有两个：提高农业生产力和农民生活质量，保持农业生态系统的稳定和国家食品安全；发达国家的政策目标是保持世界农业先进水平，发展中国家的政策目标是追赶和达到世界农业先进水平。

一般而言，实现农业现代化的基本标准包括农业效率、农民收入、农业结构、农业制度和农业观念达到当时世界先进水平等。完成第一次农业现代化的标准是：农业增加值占 GDP 的比例小于 15%，农业劳动力占总劳动力的比例小于 30%，农业劳动生产率达到 20 世纪 60 年代世界先进水平（按 2000 年价格计算约 4000 美元）；进入第二次农业现代化的标准是：农业增加值占 GDP 的比例小于 5%，农业劳动力占总劳动力的比例小于 10%，有机农业或生态农业已经起步等。

三、农业现代化的动力和模式

（一）农业现代化的动力

农业现代化的动力因素非常多，主要因素包括农业创新、农业竞争、农业适应、农业交流、国家利益和市场需求等。在农业发达国家，农业创新作用比较突出；在农业发展中国家，农业交流作用比较突出。

农业现代化的动力模型包括：创新驱动模型、三新驱动模型、双轮驱动模型、联合作用模型、四步超循环模型、创新扩散模型、创新溢出模型、竞争驱动模型、经济和社会驱动模型、农业生产力函数等。农业生产率与农业技术、农业劳动力人均资本和人均技能成正比。

（二）农业现代化的模式

农业现代化是一个历史过程，具有时间跨度和发展路径。发展路径指在农业现代化的起点与终点（目标）之间的道路，它具有方向性、阶段性和结构特征。农业现代化的模式是农业现代化的发展路径的一段历史截段，是农业现代化的关键要素的一种组合，具有时效性和针对性。农业现代化具有路径依赖性和资源依赖性。

21 世纪国家农业现代化有三种路径选择（图 6.6）。①第二次农业现代化路径，适合于已经完成或基本完成第一次农业现代化的国家。②追赶农业现代化路径，先完成第一次农业现代化，后推进第二次农业现代化。适合于没有完成第一次农业现代化的国家，特别是农业现代化刚刚起步的国家。③综合农业现代化路径，两次农业现代化协调发展，并持续向第二次农业现代化转型。适合于没有完成第一次农业现代化的国家，特别是接近完成第一次农业现代化的国家。

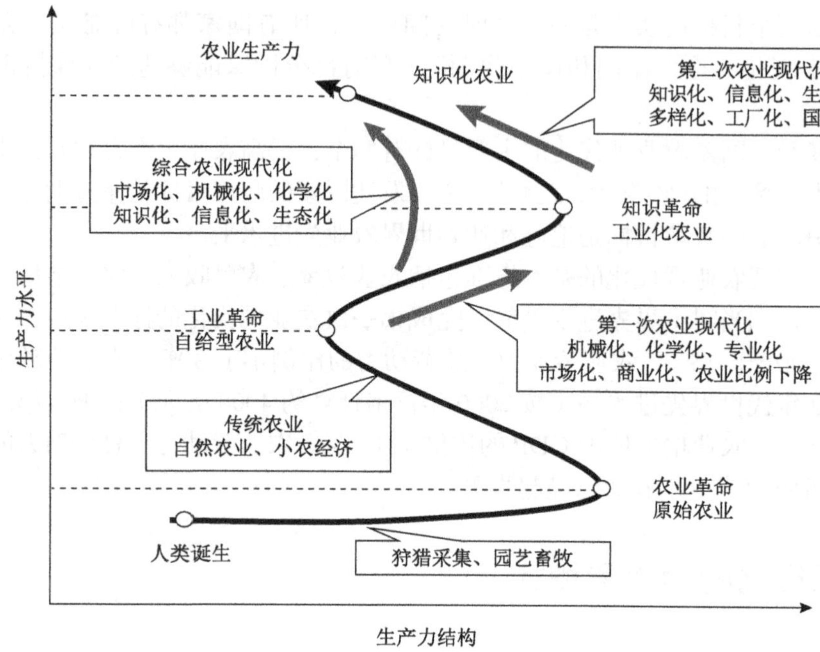

图 6.6 21 世纪农业现代化的三条路径

资料来源：何传启（2012）

21 世纪第一次农业现代化路径将受到第二次农业现代化的影响，多少具有综合农业现代化的特点。综合农业现代化路径具有多样性，与起点和目标选择紧密相关

农业现代化没有标准模式，没有最佳模式，只有合适模式（表 6.5）。依据要素组合和资源禀赋，农业现代化大约有 40 多种模式。第一次农业现代化的模式选择更多受自身条件的影响。第二次农业现代化的模式选择更多受科技水平和国际环境的影响。

表 6.5 农业现代化的组合模式（举例）

编号	第一次农业现代化的组合模式		第二次农业现代化的组合模式		综合农业现代化的组合模式	
	要素组合/资源禀赋	模式	要素组合/资源禀赋	模式	要素组合/资源禀赋	模式
1	种植业与畜牧业	种植业优先	种植业与畜牧业	种植业优先	种植业与畜牧业	种植业优先
2		畜牧业优先		畜牧业优先		畜牧业优先
3		协调发展		协调发展		协调发展
4	劳动与土地	劳动节约型	劳动与土地	劳动节约型	劳动与土地	劳动节约型
5		土地节约型		土地节约型		土地节约型
6		综合型		综合型		综合型
7	土地类型	灌溉农业	地理条件	山区农业	地理条件	山区农业
8		旱地农业		丘陵农业		丘陵农业

续表

编号	第一次农业现代化的组合模式		第二次农业现代化的组合模式		综合农业现代化的组合模式	
	要素组合/资源禀赋	模式	要素组合/资源禀赋	模式	要素组合/资源禀赋	模式
9	土地类型	混合农业	地理条件	平原农业	地理条件	平原农业
10	气候条件	热带农业	地理区位	乡村农业	地理区位	乡村农业
11		温带农业		郊区农业		郊区农业
12		寒带农业		都市农业		都市农业
13	地理条件	山区农业	农业贸易	出口型农业	农业贸易	出口型农业
14		丘陵农业		进口型农业		进口型农业
15		平原农业		综合型农业		综合型农业
16	地理区位	乡村农业	信息与有机农业	信息农业优先	农业与工业化	农业优先
17		郊区农业		有机农业优先		工业化优先
18		都市农业		协调发展		协调发展
19	农业贸易	出口型农业	专营与兼营农业	专营农业优先	综合与持续农业	综合农业优先
20		进口型农业		兼营农业优先		持续农业优先
21		综合型农业		协调发展		协调发展
22	农业与工业化	农业优先	综合与持续农业	综合农业优先	农业与信息化	农业优先
23		工业化优先		持续农业优先		信息化优先
24		协调发展		协调发展		协调发展
25	农业与城市化	农业优先	高效与自然农业	高效农业优先	农业与生态化	农业优先
26		城市化优先		自然农业优先		生态化优先
27		协调发展		协调发展		协调发展

资料来源：何传启（2012）

注：模式是相对的，相关模式之间没有明显界限，不同模式可以交叉进行。几个模式可以组合成一种复合模式。兼营农业包括旅游、观光和休闲农业等。其他模式包括淡水渔业、海水渔业、林业的现代化模式等

四、农业现代化的政策选择

农业现代化的政策分析，必须尊重农业现代化的客观规律，必须适合国家或地区的自然禀赋和现实条件。不同国家和地区农业现代化的政策选择需专门研究。

在 21 世纪，农业发达国家可以采用第二次农业现代化路径；农业发展中国家可以有三种选择：追赶农业现代化路径、综合农业现代化路径和第二次农业现代化路径。三条路径有不同内涵和特点，可以根据需要采取不同政策。

农业政策创新和措施选择一般遵循五个原则：有利于农业生产力的解放和提高，有利于农业供求平衡和食品安全，有利于农民生活质量提高和农民全面发展，有利于农业

生态系统的平衡和稳定，有利于农业科技进步和提高国际竞争力等。

第四节 中国农业现代化的战略分析

20 世纪 50 年代以来，农业现代化一直是中国现代化建设的一个重要方面，“四个现代化”就包括农业现代化。1960 年以来，中国农业现代化取得了明显进展，部分农业指标（如谷物单产、水稻和小麦单产等）已经达到世界先进水平，但在农业效率、农业结构和农民生活质量等方面仍面临巨大挑战。未来 30 年，中国农业现代化建设，①需要关注三个重点：农业效率现代化、农业结构现代化和农民现代化；②需要做好三件实事：农业创新体系、农业区域规划和农村现代化；③需要实现三个转型：从粮食主导型向营养主导型、产量主导型向效益主导型、生产主导型向需求主导型转型。

一、中国农业现代化的目标分析

中国农业现代化的目标分析，可以从理论和政策两个角度展开。农业现代化目标的制定需要遵循农业现代化的规律，需要重视农业现代化的多样性，需要符合中国的基本国情。农业是以动植物为生产资料的产业，动植物生长需要特定的地理和气候条件。不同国家的地理和气候条件不同，农业现代化的政策选择必然有所差别。

（一）中国农业现代化的理论目标

根据广义农业现代化理论，21 世纪中国农业现代化的理论目标有三个。

第一个目标：完成第一次农业现代化，实现从传统农业向初级现代农业、自给型农业向市场化农业的转型，包括农业市场化、商业化、专业化、机械化和良种化等。

第二个目标：完成第二次农业现代化，实现从初级现代农业向高级现代农业、工业化农业向知识化农业的转型，包括农业的信息化、智能化、精准化、绿色化和高效益等。

第三个目标：迎头赶上世界农业先进水平，成为农业现代化的国家。

（二）中国农业现代化的政策目标

一般而言，农业现代化的政策目标包含三类目标：共性目标、个性目标和减少副作用。共性目标包括完成两次农业现代化，追赶、达到或保持世界农业先进水平；个性目标包括形成、保持和扩展自己的特色，强化竞争优势等。

21 世纪中国农业现代化的政策目标可以分为两大阶段目标。第一大阶段目标是：在 21 世纪前 50 年，在 2050 年左右达到农业现代化的世界中等水平，全面完成第一次农业现代化，第二次农业现代化超过世界平均水平。第二大阶段目标是：在 21 世纪后 50 年，在 2100 年前达到农业现代化的世界先进水平，全面完成第二次农业现代化（表 6.6）。

表 6.6　21 世纪中国农业现代化的政策目标

两大阶段		共性目标	个性目标	减少副作用
第一大阶段	2010～2050 年	完成第一次农业现代化。第二次农业现代化指数超过当年世界平均值，达到 2010 年世界农业先进水平	人均营养供应指标超过 2050 年世界平均水平，达到 2010 年发达国家的合理水平等	减少水土流失、减少农业环境污染、加强农业生态保护等
第二大阶段	2050～2100 年	完成第二次农业现代化，第二次农业现代化指数和综合农业现代化指数达到当年世界农业先进水平	农业国际竞争力达到世界先进水平，营养指标达到理想水平	减少食品风险、国际贸易风险等

资料来源：何传启（2012）

二、中国农业现代化的路线图

中国农业现代化的路线图是中国农业现代化的战略目标、基本路径和政策措施的一种系统集成，是中国实现农业现代化的一种战略构想和政策建议。

（一）战略目标

简要地说，21 世纪中国农业现代化的战略目标是：在 2030 年前后完成第一次农业现代化；在 2050 年前后达到世界农业中等发达水平，基本实现农业现代化；在 21 世纪末达到世界农业先进水平，全面实现农业现代化（表 6.7）。

表 6.7　中国农业现代化的战略目标（一种定量预测）

两大阶段	大致时间	阶段目标
2010～2050 年	2010～2020 年	中国农业现代化水平：世界初等发达水平，世界前 60 名左右
	2020～2030 年	中国农业现代化水平：世界初等发达水平，世界前 50 名左右
	2030～2050 年	中国农业现代化水平：世界中等发达水平，世界前 40 名左右
2050～2100 年	2050～2060 年	中国农业现代化水平：世界中等发达水平，世界前 40 名左右
	2060～2080 年	中国农业现代化水平：接近世界发达水平，世界前 30 名左右
	2080～2100 年	中国农业现代化水平：世界发达水平，世界前 20 名左右

资料来源：何传启（2012）

注：根据 131 个国家 1980～2008 年第二次农业现代化指数的年均增长率进行估算和排名

（二）运河路径

根据广义农业现代化理论，21 世纪农业现代化有三条基本路径：第一次农业现代化路径、第二次农业现代化路径和综合农业现代化路径。2008 年中国农业实际上已经是两次农业现代化并存，农业水平地区差异比较大。从理论和实际角度考虑，综合农业现代化路径是中国的合理选择，这种路径可以简称农业现代化的运河路径。

中国农业现代化的运河路径是：协调推进两次农业现代化并持续向第二农业现代化转型，协调推进农业市场化、机械化、信息化、绿色化和国际化，加快农业产业结构调整和产业升级，大幅度提高农业效率和农民收入，大幅度改善农民福利与生活质量，大幅度降低农业增加值和农业劳动力比例，提高农业国际竞争力和农业国际地位，迎头赶上发达国家第二次农业现代化水平；在 2050 年达到农业现代化的世界中等发达水平，在 21 世纪末达到农业现代化的世界先进水平，包括农业效率、农业效益、农民福利和生活质量、农业制度和农业技术等达到当时的世界先进水平，全面实现农业现代化，全国人民享受世界先进水平的营养供应和生活质量。

（三）基本任务

第一项基本任务：中国农业现代化要上三个台阶。第一个台阶：完成第一次农业现代化，达到 1960 年农业发达国家的平均水平。第二个台阶：从初等发达水平升级为中等发达水平。第三个台阶：从中等发达水平升级为发达水平。

第二项基本任务：中国农业现代化水平的世界排名提高 50 位左右，中国农业与主要发达国家的综合年代差要逐步缩小并最终消失。

三、中国农业现代化的战略重点

中国农业现代化是一种后发追赶型农业现代化，选择战略重点时，可以充分利用四个原理。它们是“后发效应”原理：借鉴和利用先行国家的知识与经验可加快发展；“木桶原理”：加高农业现代化的最短木板可快速提高水平；“竞争优势”原理：创造和发挥自己的竞争优势可赢得局部主动权；“创新原理”：通过持续创新等可开辟农业现代化的运河路径。

在 21 世纪前 50 年，中国农业现代化至少有三大重点：一是提高农业效率，二是加快农业结构调整，三是提高农民生活质量（图 6.7）。简单地说，三个重点分别是农业效率现代化、农业结构现代化和农民现代化。

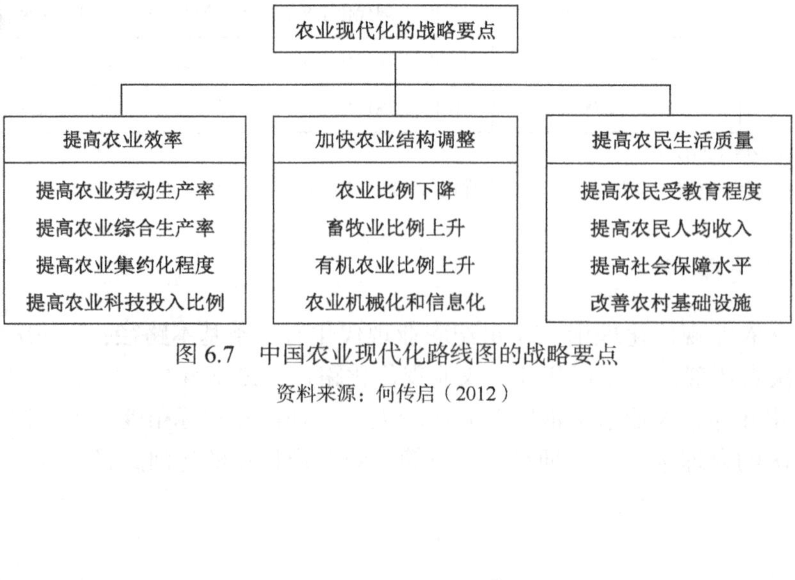

图 6.7 中国农业现代化路线图的战略要点

资料来源：何传启（2012）

（一）提高农业劳动生产率是重中之重

《中国现代化报告2012：农业现代化研究》发现，2008年在131个国家中，中国农业效率指标的世界排名是：水稻单产排第15位，谷物单产排第18位，小麦单产排第22位，玉米单产排第34位，土地生产率排第47位，农业劳动生产率排第91位。很显然，农业劳动生产率是中国农业现代化的最短木板，提高农业劳动生产率应该成为中国农业现代化的重中之重。

根据农业现代化规律，提高农业劳动生产率主要有五条路径（表6.8）。这些路径与农业结构转型和农民生活水平有交叉。结合中国国情，本节提出五条政策建议以供讨论。

表6.8　提高农业劳动生产率的主要途径

编号	主要途径	主要内容
1	提高农民人均资本	农民人均土地、机械、化肥、农药、水利、能源、良种、运输、信息、资金等
2	提高农民人均技能	农民人均受教育程度、农业科技知识的普及、农业政策和市场信息获取等
3	农业技术进步	农业科技投入比例、农民人均农业科技投入、农业技术推广和技术服务等
4	资源优化配置	农业劳动力、土地、淡水、资金等市场化配置等
5	规模经济效益	土地集约、劳动集约、资本集约、技术集约等

资料来源：何传启（2012）

（1）深化农业科技改革，建设农业创新体系。
（2）深化农业金融改革，建设现代农业金融体系。
（3）深化农业水利改革，建设现代水利体系。
（4）根据科学规律，推进农村土地改革。
（5）实施优质粮食工程，确保国家粮食安全。

（二）加快农业结构调整是关键所在

农业转型是农业现代化的基本内涵。农业转型包括农业生产、农业经济、农业要素转型和农业生态转型等。目前，中国农业结构距离发达国家的差距较大。加快农业结构调整，促进农业转型和升级，是提高中国农业现代化水平的一个重要方面。一般而言，农业转型大致有五条路径（表6.9）。结合中国国情，本节提出五条政策建议以供讨论。

表6.9　农业转型的主要途径

编号	主要途径	主要内容
1	农业劳动力转移	实行国民待遇，平等对待农民，加强就业培训，降低农业劳动力比例
2	农业生产转型	加快农业生产的机械化、信息化、集约化和专业化，降低农业增加值比例
3	农业经济转型	增加畜牧业和养殖业比例，降低种植业比例，增加饲料作物比例等
4	农业要素转型	农民、农村、农业环境、农业科技、农业制度和农业观念的现代化转型等
5	农业生态转型	发展有机农业、生态农业、休闲和旅游农业等，降低化肥和农药使用密度等

资料来源：何传启（2012）

（1）改革户籍制度，促进农业劳动力转移。
（2）实施现代畜牧工程，提高营养供应水平。
（3）实施蓝色农业工程，提高农业供应能力。
（4）实施三高（高品质、高效益和高环保）农业工程，促进农业生态转型。
（5）科学修订农业区划，三大农业（都市农业、郊区农业和乡村农业）协调发展。

（三）提升农民生活质量是必然选择

农民是农业现代化的行为主体。农民现代化是农业现代化的必然要求。农民现代化涉及众多因素。从农业现代化角度考虑，农民现代化应该包括农民素质、农民收入、农民生活、农村生活条件和农村社会保障的现代化等。这里重点关注农民生活质量的提高，它们涉及五个方面（表 6.10）。结合中国国情，本节提出五条政策建议以供讨论。

表 6.10　提高农民生活质量的主要途径

编号	主要途径	主要内容
1	提高农民素质	提高农民受教育年数，普及农业科技知识，普及电话、电视、电脑和互联网等
2	提高农民收入	鼓励农民多种经营，平等对待“务工农民”，增加农业政策性支持和转移支付等
3	消灭绝对贫困	实施“农村小康工程”，消灭农村绝对贫困现象，防止出现“返贫”现象等
4	提高社保水平	普及农村基本养老保险、医疗保险等，提高社会贫困救助水平等
5	改善生活条件	改善农村饮水、卫生、电力、交通、通信、知识、文化和环保基础设施

资料来源：何传启（2012）

（1）实施新农民培训计划，全面提高农民素质。
（2）实施农村小康工程，消灭农村绝对贫困。
（3）实施生态移民工程，提高全民生活水平。
（4）实施农村城镇化工程，提高农民生活质量。
（5）完善《中国人营养指南》，引导国民合理消费。

本 章 提 要

农业现代化是 18 世纪工业革命以来农业系统的一种前沿变化和国际竞争，它包括现代农业的形成、发展、转型和国际互动，农业要素的创新、选择、传播和退出，以及追赶、达到和保持世界农业先进水平的国际竞争和国际分化；达到和保持世界农业先进水平的国家是农业发达国家，其他国家是农业发展中国家，两类国家之间可以转换。

第一次农业现代化（1760～1970 年）是从传统农业向初级现代农业、自给型农业向市场化农业的转型。它的特点包括市场化、商业化、集约化、专业化、工业化、机械化、电气化、自动化、化学化、良种化、水利化、规模化、标准化、科学化、制度化和体系化等，包括农业劳动生产率、农业土地生产率和农民生活水平提高，农业劳动力比例和农业增加值比例下降等。它的结果是第一农业现代性、特色性和多样性的形成，副作用包括农业环境污染和水土流失等。

第二次农业现代化（1970～2100 年）是从初级现代农业向高级现代农业、工业化农业向知识化农业的转型。目前它的特点包括知识化、信息化、智能化、精准化、生态化、绿色化、自然化、多样化、订单化、立体化、工厂化、国际化和生物技术的普遍应用等，包括农业综合效益、农产品质量、国际竞争力和农民生活质量提高，农业劳动力比例和农业增加值比例继续下降等。它的结果是第二农业现代性、特色性和多样性的形成，副作用包括农业贸易冲突、食物风险等。

1960 年以来，我国农业现代化取得了明显进展，部分农业指标（如谷物单产、水稻和小麦单产等）已经达到世界先进水平，但在农业效率、农业结构和农民生活质量等方面仍面临巨大挑战。未来 30 年，我国农业现代化建设，①需要关注三个重点：农业效率现代化、农业结构现代化和农民现代化；②需要做好三件实事：农业创新体系、农业区域规划和农村现代化；③需要实现三个转型：从粮食主导型向营养主导型、产量主导型向效益主导型、生产主导型向需求主导型转型。

21 世纪中国农业现代化的战略目标如下。第一阶段目标是：在 21 世纪前 50 年，在 2050 年左右达到农业现代化的世界中等水平，全面完成第一次农业现代化，第二次农业现代化超过世界平均水平；第二阶段目标是：在 21 世纪后 50 年，在 2100 年前达到农业现代化的世界先进水平，全面完成第二次农业现代化。

21 世纪中国农业现代化要上三个台阶。第一个台阶：完成第一次农业现代化，达到 1960 年农业发达国家的平均水平。第二个台阶：从初等发达水平升级为中等发达水平。第三个台阶：从中等发达水平升级为发达水平。

参考文献和推荐读物

何传启. 2010. 现代化科学：国家发达的科学原理. 北京：科学出版社.

何传启. 2011. 中国现代化报告 2011：现代化科学概论. 北京：北京大学出版社.

何传启. 2012. 中国现代化报告 2012：农业现代化研究. 北京：北京大学出版社.

何秀荣. 2011. 农业现代化的兴起、演进和国际经验. 科学与现代化, (46): 22-34.

黄祖辉，邓启明. 2008. 从一次现代化到二次现代化：高效现代生态农业的理论、农户影响与政策//黄祖辉，张冬平，潘伟光. 求索中国特色现代农业之路. 杭州：浙江大学出版社: 18-29.

黄祖辉，林坚，张冬平，等. 2003. 农业现代化：理论、进程与途径. 北京：中国农业出版社.

蒋和平，辛岭. 2009. 建设中国现代农业的思路与实践. 北京：中国农业出版社.

刘振邦. 2006. 农业现代化之路. 北京：中国农业出版社.

农业部软科学委员会办公室. 2001. 农业现代化与可持续发展. 北京：中国农业出版社.

裘元伦. 1980. 西德的农业现代化. 北京：中国农业出版社.

舒尔茨 T W. 1999. 改造传统农业. 梁小民，译. 北京：商务印书馆.

孙津. 2004. 中国农民与中国现代化. 北京：中央编译出版社.

宣杏云, 王春法. 1998. 西方国家农业现代化透视. 上海: 上海远东出版社.
张冬平, 黄祖辉. 2002. 农业现代化进程与农业科技关系透视. 中国农村经济, (11): 48-53.
张培刚. 2009. 农业与工业化. 武汉: 华中科技大学出版社.
Arnon I. 1981. Modernization of Agriculture in Developing Countries: Resources, Potentials, and Problems. New York: Wiley.
Axinn G H, Thorat S. 1972. Modernizing World Agriculture: A Comparative Study of Agricultural Extension Education Systems. New York: Praeger.
FAO. 2017. Food and agriculture data. [2017-10-08]. http://faostat.fao.org/site/339/default.aspx.
Harrison J G. 1972. Agricultural Modernization and Income Distribution: an economic analysis of the impact of new seed varieties on the crop production of large and small farms in India. Princenton: Princenton University.
Hayami Y, Ruttan V W. 1985. Agricultural Development: An International Perspective. Baltimore: The John Hopkins University Press.
Michie A N. 1982. Agricultural modernization and rural inequality in the United States and India//Anderson R S, Brass P R, Levy E, et al. Science, Politics, and the Agricultural Revolution in Asia. Boulder: Westview Press: 69-95.
World Bank. 2017. DataBank. [2017-07-25]. http://databank.worldbank.org.

课 堂 讨 论

1. 简述家乡农业和农村的发展现状。
2. 简述世界农业发达国家的发展概况。
3. 如何构建农业现代化的分析框架?

课 后 习 题

1. 什么是农业现代化?
2. 农业现代化的主要目标有哪些?
3. 中国农业现代化的战略重点有哪些?
4. 简述中国农业的三个转型。

第七章　部门现代化：工业现代化

工业不仅是古老产业，也是现代产业，更是国民经济的支柱产业。没有现代工业就没有现代经济。工业现代化是18世纪以来的一种工业变迁，是现代化的一种表现形式。在过去近300年里，工业现代化大致经历了工业化和后工业化两大阶段，工业质量和工业效率大幅提高，工业结构和工业环境发生非线性变化，工业强国和工业发达国家在国际经济体系中发挥着主导作用。在世界现代化进程中，工业现代化不仅是经济现代化的核心内涵和国家现代化的战略基石，也是经济现代化和国家现代化的主要推动力。

第一节　什么是工业现代化

人类工业从石器制造开始，迄今已有 200 多万年的历史；而现代工业则以 18 世纪的英国工业革命为起点，距今有近300年的历史。工业革命既是世界工业化和工业现代化的起点，也是世界现代化的开端。工业现代化是一个复杂和长期的历史进程。

一、什么是工业

一般而言，工业是采掘物质资源、对原料进行加工或再加工的生产部门（图7.1）。根据《所有经济活动的国际标准行业分类》，农业是第一产业，工业是第二产业，服务

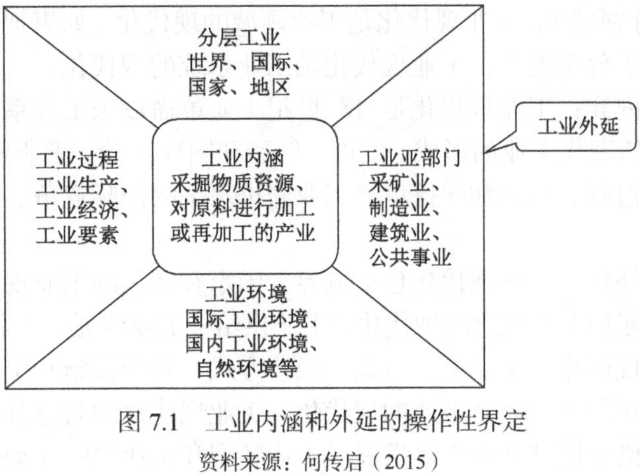

图7.1　工业内涵和外延的操作性界定

资料来源：何传启（2015）

业是第三产业；工业包括采矿业、制造业、建筑业和公共事业；公共事业包括水、暖、燃气和电力的生产和供应。

工业生产要素包括劳动力、资本、土地、资源、能源、机械设备（技术）等。工业主要产品包括矿产、钢铁、水泥、电力、化工、机械、食品、纺织品、材料、建筑物、制成品等。工业既是世界经济的支柱产业，也是国民经济的战略产业。

二、工业现代化的基本概念

迄今为止，工业现代化没有统一定义。

一般而言，工业现代化是现代化的一种表现形式，指工业和工业经济的现代化，它包括工业生产、工业经济、工业环境和工业要素的现代化，包括分段工业现代化、分层工业现代化、工业子系统现代化和工业亚部门现代化等（图 7.2）。工业现代化是国家现代化和经济现代化的一个组成部分，是工业时代的经济现代化的核心部分。

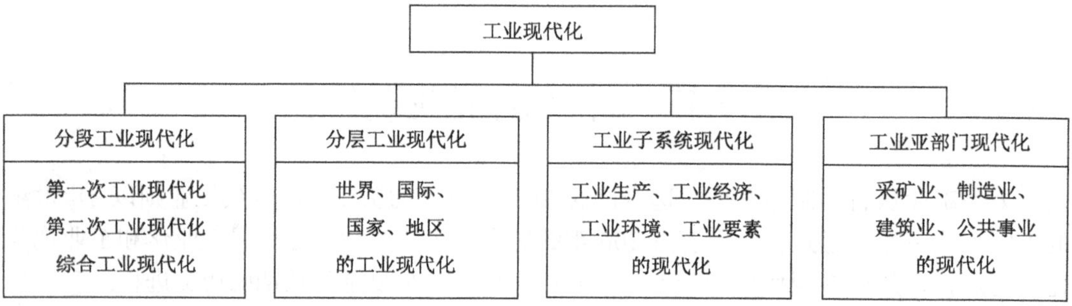

图 7.2　工业现代化的研究对象

资料来源：何传启（2015）

综合工业现代化是两次工业现代化的协调发展，是发展中国家工业现代化的一条基本路径

关于工业和工业现代化的定位，可以有多种观点。如果把工业看成是一个部门（国民经济的一个分部门），工业现代化是工业部门的现代化。如果把工业看成是一个领域（经济领域的一个分领域），工业现代化是工业领域的现代化。如果把工业看成是一个系统（经济系统的一个分系统），工业现代化是工业系统的现代化。

工业现代化的内涵：工业现代化是 18 世纪工业革命以来工业系统的一种前沿变化和国际竞争，它包括现代工业的形成、发展、转型和国际互动，工业要素的创新、选择、传播和退出，以及追赶、达到和保持世界工业先进水平的国际竞争、国际分化和国家分层等。

工业现代化的外延：工业现代化包括世界、国家和地区的工业现代化，工业行为、工业结构、工业制度和工业观念的现代化，工业供给、工业流通、工业需求、工业环境、工业科技和工人的现代化，工业生产方式、经营方式、基础设施和工业管理的现代化，采矿业、制造业、建筑业、公共事业的现代化，工业现代化的时空分布变化等。

工业现代化的概念模型涉及工业发展、工业转型和工业国际互动等（表 7.1）。

表 7.1　工业现代化的概念模型

项目	内容
假设一	工业增长指工业产量、工业增加值和工人收入的增长
假设二	工业进步指工业效率和质量的提高、工业技术和制度进步、工人福利和生活质量的改善
假设三	工业转型指新旧工业形态的变化和交替（包括两次工业转型）
假设四	国际工业地位变化指工业经济水平和工业竞争力的国际地位变化
推论一	工业发展=工业增长+工业进步+工业增长×工业进步
推论二	工业现代化=工业发展×工业转型×国际工业竞争和国际工业地位变化

资料来源：何传启（2015）

三、工业现代化的三个视角

现代化科学认为，工业现代化既是一种状态，是现代工业的世界先进水平；又是一个过程，是达到和保持世界工业先进水平的过程；需要多维度的解析和探讨。

（1）工业现代化是一种工业现象，是 18 世纪以来工业发展的世界前沿，以及追赶、达到和保持世界工业前沿的行为和过程。工业现代化也是一种国际竞争，是追赶、达到和保持世界工业前沿水平的国际竞争和国际分化。

形象地说，工业现代化犹如工业发展的一场国际马拉松比赛，跑在前面的国家是工业发达国家，跑在后面的国家是工业发展中国家；前者可下降，后者可上升；两类国家之间转换有一定规律。其中，工业发达国家是实现工业现代化的国家。

（2）工业现代化是一种工业变迁，是从传统工业向现代工业和智慧工业的巨大转变，以及世界工业体系和国家国际地位的分化等。工业现代化发生在采矿业、制造业、建筑业、公共事业各个部门，发生在工业行为、工业结构、工业科技、工业制度和工业观念各个方面。

18～21 世纪，工业现代化的世界前沿进程可以分为两大阶段。

第一次工业现代化：大致发生在 1760～1970 年，是经典工业现代化，是工业时代的工业现代化，是从传统工业向现代工业转变，包括工业化、机械化、规模化和市场化等。

第二次工业现代化：大致发生在 1970～2100 年，是新型工业现代化，是知识时代的工业现代化，是从现代工业向智慧工业的转变，包括后工业化、信息化、智能化和绿色化等。

（3）工业现代化是一个发展目标。已经实现工业现代化的国家，要保持现代化水平；尚未实现工业现代化的国家，要努力和早日实现工业现代化。

概括地说，工业现代化既是 18 世纪以来工业发展的世界前沿，以及追赶、达到和保持世界工业前沿水平的行为和过程；也是工业系统的一种深刻变化，是从传统工业向现代工业和智慧工业的巨大转变，以及世界工业体系和国家国际地位的变化；达到和保持世界工业先进水平的国家是工业发达国家，其他国家是工业发展中国家，两类国家之间的转换有一定概率。18～21 世纪，世界工业现代化可分为两大阶段，即第一次工业现代化和第二次工业现代化。

第二节　工业现代化的发展趋势

工业是生产物质产品的主要部门，物质产品是人类生活的必需品。工业发展是人类发展的重要组成部分，工业现代化是世界现代化的重要组成部分。在世界工业发展史上，大致产生了四种工业形态（表 7.2），工业现代化是从传统工业向现代工业和智慧工业的转变，包括工业生产、工业经济、工业环境和工业要素现代化等。一般而言，工业现代化是经济现代化的组成部分，工业现代化和经济现代化的发展浪潮相互联动（表 7.3）。

表 7.2　人类历史上的工业范式及其代表性特征

项目	原始工业	传统工业	现代工业	智慧工业
历史时间	人类诞生至公元前 3500 年	公元前 3500 年至公元 1760 年	1760 年至 1970 年	1970 年至 2100 年
工业资源	动植物、石器、陶土	矿产、煤炭等	矿产、能源、投资等	知识、信息、投资等
工业生产	手工	手工、分散生产	机械化、规模化、标准化	信息化、智能化、绿色化
工业流通	实物交换	区域性贸易	全国性贸易	全球性贸易
工业需求	衣物、工具等	生活和生产用品	生活和生产用品等	生活、生产和环保用品等
工业经济	手工经济	地区性商品经济	全国性商品经济	全球性商品经济
工业技术	制陶技术等	传统手工艺和技术	现代工业科技	智能化和绿色化技术等
工业环境	自然环境	自然和地区环境	自然和国内环境	国内和国际环境
工业劳动力	部落工匠	手工业者	现代工业劳动者	知识型工业劳动者
工业特征	手工制作、小规模、地域性	家庭作坊、小规模、分散性	标准化工厂、市场化经济	智能化和绿色化、工业园区、全球经济等
工业比例	比例很小	占 GDP10%以下	占 GDP50%左右	占 GDP20%左右

资料来源：何传启（2015）

注：本表的四种工业范式分类，是工业范式分类中的一种分类方式，反映工业变迁的世界前沿轨迹。

表 7.3　经济和工业现代化的六次浪潮

浪潮	大致时间	经济现代化	工业现代化	备注
第一次	1763～1870 年	第一次产业革命	工业化、机械化、工厂化	第一次工业现代化 工业化、机械化、电气化、自动化、工业比例上升
第二次	1870～1945 年	第二次产业革命	电气化、规模化	
第三次	1945～1970 年	第三次产业革命	自动化、标准化	

续表

浪潮	大致时间	经济现代化	工业现代化	备注
第四次	1970～2020 年	知识和信息革命	信息化、绿色化、智能化	第二次工业现代化 知识化、信息化、绿色化、智能化、工业比例下降
第五次	2020～2050 年	仿生和再生革命	仿生再生、生物工程	
第六次	2050～2100 年	能源和运输革命	新能源、新运输	

资料来源：何传启（2015）

注：依据世界现代化的前沿轨迹划分，不同国家的现代化进程是不同步的。产业革命是经济现代化和工业现代化的核心内容与主要动力。有些学者认为，第三次产业革命可以分为两个阶段：电子革命和自动化、信息革命和信息化。第五次和第六次浪潮是一种预测。第六次科技革命预计为新生物学和再生革命，它将带来一次新产业革命：仿生和再生革命。第七次科技革命预计为新物理学和时空革命，它将带来一次新产业革命：能源和运输革命（何传启，2011）

一、工业现代化的六次浪潮

（1）第一次浪潮（1760～1870 年）。它主要指第一次产业革命，蒸汽机和机械化是它的标志。内容包括工业生产科学化、工业产品商品化、工业经济市场化、工业技术机械化、工业劳动力专业化、现代工厂制度的出现和股份公司的发展、工业资本主义的确立、工业劳动力和工业增加值比例的增加等。

（2）第二次浪潮（1870～1945 年）。它主要指第二次产业革命和两次世界大战期间世界工业的前沿变化，内容包括工业技术的电气化、工业经济的市场化、企业“科学管理”方法的产生、金融资本主义的确立、垄断资本主义的出现。同时，化学肥料和农药的大规模生产和应用极大地推动了农业生产率的提高。

（3）第三次浪潮（1945～1970 年）。它包括第三次产业革命对世界工业的影响、工业国家的现代化、工业国家的独立及其从农业文明向工业文明的转移等。从技术进步的角度看，自动化是第三次浪潮的典型特征。世界工业的前沿变化包括工业生产的规模化和标准化、工业技术的自动化、工业经济的国际化、工业经济制度的完善（国际货币基金组织和世界银行的成立、关税及贸易总协定的制定等）。同时，经济结构的变化十分明显，工业比例继续下降，工业比例经过上升后开始回落，服务业则快速上升。

（4）第四次浪潮（1970～2020 年）。受高技术、信息革命和生态革命的影响，世界工业前沿发生深刻变化。第一，信息革命引发工业的信息化浪潮；第二，生态革命引发生态工业、绿色工业、低碳工业等的兴起；第三，信息技术、生物技术、材料技术、能源技术、航天技术、环境技术、国家安全技术、先进制造等高技术的发展，扩展了工业的发展前景；第四，知识经济和知识社会的兴起，带动工业经济的知识和生态转型，知识型工业快速发展。知识型工业目前的特点包括知识化、信息化、生态化、自然化、多样化、智能化等。

（5）第五次浪潮预计发生在 2020～2050 年。它以新生物学革命为基础，包括生物工程、纳米工程、信息工程和新能源技术等在工业部门的应用和变化等。

（6）第六次浪潮预计发生在 2050～2100 年。它以新物理学革命为基础，包括太空技术、生物工程、新型能源、超级制造和超级运输在工业部门的应用和变化等。知识型工业高度发达，自然化和定制化工业等成为基本特征。

二、工业现代化与产业革命

没有工业革命（产业革命）就没有工业现代化。工业革命既是工业现代化的起点，也是工业现代化的主要动力和核心内涵。关于工业革命没有统一定义。许多学者认为，18 世纪以来世界工业发生了 3～4 次产业革命（表 7.4）。

表 7.4　18 世纪以来的产业革命

产业革命	大致时间	主要特征	关键技术	主要产业
第一次	1760～1870 年	机械化、蒸汽机	蒸汽机、纺织机、工作母机等	蒸汽机、纺织工业、机械、煤炭、冶金、铁路等
第二次	1870～1913 年	电气化、内燃机	电力、内燃机、化工、电讯等	电力、钢铁、石油、化工、汽车、航空、电讯等
第三次（上半段）	1945～1970 年	自动化、计算机	电子、自动控制、航空、其他高技术	电子工业、计算机、电视、核电、航空航天、自动化产品等
第三次（下半段）	1970～2020 年	信息化、智能化、绿色化	信息技术、云计算、量子通信、人工智能、绿色技术等	信息产业、电子商务、智能制造、物联网、无线网、大数据、先进材料、机器人、绿色产业等
第四次（预测）	2020～2050 年	新生物学、仿生化、再生化	信息转换器、人格信息包、仿生、创生、再生、生物技术等	生物产业、再生医学、信息转换器、人格信息包、仿生产业、创生产业、再生产业、人工智能、仿生人等

资料来源：何传启（2015）

注：关于产业革命没有统一认识。有人认为，第三次产业革命上半段（电子和自动化革命）是第三次产业革命，第三次产业革命下半段（信息化和智能化革命）是第四次产业革命，如“德国工业 4.0”等

（1）第一次产业革命（1760～1870 年）。机械化是第一次产业革命的基本特征。第一次产业革命使西欧和北美最早实现了由传统农业经济向工业经济的转变。其中纺织工业、机械制造业、煤炭采掘业、冶金业是影响第一次产业革命的主要工业部门。

（2）第二次产业革命（1870～1913 年）。电气化是第二次产业革命的基本特征。有别于第一次产业革命，科学对工业进程的影响更加显著，规模化生产迅速发展，新型工业部门快速崛起，包括电力工业、石油化学工业、电信业等。

（3）第三次产业革命（1945～2020 年）。学术界对此阶段的划分尚不统一，有些学者按照康德拉季耶夫经济长波周期进行划分。我们认为自动化、信息化、智能化和绿色化是第三次产业革命的基本特征。其中，工业自动化是第三次产业革命的上半段（1945～1970 年），工业信息化、智能化和绿色化是第三次产业革命的下半段（1970～2020 年）。德国学者把第三次产业革命的后半段理解为“第四次产业革命”，简称“工业 4.0”。

（4）第六次科技革命和第四次产业革命（2020～2050 年）。第六次科技革命将是一

次新生物学和再生革命，有可能以生命科学为基础，融合信息科技和纳米科技，提供解决和满足健康长寿需要和提高生活质量的最新科技。第四次产业革命将以信息转换技术、人格信息包技术、仿生技术、创生技术、再生技术为基础，包括生物技术产业、再生医学、信息转换产业、人工智能和仿人机器人等主导产业（何传启，2017）。

三、工业现代化的四个发展趋势

《中国现代化报告 2014～2015：工业现代化研究》发现，18 世纪以来世界工业发展既有复杂性又有规律性。20 世纪以来，大约 68%的工业指标与国家经济水平显著相关，30 多个工业指标出现先升后降的拐点，工业现代化进程表现为非线性，发展中国家的工业政策需要谨慎选择。

（一）世界工业生产的发展趋势

18 世纪以来，世界工业生产和工业格局发生了翻天覆地的变化。这些变化涉及工业资源、工业投入、工业生产与工业效率等方面。20 世纪以来，大约 51%的工业生产指标与国家经济水平显著相关，20 多个工业生产指标出现拐点。

（1）工业资源。工业资源储量与技术进步密切相关，勘探、开采和冶炼技术的进步拓展了资源储量。20 世纪以来，世界人均工业资源总体下降，而有些国家人均资源上升，工业资源的种类差异和国别差异非常大。

（2）工业投入。18 世纪以来，工业劳动力比例和制造业劳动力比例先上升后下降，2010 年高收入国家工业劳动力比例在 22%左右。20 世纪以来，固定资产形成占 GDP 的比例、工业能耗占总能耗的比例、工业用电占全部用电的比例、工人人均电力消耗和工人人均能源消耗先上升后下降，工人人均资本持续上升等。

（3）工业生产与工业效率。18 世纪以来，工业增加值和制造业增加值占 GDP 的比例、单位工业增加值的能源消耗、电力消耗和淡水消耗先上升后下降；人均工业增加值和制造业增加值上升，但部分发达国家已开始下降；工业劳动生产率持续上升，但国际差距扩大；2010 年工业劳动生产率的国际绝对差距达近 30 万美元，相对差距有 300 多倍。

18 世纪以来，世界工业结构变化既有一些共性特点，也有很大的国别差异和时代差异。20 世纪经济结构变迁具有一些基本特点（表 7.5）。

表 7.5　20 世纪世界经济结构变迁的若干特点

项目	结构变迁				特点
	产业结构（增加值占 GDP 的比例）		就业结构（劳动力占就业劳动力的比例）		
国民经济	农业	下降	农业	下降	线性
	工业	先升后降	工业	先升后降	有拐点
	服务业	上升	服务业	上升	线性

续表

项目	结构变迁				特点
	产业结构（增加值占 GDP 的比例）		就业结构（劳动力占就业劳动力的比例）		
工业	采矿业	部分国家先升后降	采矿业	部分国家先升后降	国别差异大
	制造业	先升后降	制造业	先升后降	有拐点
	公共事业	部分国家先升后降	公共事业	部分国家先升后降	国别差异大
	建筑业	先升后降	建筑业	先升后降	有拐点
	产业结构（增加值占制造业的比例）		就业结构（劳动力占制造业劳动力的比例）		
制造业	高技术产业	上升	高技术产业	上升（国别差异大）	国别差异大
	中技术产业	先升后降	中技术产业	先升后降（估计）	有拐点
	低技术产业	下降	低技术产业	下降	线性
	20 世纪后期，产业结构（增加值占制造业的比例）				
制造业	食品、饮料和烟草产业比例		国别差异大，人均增加值上升		国别差异大
	纺织与服装产业比例		下降，人均增加值下降		有拐点
	化工产业比例		上升，人均增加值上升		国别差异大
	机械和运输设备产业比例		上升，人均增加值上升		国别差异大
	其他制造业比例		国别差异大		国别差异大
	出口结构（出口占制造业出口的比例）				
制造业	高技术出口比例		国别差异大		国别差异大
	中高技术出口比例		国别差异大		国别差异大
	中低技术出口比例		国别差异大		国别差异大
	低技术出口比例		下降		线性

资料来源：何传启（2015）

（1）国民经济的结构变迁：农业增加值比例和劳动力比例下降，工业增加值比例和劳动力比例先升后降，服务业增加值比例和劳动力比例上升（图 7.3 和图 7.4）。

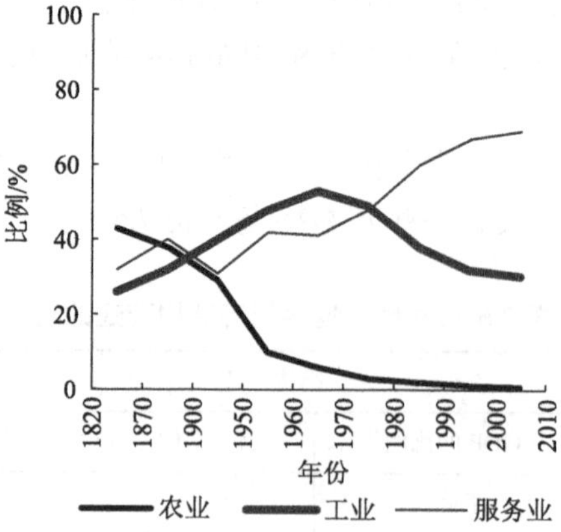

图 7.3　1820～2010 年产业结构变迁

数据为美国和德国的数据；受数据获取限制，横坐标仅作示意，非精确刻度

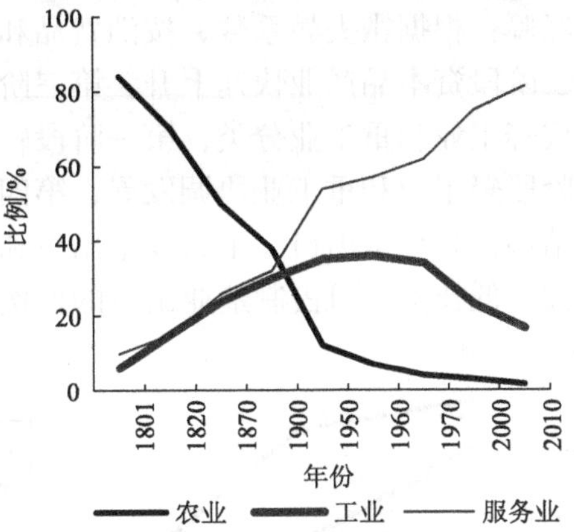

图 7.4　1801～2010 年就业结构变迁

数据为美国数据，1801 年为估计值；受数据获取限制，横坐标仅作示意，非精确刻度

（2）工业部门的结构变迁：部分国家采矿业增加值比例和劳动力比例先升后降，制造业增加值比例和劳动力比例先升后降，建筑业增加值比例和劳动力比例先升后降，部分国家公共事业增加值比例和劳动力比例先升后降；采矿业和公共事业的国别差异大。

（3）制造业的技术结构：高技术产业增加值比例上升，中技术产业增加值比例先升后降，低技术产业增加值比例下降（图 7.5）；高技术产业劳动力比例上升但有国别差异，中技术产业劳动力比例先升后降，低技术产业劳动力比例下降。

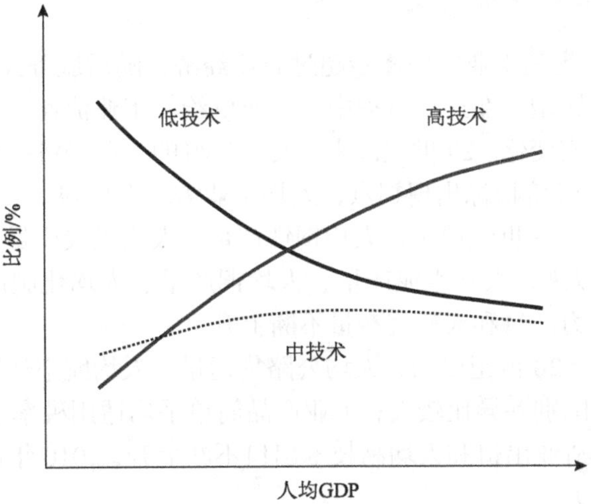

图 7.5　20 世纪制造业技术结构

资料来源：UNIDO（2013）

（4）制造业的产业结构：20 世纪后期，食品、饮料和烟草产业比例变化国别差异大，纺织与服装产业比例下降，化工产业比例上升，机械和运输设备产业比例上升，其他制造业比例的变化国别差异较大；化工产业比例及机械和运输设备产业比例的变化也有国别差异。

（5）制造业的历史经验：根据霍夫曼系数，按消费品和资本品分类，第一阶段消费品产业占主导地位，第二阶段资本品产业快速上升，第三阶段资本品产业超过消费品产业。根据钱纳里模型，按轻工业和重工业分类，第一阶段轻工业占主导地位，第二阶段重工业快速上升，第三阶段轻工业和重工业协调发展，第四阶段制造业比例下降。

（6）制造业的出口结构：高技术出口、中高技术出口和中低技术出口占制造业出口的比例的国别差异比较大；低技术出口占制造业出口的比例下降（图 7.6）。

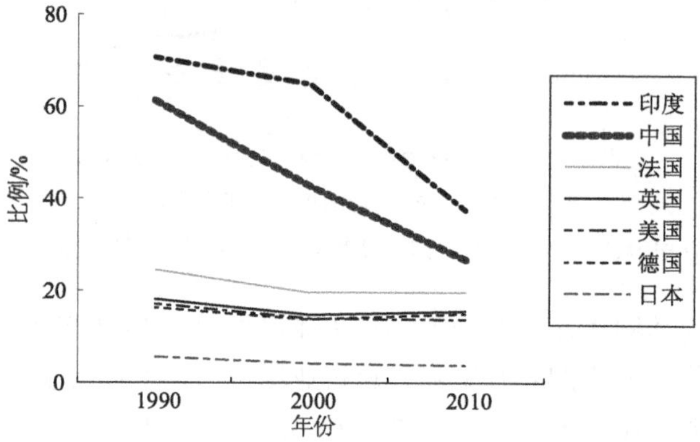

图 7.6　低技术出口比例变迁

资料来源：OECD（2014）

（二）世界工业经济的发展趋势

18～20 世纪，先是工业经济逐步超过农业经济，随后服务经济快速超过工业经济，世界经济发生两次转型。在这个过程中，工业供给、工业流通、工业需求和消费、工业竞争力都发生了深刻变化。20 世纪以来，大约 78%的工业经济指标与国家经济水平显著相关，10 多个工业经济指标出现拐点，人均工业需求有极限。

（1）工业供给。18 世纪以来，人均钢铁产量、人均煤炭产量、人均啤酒产量先上升后下降。19 世纪以来，人均水泥产量、人均铜产量、人均化肥产量先上升后下降。20 世纪以来，人均电力产量和天然气产量不断上升。

（2）工业流通。20 世纪以来，人均公路货运量、人均航空运输持续上升；国际工业贸易发展加快，但国别差异比较大；工业产品简单平均适用税率下降，2010 年世界平均低于 10%；人均制造业出口和人均高技术出口不断上升，2010 年世界人均高技术出口的最大值超过 2 万美元。

（3）工业需求和消费。20 世纪以来，人均工业消费水平提高，但人均消费和需求有极限。目前发达国家，人均钢铁消费、人均水泥消费、人均原油消费、人均原糖消费、人均化肥消费等几个指标的变化都呈下降趋势。

（4）工业竞争力。发达国家具有较高竞争力。2010 年高收入国家制造业出口占全球的 72%，中等和低收入国家占 28%；高收入国家高技术出口占全球的 65%，中等和低收入国家占 35%；在人均制造业出口和人均高技术出口方面，高收入国家分别是世界平均值的 3.8 倍和 3.5 倍，中等收入国家分别是世界平均值的 39%和 50%。

（三）世界工业环境的发展趋势

18 世纪以来，工业环境变迁同样是巨大和深刻的，包括生态环境和社会环境的变化。20 世纪以来，生态环境受到广泛关注，工业发展模式先后发生绿色转型。

（1）生态环境。20 世纪以来，温室气体排放在增加，部分国家已经下降；可吸入颗粒物（inhalable particle of 10 μm or less，PM10）平均浓度呈现先上升后下降的趋势；主要国家工业人均有机废水（BOD）排放量、单位工业增加值的有机废水（BOD）排放量的变化是先上升后下降，同时废水处理率呈上升趋势；人均工业固体废物上升，固体回收利用率不断提高。

（2）社会环境。19 世纪以来，平均预期寿命在延长，人口自然增长率从上升到下降，城市人口比例不断上升；公共卫生持续改善，初等教育逐步普及。20 世纪以来，普及中等教育和高等教育，电脑和互联网普及率大幅提高。

（四）世界工业要素的发展趋势

世界工业发展的影响因素非常多。有些基本要素，如工业劳动力、工业企业、工业技术、工业制度和工业观念等，同时作用于工业生产和工业经济。

（1）工业劳动力。20 世纪以来，工业劳动力受教育年数在增长；工业劳动力收入和福利不断提高，包括工作时间缩短、工伤率下降和社会保障覆盖率提高等。

（2）工业企业。20 世纪以来，企业管理水平提高，ISO 认证（国家标准化认证）企业比例趋于上升。企业质量管理大致经历质量检测、质量控制、全面质量管理和国际质量认证等阶段。企业组织形式不断演化，部分行业产业集中度提高，工业园区得到发展等。

（3）工业技术。工业技术发展可以大致分为三个阶段：传统工业技术、现代工业技术和智慧工业技术。18 世纪以来大致发生了三次技术革命：蒸汽机和机械革命、电力和运输革命、电子和信息革命。其中，电子和信息革命包括上半段（电子和自动化革命）和下半段（信息和智能化革命）。技术革命与产业革命一一对应。18 世纪以来大约发生了三次产业革命；有学者预计，第四次技术革命和产业革命进入倒计时（表 7.4）。

（4）工业制度。工业制度的演变可以大致分为三大阶段：农业经济时代、工业经济时代和知识经济时代的工业制度。

（5）工业观念。工业观念的演变可以大致分为三大阶段：农业经济时代、工业经济时代和知识经济时代的工业观念。

四、工业现代化的历史经验

第一，工业现代化是相对可以预期的。分析表明，20 世纪世界工业变化是相对连续的和有规律可循的，在 228 个分析指标中，大约 68%的工业指标与国家经济水平显著相关。例如，工业效率上升、工业劳动力平均工资增加、工业产品简单平均适用税率下降等。

第二，工业现代化是一个长期的、复杂的过程。在过去近 300 年里，工业现代化包括从家庭工业向工厂化工业、工厂化工业向知识型工业的转变；其中，第二个转变尚没有完成。工业现代化不仅包括工业效率的提高，也包括工业结构、工业制度和工业观念的变化。其中，工业生产模式、工业结构、工业制度和工业形态的转变和更替，是工业现代化的关键。

第三，工业现代化是一个动态的、不平衡的过程，大致经历工业化和后工业化（非工业化）两大阶段。工业现代化不仅内涵是变化的，而且在不同国家的表现也是不同的。在过去近 300 年里，工业现代化是不同步的，表现为工业效率增长的不同步、工业结构变化的不同步、工业制度和工业观念变化的不同步，以及工业形态转变的不同步等。换句话说，工业现代化成就的空间分布是不均衡的。工业现代化是一场国际竞争，既然是竞争就会有输赢。输家和赢家不是一成不变的，而是有一定的转移概率。所以，世界工业中心是可变的，世界工业前沿是变化的，国际工业差距是变化的，国家工业地位是可变的。

第四，工业现代化是一个可逆的过程，可能会出现停滞、中断或倒退的现象等。整个世界的工业现代化进程是连续的和不可逆的，但是，某个国家和地区的工业现代化进程就有多种表现形式，它可以是连续的，也可以是不连续的；可以出现停滞或中断，也可以出现暂时的倒退，甚至长期的倒退。在过去近 300 年里，有些国家出现一个时期的负增长，工业结构、制度和观念出现倒退；在未来 100 年，有些国家同样可能出现一个时期的负增长、停滞或倒退。

第五，工业现代化是一个进步的过程。过去近 300 年的工业现代化过程，既是工业劳动生产率提高的过程，也是资源使用效率提高的过程，同时还是工业劳动力福利和工业公平增加的过程。在未来 100 年里，没有理由怀疑这种趋势会中断或逆转。所以，工业现代化是进步的，尽管在进步的过程中会发生种种问题，甚至是灾难性的问题。

第六，工业现代化是一个充满风险的过程。工业现代化不是免费的，需要付出成本和代价。在工业现代化过程中，随着产业转型和技术更替，老的技术和旧的产业将失去其原有的工业价值和地位，有些行业和人群将受到损失。另外，科学和技术是一把“双刃剑”，技术风险始终存在，而且有扩大的趋势。工业现代化过程需要有风险控制和危机管理。

第七，工业现代化是一个创新的过程。集中体现在技术创新和管理创新两个方面。技术创新是引发产业革命的必要条件；而企业管理革新为新技术的推广、产业革命的深化提供制度上的动力源泉。

第八，工业现代化是一个工业质量提升的过程。从工业现代化初期的传统经验性的质量管理发展到当前的全面质量管理阶段。企业通过不断地开展研制质量、维持质量和提高质量的活动在最经济的水平上做到充分满足用户的要求，进而提高自身的竞争力。

第九，工业现代化需要关注环境问题和可持续发展。可持续发展是人类对工业现代化进程，特别是对发达国家先污染后治理的发展模式进行深刻反思的结果。低能耗、低污染、低排放已经成为当前工业发展的主题。

第十，世界工业现代化具有模式和路径多样性。未来 100 年，世界工业现代化的基本路径是多样的，包括发达国家的第二次工业现代化路径（包括知识化、信息化和绿色化的联合推进）、发展中国家的第一次工业现代化、第二次工业现代化和综合工业现代化路径等。

总的来说，世界工业现代化起步于 18 世纪 60 年代；它的发展是非线性的，包括工业化和后工业化两个阶段，工业结构和工业质量变迁具有一定的规律性，产业革命是工业现代化的核心内涵，工业创新是工业现代化的原动力，工业环境的变迁是非线性的。

第三节　工业现代化的基本原理

世界工业发展和工业现代化既有复杂性又有规律性。关于工业现代化的理论解释，目前没有统一认识。有些学者强调技术进步，有些学者强调制度进步，有些学者强调企业变迁，有些学者强调结构变化，有些学者认为是多因素的联合作用。显然，不同观点各有合理性。何传启把《现代化科学：国家发达的科学原理》推广到工业现代化，提出了"广义工业现代化的一般理论"，涵盖工业现代化的内涵、过程、结果、动力和模式五方面内容（表 7.6）。

表 7.6　广义工业现代化的一般理论

方面	基本内容
内涵	工业现代化是工业部门的现代化，是 18 世纪工业革命以来的一种工业变迁和国际竞争，是现代工业的形成、发展、转型和国际互动的前沿过程，是工业要素的创新、选择、传播和退出交替进行的复合过程，是追赶、达到和保持世界工业先进水平的国际竞争和国际分化等
过程	工业现代化是一个复杂过程，包括工业发展、工业转型、国际工业竞争和国际工业分化，包括工业行为、工业结构、工业制度和工业观念的变化，包括工业企业组织和企业管理的变化，包括工业发展的世界前沿和达到世界前沿的过程等。在 18～21 世纪，工业现代化过程的前沿轨迹可以分为两大阶段，其中，第一次工业现代化是从传统工业向现代工业、从个体手工业向机械化大工业的转型过程和深刻变化，它的主要特点包括工业化、机械化、电气化、自动化、标准化、规模化和工厂化等；第二次工业现代化包括从现代工业（modern industry）向智慧工业（smart industry）、从机械化工业向信息化工业的转型，目前特点包括知识化、信息化、绿色化、智能化、国际化和非工业化等；两次工业现代化的协调发展是综合工业现代化。22 世纪工业现代化还会有新变化
结果	工业现代性、特色性、多样性和副作用的形成，包括工业效率和工人收入的提高、工业质量与工业竞争力的改善、工业技术和工业制度的发展、工业行为和工业结构的合理化，以及国家工业水平、国际工业地位和国际工业体系的变化等。第一次工业现代化的结果是第一工业现代性、特色性和多样性的形成，副作用包括环境污染、资源损耗和劳动风险等；完成第一次工业现代化的主要标志是完成工业的机械化、电气化和自动化，工业效率、工业结构和工人收入达到现代工业的世界先进水平（20 世纪 60 年代的世界先进水平）。第二次工业现代化的结果是第二工业现代性、特色性和多样性的形成，副作用包括技术风险、国际风险等；完成第二次工业现代化的主要标志是完成信息化、智能化和绿色化，工业效益和工业质量达到智慧工业的世界先进水平（未来某个时间的）等
动力	工业现代化的动力因素包括技术创新、制度创新、企业创新、工业竞争、国家利益和市场需求，包括经济增长、税收、城市化、信息化、全球化和合理预期，包括资本积累、技术进步、制度进步、工业结构变化、工业环境变化、工业政策变化和国际工业体系变化等。动力模型包括创新驱动、双轮驱动、联合作用、创新扩散、创新溢出、竞争驱动、工业生产率函数、工业要素优化、工业结构优化、工业企业进化等。不同国家和不同阶段工业现代化的动力有所不同

续表

方面	基本内容
模式	工业现代化的路径和模式是多样的，具有路径依赖性，受工业资源禀赋、历史传统和国际环境的影响；在21世纪有三种基本路径：第一次工业现代化路径、第二次工业现代化路径和综合工业现代化路径；工业现代化的模式具有多样性和客观条件依赖性，不同客观条件的国家和地区可以创造或选择不同模式，不同发展阶段可以有不同模式

资料来源：何传启（2015）

一、工业现代化的内涵

第一，工业现代化没有统一定义。下面是它的三种操作性定义。从政策角度看，工业现代化指世界工业先进水平以及达到和保持世界先进水平的行为和过程。

（1）工业现代化是 18 世纪以来世界工业的一种前沿变化和国际竞争，是现代工业的形成、发展、转型和国际互动的前沿过程，是工业要素的创新、选择、传播和退出交替进行的复合过程，是追赶、达到和保持世界工业先进水平的国际竞争和国际分化等；达到和保持世界工业先进水平的国家是工业发达国家，其他国家是工业发展中国家，两类国家之间的转换有一定概率。

（2）工业现代化是现代工业的世界前沿，以及达到和保持世界前沿的行为和过程。

（3）工业现代化是 18 世纪以来工业发展、工业转型和工业国际互动的交集。

第二，工业现代化的四个标准。工业现代化既是一种工业变迁，也是一种工业竞争；既需要国内视角，也需要国际视角；既有工业进步，也有副作用；既有共性，也有多样性；既有国际工业趋同，也有国际工业分化；工业现代化不是一劳永逸的，而是不进则退的。满足如下四个标准的工业变迁，才属于工业现代化。

（1）有利于工业生产力和工业质量的提高。

（2）有利于职工收入和生活质量的提高。

（3）有利于工业技术水平和竞争力的提高。

（4）有利于工业的环境友好和绿色发展。

第三，工业现代化的两重性。从工业变迁和工业转型角度看，每个国家的工业现代化都会前进和有可能成功，但国家工业进步有快慢，工业水平有高低，成功时间有先后。从世界前沿和国际竞争角度看，只有部分国家的工业能够达到和保持世界先进水平，不同国家成功的概率有差异。

第四，工业化与工业现代化。18 世纪以来，世界工业现代化大致经历了两大阶段：工业化和后工业化。目前，发展中国家面临工业化和后工业化的双重挑战。

（1）工业化指国民经济中，工业经济比例和工业劳动力比例上升的过程，同时工业主义向全社会渗透。属于第一次工业现代化的主要内容。

（2）后工业化（也称非工业化）指国民经济中，工业经济比例和工业劳动力比例下降的过程，同时工业观念从追求效率向环境友好转型。属于第二次工业现代化的主要内容。

（3）新工业化指发展中国家的一种工业发展战略，是工业化、信息化和绿色化的高度融合。它采用信息化和绿色化的理念来推进工业化，是综合工业现代化的一种表现形式。

（4）再工业化指发达国家的一种工业振兴战略，包括现有工业的现代化改造和高新技术产业的发展。属于第二次工业现代化的一种发展模式，是一种经济刺激政策。

二、工业现代化的过程和结果

（一）工业现代化的过程

其一，工业现代化的过程大致分为两类：前沿过程和追赶过程，它们相互影响。前沿过程是发达国家的工业现代化，是领先型工业现代化。追赶过程是发展中国家的工业现代化，是追赶型工业现代化。

其二，工业现代化的前沿过程包括两大阶段：第一次工业现代化和第二次工业现代化（表 7.7）。如果说，第一次工业现代化是初级工业现代化，是从传统工业向现代工业的转变；那么，第二次工业现代化是高级工业现代化，是从现代工业向智慧工业的转变；两次工业现代化的协调发展是综合工业现代化，它比较适合于发展中国家。

表 7.7　世界工业现代化的两个阶段

项目	第一次工业现代化	第二次工业现代化
时间	1760～1970 年	1970～2100 年
内容	从传统工业向现代工业转变，工业化，工业和制造业比例上升	从现代工业向智慧工业转变，后工业化，工业和制造业比例下降
生产	专业化、标准化、规模化、城市化	绿色化、国际化、数字化、订单化
技术	机械化、电气化、自动化等	知识化、信息化、智能化、绿色化、生物技术等
企业	现代企业、科学和效率管理、质量管理	网络型、学习型、柔性管理、创新和战略管理
职工	提高识字率、普及初等教育、职业培训	提高竞争力、普及高等教育、终身学习
制度	现代企业制度、劳动和福利制度、工会等	环境保护制度、自由贸易和低关税、知识产权等
观念	效率、产量、收入、技术、标准等	效益、质量、创新、服务、环境意识等
动力	技术、资本、劳动、制度、竞争等	知识、信息、创新、学习、国际竞争等
目标	提高工业效率、促进经济增长等	提高工业质量、创新能力和国际竞争力等
副作用	资源破坏、环境污染、劳动安全性低等	技术风险、网络风险、国际风险等

资料来源：何传启（2015）

其三，工业现代化过程的主要特点。一般特点包括：部分可预期、不均衡的、不同步的、有阶段的、多样性、系统性、复杂性、长期性、进步性、全球性、风险性、政府作用、工业效率分化、工业结构趋同和具有副作用等。第一次工业现代化和第二次工业现代化的特点是不同的，不同国家工业现代化的特点也有差别。

其四，工业现代化过程的基本原理。工业现代化遵循现代化的一般原理，包括：进程不同步、分布不均衡、结构稳定性、地位可变迁、行为可预期、路径可选择、需求递进、效用递减、状态不重复、中轴转变原则。工业现代化具有二重性：既要维护国家安全利益，又要提高工业生产力和国际竞争力。

（二）工业现代化的结果

工业现代化的结果，是时间的函数，随时间而变化。

首先，工业现代化的一般结果。主要包括工业现代性、特色性、多样性和副作用的形成，包括工业效率和职工收入的提高、工业质量与工业竞争力的改善、工业技术和工业制度的发展、工业企业和工业管理的进步、工业行为和工业结构的合理化，以及国家工业水平、国际工业地位和国际工业体系的变化等。不同国家工业现代化的结果既有共性又有差异；两次工业现代化的结果是不同的。

其次，工业现代化的三种变化。包括世界工业的前沿变化、国际工业体系变化和国家工业状态的变化。世界工业前沿变化主要表现在六个方面：两次工业转型的完成，工业效率和工人收入的提高，工人福利和生活质量的改善，工业比例的变化，工业技术和工业制度的发展，国际工业体系和国家工业地位的变化。

最后，工业现代化的国家目标。从政策角度看，国家工业现代化的主要目标有两个：提高工业生产力和竞争力，保持或达到世界工业先进水平；发达国家的政策目标是保持世界工业先进水平，发展中国家的政策目标是追赶和达到世界工业先进水平。从理论角度看，国家工业现代化大致有如下三个目标：①完成第一次工业现代化，实现从传统工业向现代工业的转型；②完成第二次工业现代化，实现从现代工业向智慧工业的转型；③追赶、达到和保持世界工业的先进水平，成为工业发达国家或缩小国际差距。

三、工业现代化的动力和模式

（一）工业现代化的动力

工业现代化的动力分析，涉及动力因素和动力模型两个方面。

首先，工业现代化的动力因素，主要包括技术创新、制度创新、企业创新、工业竞争、国家利益和市场需求等。在工业发达国家，技术创新和企业创新作用比较突出；在工业发展中国家，工业竞争和学习作用比较突出。

其次，工业现代化的动力模型，包括微观动力模型、宏观动力模型、定量动力模型和创新价值模型。

（1）微观动力模型包括创新驱动模型、双轮驱动模型和联合作用模型等。

（2）宏观动力模型包括创新扩散模型、创新溢出模型、竞争驱动模型等。

（3）定量动力模型包括工业生产力函数、工业要素优化模型、工业结构优化模型、工业企业进化模型等。工业生产率，与工业技术、工业劳动力人均资本和人均技能成正比，与先进技术比例、优质资产比例和优质劳动力比例成正比，与高效产业比例和优质企业比例成正比。

（4）创新价值模型。假设：①创新价值指创造性劳动创造的价值（创新的超额利润），简单劳动价值指简单性劳动创造的价值；②简单性劳动包含物化劳动和普通劳动，物化劳动指物化在资本和技术中的劳动，普通劳动指人类的简单性劳动。推论：①工业生产率和劳动生产率，与创新价值比例成正比，与简单劳动价值比例成反比；②工业生产率和劳动生产率，与物化劳动比例成正比，与普通劳动比例成反比。

（二）工业现代化的模式

工业现代化是一个长期过程，具有时间跨度和发展路径。不同国家的工业现代化有自己的发展路径和阶段模式。一般而言，第一次工业现代化的模式选择，更多受自身条件和历史条件的影响。第二次工业现代化的模式选择，更多受科技水平和国际环境的影响。综合工业现代化的模式选择，更多受政策导向和国际竞争的影响。

21 世纪工业现代化大致有三条基本路径：第一次工业现代化路径、第二次工业现代化路径和综合工业现代化路径（图 7.7）。不同国家可以选择不同路径。

工业现代化没有标准模式，没有最佳模式，只有合适模式（表 7.8）。第一次工业现代化大约有 30 种模式，第二次工业现代化大约有 30 种模式（其中 18 种模式为新模式），综合工业现代化大约有 30 种模式（其中 6 种模式为新模式）。

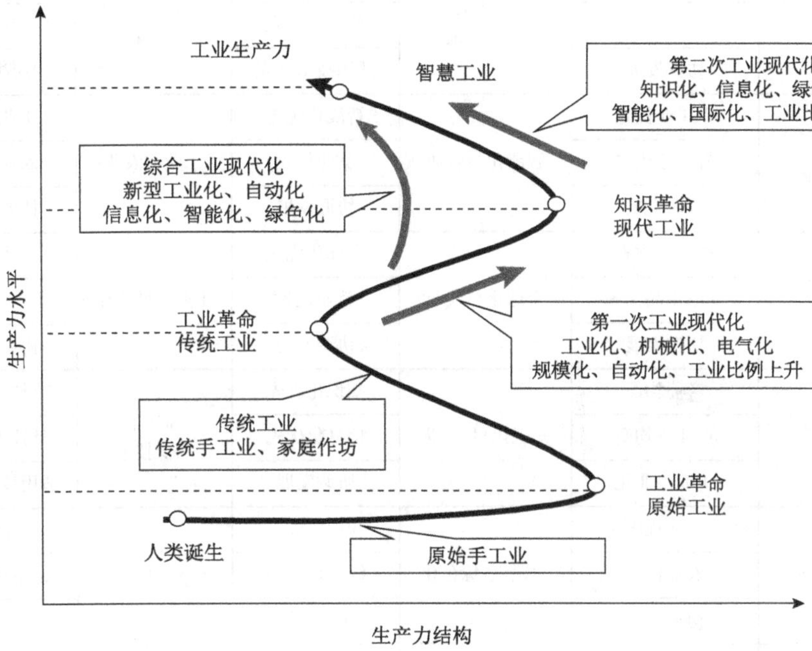

图 7.7　21 世纪工业现代化的三条路径

资料来源：何传启（2015）

21 世纪第一次工业现代化路径将受到第二次工业现代化的影响，多少具有综合工业现代化的特点。综合工业现代化路径具有多样性，与起点和目标选择紧密相关

表 7.8　工业现代化的组合模式（举例）

编号	第一次工业现代化的组合模式		第二次工业现代化的组合模式		综合工业现代化的组合模式	
	要素组合	模式	要素组合	模式	要素组合	模式
1	制造业与建筑业	制造业优先	大企业与小企业	大企业主导	制造业与建筑业	制造业优先
2		建筑业优先		小企业主导		建筑业优先
3		协调发展		协调发展		协调发展
4	制造业与采矿业	制造业优先	自由贸易与工业保护	自由贸易为主	制造业与采矿业	制造业优先
5		采矿业优先		工业保护为主		采矿业优先
6		协调发展		协调发展		协调发展
7	大企业与小企业	大企业主导	耐用品与非耐用品	耐用品优先	大企业与小企业	大企业主导
8		小企业主导		非耐用品优先		小企业主导
9		协调发展		协调发展		协调发展
10	出口导向与进口替代	出口导向优先	产业均衡与不均衡	产业均衡	出口导向与进口替代	出口导向优先
11		进口替代优先		产业不均衡		进口替代优先
12		竞争发展		工业专业化		协调发展
13	自由贸易与工业保护	自由贸易为主	高技术与低技术	高技术优先	自由贸易与工业保护	自由贸易为主
14		工业保护为主		低技术优先		工业保护为主
15		协调发展		适用技术优先		协调发展
16	重工业与轻工业	重工业优先	智能化与就业	智能化优先	工业与农业	工业优先
17		轻工业优先		就业优先		农业优先
18		协调发展		协调发展		协调发展
19	耐用品与非耐用品	耐用品优先	全球化与就业	全球化优先	工业与城市化	工业优先
20		非耐用品优先		就业优先		城市化优先
21		协调发展		协调发展		协调发展
22	产业均衡与不均衡	产业均衡	知识化+信息化	知识化优先	高技术与低技术	高技术优先
23		产业不均衡		信息化优先		低技术优先
24		工业专业化		协调发展		适用技术优先
25	工业与农业	工业优先	知识化+绿色化	知识化优先	工业与信息化	工业优先
26		农业优先		绿色化优先		信息化优先
27		协调发展		协调发展		协调发展
28	工业与城市化	工业优先	信息化+绿色化	信息化优先	工业与绿色化	工业优先
29		城市化优先		绿色化优先		绿色化优先
30		协调发展		协调发展		协调发展

资料来源：何传启（2015）

注：模式是相对的，相关模式之间没有明显界限，不同模式可以交叉进行。几个模式可以组合成一种复合模式

（三）综合工业现代化

综合工业现代化是 21 世纪工业现代化的一条基本路径，它包括两次工业转型（从传统手工业向机械化工业、从机械化工业向智能化工业的转型）的联动和持续向智慧工业转变，包括工业机械化、电气化、自动化、信息化、智能化、绿色化和国际化的协调发展，包括工业效率和工人收入的提高、工人福利与生活质量的改善、国际工业竞争力和国际工业地位的提高等。

综合工业现代化是两次工业现代化的协调发展并持续向第二工业现代化转型的历史过程，它包括生产模式、关键技术、工业结构、工业制度和观念的变化，包括追赶和达到世界工业先进水平的国际竞争。实现综合工业现代化的标志是工业效率、工业质量、工业竞争力、工人福利和生活质量、工业技术和工业制度等达到当时的世界先进水平。

从经济结构角度看，第一次工业现代化是一个工业化过程，工业比例不断上升；第二次工业现代化是一个非工业化过程，工业比例不断下降；综合工业现代化是一个新工业化过程，工业比例有可能长期在某一个范围内波动，但工业观念、工业结构和工业制度等持续向智慧工业转型，向第二次工业现代化转型。

四、工业现代化的政策选择

工业现代化的战略分析包括目标分析、目标制定和规划制定等。

在 21 世纪，工业发达国家可以采用第二次工业现代化路径；工业发展中国家可以有 3 种选择：追赶工业现代化路径、综合工业现代化路径和第二次工业现代化路径。3 条路径有不同内涵和特点，需要采取不同政策。

工业政策创新和措施选择遵循 5 个原则：有利于工业生产力和工业质量的提高，有利于企业创新能力和管理水平的提高，有利于职工收入和生活质量的提高，有利于工业技术水平和国际竞争力的提高，有利于工业的环境友好和绿色发展等。

第四节　中国工业现代化的战略构想

中国工业现代化起步于 19 世纪 60 年代，是一种后发追赶型现代化，它既要面对先行国家所经历的诸多挑战，又要面对新的经济形态和国际竞争。《中国现代化报告 2014～2015：工业现代化研究》认为，21 世纪前 50 年，中国可以选择综合工业现代化路径，制定工业现代化路线图，实施三个行动议程，建设工业质量强国、工业创新强国和绿色工业强国。

一、中国工业现代化路线图

中国工业现代化的路线图是中国工业现代化的目标和路径的一种系统集成。

（一）基本思路

依照综合工业现代化原理，采纳两次工业现代化的精华，避免两次工业现代化的误区；坚持“质量优先、创新驱动和环境友好”三个原则，实施“质量十年议程、工业创新议程、绿色工业议程”三个行动议程，重点推进工业质量现代化、工业结构现代化和工业环境现代化；加速从传统工业向现代工业和智慧工业的转型，迎头赶上工业现代化的世界先进水平。

（二）战略目标

第一步，在 2030 年前后，完成第一次工业现代化，建设工业质量强国。第二步，在 2050 年前后，基本实现工业现代化，建设工业创新强国、智能制造强国、绿色制造强国。第三步，在 21 世纪末，全面实现工业现代化，建设世界领先工业强国。

（三）运河路径

瞄准世界工业的未来前沿，两次工业现代化协调发展，并持续向第二次工业现代化转型；大力推进工业自动化、信息化、智能化、绿色化、服务化和国际化，推动工业结构向高端市场和核心技术的上行演化，大幅度提高工业质量和工业效益，降低工业能耗和“工业三废”排放，提高工业国际竞争力和国际地位，迎头赶上工业现代化的世界先进水平；在 2050 年建成工业创新强国，在 21 世纪末建成世界领先工业强国，工业质量、工业结构、工业环境、工业技术、职工福利和物质生活质量等达到当时的世界先进水平。

二、中国工业现代化的政策重点

中国工业现代化需要全面推进，未来 30 年可以重点突破三个方面。

（一）坚持质量优先原则，推动工业质量现代化，建设“工业质量强国”

实施“中国质量十年议程”，建设工业质量强国；编制“中国工业质量法典”，完善质量法规体系，夯实工业质量的法律基础；提高法律执行力，保障生产者和消费者合法权益，提高工业质量的社会基础；健全职工技能体系，优化职业培训体系，提高工业质量的技能基础；加快技术新陈代谢，定期淘汰落后技术，提高工业质量的技术基础。

（二）坚持创新驱动原则，推动工业结构现代化，建设“工业创新强国”

实施“工业创新议程”，建设工业创新强国和绿色制造强国；把握新科技和新产业革命的机遇，建设“生物经济强国”；启动“高端产品进口替代工程”，带动产业和市场升级；适度增加对外投资，把部分外汇存款变为对外投资；加快产业结构的存量调整，优化产业的空间结构；大力发展生产性服务业和科技服务业，优化企业发展的经济环境。

（三）坚持环境友好原则，推动工业环境现代化，实现工业与环境的双赢

实施“绿色工业议程”，走绿色发展道路，推动工业发展与环境退化的脱钩；严把海关进口检验关，坚决杜绝污染进口；研究和实施环境成本核算，明确环境责任；继续大力发展环保产业和循环经济；继续实施污染治理和传统工业改造工程，清除历史遗留的环境污染。

三、中国工业现代化的行动议程

（一）中国质量十年议程

从经济角度看，质量是立国之本，工业是强国之道。工业质量不仅是工业现代化的标志性指标，而且是物质生活质量的决定性因素。目前，中国工业规模已经位居世界前列，但是，中国工业质量位于世界中下游。借鉴世界工业强国的成功经验，加快中国经济发展方式的根本转变，实现从规模扩张型向质量进步型的战略转型，是一种历史必然。未来 10 年，提高工业质量，应该成为中国工业现代化的第一优先，应该摆在经济工作的首要位置。建议全面落实国务院《质量发展纲要》，制定和实施“中国质量十年议程”。

总体目标：力争用 10 年时间（2015～2025 年），使中国工业微观质量达到 2010 年世界先进水平，中国工业宏观质量接近 2010 年发达国家平均水平，基本建成工业质量强国。

宏观措施：建立政府和部门质量目标责任制，编制“中国工业质量法典”，提高质量法规执行力，完善质量体系和质量奖励制度，优化质量发展环境，促进高质量物联网建设等。

微观措施：明确企业法人质量责任制，鼓励企业建立全面质量管理体系，建立产品“召回制度”，提出新的质量标准，建立职业培训学校等。

重大行动：举行“中国质量十年议程”启动仪式，宣布“向质量进军”；建立“中国质量管理中心”，重建企业职业技能体系，建立“国家质量巡回法院”，设立“质量检察官”等。

（二）工业创新议程

工业创新是工业现代化的重要原动力。工业创新可以产生新产业和新经济，可以导致新制度和新观念，可以驱动工业结构升级、工业质量提升、工业环境改善和工业经济增长，推动工业现代化。目前，发达国家普遍采用创新驱动模式推动工业转型和结构升级，创新驱动模式也应该成为我国的政策首选。建议研制和实施“工业创新议程”，建设工业创新强国和绿色制造强国。整合创新政策，创造有利于新产业和新经济发展的良好环境；整合创新资源，提高企业和产业创新能力。创新政策和创新资源协同作用，提高中端和高端市场占有率，提升核心专利拥有率。

总体目标：力争用 30 年时间（2015～2045 年），使中国工业结构达到世界先进水平，中国工业质量接近发达国家平均水平，中国工业创新能力达到世界先进水平，建成工业创新强国、智慧工业强国和绿色制造强国。

宏观措施：系统整合创新政策和创新举措，编制“中国工业创新政策指南”，实施积极的科技财政政策，完善政府创新采购制度，完善创新产权制度，促进工业创新服务网建设等。

微观措施：鼓励企业把握前沿机遇，获取更多核心知识产权；鼓励企业整合创新资源，打造创新产业链和创新集聚区；开展高端产品的进口替代，扩大对外投资；建立产业创新联盟，推进自主创新和协同创新；扩展价值链，完善生产性服务，提高市场竞争力等。

重大行动：打造工业创新驱动的发动机，组建“国家先进技术研究院”；组织实施“工业创新伙伴计划”“智慧机器人工程”，成立国家中小企业服务局等。

（三）绿色工业议程

人类从诞生开始，就生活在自然环境之中。自然环境为我们提供了生命支持、物质和文化服务。没有自然环境，就没有人类文明。但是，随着工业发展和人口增长，如果按照传统发展模式，人类需求将逐步逼近自然环境的承载极限，自然环境有可能发生不可逆退化，人类生存环境有可能持续恶化。20 世纪 80 年代以来，欧美国家普遍采用工业生态学和生态现代化原理，采用预防和创新原则，通过绿色技术创新、绿色制度创新和经济结构调整（结构生态化），推动经济增长与环境退化脱钩，实现经济与环境双赢。建议实施“绿色工业议程”，实现工业与环境共赢，工业环境质量达到发达国家水平。

总体目标：力争用 30 年时间（2015～2045 年），使工业环境影响主要指标接近发达国家平均值，工业环境管理主要指标达到发达国家平均值，工业环境质量达到发达国家水平；自然生态系统恢复良性循环，工业生态文明达到世界先进水平。

宏观措施：编制“中国资源和环境法典”，促进绿色技术创新，推进绿色制度创新，提高环境执法能力，促进传统工业流程再造，继续推进循环经济，继续实施污染治理工程等。

微观措施：严格执行环境影响评价制度，严格执行国家环境质量标准，鼓励企业采用清洁生产方式、绿色工艺、面向环境的设计以及开展环境质量认证和环保产业认证，建立全面环境质量管理模式等。

重大行动：建立环境质量责任制和环境损失 20 年期内追究制，制定和实施污染总量控制计划，建设一批清洁生产示范项目和绿色工业园区，建立环境信息和污染企业定期公布制度，研制国家资源安全和能源安全战略等。

通过实施中国工业现代化路线图和三个议程，中国工业的世界声誉将实现三次跃进：从“中国制造”到“中国质量”，从“中国质量”到“中国标准”，从“中国标准”到“中国设计”。届时，物质生活质量和工业生态文明都要达到世界先进水平。

本章提要

工业现代化是工业系统的现代化，是现代化的一种表现形式，它包括工业行为、工业结构、工业经济、工业技术、工业制度、工业观念、企业组织和企业管理的现代化等。

工业现代化既是 18 世纪以来工业发展的世界前沿，以及追赶、达到和保持世界工业前沿水平的行为和过程；也是工业系统的一种深刻变化，是从传统工业向现代工业和智慧工业的巨大转变，以及世界工业体系和国际地位的分化；达到和保持世界工业先进水平的国家是工业发达国家，其他国家是工业发展中国家，两类国家之间的转换有一定概率。

18～21 世纪，工业现代化可以分为两大阶段。在工业发展的世界前沿，第一次工业现代化大致发生在 1760～1970 年，是工业时代的工业现代化，是从传统工业向现代工业的转变，包括工业化、机械化、电气化、自动化、规模化和市场化等。第二次工业现代化大致发生在 1970～2100 年，是知识时代的工业现代化，是从现代工业向智慧工业的转变，包括后工业化、信息化、智能化、绿色化和全球化等。

世界工业现代化的典型特征。①工业现代化是非线性的，18 世纪以来世界工业现代化的前沿过程大致经历了两大阶段：工业化和后工业化（或称非工业化）。第一次工业现代化是初级工业现代化，突出表现在工业比例的上升。第二次工业现代化是高级工业现代化，主要表现在工业比例的下降。②产业结构变迁具有一定的规律性。在国民经济（GDP）和总就业劳动力中，采矿业增加值比例和劳动力比例先升后降（国别差异比较大），制造业增加值比例和劳动力比例先升后降，建筑业增加值比例和劳动力比例先升后降，公共事业增加值比例先升后降，公共事业劳动力比例变迁具有国别差异。③产业技术结构变化有一定规律性。随着人均 GDP 的增长，低技术产业占制造业增加值的比例下降，中等技术产业占制造业增加值的比例先上升后下降，具有相对的稳定性和长期性；高技术产业占制造业增加值的比例上升。④产业革命是世界工业现代化的核心内涵。18 世纪以来的三次产业革命，包括机械化革命、电气化革命、自动化和信息化革命，从根本上推动了工业体系的重大变革。⑤工业创新是世界工业现代化的原动力。工业现代化的动力因素，主要包括技术创新、制度创新、企业创新、工业竞争、国家利益和市场需求等。技术创新是工业现代化的技术来源，制度创新是工业现代化的制度来源，企业创新是工业现代化的重要基础，工业竞争是工业现代化的激励机制，国家利益是工业国际竞争的主导因子，市场需求是工业产品创新的主导因素。在工业发达国家，技术创新和企业创新作用比较突出；在工业发展中国家，工业竞争和学习作用比较突出。⑥提升工业质量是世界工业现代化的本质特征。世界工业现代化进程既是工业生产效率提高的过程，同时也是工业质量提升的过程。

21 世纪前 50 年，中国可以选择综合工业现代化路径，制定工业现代化路线图，实施三个行动议程，建设工业质量强国、工业创新强国和绿色工业强国。

参考文献和推荐读物

陈佳贵, 黄群慧, 王延中, 等. 2009. 中国工业现代化问题研究. 北京: 中国社会科学出版社.
德国联邦教育研究部. 2013. 德国工业 4.0 战略计划实施建议(中文). 机械工程导报, 7: 23-33.
韩毅. 2007. 美国工业现代化的历史进程（1607～1988）. 北京: 经济科学出版社.
何传启. 2011. 第六次科技革命的战略机遇. 北京: 科学出版社.
何传启. 2015. 中国现代化报告 2014～2015: 工业现代化研究. 北京: 北京大学出版社.
何传启. 2017. 新科技革命的预测和解析. 科学通报, 62(8): 785-798.
金碚. 2005. 新编工业经济学. 北京: 经济管理出版社.
里夫金 J. 2012. 第三次工业革命: 新经济模式如何改变世界. 张体伟, 孙豫宁, 译. 北京: 中信出版社.
吕政. 2003. 中国工业发展报告（2003）: 世界分工体系中的中国制造业. 北京: 经济管理出版社.
中国社会科学院工业经济研究所. 1997. 中国工业发展报告(1997): 从数量扩张向提高素质转变. 北京: 经济管理出版社.
Abbott L F. 2002. Theories of Industrial Modernization and Enterprise Development: a Review of the Social Science Literature. Manchester: Industrial Systems Research Publisher.
Antonelli C, Petit P, Tahar G. 1992. The Economics of Industrial Modernization. London: Academic Press.
Chenery H B, Robinson S, Syrquin M. 1986. Industrialization and Growth: A Comparative Study. Oxford: Oxford University Press.
Kuznets S. 1971. Economic Growth of Nations: Total Output and Production Structure. Cambridge: Belknap Press of Harvard University Press.
OECD. 2014. Industry and services /Structural Analysis (STAN) Database/ STAN Archives/STAN Bilateral Trade Database by Industry and End-Use ed. 2012 ISIC3. http://stats.oecd.org/2014-12-10.
UNIDO. 2013. Industrial development report 2013: sustaining employment growth: the role of manufacturing and structural change. Vienna: United Nation Industrial Development Organization.

课 堂 讨 论

1. 简述技术革命与产业革命的关系。
2. 工业现代化的主要特点有哪些?
3. 如何建立工业现代化的分析框架?

课 后 习 题

1. 什么是工业现代化?
2. 什么是制造业现代化?

3. 产业革命对工业现代化的影响有哪些?
4. 简述世界工业现代化的历史经验及其启示。
5. 简述中国工业现代化的三个议程。

第八章　部门现代化：服务业现代化

18 世纪以来，工业革命极大提高了劳动生产率，物质生活日益丰富起来，精神生活需求稳步增长。随着劳动生产率提高和社会分工精细化，从事服务业的劳动力和劳动力比例逐步提高。2010 年，全球 110 多个国家服务业增加值比例超过 50%，70 多个国家服务业劳动力比例超过 50%；世界平均服务业增加值比例超过 70%，服务业劳动力比例超过 50%；世界经济进入服务经济时代。

第一节　什么是服务业现代化

服务业历史悠久，可以追溯到原始社会的中期，如原始祭祀等。但在很长的历史时期，服务业并不被看成是一个产业，至少不是一个生产性产业，而被认为只是一个附属部门（关权，2014），也不是研究对象。直到 20 世纪中叶，服务经济的兴起，服务业才逐渐引起了人们的重视。目前，服务业不仅是古老产业，还是现代产业，更是世界经济的主体部分。2010 年以来，服务业增加值占世界经济的比例超过 70%，农业和工业分别约占 3%和 27%。服务业现代化是 18 世纪以来的一种服务业变迁，是世界现代化的一种表现形式。随着服务业占世界经济比例的增加，服务业现代化在世界现代化进程中的重要地位日益显著。

一、什么是服务业

关于服务业没有统一定义。国际标准化组织和国际电工委员会发表的 ISO/IEC GUIDE 76：2020《服务标准制定 解决消费者问题》认为：服务是为满足顾客的需要，供方和顾客之间接触的活动以及供方内部活动所产生的结果；而服务业是生产或提供各种服务的经济部门或企业的集合（图 8.1）。

根据《所有经济活动的国际标准行业分类》，农业是第一产业，工业是第二产业，服务业是第三产业；服务业包括 15 个部门，我们把它分为两大集群（表 8.1）。服务业研究面临许多困难。例如，①服务部门多，部门差异大，没有统一分类；②有些服务部门如科研和教育部门的增加值很难计量；③商业服务和公共服务有很大差别等。与工业和农业相比，服务业是一个比较模糊和难以准确定义的产业，服务业测度和统计困难。

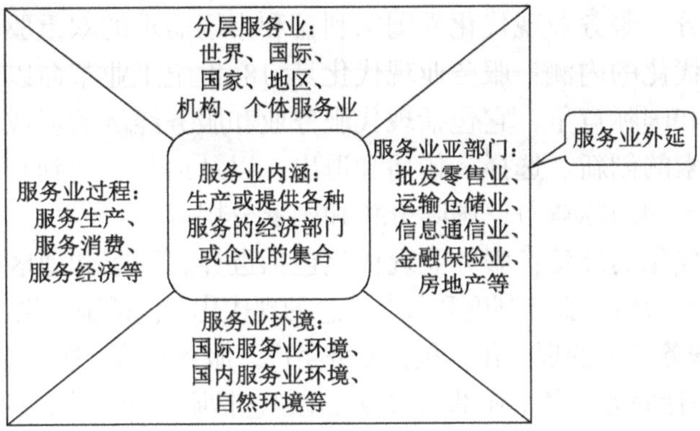

图 8.1　服务业内涵和外延的操作性界定

资料来源：何传启（2016）

表 8.1　服务业的两大集群

集群	定义	《所有经济活动的国际标准行业分类》4.0 版的服务部门
劳务型服务业	以体力和低技术为基础的、劳务密集和知识含量较低的服务部门	6 个部门：批发和零售业、汽车和摩托车的修理；运输和储存；食宿服务活动；房地产活动；其他服务活动；家庭作为雇主的活动、家庭自用、未加区分的物品生产和服务活动
知识型服务业	以知识和信息为基础的、知识含量较高的服务部门	9 个部门：专业、科学和技术活动；教育；信息和交流；艺术、娱乐和文娱活动；人体健康和社会工作活动；金融和保险活动；行政和辅助活动；公共管理与国防、强制性社会保障；国际组织和机构的活动

资料来源：何传启（2016）

注：根据知识含量高低，把服务业分为劳务型和知识型；这种分类是相对的，有些部门有交叉。例如，在行政和辅助活动部门，汽车的出租和租赁、安保活动、为楼房和院落景观活动提供的服务等属于劳务型服务业

二、服务业现代化的基本概念

迄今为止，服务业现代化没有统一定义。

一般而言，服务业现代化是现代化的一种表现形式，指服务业和服务经济的现代化，它包括分段服务业现代化、分层服务业现代化、服务业子系统现代化和服务业亚部门现代化等（图 8.2）。服务业是国民经济的一个部门，服务业现代化是国家现代化和经济现

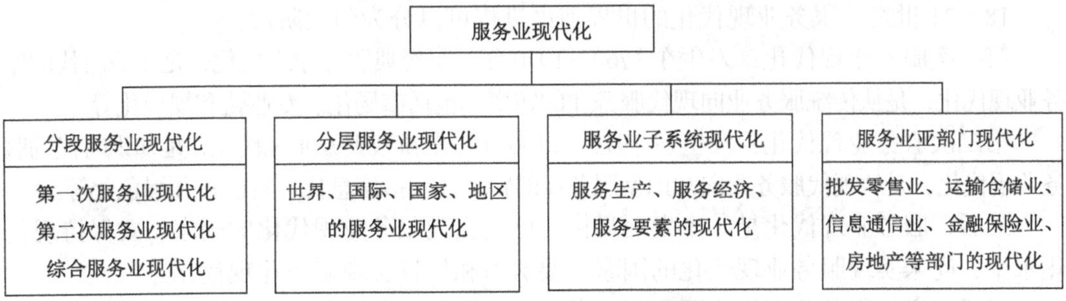

图 8.2　服务业现代化的研究对象

资料来源：何传启（2016）

综合服务业现代化是两次服务业现代化的协调发展，是发展中国家服务业现代化的一条基本路径

代化的一个组成部分。服务业现代化受国家利益和市场需求的双重驱动。

（1）服务业现代化的内涵：服务业现代化是 18 世纪工业革命以来服务业和服务经济的一种前沿变化和国际竞争，它包括现代服务业和服务经济的形成、发展、转型和国际互动，服务业要素的创新、选择、传播和退出，以及追赶、达到和保持世界服务业和服务经济的先进水平的国际竞争、国际分化和国家分层等。

（2）服务业现代化的外延：服务业现代化包括世界、国家和地区的服务业现代化，包括服务行为、服务结构、服务制度和服务观念的现代化，包括服务供给、服务需求、服务环境、服务科技和服务员工的现代化，包括服务生产、服务经济、服务企业、基础设施和服务要素的现代化；包括服务业各个亚部门的现代化，包括服务业现代化的时空分布变化等。

（3）服务业现代化的两重性。从服务业发展和转型角度看，每个国家的服务业现代化都会前进和有可能成功，但国家服务业进步有快慢，服务业水平有高低，成功时间有先后。从世界前沿和国际竞争角度看，只有部分国家的服务业能够达到和保持世界先进水平，不同国家成功的概率有差异。

三、服务业现代化的三个视角

现代化科学认为，服务业现代化既是一种状态，是现代服务业和服务经济的世界先进水平；又是一个过程，是达到和保持世界先进水平的过程；需要多角度地实证分析。

首先，服务业现代化是一个服务业现象，是 18 世纪以来服务业和服务经济发展的世界前沿以及追赶、达到和保持服务业与服务经济的世界前沿的行为和过程。它也是一种国际竞争，是追赶、达到和保持世界服务业与服务经济前沿水平的国际竞争和国际分化。

形象地说，服务业现代化犹如服务业和服务经济发展的一场国际马拉松比赛，跑在前面的国家是服务业发达国家，跑在后面的国家是服务业发展中国家；前者可下降，后者可上升；两类国家之间转换有一定规律。其中，服务业发达国家是实现服务业现代化的国家。

其次，服务业现代化是一种服务变迁，是从传统服务业向现代服务业和知识型服务业的巨大转变，以及世界服务业体系、服务经济体系和国际地位的变化等。服务业现代化发生在服务业和服务经济的各个部门，发生在服务行为、服务结构、服务企业、服务科技、服务制度和服务观念等各个方面。

18～21 世纪，服务业现代化的世界前沿进程可以分为两大阶段。

第一次服务业现代化：发生在 1760～1970 年，是经典服务业现代化，是工业时代的服务业现代化，是从传统服务业向现代服务业的转变，包括市场化、专业化和规模化等。

第二次服务业现代化：发生在 1970～2100 年，是新型服务业现代化，是知识时代的服务业现代化，是从现代服务业向知识型服务业的转变，包括信息化、智能化和绿色化等。

最后，服务业现代化是一个发展目标。已经实现服务业现代化的国家，要保持现代化水平；尚未实现服务业现代化的国家，要努力和早日实现服务业现代化。

概括地说，服务业现代化既是 18 世纪以来服务业和服务经济发展的世界前沿，以及追赶、达到和保持世界前沿水平的行为和过程；也是服务业和服务经济的一种深刻变化，是从传统服务业向现代服务业和知识型服务业的巨大转变，以及世界服务业体系、服务经济体系和国际地位的变化；达到和保持世界先进水平的国家是服务业发达国家，其他国家是服务业发展中国家，两类国家之间的转换有一定概率。18～21世纪，世界服务业现代化可分为两大阶段，即第一次服务业现代化和第二次服务业现代化。

第二节　服务业现代化的发展趋势

在过去近300年，服务业从传统服务业走向现代服务业，从现代服务业走向知识型服务业，服务内容、服务质量和服务治理发生了很大改变，服务业逐步超过工业和农业，成为国民经济的最大产业。服务业现代化既有复杂性又有规律性。服务业现代化的发展趋势很多，这里重点介绍世界服务业的三个发展趋势、典型国家的国际经验和主要特点。

一、服务业现代化的三个发展趋势

（一）世界服务生产的发展趋势

服务业是一个特殊产业，服务生产和服务消费往往同时发生。服务活动是一个交互过程。如果服务不涉及市场交易，那么它是一种非经济行为。如果服务以市场交易为前提，那么它属于服务业。18世纪以来，世界服务生产发生了深刻变化，这种变化涉及服务规模、服务效率、服务质量、服务生产等方面。

（1）服务规模。18世纪以来，服务业在发达国家经济中占有重要位置。在1800～1960年，如果以服务业和工业之比为分类依据，发达国家经济发展可以分为三种类型：工业优先型、服务业优先型、工业和服务业协调型（图8.3）。20世纪60年代以来，世

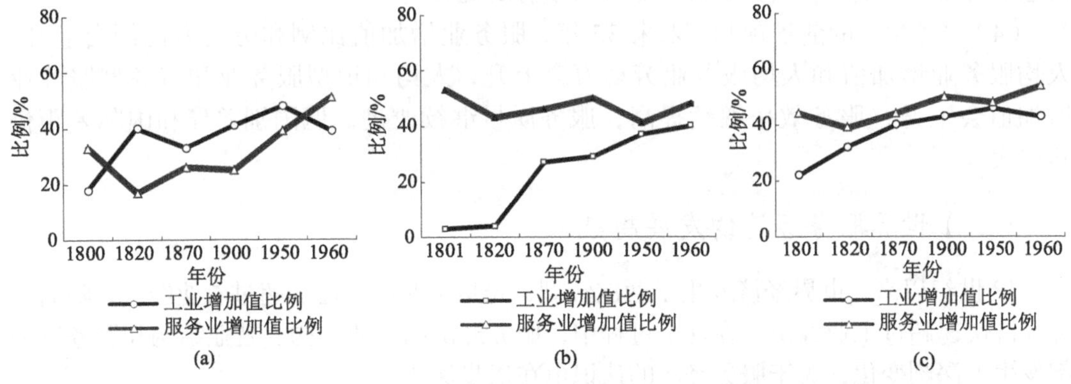

图8.3　1800～1960年发达国家经济发展的三种模式

资料来源：库兹涅茨（1999）；米切尔（2002）；World Bank（2015）

（a）工业优先（法国），（b）服务业优先（澳大利亚），（c）工业和服务业协调（英国）；受数据获取限制，横坐标时间仅作示意，非精确刻度

界服务业规模迅速扩张，服务业增加值比例和劳动力比例超过 50%和 70%的国家数量不断增加。2013 年服务业增加值比例超过 50%和 70%的国家分别为 114 个和 35 个，服务业劳动力比例超过 50%和 70%的国家分别为 71 个和 30 个。2010 年世界平均服务业增加值比例和劳动力比例分别为 70%和 51%，世界经济进入服务经济时代。

（2）服务效率。从“价值形态”看，服务效率指单位时间服务劳动创造的价值。18 世纪以来，服务效率的提升是一个长期趋势，但国际差距和部门差异比较大。有些部门如教育和公共管理部门等，服务价值难以量化，服务效率与服务成本和人力成本紧密相关。从“实物形态”看，服务效率指单位时间服务劳动提供的服务量。这种意义的服务效率的变迁，同样具有很大的国际差距和部门差异。服务效率的提高有三种类型：技术进步驱动型、劳动成本驱动型、技术和成本双驱动型，同时服务创新普遍存在。例如，交通运输业等属于第一类，家政服务等属于第二类，医疗服务等属于第三类。关于服务业劳动生产率，2010 年，美国等国家的服务业劳动生产率高于工业劳动生产率，法国等国家的服务业劳动生产率低于工业劳动生产率，世界平均的服务业劳动生产率高于工业劳动生产率。1970～2010 年，丹麦等国家知识型服务业劳动生产率高于劳务型服务业，法国等国家知识型服务业劳动生产率低于劳务型服务业，部分发达国家生产型服务业劳动生产率高于消费型服务业和公共型服务业。

（3）服务质量。从微观层次看，服务质量指服务活动的品质，它既决定于服务内容，也决定于服务过程；服务内容的质量主要决定于服务者采用的物品和知识；服务过程的质量的影响因素很多，与服务双方都有关。从宏观层次看，服务质量指服务业和服务经济的品质，可以通过对人均服务、服务结构、服务效益和服务管理等方面进行比较分析。18 世纪以来，人均服务业增加值和人均服务业劳动力呈上升趋势，说明人均享受的服务价值和服务数量在上升。1970～2010 年，人均知识型服务业和人均劳务型服务业增加值都在上升，2010 年部分发达国家人均知识型服务业增加值超过人均劳务型服务业。2000 年以来，ISO 9001 认证企业比例上升。2005 年以来，创办企业所需的时间缩短，商品出口通关所需时间缩短，公共管理和服务质量有所提升。

（4）服务生产的前景预测。未来 35 年，服务业增加值比例和劳动力比例会上升，人均服务业增加值和人均服务业劳动力会上升，人均知识型服务业和劳务型服务业增加值会上升，服务效率继续提高，服务质量继续改进，但国别差异和国际差距仍然很大。

（二）世界服务经济的发展趋势

18 世纪以来，世界经济发生了两次转型，先是工业经济逐步超过农业经济，随后服务经济快速超过工业经济。在这个过程中，服务经济的产业结构、就业结构和服务贸易都发生了深刻变化，关于服务经济的认识也在逐步深化。

（1）产业结构。1970～2011 年，15 个 OECD 国家服务经济的产业结构变迁，既有共性也有国别差异（表 8.2）。在服务业增加值中，劳务型服务业比重下降，知识型服务业比重上升；公共型和非公共型服务业增加值比重波动；5 个服务部门比重呈上升趋势，3 个部门比重呈下降趋势，其他 7 个部门比重的国别差异比较大，波动或没有数据。

表 8.2　1970～2011 年 15 个 OECD 国家服务经济的内部结构变化

聚类或部门	占服务业增加值比重的发展趋势	占服务业劳动力比重的发展趋势
按知识含量聚类		
劳务型服务业	下降，2011 年为 50%左右	下降，2011 年为 50%左右
知识型服务业	上升，2011 年为 50%左右	上升，2011 年为 50%左右
按服务对象聚类		
生产型服务业	国别差异，2011 年为 30%左右	国别差异，2011 年为 20%左右
消费型服务业	国别差异，2011 年为 20%左右	国别差异，2011 年为 35%左右
综合型服务业	国别差异，2011 年为 30%左右	国别差异，2011 年为 15%左右
公共型服务业	国别差异，在 25%左右波动	国别差异，在 30%左右波动
非公共型服务业	国别差异，在 75%左右波动	国别差异，在 70%左右波动
服务部门	15 个部门占服务业增加值比重和劳动力比重的发展趋势	
劳务型服务部门	下降部门 2 个：批发和零售业、汽车和摩托车的修理，运输和储存； 国别差异部门 4 个：食宿服务，房地产，其他服务，家庭作为雇主的活动、家庭自用、未加区分的物品生产和服务活动	
知识型服务部门	上升部门 5 个：专业、科学和技术服务，信息和交流，人体健康和社会工作，行政和辅助，艺术、娱乐和文娱； 下降部门 1 个：公共管理与国防、强制性社会保障； 国别差异部门 3 个：教育，金融和保险，国际组织和机构的活动	

资料来源：何传启（2016）

注：根据 OECD 的产业结构数据进行分类和计算的结果（OECD，2015）

（2）就业结构。1970～2011 年，15 个 OECD 国家服务经济的就业结构变迁，与产业结构变迁基本一致（表 8.2）。在服务业劳动力中，劳务型服务业劳动力比重下降，知识型服务业劳动力比重上升；公共型服务业劳动力和非公共型服务业劳动力比重波动；5 个服务部门比重呈上升趋势，3 个部门比重呈下降趋势，其他 7 个部门国别差异较大或无数据。

（3）服务贸易。2005 年以来，世界服务贸易发展很快，人均服务进出口、人均知识产权贸易等大幅上升。服务贸易存在很大国别差异，2013 年服务贸易净出口国有 50 多个。目前，人均知识产权净出口国家比较少，净进口国家有 80 多个。

（4）服务经济的前景预测。未来 35 年，知识型服务业比重继续上升，劳务型服务业比重继续下降；智力服务比重上升，知识传播服务比重波动；公共型和非公共型服务业比重继续波动和国别差异较大；服务贸易会继续增长，服务贸易关税可能会下降等。

（三）世界服务要素的发展趋势

世界服务发展的影响因素非常多。有些基本要素，如人力资源、服务设施、服务创新、服务环境、服务制度和服务观念等，同时作用于服务生产和服务经济。

（1）人力资源。20 世纪以来，中学普及率和大学普及率逐步提高，受过高等教育的劳动力比例不断提高。妇女在服务业中发挥重要作用，2010 年发达国家 86%的女性劳动力在服务部门工作。发展中国家，服务业的童工比例在下降。

（2）服务设施。20 世纪 60 年代以来，公共服务设施的普及率不断提高，包括公共卫生设施、能源服务设施、交通服务设施、信息服务设施、金融和商业服务设施等。

（3）服务创新。1965 年以来，世界 40 多个国家发明专利拥有率增加。1996 年以来，世界 100 多个国家人均科技经费增加，60 多个国家科技经费比例增加，20 多个欧盟国家开展研究与发展活动的企业比例增加。发达国家的服务模式创新层出不穷。

（4）服务环境。服务业的社会环境和生态环境在持续变化。在社会环境方面，人均国民收入、平均预期寿命和城市人口比例等不断增长。在生态环境方面，人均能源消费与人均居住和服务的二氧化碳排放量先升后降等；多数的服务部门是环境友好的。

（5）服务制度。服务制度的演变可以大致分为三大阶段：农业经济、工业经济和知识经济时代的服务制度。服务制度包括服务生产、流通、分配、消费、税收和环境制度等。

（6）服务观念。服务观念的演变可以大致分为三大阶段：农业经济、工业经济和知识经济时代的服务观念。服务观念包括服务生产、流通、分配、消费、税收和环境观念等。

（7）服务要素的前景预测。未来 35 年，大学普及率会持续提高，受过高等教育的劳动力比例会持续提高，妇女在服务业中继续发挥重要作用，发展中国家服务设施继续改进，发达国家服务创新能力继续提高，服务环境、服务制度和服务观念等继续演变。

二、服务业现代化的国家案例

（一）美国的服务业现代化

美国经济现代化大约是1790年起步的。1790～1870年，美国服务业比例提高到58%。1870～1960 年，美国服务业增加值比例在 58%左右波动，服务业劳动力比例提高到 57%，同时工业增加值比例和劳动力比例都在上升，但服务业比例高于工业比例。1960 年以来，经济结构发生巨大转变，服务业比例持续上升，但工业增加值比例和劳动力比例持续下降（图 8.4）。

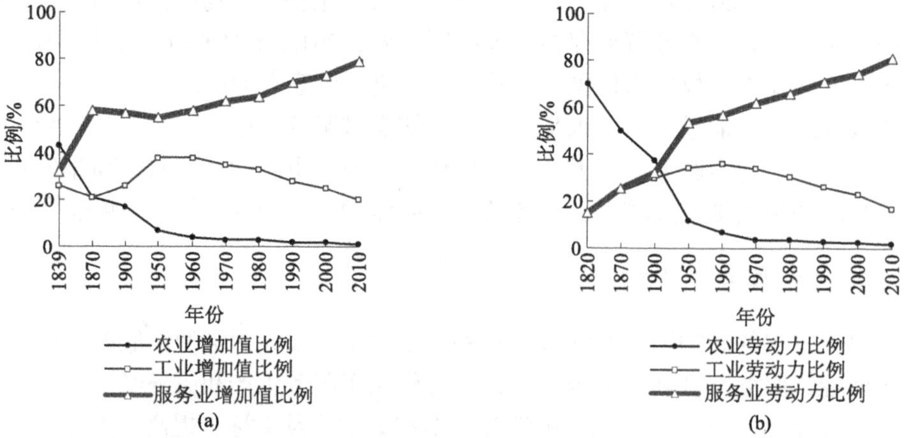

图 8.4　美国经济结构变化（服务业、工业和农业比例的变化）

资料来源：库兹涅茨（1999）；麦迪森（2003）；米切尔（2002）；World Bank（2015）

受数据获取限制，横坐标时间仅作示意，非精确刻度

1950 年以来，美国服务业中，劳务型服务业增加值比例和劳动力比例下降，知识型服务业增加值比例和劳动力比例上升（图 8.5）。1980 年以来，美国经济中，知识型服务业比例超过劳务型服务业增加值比例，超过农业和工业增加值比例的总和（图 8.6）。

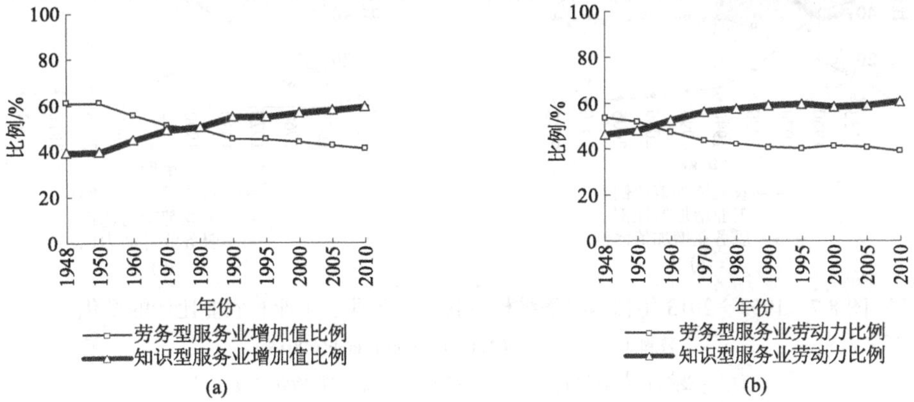

图 8.5　1948～2010 年美国服务业结构变化（劳务型服务业和知识型服务业比例的变化）

资料来源：BEA（2015）；OECD（2015）

受数据获取限制，横坐标时间仅作示意，非精确刻度

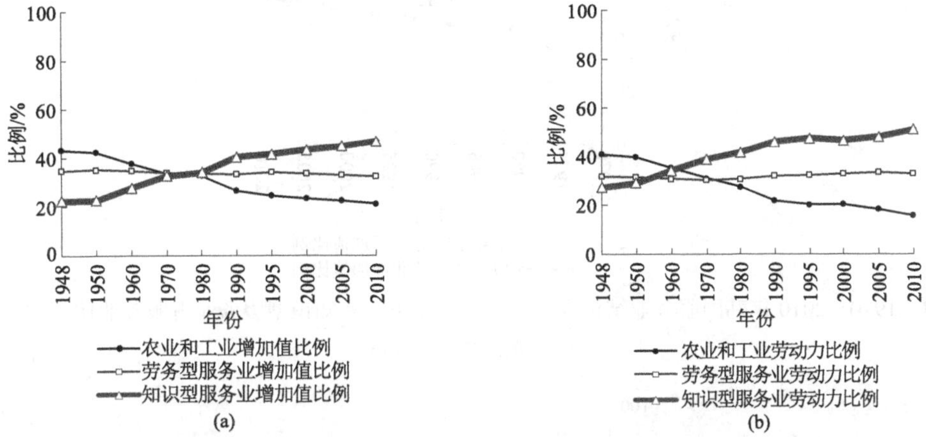

图 8.6　1948～2010 年美国经济结构变化（农业和工业、劳务型服务业和知识型服务业比例的变化）

资料来源：BEA（2015）；OECD（2015）

受数据获取限制，横坐标时间仅作示意，非精确刻度

（二）韩国的服务业现代化

韩国经济现代化大约是 20 世纪 50 年代开始的。1953～1990 年，韩国经济中，服务业和工业比例都在快速提高，但服务业比例高于工业比例，具有服务业优先发展的特点；1990 年以来，服务业劳动力比例继续上升，工业劳动力比例持续下降，工业增加值比例在 38%左右波动（图 8.7）。

1970 年以来，韩国服务业中，劳务型服务业增加值比例下降，知识型服务业增加值比例上升（图 8.8）。2000 年以来，韩国知识型服务业超过劳务型服务业（图 8.9）。

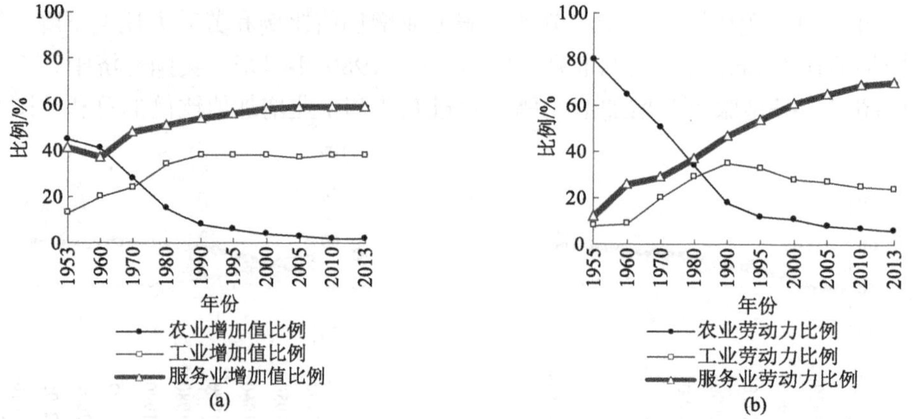

图 8.7　1953～2013 年韩国经济结构变化（服务业、工业和农业比例的变化）

资料来源：米切尔（2002）；World Bank（2015）

受数据获取限制，横坐标时间仅作示意，非精确刻度

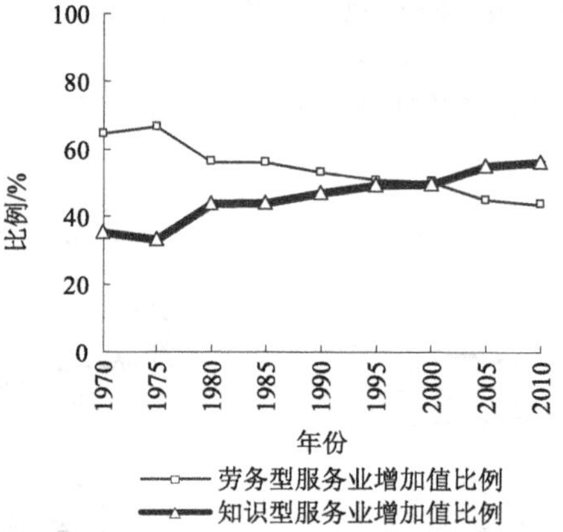

图 8.8　1970～2010 年韩国服务业结构变化（劳务型服务业和知识型服务业占服务业比例的变化）

资料来源：OECD（2015）

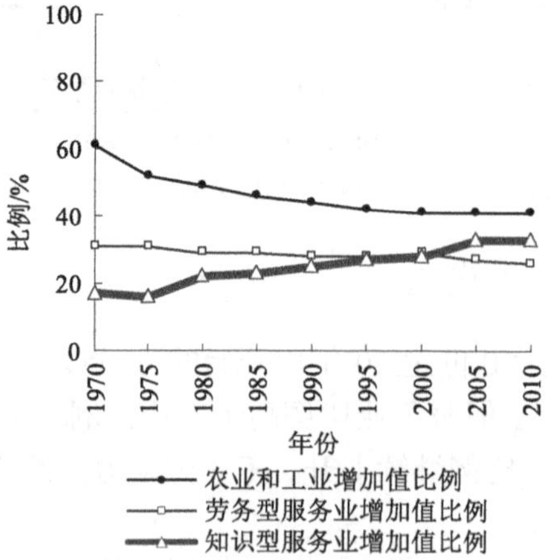

图 8.9　1970～2010 年韩国经济结构变化（农业和工业、劳务型服务业和知识型服务业占 GDP 比例的变化）

资料来源：OECD（2015）

（三）后发国家的经济追赶

1960年，韩国产业结构与美国1839年大致相当，就业结构与美国1820年大致相当，两国经济结构相距约140年。2013年，韩国产业结构约与美国1970年相当，就业结构约与美国1980年相当；韩国服务业结构约与美国1970年相当，两国经济结构相距约40年。韩国用50多年时间（1960～2013年）完成美国150年（1820～1970年）的经济结构变迁历程，为后发国家的经济追赶提供了一个成功案例。

三、服务业现代化的主要特点

其一，服务业现代化是相对可以预期的。在一般情况下，20世纪世界服务业变化是相对连续的和有规律可循的；在具有统计数据的服务业指标中，大约74%的服务业指标与国家经济水平显著相关；同时有大量服务业指标的统计数据不全。例如，服务规模扩大，服务效率上升，服务业增加值比例和服务业劳动力比例上升等。

其二，服务业现代化是一个长期的过程。在过去近300年里，服务业现代化包括从传统服务业向现代服务业、从现代服务业向知识型服务业的转变；其中，第二个转变尚没有完成。

其三，服务业现代化是一个复杂的过程。服务业包括15个部门，分为知识型服务业和劳务型服务业。不同服务部门，现代化有很大差别，需要专题研究。服务业现代化不仅包括服务效率的提高，也包括服务结构、服务制度和服务观念的变化。其中，服务内容、服务技术、服务模式、服务制度和服务观念的转变和更替，是服务业现代化的关键。

其四，服务业现代化是一个不平衡的过程。在过去近300年里，服务业现代化是不同步的，表现为服务业效率增长的不同步、服务结构变化的不同步、服务制度和观念变化的不同步和服务形态转变的不同步等；服务业现代化成就的空间分布不均衡。

其五，服务业现代化是一个动态的过程。服务业现代化不仅内涵是变化的，而且不同国家的表现也是变化的。世界服务业中心是可变的，世界服务业前沿是变化的，国际服务业差距是变化的，国家服务业地位是可变的。

其六，服务业现代化是一个可逆的过程，可以出现停滞、中断或倒退现象等。整个世界的服务业现代化进程是连续的和不可逆的，但是，某个国家和地区的服务业现代化进程就有多种表现形式，它可以是连续的，也可以是不连续的；可以出现停滞或中断，也可以出现暂时的倒退，甚至长期的倒退。

其七，服务业现代化是一个全球的过程。在过去近300年里，所有发达国家都是参与国际竞争的国家；服务业现代化波及全球的绝大多数国家和地区。在未来100年里，发达国家将全面参与服务业国际化，其他国家或者参与服务业国际化，或者受到国际化的影响。

其八，服务业现代化是一个进步的过程。过去近300年的服务业现代化过程，是服务业劳动生产率提高的过程。在未来100年里，没有理由怀疑这种趋势会中断或逆转。

其九，服务业现代化是一个充满风险的过程。在服务业现代化过程中，随着产业转型和技术更替，老的技术和旧的产业将失去其原有的服务业价值和地位，有些行业和人群将受到损失。另外，科学和技术是一把“双刃剑”，技术风险始终存在，而且有扩大的可能。服务业现代化过程要求风险控制和危机管理。

其十，政府在服务业现代化过程中有着不可替代的作用，特别是公共型服务业的发展。服务创新是服务业现代化向高端发展的原动力。

第三节　服务业现代化的基本原理

服务业是国民经济的一个重要部门。服务业现代化属于一种部门现代化，是经济现代化和国家现代化的一个重要组成部分。服务业现代化涉及服务经济学、产业经济学、宏观经济学、发展经济学、经济现代化和现代化科学等。现代化科学的基本原理可以适用于服务业现代化，同时服务业现代化具有一些特有的规律和性质。何传启把《现代化科学：国家发达的科学原理》推广到服务业现代化，提出了广义服务业现代化的一般理论涵盖服务业现代化的内涵、过程、结果、动力和模式五个方面内容（表 8.3）。

表 8.3　广义服务业现代化的一般理论

方面	基本内容
内涵	服务业现代化是服务业和服务经济的现代化，是 18 世纪以来服务业和服务经济发展的世界前沿，以及追赶、达到和保持世界前沿的行为和过程；它包括现代服务业的形成、发展、转型和国际互动，服务要素的创新、选择、传播和退出，国际服务体系和国家地位的变化等
过程	服务业现代化是一个复杂过程，其中，发达国家的服务业现代化是前沿过程，发展中国家的服务业现代化是追赶过程。在 18～21 世纪，服务业现代化的前沿过程可以分为两大阶段，其中，第一次服务业现代化的主要特点包括服务业的市场化、机械化、电气化、自动化、专业化、标准化、规模化、现代科技、现代教育、现代医疗、现代交通、现代服务业比例上升、传统服务业比例下降等；第二次服务业现代化目前的特点包括服务业的知识化、信息化、网络化、智能化、绿色化、个性化、便利化、优质化、人性化、多样化、国际化、知识型服务业比例上升、劳务型服务业比例下降等；两次服务业现代化的协调发展是综合服务业现代化。22 世纪服务业现代化还会有新变化
结果	服务业现代性、特色性和多样性的形成，包括服务效率的提高、服务质量的改善、服务技术和服务制度的发展、服务行为和服务结构的合理化以及国家服务业水平、国际服务业地位和国际服务业体系的变化等
动力	服务业现代化的动力因素包括技术创新、制度创新、模式创新、企业创新、服务业竞争、国家利益和市场需求等。动力模型包括：创新驱动、双轮驱动、联合作用、创新扩散、创新溢出、竞争驱动、服务业生产率函数、服务业要素优化、服务业结构优化、服务业企业进化等。不同国家和不同阶段服务业现代化的动力有所不同
模式	服务业现代化的路径和模式是多样的，具有路径依赖性，受服务业历史传统和国际环境的影响；在 21 世纪有三种基本路径：第一次服务业现代化路径、第二次服务业现代化路径和综合服务业现代化路径；服务业现代化的模式具有多样性和客观条件依赖性，不同客观条件的国家和地区可以创造或选择不同模式，不同发展阶段可以有不同模式

资料来源：何传启（2016）

一、服务业现代化的内涵

其一，服务业现代化没有统一定义。下面是它的两种操作性定义。

（1）服务业现代化是 18 世纪以来的一个经济现象，是服务业发展的世界前沿，以及追赶、达到和保持这种世界前沿水平的行为和过程。达到和保持服务业的世界前沿水平的国家是服务业发达国家，其他国家是服务业发展中国家，两类国家之间的转换有一定概率。

（2）服务业现代化是 18 世纪以来服务业的一种深刻变化，是从传统服务业向现代服务业和知识型服务业的转变，它包括现代服务业的形成、发展、转型和国际互动，服务业要素的创新、选择、传播和退出，以及服务业国际体系和国家地位的变化等。

其二，服务业现代化的两重性。从服务业发展和转型角度看，每个国家的服务业现代化都会前进和有可能成功，但国家服务业进步有快慢，服务业水平有高低，成功时间有先后。从世界前沿和国际竞争角度看，只有部分国家的服务业能够达到和保持世界先进水平，不同国家成功的概率有差异。

其三，服务业现代化的三个标准。有利于服务业生产力和质量的提高、有利于服务业劳动力的收入和生活质量的提高、有利于服务技术水平和竞争力的提高（表 8.4）。

表 8.4 服务业现代化的两个判据和三个标准

项目	属于服务业现代化的服务业变迁	不属于服务业现代化的服务业变迁
时间判据	18 世纪以来的服务业变迁，同时满足性质判据的标准	18 世纪以前的服务业变迁
性质判据	属于服务业进步和正向适应的服务业变迁，满足下列标准	属于服务业倒退和反向适应的服务业变迁，满足下列标准
判断标准	标准一：有利于服务业生产力和服务业质量的提高	标准一：不利于服务业生产力和服务业质量的提高
	标准二：有利于服务业劳动力收入和生活质量的提高	标准二：不利于服务业劳动力收入和生活质量的提高
	标准三：有利于服务技术水平和服务业竞争力的提高	标准三：不利于服务技术水平和服务业竞争力的提高

资料来源：何传启（2016）

注：21 世纪服务业现代化的标准还包括环境友好

二、服务业现代化的过程和结果

（一）服务业现代化的过程

其一，服务业现代化的过程大致分为两类：前沿过程和追赶过程，它们相互影响。前沿过程是发达国家的服务业现代化，是领先型服务业现代化。追赶过程是发展中国家的服务业现代化，是追赶型服务业现代化。

其二，服务业现代化的前沿过程包括两大阶段：第一次服务业现代化和第二次服务业现代化（表 8.5）。如果说，第一次服务业现代化是初级服务业现代化，是从传统服务业向现代服务业的转变；那么，第二次服务业现代化是高级服务业现代化，是从现代服务业向知识型服务业的转变。两次服务业现代化的协调发展是综合服务业现代化，它比较适合于 21 世纪没有完成第一次服务业现代化的国家。

表 8.5 世界服务业现代化的两个阶段（前沿过程）

项目	第一次服务业现代化	第二次服务业现代化
时间	1760～1970 年	1970～2100 年
内涵	从传统服务业向现代服务业转变； 现代服务业比例上升； 传统服务业比例下降	从现代服务业向知识型服务业转变； 知识型服务业比例上升； 劳务型服务业比例下降
生产	专业化、标准化、规模化	网络化、绿色化、国际化、订单化
技术	机械化、电气化、自动化	知识化、信息化、智能化、绿色化
内容	专业化、科学化、标准化	知识化、数字化、个性化、优质化
制度	税收制度等，部门差别很大	知识产权保护等，部门差别很大
观念	效率、标准、公平、非经济性等	效益、质量、创新、环境意识等
副作用	少数部门的环境污染、安全性低等	技术风险、网络风险、就业风险等

资料来源：何传启（2016）

其三，服务业现代化过程的基本原理。服务业现代化遵循现代化的一般原理，包括进程不同步、分布不均衡、结构稳定性、地位可变迁、行为可预期、路径可选择、需求递进、效用递减、状态不重复、中轴转变原则。服务业现代化具有二重性：既要维护国家安全利益，又要提高服务业生产力和国际竞争力。

其四，服务业包括劳务型服务业和知识型服务业两个服务产业集群和 18 个服务部门。不同产业集群和服务部门的现代化，既遵循现代化的一般原理，也需要专题研究。

（二）服务业现代化的结果

首先，服务业现代化的一般结果，主要包括服务业现代性、特色性、多样性和副作用的形成，包括服务内容和服务质量的改进、服务结构和服务能力的进步、服务治理和服务文化的合理化以及国际服务体系和国家服务地位的变化等。

其次，服务业现代化的三种变化，包括世界服务业的前沿变化、国际服务业体系变化和国家服务业状态变化。

最后，服务业现代化的国家目标。主要目标有两个：提高服务业劳动生产力和国际竞争力，保持或达到服务业的世界先进水平。发达国家的目标是保持服务业的世界先进水平，发展中国家的目标是追赶和达到服务业的世界先进水平。

三、服务业现代化的动力和模式

（一）服务业现代化的动力

服务业现代化的动力分析，涉及动力因素和动力模型两个方面。

（1）服务业现代化的动力因素。主要包括科技进步、服务创新、制度创新、国际竞争、国家利益和市场需求等。在服务业发达国家，科技进步和服务创新作用比较突出；在服务业发展中国家，科技进步和国际学习作用比较突出。

（2）服务业现代化的动力模型。国家现代化的动力模型可以适用。不同服务部门的动力机制有所不同，科技进步和人力成本的驱动作用存在部门差异与国别差异。

（二）服务业现代化的模式

服务业现代化是一个长期过程，具有时间跨度和发展路径。不同国家的服务业现代化，不同服务部门的现代化，有自己的发展路径和阶段模式。

（1）21 世纪服务业现代化大致有三条基本路径：第一次服务业现代化路径、第二次服务业现代化路径和综合服务业现代化路径。不同国家和地区可以选择不同路径。

（2）服务业现代化没有标准模式。不同服务部门的现代化需要不同的现代化模式。

一般而言，第一次服务业现代化的模式选择更多受自身条件和历史条件的影响。第二次服务业现代化的模式选择更多受科技水平和国际环境的影响。综合服务业现代化的模式选择更多受政策导向和国际竞争的影响。

第四节　中国服务业现代化的战略选择

中国服务业现代化是一种后发追赶型现代化，它既要借鉴先行国家的成功经验，又要面对新的经济形态和国际竞争。《中国现代化报告 2016：服务业现代化研究》认为，未来 30 年，中国可以选择综合服务业现代化路径，制定服务业现代化路线图，建设流通服务和知识型服务强国。

一、中国服务业现代化的路线图

中国服务业现代化路线图是服务业现代化的目标和路径的一种系统集成。

（一）战略目标

根据综合服务业现代化原理，采纳两次服务业现代化的精华，避免两次服务业现代化的误区，迎头赶上服务业的未来世界先进水平，逐步建成流通服务强国、知识型服务强国和知识经济发达国家。这里的“知识经济”是狭义的，特指以知识型服务业为基础的经济，不包括高技术产业部分。

（1）在 2030 年前后完成第一次服务业现代化，建设流通服务强国。

（2）在 2050 年前后基本实现服务业现代化，建设知识经济强国。

（3）在 21 世纪末全面实现服务业现代化，建设知识经济发达国家。

（二）运河路径

瞄准世界服务业的未来前沿，两次服务业现代化协调发展，加速从传统服务业向现代服务业和知识型服务业的转型；坚持“质量第一、内容至上、诚信为本”的三个原则，大力推进服务业的规模化、标准化、智能化、便利化、个性化和国际化，迎头赶上服务业的未来前沿；在 2050 年前达到中等发达水平，建成流通服务强国和知识经济强国；在 21 世纪末达到世界先进水平，服务质量、服务内容、服务能力和知识经济等达到当时发达国家水平，全面实现服务业现代化。

（三）三个重点

在一定程度上，质量是服务业的生命，内容是服务业的灵魂，诚信是服务业的准则；服务质量现代化是重中之重，服务内容现代化是主攻方向，服务能力现代化是长期任务。未来 30 年，重点做好三件事：①大力发展劳务型服务业，推动服务质量现代化，建设流通服务强国；②优先发展知识型服务业，推动服务内容现代化，建设知识经济强国；③加快诚信文化建设，推进服务能力现代化，建设高质量的诚信社会。

二、中国服务业现代化的三个建议

（一）实施“知识强国战略”建议

21 世纪既是服务经济的世纪，也是知识经济的世纪。2012 年服务经济占世界经济的比例超过 70%，发达国家知识型服务业占 GDP 的比例达到 40%左右。知识和信息的生产、传播和服务，不仅决定国际经济竞争的成败，而且影响民族的前途和命运。实施知识强国战略，优先发展知识型服务业，建设知识经济强国，具有战略意义。

（1）基本思路。以人类发展服务为引领，以高效经济和社会运行服务为基础，以便捷流通服务为支撑，全面提升知识型服务业的服务内容、服务质量和服务能力，不断满足人民日益增长的精神生活需要和健康需求，建设知识型服务强国和知识经济发达国家。

（2）在一定程度上，如果说人类发展服务代表了中国的前进方向，那么基本运行服务反映了中国的现状，流通服务体现了中国的活力。形象地说，让人类服务走到世界前沿，让基本服务达到世界水平，让流通服务畅通高效，让诚信成为中国文化（图 8.10）。

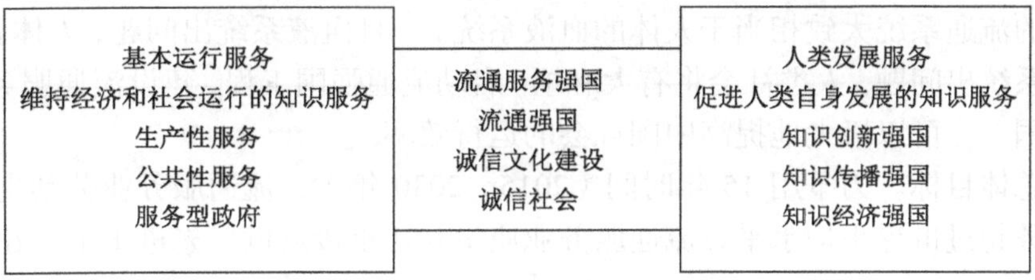

图 8.10　知识强国战略的结构示意图

资料来源：何传启（2016）

（3）总体目标。力争用 35 年时间（2015～2050 年），知识型服务业的劳动生产率和国际竞争力超过世界平均水平，知识生产、知识传播和知识服务的内容与质量达到世界先进水平，建成知识创新强国、知识传播强国和知识经济强国（表 8.6）。

表 8.6　知识强国战略的核心目标（2050 年）

项目	服务质量	服务内容	服务能力
知识创新强国	知识服务业劳动生产率超过 9 万美元；人均人类服务增加值超过 1 万美元；人均基本服务增加值超过 1 万美元；人均公共服务增加值超过 1 万美元；人均国际旅游收入超过 500 美元；平均预期寿命超过 80 岁	诺贝尔奖获奖人数达到 10 名左右；知识产权出口占 GDP 的比例超过 0.5%	人均 R&D 经费投入超过 1000 美元
知识传播强国		大学普及率超过 80%；人均知识产权贸易超过 500 美元	互联网宽带普及率超过 80%
知识经济强国		人均知识型服务增加值超过 2 万美元；知识型服务业占 GDP 比例超过 40%	家用服务机器人普及率超过 50%

资料来源：何传启（2016）

（4）主要措施。从人类发展服务、基本运行服务、流通服务和诚信文化四个方面协同推进。

（5）研制和启动三个工程。启动国家知识创新工程，抢占第六次科技革命的制高点。启动流通强国工程，建设流通服务强国。启动诚信文化建设工程，建设诚信社会。

（6）制定和实施四个行动计划。实施文化服务行动计划，重点建设六个国家文化服务示范区：北京、哈尔滨、长沙、南京、西安、昆明。实施旅游服务行动计划，重点建设八个国家旅游服务示范区：大连、青岛、杭州、厦门、桂林、三亚、成都、兰州。实施生产服务行动计划，重点建设八个国家生产性服务试验区：沈阳、天津、郑州、深圳、苏州、武汉、重庆、乌鲁木齐。实施公共服务行动计划，建设一批城市基本公共服务试验区，重点提升教育服务、健康服务和政府服务的服务能力与服务质量，建设服务型政府。

（7）组建“国家知识经济部”，促进知识型服务业和知识经济的发展等。

（8）预期效果：实现五个目标——知识创新强国、知识传播强国、知识经济强国、流通服务强国和诚信社会；完成从物质经济向知识经济、从效率优先向质量第一的转型升级。

（二）实施“流通强国工程”建议

从系统论角度看，人类社会是一个开放系统，可以看成是人体系统的一种“放大”。

人类社会的流通系统大致相当于人体的血液系统。一旦血液系统出问题，人体就会生病。如果流通系统出问题，人类社会将有大麻烦。启动流通强国工程，建设流通服务强国（简称流通强国），可以极大地提高中国社会的运行效率。

（1）总体目标。力争用 15 年时间（2015～2030 年），流通服务业劳动生产率和人均流通服务超过世界平均水平，流通服务业质量和比重接近世界先进水平，建成流通服务强国。

（2）主要措施。实施自由贸易区战略，推进自由贸易区建设，重点建设五个自由贸易区：上海浦东自由贸易区、福建厦门自由贸易区、广东自由贸易区、天津自由贸易区、海南岛自由贸易区等。大力发展现代物流服务，重点建设七个国家物流服务中心：沈阳、石家庄、郑州、广州、武汉、西安、成都。

（三）实施“诚信文化建设工程”建议

从社会关系角度看，传统社会是一种血缘社会，现代社会是一种契约社会；诚信是契约社会的基石。服务过程是一个互动过程。如果服务的提供者和消费者彼此缺少诚信，那么，服务过程就会不顺利，服务的交易成本就会很高。启动诚信文化建设工程，全面建设先进服务文化和诚信社会，可以极大地降低中国社会的运行成本。

（1）基本目标。力争用 15 年时间（2015～2030 年），全面确立诚信意识，健全完善诚信法规，诚实守信成为自觉行为；违背诚信引发的社会冲突和法律案件的数量和比例持续下降，服务部门的诚信水平和服务能力接近发达国家水平，建成高质量的诚信社会。

（2）重要措施。发布“诚信宣言”——“诚信社会，从我做起。不说假话，不做假事，言行一致，诚实守信”（“假事”指弄虚作假的事情）。完善社会信用体系，提高“失信行为”的机会成本，增强诚信的激励机制。建立企业“信用资产负债表”预警机制。建设一批非营利的诚信服务中心和诚信服务平台等。

三、面向知识经济的战略建议

国民经济包括农业、工业和服务业三大部门。《中国现代化报告 2012：农业现代化研究》提出农业现代化的路线图，《中国现代化报告 2014～2015：工业现代化研究》提出工业现代化的路线图，《中国现代化报告 2016：服务业现代化研究》提出服务业现代化路线图。1996 年，OECD 发表《以知识为基础的经济》报告（OECD，1996），知识经济引起世界关注。《中国现代化报告 2005：经济现代化研究》认为，第一次经济现代化是从农业经济向工业经济的转变，第二次经济现代化是从工业经济向知识经济的转变。

1997 年以来，何传启及其团队提出了面向知识经济的两个战略构想。

第一个构想是《迎接知识经济时代，建设国家创新体系》研究报告。1997 年在中国科学院党组的领导下，何传启及其 5 人小组，完成《迎接知识经济时代，建设国家创新体系》研究报告的执笔起草。《迎接知识经济时代，建设国家创新体系》受到国家领导人的高度重视。该报告建议：启动知识创新工程，继续推进技术创新工程和“211”工程，建设面向 21 世纪的国家创新体系，提高国家创新能力。随后，中国科技面貌焕然一新，创新成为中国社会的一个关键词。

第二个构想是建议实施知识强国战略，建设知识经济强国。2016 年，何传启及其团队完成《中国现代化报告 2016：服务业现代化研究》，提出中国服务业现代化路线图和知识强国战略等。《中国现代化报告 2016：服务业现代化研究》建议：实施知识强国战略，大力发展知识型服务业，建设知识创新强国、知识传播强国和知识经济强国。

如果说，第一份战略构想瞄准知识经济的“创新驱动”，那么，第二份战略构想瞄准知识经济的“转型升级”。第一份构想受到国家重视，取得良好效果。第二份构想，如果获得采纳，相信会发挥积极作用，并促进中国知识经济的腾飞，加快中国复兴的伟大进程。

全面实现服务业现代化，全面建成“质量是生命、内容是灵魂、诚信是准则”的先进服务文化，以及流通服务强国、知识型服务强国和知识经济发达国家，需要我们的群策群力。而且，不同地区和不同服务部门有不同特点，它们的服务业现代化需要专题研究。

我们相信，通过实施农业、工业、服务业三个现代化路线图，通过实施“制造强国”和“知识强国”两个战略，以及创新驱动发展战略、科教兴国战略、人才强国战略等，中国知识经济的腾飞值得期待。

本 章 提 要

服务业现代化是 18 世纪以来的一种经济现象，是服务业和服务经济发展的世界前沿，以及追赶、达到和保持这种世界前沿水平的行为和过程。达到和保持服务业的世界前沿水平的国家是服务业发达国家，其他国家是服务业发展中国家，两类国家之间的转换有一定概率。

服务业现代化是 18 世纪以来服务业的一种深刻变化，是从传统服务业向现代服务业和知识型服务业的转变，它包括现代服务业的形成、发展、转型和国际互动，服务业要素的创新、选择、传播和退出，以及服务业国际体系和国家地位的变化等。

服务业现代化的前沿过程包括两大阶段：第一次服务业现代化和第二次服务业现代化。如果说，第一次服务业现代化是初级服务业现代化，是从传统服务业向现代服务业的转变；那么，第二次服务业现代化是高级服务业现代化，是从现代服务业向知识型服务业的转变。两次服务业现代化的协调发展是综合服务业现代化，它比较适合于 21 世纪没有完成第一次服务业现代化的国家。

服务业现代化是一个复杂的过程。服务业包括 15 个部门，分为知识型服务业和劳务型服务业。不同服务部门，现代化有很大差别，需要专题研究。服务业现代化不仅包括服务效率的提高，也包括服务结构、服务制度和服务观念的变化。其中，服务内容、服务技术、服务模式、服务制度和服务观念的转变和更替，是服务业现代化的关键。

世界服务业现代化的发展趋势如下。①世界服务业比例上升。19 世纪以来服务业增加值比例和服务业劳动力比例上升。②服务业结构变化。在服务业内部，服务业的 15 个部门中，增加值和劳动力比重持续增长的有以下 5 个部门：人体健康与社会工作，专业、科学和技术服务，信息和交流，行政和辅助，艺术、娱乐和文娱。按照知识含量聚类分析，1970～2011 年，OECD 中 15 个典型国家的增加值比例和就业比例变化一致：知识型服务业比例上升，劳务型服务业比例下降，智力服务比例上升，知识传播服务比例波动较大。③服务业水平提高。18 世纪以来，人均服务业增加值不断上升。1970 年以来，服务消费日趋高品质化，人均知识型服务业增加值不断上升。

《中国现代化报告 2016：服务业现代化研究》认为，未来 30 年，中国可以选择综合服务业现代化路径，制定服务业现代化路线图，建设流通服务和知识型服务强国。

参考文献和推荐读物

富克斯 V R. 1987. 服务经济学. 许微云, 万慧芬, 孙光德, 译. 北京: 商务印书馆.
关权. 2014. 发展经济学: 中国经济发展. 北京: 清华大学出版社.
何传启. 2011. 第六次科技革命的战略机遇. 北京: 科学出版社.
何传启. 2016. 中国现代化报告 2016: 服务业现代化研究. 北京: 北京大学出版社.
何传启, 李宁, 张凤, 田铭, 等. 1998. 迎接知识经济时代 建设国家创新体系. 中国科学院院刊, 13(3): 165-169.
何德旭, 夏杰长. 2009. 服务经济学. 北京: 中国社会科学出版社.
黄少军. 2000. 服务业与经济增长. 北京: 经济科学出版社.
江小涓. 2014. 服务经济: 理论演进与产业分析. 北京: 人民出版社.
库兹涅茨 S. 1999. 各国的经济增长. 常勋, 等, 译. 北京: 商务印书馆.
刘建兵, 柳卸林. 2009. 服务业创新体系研究. 北京: 科学出版社.
马克卢普 F. 2007. 美国的知识生产与分配. 孙耀君, 译. 北京: 中国人民大学出版社.
麦迪森 A. 2003. 世界经济千年史. 伍晓鹰, 许宪春, 叶燕斐, 等, 译. 北京: 北京大学出版社.
米切尔 B R. 2002. 帕尔格雷夫世界历史统计: 欧洲卷（1750—1993）. 4 版. 贺力平, 译. 北京: 经济科学出版社.
诺思 D C. 1992. 经济史上的结构和变革. 厉以平, 译. 北京: 商务印书馆.
派恩 B J, 吉尔摩 J H. 2002. 体验经济. 夏业良, 鲁炜, 译. 北京: 机械工业出版社.
孙欣. 2002. 知识型服务业的发展及特征分析. 现代管理科学, (10): 54-55.
魏江, 陶颜, 王琳. 2007. 知识密集型服务业的概念与分类研究. 中国软科学, (1): 33-41.
夏杰长. 2014. 中国服务业发展报告 2014: 以生产性服务业推动产业升级. 北京: 社会科学文献出版社.
许宪春. 2004. 中国服务业核算及其存在的问题研究. 统计研究, (7): 3-14.
原毅军, 陈艳莹. 2011. 中国高端服务业发展研究. 北京: 科学出版社.
詹森 J O. 2013. 服务经济学. 史先诚, 译. 北京: 中国人民大学出版社
朱高峰. 2015. 现代服务业培育与发展报告研究. 北京: 科学出版社.
BEA. 2015. Industry economic accounts. [2015-03-10]. http://www.bea.gov/industry/index.htm.
OECD. 1996. The knowledge-based economy. Pairs: OECD.
OECD. 2015. STAN database for structural analysis (ISIC Rev. 4). [2015-03-10]. http://stats.oecd.org/Index.aspx?DataSetCode=STANI4.

Rostow W. 1960. The Stages of Economic Growth: A Non-Communist Manifesto. Cambridge: Cambridge University Press.

World Bank. 2015. World development indicators. [2015-03-10]. http://databank.worldbank.org/data/reports.aspx?source=world-development-indicators.

课 堂 讨 论

1. 与工业和农业相比，服务业有哪些特点？
2. 服务业与服务经济的关系是哪些？
3. 世界服务业的主要发展趋势是哪些？
4. 中国服务业的前景如何？

课 后 习 题

1. 什么是服务业现代化？
2. 什么是交通现代化？
3. 服务业现代化的阶段如何划分？
4. 服务业现代化的主要动力有哪些？
5. 中国服务业现代化可以怎么做？

第九章　现代化战略：战略与政策

现代化是一种世界现象和国际潮流，现代化科学是一门应用科学。现代化战略和政策是现代化理论的实际应用，是现代化科学的一个重要部分（图 9.1）。发达国家与发展中国家的现代化战略和政策有较大差别。在现代化战略部分，我们将简要讨论战略与政策研究要点和两个战略研究案例（专题研究），一个是产业结构现代化，一个是生活质量现代化。第一个案例属于经济现代化的战略研究，第二个案例属于社会现代化的战略研究。

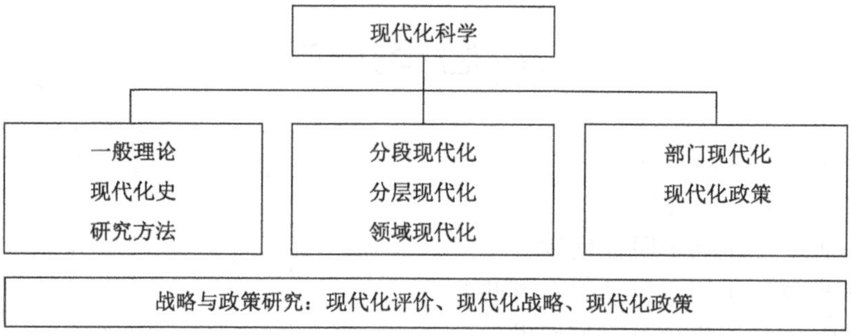

图 9.1　现代化科学的战略与政策研究

资料来源：何传启（2010，2011）

现代化战略与政策研究，需要尊重现代化客观规律和研究对象的基本国情，需要判断研究对象的发展水平和发展目标，需要选择其目标的实现路径，需要提出实现目标的战略重点和主要政策措施。它们涉及现代化评价、现代化战略和现代化政策等。在很大程度上，现代化战略研究是一项系统工程，既要尊重规律，又要基于规律进行开拓创新。

第一节　现代化评价

知己知彼，百战不殆。现代化犹如一场国际马拉松比赛；跑在前面的国家成为发达国家，跑在后面的国家则是发展中国家，两类国家之间可以流动。通过对现代化进程的客观评价，可以动态监测现代化进程的国家水平和国际地位变化。现代化评价是现代化决策的重要基础。

一、评价原理

现代化评价是对现代化过程和结果的一种综合评价。它既是现代化研究的一种常用方法，也是现代化政策研究的一个关键环节。现代化评价有多种类型（表 9.1），不同类型评价的评价原理和方法有所不同。

表 9.1 现代化评价的主要类型（举例）

评价类型	评价目的	评价的特点
水平评价	现代化的相对水平	国际可比性、理论一致性、连续性
阶段评价	现代化的发展阶段	
创新力评价	现代化的发展动力	国际可比性、地区可比性、相对性
竞争力评价	现代化的竞争优势	
绩效评价	现代化的绩效和进展	政策性、针对性、实用性、时效性
诊断评价	现代化过程的得失和原因	
理论评价	检验现代化理论假设的科学性	探索性，因研究工作需要而异

资料来源：何传启（2010，2011）

（一）理论基础

现代化评价的理论基础包括现代化理论、系统科学和评价理论等。

现代化理论不是单一理论，而是一个理论群。它包括一般理论、分段理论、分层理论、领域理论、部门理论和专题理论等。这里重点讨论以第二次现代化理论为基础的评价。

第二次现代化理论认为，现代化是文明发展、文明转型、国际竞争和国际地位变化的交集；18～21 世纪，现代化前沿轨迹可以分为第一次现代化和第二次现代化两大阶段，两次现代化的协调发展是综合现代化；现代化是非线性的，创新、竞争、交流和适应是它的动力因素。

一般而言，现代化水平与文明发展和国际地位紧密相关，现代化阶段与文明转型紧密相关，现代化绩效与创新和竞争紧密相关；不同阶段现代化有不同内涵和特点，需要分别评价。

综合评价是一种常用的评价方法。它的基本思想是：评价对象是一个复杂系统，单个指标不足以评价它，需要将多个指标转化为一个综合指数进行评价；不同指标经过统计学处理，转化成标准化的单项指数，多个单项指数通过加权和计算，生成一个综合指数。

（二）一般要求

一般而言，现代化评价需要尊重现代化规律和评价规范，需要注意如下几个问题。

其一，有限目标。现代化过程是一个非线性的和复杂的历史过程，现代化系统是一个开放的和动态的大系统。现代化评价不可能面面俱到，只能突出重点。

其二，评价指标的合理性。一般选择典型性、关键性、可比性和连续性的统计指标。

其三，评价方法的科学性。评价方法包括定性评价、定量评价和综合评价等。

其四，评价数据的质量保证。一般采用国际和官方统计机构公布的统计数据等。

其五，评价结果的相对性。不同国家统计方法和统计指标有一定差异；有些年份有些国家数据不全；有些重要的新现象没有统计数据；这些对评价结果有一定影响。

其六，评价结果的客观性和可比性。尽量减少人为因素的影响，计算可以由计算机完成。一般而言，现代化评价的评价结果应该具有历史可比性和国际可比性。

（三）基本内容

综合评价一般包括六项内容。第一，明确评价的目的和要求。第二，认识评价对象的特点和规律。第三，寻求评价的理论基础和基本原理。第四，选择评价指标，建立指标体系。第五，选择评价方法，建立评价模型。第六，采集数据，进行评价，报告结果。

选择评价指标是现代化评价的关键环节。一般而言，选择评价指标，既要考虑评价目的，也要尊重现代化规律；大约有六个选择原则（表 9.2），需要注意三个因素。

表 9.2　现代化评价指标的选择原则

编号	选择原则	备注
1	反映典型特征的、具有代表性的关键指标	上升变量、下降变量、转折变量、地域变量
2	反映发展水平的、具有国际可比性的指标	人均指标、结构指标、效率指标、效益指标
3	容易理解和接受、具有政策意义的指标	学者常用的指标、人们比较关心的指标
4	可以获得连续数据的指标	统计指标、社会调查指标、观察指标等
5	评价指标的数量要适度	一般为 10～30 个指标
6	注意指标体系的系统性和平衡性	惰性指标、活跃指标的比例要合适

资料来源：何传启（2010，2011）

注：一般而言，总量指标、饱和变量、波动变量、随机变量和地域变量等不宜作为评价指标

其一，从两个维度出发选择评价指标（图 9.2）。第一个维度是过程维度，从现代化的投入、过程、产出和效率/效益四个环节选择评价指标。第二个维度是要素维度，从现代化的行为、结构、制度和观念四种要素选择评价指标。

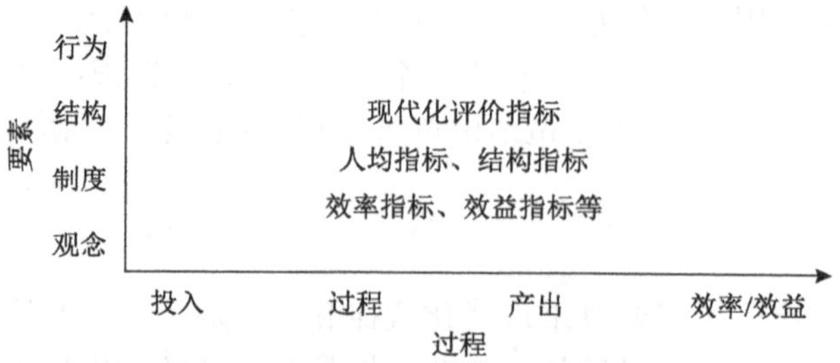

图 9.2　选择评价指标的两个维度

资料来源：何传启（2010，2011）

其二，评价指标的数量不宜过多或过少。指标过多，评价难度大。指标过少，评价不稳定和失真。例如，30个左右的环境指标可以反映90%左右的环境政策需要。

其三，评价指标体系的系统性和合理性。现代化是不同步的，在某个时期不同指标的敏感性（弹性）不同。有些指标是相对惰性的（变化较慢），有些指标是相对活跃的（变化较快）。在评价指标体系中，如果惰性指标占的比例大，评价指数可能不灵敏；如果活跃指标占的比例大，评价指数可能不稳定。建立评价指标体系时，需要注意它们的平衡。

二、国际性评价

国际性评价是对世界范围的现代化现象进行评价，评价对象包括一组国家或全部国家，评价结果强调国际可比性。关于现代化的国际性评价一般包括水平评价、阶段评价和过程评价等，过程评价包括创新力评价、竞争力评价和影响力评价等。

（一）现代化水平评价

现代化水平评价是对评价对象的现代化的实际进展和国际相对水平的定量评价。关于现代化水平的定量评价，可以追溯到20世纪60年代。大致包括三类工作：国家现代化水平、领域（或部门）现代化水平和地区现代化水平的定量评价等。

2001年以来连续出版的《中国现代化报告》，以第二次现代化理论为理论基础，对2000年人口超过100万人的131个国家的现代化水平进行定量评价，评价的时间跨度为1950～2018年，评价内容涉及国家现代化、地区现代化、经济、社会、生态和文化生活现代化水平等。采用的评价模型包括第一次现代化、第二次现代化和综合现代化评价模型等。

（二）创新力和竞争力评价

20世纪80年代以来，竞争力评价受到关注；20世纪90年代以来，创新力评价受到重视。

（1）竞争是现代化的主要动力。竞争力评价是现代化研究的重要内容。竞争力没有统一定义。竞争力评价大致分为四个层次：国家竞争力、地区竞争力、部门竞争力和企业竞争力等。

（2）创新是现代化的主要动力。创新力评价是现代化研究的重要内容。关于创新能力评价，大致分为四个层次：国家创新能力、地区创新能力、部门创新能力和机构创新能力等。

三、政策性评价

现代化的政策性评价一般包括绩效评价、诊断评价、战略评价和政策效果评价等。政策性评价一般是实用目标导向的评价，强调政策引导性、针对性和可操作性。

（一）绩效评价

现代化绩效评价是对现代化过程的结果和效果的评价。

其一，评价目的。绩效评价的目的可以分为三类：现代化的实际进展评价、现代化目标的监测评价、现代化战略的目标预测评价（表 9.3）。它们的功能和用途是不同的。

表 9.3　现代化绩效评价的类型

评价类型	评价目的和评价内容	评价用途
实际进展评价	某一时期的现代化进展	战略咨询、竞选咨询、诊断评价
目标监测评价	现代化目标的达标程度	目标管理、政策咨询、诊断评价
目标预测评价	现代化水平的国际比较和目标预测	战略目标的研制、竞选咨询、现代化规划

资料来源：何传启（2010，2011）

其二，评价对象。绩效评价的评价对象包括分层现代化（国家和地区等）、分领域现代化（经济和社会等）、分部门现代化（农业和工业等）和分专题现代化（城市和农村）等。

其三，评价指标。绩效评价的评价指标可以根据评价目的和要求进行选择，可以包括现代化的行为、结构、制度和观念指标，包括现代化的投入、产出、效率和效益指标等。

其四，指标权重。可以根据政策需要和现代化规律确定指标权重。

其五，评价标准。发达国家和发展中国家可以有不同标准。

其六，评价模型。根据评价需要和综合评价方法选择合适的评价方法和评价模型。

（二）诊断评价

现代化诊断评价是对现代化过程的得失进行评价，旨在找出成败原因和对策。

其一，绩效评价。它是诊断评价的基础工作，包括实际进展评价、目标达标评价。

其二，优势分析。分析现代化的主要成绩、优势和原因。

其三，劣势分析。分析现代化的主要失误、劣势和原因。

其四，对策分析。提出保持和强化优势、克服或改善劣势的政策建议。

（三）战略评价

现代化战略评价是对现代化战略的合理性和执行效果的评价，适用于战略管理。

其一，绩效评价。它是战略评价的基础工作，包括目标监测评价、目标预测评价。

其二，战略目标评价。评价战略目标的先导性、合理性、可行性、战略成本等。

其三，战略计划评价。评价战略目标与措施的一致性、子系统之间的协调性等。

其四，战略实施评价。评价战略实施的经验和教训、战略调整的及时性和适应性等。

其五，战略优势评价。评价战略的比较优势、竞争优势、提高竞争优势的建议等。

第二节　现代化战略

战略是实现目标的方法。现代化战略是实现现代化目标的方法。发达国家的现代化目标是保持世界领先水平或世界先进水平，发展中国家的现代化目标是追赶和达到世界先进水平，发达国家和发展中国家的现代化战略有很大差别。现代化战略既是现代化科学的一个组成部分，也是现代化政策的一个关键环节。它是联系现代化理论与现代化实践的桥梁。

一般而言，现代化战略是基于现代化理论的战略，发展战略是基于发展理论的战略。前者适合于所有国家，后者常见于发展中国家。现代化包括文明发展、文明转型、国际竞争和国际地位变化。所以，现代化战略与发展战略既有联系又有区别（表 9.4）。现代化路线图是现代化目标、路径和措施的系统集成，是现代化战略和规划的一种表达形式。

表 9.4　现代化战略与发展战略的比较

项目	现代化战略	发展战略
目标	客观目标：根据现代化水平设置目标； 发达国家：世界最高水平、世界先进水平； 发展中国家：世界先进水平、世界平均水平	主观目标：根据研究者预期设置目标； 发达国家：根据国家需求设置目标； 发展中国家：根据国家期望设置目标
路径	客观路径：现代化三条基本路径； 发达国家：第二次现代化路径； 发展中国家：追赶现代化或综合现代化路径	主观路径：研究者描述的路径； 发达国家：没有统一认识； 发展中国家：研究者提出的不同设想
重点	发达国家：规律导向、前沿创新、竞争分析； 发展中国家：规律导向、模式创新、竞争分析	发达国家：问题导向、政策创新； 发展中国家：问题导向、跟踪模仿、政策分析
特点	科学思维：规律—比较—对策； 发达国家：现代化原理—保持发达水平—对策； 发展中国家：现代化原理—现代化差距—对策	实用逻辑：趋势—现状—对策； 发达国家：发展趋势—国家现状—对策； 发展中国家：发展趋势—国家现状—对策
基础	现代化理论、战略学等	发展理论、战略学等

资料来源：何传启（2010，2011）

一、现代化目标

现代化目标是未来一段时间现代化的目标。它有许多类型，如战略目标和计划目标、长期目标和近期目标、动态目标和固定目标、理论性目标和政策性目标、国家目标、地区目标、领域和部门目标等。现代化目标的制定，需要遵循现代化规律，把握世界发展趋势，认清自身水平和客观条件。这里讨论 21 世纪的现代化目标。

（一）理论基础

现代化目标是基于现代化理论和国家相对水平的目标。第二次现代化理论认为，现代化的结果包括现代性、特色性和多样性的形成，包括国际分化、国家分层和副作用，包括世界前沿、国际体系和国家状态的变化等。第一次现代化、第二次现代化和综合现代化的结果是不同的。国家现代化的理论目标是完成第一次现代化，完成从农业文明向工业文明的转型；完成第二次现代化，完成从工业文明向知识文明的转型；追赶、达到或保持世界先进水平。国家现代化的政策目标是提高生产力和生活质量，促进社会的公平和进步，促进人的全面发展，促进人与自然互利共生等。发达国家的政策目标是保持世界先进水平，发展中国家的政策目标是追赶和达到世界先进水平。现代化理论为现代化目标提供了理论基础。

一般而言，国家现代化目标包含三类目标：共性目标、个性目标和减少副作用。共性目标包括完成两次现代化，追赶、达到或保持世界先进水平。个性目标包括形成、保持和扩展自己的特色，强化竞争优势等。不同国家和不同时期减少副作用的要求是不同的。

固定目标：完成第一次现代化，形成第一现代性，减少第一次现代化的副作用。发达国家在 20 世纪 60 年代完成第一次现代化，它们 20 世纪 60 年代的平均水平可以作为完成第一次现代化的参考标准。

动态目标：完成第二次现代化，追赶、达到和保持世界先进水平，减少副作用等。目前，没有国家完成第二次现代化。预计 21 世纪后期，发达国家能够完成第二次现代化。那个时候，发达国家的第二次现代化水平可以作为完成第二次现代化的参考标准。

（二）目标制定

现代化目标有不同类型和特点，它们的制定方法有所不同（表 9.5）。一般而言，固定目标的参考标准是已知的，可以采用标杆法、现代化水平评价和现代化阶段评价等来制定相关的政策目标；动态目标的参考标准是世界先进水平，可以采用标杆法和目标预测评价等来制定相关的战略目标与政策目标。

表 9.5　现代化目标的制定方法

目标类型	内容和特点	制定方法
共性目标	第一现代性，第二现代性，追赶、达到或保持世界先进水平	标杆法、现代化水平评价、现代化阶段评价、实际进展评价、目标预测评价等
个性目标	形成、保持和扩展特色，强化竞争优势	国际比较分析、竞争优势分析等
减少副作用	减少两次现代化的副作用	个案分析
固定目标	完成第一次现代化	标杆法、现代化水平评价、现代化阶段评价
动态目标	完成第二次现代化，追赶、达到或保持世界先进水平	标杆法、目标预测评价等
长期目标	战略目标，时间跨度可以在 10 年以上	标杆法、目标预测评价、竞争优势分析等
近期目标	政策目标，时间跨度一般 5 年以内	标杆法、目标预测评价、竞争优势分析等

资料来源：何传启（2010，2011）

一般而言，战略目标的制定大致包括三个内容：战略定位、战略分析和综合目标。战略定位是对现代化的水平、阶段和国际地位的精确判断。战略分析包括国际环境、客观条件和竞争优势分析等。综合目标包括三类目标（共性目标、个性目标和减少副作用）的综合集成。

其一，战略定位。需要对现代化阶段和水平进行评价。确定现代化的阶段、水平和国际地位。

其二，战略分析。战略分析包括世界趋势分析、世界前沿分析、国际环境分析、客观条件分析和竞争优势分析等。

其三，选择共性目标。可以采用标杆法、实际进展评价和目标预测评价等方法。

其四，选择个性目标。可以采用国际比较分析和竞争优势分析等方法。

其五，减少副作用。需要个案分析。

其六，提出综合政策目标，包括共性目标、个性目标和减少副作用等。

（三）主要方法

其一，目标预测法。在实际进展评价或目标预测评价的基础上，进行政策目标预测。目标预测方法很多，如线性外推、非线性预测、目标逼近等。

其二，标杆法。选择某种水平为参考标杆，设置政策目标。一般而言，发达国家的政策标杆值是世界最大值或发达国家平均值；发展中国家的政策标杆值是发达国家平均值、发达国家的底线（门槛值）、世界平均值或第一次现代化的参考标准等。

其三，竞争优势分析。现代化结果包括特色性和多样性。在遵循现代化规律的前提下，分析国家的竞争优势和劣势，选择可以保持和扩展的竞争优势，培育和形成新的竞争优势，形成自己的优势特色，提出个性目标。

一般而言，现代化目标的不同类型目标，需要分别制定和分类管理。第一次现代化、第二次现代化、综合现代化的政策目标，发达国家和发展中国家的政策目标，发达地区和发展中地区的政策目标，不同领域和行业的政策目标，都会有自己的特点和要求，需要区别对待。

二、现代化规划

现代化规划是未来一段时期的现代化建设蓝图，是实现现代化目标的计划。它是一项系统工程，是现代化战略的具体化和操作化。现代化规划有多种类型，如战略规划和实施计划、国家规划、地区规划、领域规划、部门规划和专项规划等。现代化规划的制定需要遵循现代化规律，需要考虑客观条件和国际环境，需要量力而行。

（一）理论基础

现代化规划是基于现代化理论和现代化战略的规划。第二次现代化理论认为，现代化过程包括第一次现代化和第二次现代化两个阶段，两次现代化有不同内涵、特征、动力和模式，两次现代化的协调发展是综合现代化；2005 年发达国家已经全部进入第二次现代化，少数发展中国家已经进入第二次现代化，绝大多数发展中国家处于第一次现代化，部分发展中国家采用综合现代化路径。现代化理论为现代化规划提供了理论基础。

（二）规划制定

现代化规划包括许多基本内容，如战略目标、基本任务、分段目标和任务、路径选择、模式选择、重点选择、政策选择和成本效益分析等（表 9.6）。一般而言，规划制定过程是一个目标导向的开放过程，目标分析、任务分析和各种选择是交互进行的。

表 9.6　现代化规划的制定方法

规划内容	内容和特点	制定方法
战略目标	长期目标	标杆法、现代化水平和阶段评价、进展评价等
基本任务	实现长期目标所需要完成的任务	任务分析
分段目标和任务	分段目标、年度目标和任务	目标和任务的分解
共性目标的实现	提高现代化水平的途径和方法	根据国家发达的原理和方法，提出对策
个性目标的实现	强化特色与竞争优势的途径和方法	专题研究，提出强化特色和竞争优势的对策
减少副作用	减少现代化的副作用的途径和方法	专题研究，提出解决或抑制副作用的对策
路径选择	三条基本路径的选择、路径的细化	路径分析，路径创新，提出具体指标
模式选择	不同路径的模式选择、模式的细化	模式分析，模式创新，模式选择
重点选择	明确实现战略目标的关键点	比较分析，主成分分析法等
政策选择	根据理论和目标，进行政策创新和选择	政策分析，政策创新，政策和措施选择
成本效益分析	预算投入，估算产出，绩效分析	绩效评价方法

资料来源：何传启（2010，2011）

注：战略目标和分段目标都包括共性目标、个性目标和减少副作用三个部分。基本任务和分段任务分别指实现战略目标和分段目标所需要完成的任务

其一，目标分析。解析战略目标，明确基本任务，提出分段目标和年度目标等。

其二，路径选择。选择基本路径，选择实现三个目标的细分路径。

其三，模式选择。选择三个与目标相关的合适的模式，或者进行模式创新。

其四，重点选择。选择三个与目标相关的重点，明确重中之重，相应配置资源。

其五，政策选择，包括政策分析、政策创新、政策和措施选择等。

其六，形成完整规划，包括目标、路径、模式、重点、政策和绩效评价等。

现代化战略规划，一般包括战略目标、任务、原则、布局、重点和措施等。

现代化实施计划，应该包括年度目标、任务、要求、重点和措施等。

（三）注意事项

其一，一个重点。共性目标的实现途径和方法是现代化规划成功的关键环节。目标

是提高现代化水平，追赶、达到或保持世界先进水平。发达国家和发展中国家有所差别。

其二，四个选择。路径选择、模式选择、政策选择和重点选择要慎重。

其三，分段规划。第一次现代化、第二次现代化和综合现代化的战略规划是不同的。

其四，分类规划。发达国家与发展中国家、国家与地区、领域与部门的战略规划等有所不同。

其五，国家规划。特别关注国家发达的方法和六个领域的优先次序等。

其六，地区规划。特别关注地区现代化水平、特色和竞争优势等。

一般而言，在现代化规划中，发达国家可以比较多地关注人均创新价值、人均高效劳动、人均先进技术、人均技能和投资效率等；发展中国家可以比较多地关注人均资本、人均技能、人均高效劳动、人均有效劳动、人均高效投资、人均有效投资、人均高级资产和技术进步等。

三、战略管理

现代化战略的战略管理包括战略制定、战略实施和战略评价的全过程管理。战略管理需要战略制定者和战略执行者的通力合作，需要全过程和良好的信息沟通。

（一）战略制定

战略制定大致包括三个主要内容：目标制定、规划制定和战略预评价。

首先，现代化目标的制定，核心是长期目标和基本任务的制定。

其次，现代化规划的制定，核心是分期目标和实施方案的制定。

最后，战略预评价，对各种战略方案进行评价，遴选优良战略，提出优化建议。

战略周期是指从战略制定、战略实施到战略结束的时间周期。

战略制定周期大致有四种：任职周期、竞选周期、项目周期和不定期等。

（二）战略实施

战略实施大致包括三个主要内容：启动、执行和定期调整。

首先，战略启动。公布战略和实施方案，明确重点和措施，配置资源。

其次，战略执行。年度计划的实施、检查和评估等。

最后，战略定期调整。根据外部变化和内部进展，对战略进行必要调整。

（三）战略评价

战略评价大致包括三种评价：前期评价、中期评价和结果评价。

首先，前期评价。在战略制定阶段的战略预评估，包括目标评估。

其次，中期评价。在战略执行中期的执行评估，提出调整建议。

最后，结果评价。在战略结束后的评估，包括绩效评价等的全面评估。

第三节　现代化政策

现代化政策的突出特点是针对性和时效性等。不同国家可以根据自身条件，创新和选择合适的政策和措施。政策创新与措施选择需要遵循现代化规律，需要适合基本国情和国际环境。第一次现代化、第二次现代化和综合现代化路径的政策与措施有所不同。

一、创新与选择

现代化过程的政策创新和措施选择是现代化战略与规划的组成部分。

（一）政策和措施的来源

一般而言，政策和措施主要有三个来源：理论来源、国际借鉴和政策创新。
首先，理论来源。现代化理论是一个大家庭，每一种理论都有政策含义。
其次，国际借鉴。过去近 300 年的现代化实践，积累了丰富的成功经验。
最后，政策创新。政策创新是制度创新的一种表现形式。

（二）创新和选择的周期

现代化包括政策的创新、选择、传播和退出。政策从创新到退出有一个周期（图 9.3）。

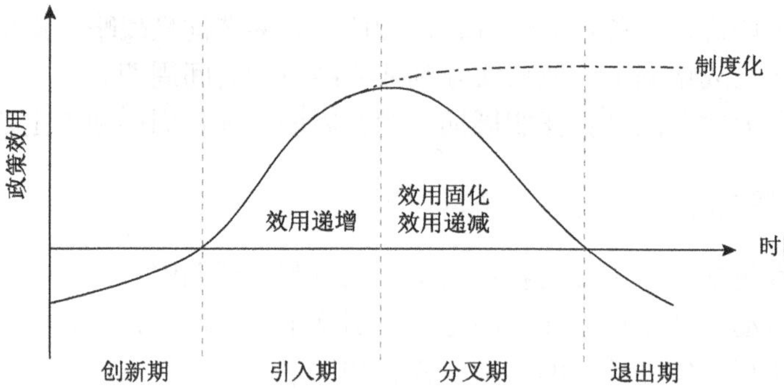

图 9.3　政策创新的生命周期

资料来源：何传启（2010，2011）

创新期，政策没有效用，负效用表示制度缺失的负面效果。引入期，政策效用递增。分叉期，政策效用已经饱和；有些政策转变为制度，长期发挥作用，效用被固化；有些政策出现效用递减。退出期，有些政策完成历史使命，失去效用，自动退出；有些政策如果不退出，可能产生负面作用。有些政策，出台时就发挥最大效用，然后效用递减；或者效用被固化

一项政策的政策效用，从效用递增、效用饱和、效用固化（制度化）、效用递减、效用丧失到效用转负（负面效应），是一个自然的演变过程。

一般而言，在效用递减后期，需要考虑采取措施，让政策退出；避免出现负面效应。

（三）创新和选择的重点

政策创新和措施选择，可以依据国家发达的原理和方法遴选重点，发达国家和发展中国家可以有不同重点。一般而言，从三个角度考虑。

首先，重点领域选择。现代化包括六个领域（经济、社会、政治、文化、生态和人）的现代化。六个领域不可能完全同步。在某个时期，可以选择一个或几个领域为重点。其次，重点部门选择。不同领域包括或涉及不同部门，如经济领域包括农业、工业和服务业等。在某个时期，可以选择一个或几个部门为重点。最后，重点问题选择。在不同领域和部门，在不同时期有不同的关键问题。

二、发达国家的选择

在 21 世纪，发达国家可以采用第二次现代化路径。现代化政策与现代化路径和模式紧密相关。现代化模式是现代化路径的一个时段特征，是现代化要素的一种组合。

第二次现代化路径的政策重点需要适时调整，目前大致有 10 个要点（表 9.7）。

表 9.7 第二次现代化路径的政策选择

编号	主要内容
1	提高国家创新能力和创新价值比例。建设创新网络，优化创新政策，培育创新文化，加强知识创新、技术创新、制度创新和观念创新等，完善国家知识基础设施
2	促进知识化。发展知识产业，包括知识生产、知识和信息传播、知识服务业、高技术产业，普及高等教育，加快工业转移和工业升级，提高经济的知识含量和劳动生产力
3	加快信息化和网络化。建设信息基础设施，发展信息技术产业，建设网络社会和学习型社会
4	实施生态现代化战略。经济增长和环境保护协调，经济发展与环境退化脱钩，实现经济与环境的双赢
5	提高文化创造力和文化竞争力，大力发展文化产业，提高文化生活质量
6	促进郊区化和城区改造升级，促进城乡平衡发展
7	经济全球化。全球经营，电子商务，无国界经济，自由贸易区等
8	按贡献分配。实行按贡献分配、按需要调节，知识资本和投资资本参与纯收入分配
9	个性化民主。推动包容性、对话式、协商式和直接的民主，尊重个性化选择
10	风险管理。科技、理性和决策存在风险，需要建立机制来控制风险等

资料来源：何传启（2003）

三、发展中国家的选择

在 21 世纪，发展中国家可以有三种选择：追赶现代化路径、综合现代化路径和第二次现代化路径。三条路径有不同内涵和特点，可以采取不同政策。这里重点讨论前两条路径。第二次现代化路径的政策重点可以参考表 9.7。

（一）追赶现代化路径的政策选择

追赶现代化路径是跟踪发达国家的现代化路径，先完成第一次现代化，后进入第二次现代化。在追赶现代化路径的第一个阶段，适合采用经典现代化理论的政策措施。追赶现代化路径是一个复合路径，是国家经济等六个领域现代化路径的“包络线”。

追赶现代化路径的政策重点需要适时调整，目前大致有 10 个要点（表 9.8）。

表 9.8　追赶现代化路径的政策选择

编号	主要内容
1	加快工业化。加快农业向工业和服务业的转移，增加有效劳动和有效投资，积极引进技术和资本等
2	推动城市化。加快农村人口向城市的迁移，加强城市基础设施建设等
3	促进民主化。建立和完善民主选举、民主立法和民主监督制度等
4	促进福利化。建设福利社会，实现人人有保险，家家有福利的社会化目标等
5	大力普及教育。普及义务教育和中等教育，发展职业教育和高等教育等
6	适量发展科学和技术，提高技术创新能力，大力破除封建和专制文化等
7	生态现代化。在加快经济增长的同时，保护自然环境和资源合理利用，实现持续发展等
8	推动信息化。加强信息基础设施建设，提供广泛的信息服务，发展信息技术产业等
9	参与全球化。参与国际市场竞争，支持跨国企业，发展电子商务，建立自由贸易区等
10	加强地区经济合作，促进地区知识和经验共享等

资料来源：何传启（2003）

（二）综合现代化路径的政策选择

综合现代化是两次现代化的协调发展并持续向第二次现代化的转型过程和深刻变化。综合现代化路径是 21 世纪发展中国家的一种战略选择。综合现代化路径涉及六个领域的现代化，具有起点依赖性和模式多样性。

综合现代化路径的政策重点需要适时调整，目前大致有 10 个要点（表 9.9）。

表 9.9　综合现代化路径的政策选择

编号	主要内容
1	新型工业化。工业化、信息化、绿色化、全球化和工业转移协调发展，提高投资和劳动效率等
2	新型城市化。城市化、信息化、绿色化、国际化和郊区化协调发展，建设城乡平衡社会等
3	促进民主化。完善民主制度，提高政府效率和政策透明度，尊重个性化选择等
4	加速信息化。发展信息技术产业，促进电信网、广播电视网和互联网的三网融合等
5	促进知识化。发展科技产业、知识传播和知识服务业等
6	经济全球化。促进国际贸易，降低关税，促进国际经济合作区、自由贸易区的发展等
7	建设学习型社会。普及义务教育和中等教育，发展职业教育、远程教育和高等教育

续表

编号	主要内容
8	建设创新型国家。建设创新网络，优化创新政策，培育创新文化，提高企业创新能力等
9	建设环境友好社会。实施生态现代化战略，促进经济增长与环境退化的脱钩等
10	实行按贡献分配制度。实行按贡献分配，按需要调节，知识资本和投资资本参与纯收入分配

资料来源：何传启（2003）

本章提要

现代化是一种世界现象和国际潮流，现代化科学是一门应用科学和战略科学。现代化战略和政策是现代化理论的实际应用，是现代化科学的一个重要部分。发达国家与发展中国家的现代化战略和政策有较大差别。

现代化战略与政策研究需要遵循现代化客观规律和研究对象的基本国情，需要判断研究对象的发展水平和发展目标，需要选择其目标的实现路径，需要提出实现目标的战略重点和主要政策措施。它们涉及现代化评价、现代化战略和现代化政策等。在很大程度上，现代化战略研究是一项系统工程，既要尊重规律，又要基于规律进行开拓创新。

现代化评价是对现代化过程和结果的一种综合评价。综合评价的思想是：评价对象是一个复杂系统，单个指标不足以评价它，需要将多个指标转化为一个综合指数进行评价；不同指标经过统计学处理转化成单项指数，多个单项指数通过加权和计算生成一个综合指数。

现代化战略是基于现代化理论的战略，发展战略是基于发展理论的战略。前者适合于所有国家，后者常见于发展中国家。现代化战略与发展战略既有联系又有区别。

现代化目标是未来一段时间现代化的目标。它有许多类型，如战略目标和计划目标、长期目标和近期目标、动态目标和固定目标等。现代化目标的制定需要遵循现代化规律，把握世界发展趋势，认清自身水平和客观条件。

现代化政策的突出特点是针对性和时效性等。政策创新与措施选择，需要遵循现代化规律，需要适合基本国情和国际环境。发达国家和发展中国家的政策创新和措施选择是不同的。现代化科学包括众多理论，不同理论的政策含义是不同的。

参考文献和推荐读物

何传启. 2003. 东方复兴：现代化的三条道路. 北京：商务印书馆.
何传启. 2010. 现代化科学：国家发达的科学原理. 北京：科学出版社.
何传启. 2011. 中国现代化报告 2011：现代化科学概论. 北京：北京大学出版社.
何传启. 2013a. 第二次现代化理论：人类发展的世界前沿和科学逻辑. 北京：科学出版社.
何传启. 2013b. 中国复兴的科学基础和战略机遇. 北京：科学出版社.
中国现代化报告课题组. 2001. 中国现代化报告 2001. 北京：北京大学出版社.

中国现代化战略研究课题组, 中国科学院中国现代化研究中心. 2010. 中国现代化报告 2010: 世界现代化概览. 北京: 北京大学出版社.

朱庆芳, 吴寒光. 2001. 社会指标体系. 北京: 中国社会科学出版社.

Armer M, Schnaiberg A. 1972. Measuring individual modernity: a near myth. American Sociological Review, 37(3): 301-316.

Coughenour C M, Stephenson J B. 1972. Measures of individual modernity: review and commentary. International Journal of Comparative Sociology, 13(2): 81-98.

Crittenden J. 1967. Dimensions of modernization in the American states. American Political Sciences Review, 61(4): 989-1001.

Cutright P. 1963. National political development: measurement and analysis. American Sociological Review, 28(2): 253-264.

David F R. 1997. Concepts of Strategic Management. 6th ed. Englewood Cliffs: Prentice Hall Inc.

Harbison F H, Maruhnic J, Resnick J R. 1970. Quantitative Analyses of Modernization and Development. Princeton: Princeton University.

Kahl J A. 1968. The Measurement of Modernism: A Study of Values in Brazil and Mexico. Austin: University of Texas Press.

Porter M E. 1990. The Competitive Advantage of Nations. New York: The Free Press.

Schnaiberg A. 1970. Measuring modernism: theoretical and empirical explorations. American Journal of Sociology, 76(3): 399-425.

Thompson J C. 1977. The Measurement of Modernization Among South African Blacks: A Pilot Study. Johannesburg: National Institute for Personnel Research, South African Council for Scientific and Industrial Research.

课 堂 讨 论

1. 现代化科学是一门应用科学吗?
2. 现代化评价的理论基础是什么?
3. 现代化战略与发展战略的比较特点有何不同?
4. 简述现代化政策的主要特点。

课 后 习 题

1. 什么是现代化评价?
2. 什么是现代化战略?
3. 什么是现代化规划?
4. 什么是现代化政策?
5. 请为家乡现代化提出若干建议。
6. 请为居住地现代化提出若干建议。

第十章　现代化战略：产业结构现代化

从全球范围看，产业结构的变迁，既有共性规律，又有国别和时代差异。关于产业结构问题的研究可以追溯到 17 世纪。20 世纪，美国经济学家库兹涅茨认为，如果没有结构转变，持续的经济增长将不可能实现（Kuznets，1966）。18 世纪以来，世界经济的产业结构发生了两次根本性的转变，第一次是从农业经济向工业经济的产业结构转变，第二次是从工业经济向知识经济的产业结构转变。目前发达国家全部进入第二次转变，多数发展中国家处于第一次转变，并受到第二次转变的影响。中国政府已经把建设现代化经济体系纳入国家目标。推进产业结构现代化，是中国未来 30 年经济建设的一个基本任务。

现代化科学认为，现代化包含行为、结构、制度和观念的现代化，经济现代化包含经济行为、经济结构、经济制度和经济观念的现代化。经济结构现代化与产业结构现代化有交叉，产业结构现代化与农业结构、工业结构和服务业结构的现代化有交叉。本章内容与第五章第一节、第六章、第七章和第八章内容有所交叉，但它们各有侧重，可以相互参照。

第一节　什么是产业结构现代化

现代化是 18 世纪以来人类文明的一种前沿变化和国际竞争，发生在人类文明的所有领域和部门。产业结构是一种经济结构，产业结构变迁是经济现代化的一种表现形式，产业结构现代化是经济现代化和国家现代化的一个重要组成部分。

一、产业和产业分类

产业是一个经济学概念，一般指具有某种相近属性的经济活动的集合，通常指国民经济的某个部门。关于产业分类，目前有多种分类方法，不同国家的产业分类有所差别，而且产业分类随时代而变迁。从工业时代到知识时代，产业分类发生很大变化。

（一）工业时代的产业分类

18 世纪工业革命导致现代工业的崛起，世界经济结构发生了根本性转变，突出特征是农业比例下降，工业比例上升，工业超过农业。20 世纪 30 年代，英籍新西兰学者费希尔和澳大利亚学者克拉克提出了三次产业的分类。费希尔认为，人类经济活动可分为三个阶段：以农牧业为主、以工业为主、发展非物质生产（劳务领域）；与之对应，经济部门可分为三次产业：第一次产业提供食物，第二次产业提供非食物的物质产品，第三次产业提供非物质的服务。1948 年，联合国统计委员会发布了《所有经济活动的国际标准行业分类》（United Nations，1949），随后于 1968 年、1990 年和 2008 年先后发布了《所有经济活动的国际标准行业分类》的第二版、第三版和第四版，都以三次产业分类为基础（表 10.1）。

表 10.1　联合国《所有经济活动的国际标准行业分类》的部门划分

项目	《所有经济活动的国际标准行业分类》			
	第一版	第二版	第三版	第四版
产业	农业、林业、狩猎和渔业； 采矿和采石； 制造业； 建筑业； 电、气、水； 商业（零售金融房地产）； 运输、储存和通信； 服务业（政府社区娱乐）； 其他不能分类的活动	农业、林业、狩猎和渔业； 采矿和采石； 制造业； 电、气、水； 建筑业； 批发和零售、餐馆和旅馆； 运输、储存和通信； 金融、保险、房地产、商业服务； 社区、社会和个人服务； 其他不能分类的活动	农业、狩猎和林业； 渔业； 采矿和采石； 制造业； 电、气、水； 建筑业； 批发、零售和修理； 餐馆和旅馆； 运输、储存和通信； 金融媒介； 房地产、租赁和商业活动； 公共管理、国防、社会保障； 教育； 卫生与社会工作； 其他社区社会和个人服务； 家庭服务； 国际组织和机构	农业、林业和渔业； 采矿和采石； 制造业； 电、气、空调； 供水、污水处理等； 建筑业； 批发零售和汽车修理； 运输、储存； 食宿服务； 信息和通信； 金融和保险； 房地产； 专业、科技活动； 行政和辅助； 公共管理、国防、社保； 教育； 人体健康与社会工作； 艺术、娱乐和文娱； 其他服务活动； 家庭服务等； 国际组织和机构
部门	9 类	10 类	17 类	21 类
时间	1948 年	1968 年	1990 年	2008 年

资料来源：何传启和靳京（2017）

（二）后工业社会的新兴产业

20 世纪 70 年代以来，随着信息革命的发生和发展，世界经济的产业结构和就业结构再次发生了根本性转变，突出特征是工业比例下降，服务业比例上升，服务业超过工业。1962 年，美国学者马克卢普提出知识产业，包括研究与开发、教育、通信和媒体、信息设施和信息组织。1977 年，美国学者波拉特进一步分析了美国信息经济的产业和就业结构。1973 年，美国学者贝尔在《后工业社会的来临》一书中提出了后工业社会的五大产业。他把服务业分为三个部分，分别为第三产业、第四产业和第五产业，第五产业包括卫生、教育、研究、政府和娱乐。

（三）知识时代的产业分类

1996 年，OECD 出版《以知识为基础的经济》报告，认为知识经济是以知识的生产、传播和应用为基础的经济。1999 年，中国学者何传启提出了知识时代的三大产业（何传启，1999）。他认为人类生活有两个基本需要，即物质生活需要和精神生活需要；人类经济活动围绕两大需要，形成物质产业、服务产业和知识产业三大产业（图 10.1，表 10.2）。简单地说，就是把农业和工业合并成物质产业，把服务业一分为二，分成劳务型服务业和知识型服务业，分别简称服务产业和知识产业。何传启研究员以《所有经济活动的国际标准行业分类》第四版为基础，提出了知识时代三大产业的行业分类方案：《国际行业分类建议版》（表 10.3）。这种分类比较符合目前发达国家的经济发展趋势。

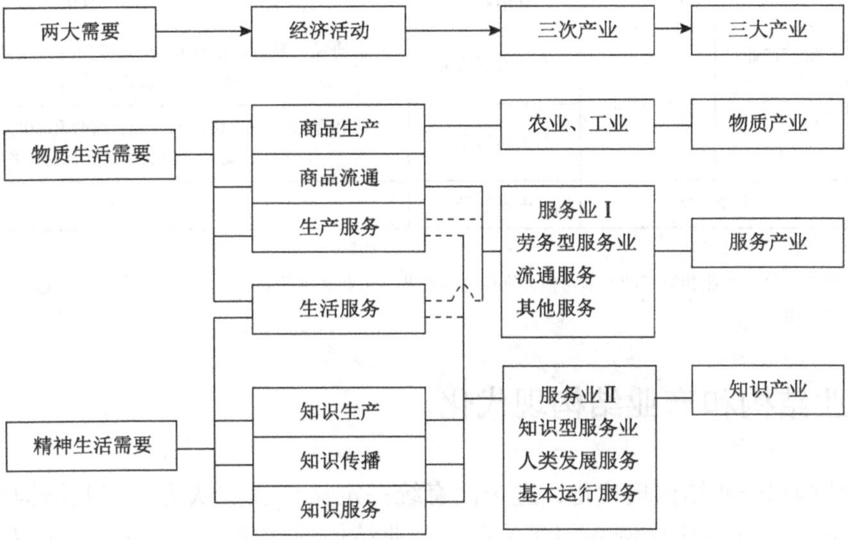

图 10.1　人类生活的两大需要和三大产业（示意图）

资料来源：何传启（2016）

虚线表示生产服务和生活服务中劳务型服务归入服务业Ⅰ，生产服务和生活服务中知识型服务归入服务业Ⅱ。服务业Ⅰ是劳务型服务业，简称服务产业；服务业Ⅱ是知识型服务业，简称知识产业。商品生产和流通过程涉及知识，服务和知识产业涉及商品，上述分类是相对的。狭义知识服务是以知识为基础的服务；广义知识服务是知识型服务的简称，包含知识生产、知识传播和狭义知识服务，知识生产属于一种间接知识服务

表 10.2　知识时代三大产业的划分

三大产业	基本内涵
物质产业（material industries）	是物质商品的生产部门，包括农业和工业，满足人类物质生活的商品需要
服务产业（service industries）	是劳务服务的生产部门，包括流通服务（circulation services）和其他劳务服务，满足商品流通和其他劳务服务需要
知识产业（knowledge industries）	是知识和知识服务的生产部门，包括人类发展服务和基本运行服务两个集群，分别简称为人类服务（human services）和基本服务（essential services）。其中，人类服务是促进人类自身发展的知识服务部门，满足人类精神生活的知识需要和健康需要；基本服务是维持经济和社会运行的知识服务部门，满足维持经济和社会基本运行的知识服务需要

资料来源：何传启（2016）

表 10.3　基于《国际行业分类建议版》的产业分类

项目	三次产业	三大产业	六大集群	24 个部门
产业	第一产业	物质产业	农业	农业（农牧业、林业、渔业）
	第二产业		工业	采矿业，制造业，建筑业，公共事业，环境治理
	第三产业	服务产业	流通服务	批发和零售，运输和储存，食宿服务，房地产和租赁
			其他服务	其他的个人和家庭服务，其他劳务服务
		知识产业	人类发展服务	科学研发，教育，信息和交流，艺术、娱乐和文娱，旅行，健康和社会帮助
			基本运行服务	金融和保险，专业和技术活动，行政和辅助，公共管理和社会安全，成员组织，国际组织
属性	宏观经济		中观经济	微观经济

资料来源：何传启（2018）

注：第一产业、第二产业和第三产业通常被分别简称为农业、工业和服务业；人类发展服务和基本运行服务分别简称为人类服务和基本服务

二、产业结构和产业结构现代化

产业结构和产业结构现代化，迄今没有统一定义。我们认为，产业结构指经济活动的产业分类及其量化比例和相互关系，产业结构现代化是现代化的一种表现形式，是 18 世纪以来产业结构变迁的世界前沿，以及追赶、达到和保持世界前沿水平的行为和过程。

产业结构现代化的内涵：产业结构现代化是 18 世纪以来产业结构的一种前沿变化和国际竞争，它包括现代产业结构的形成发展、转型和国际互动，产业结构要素的创新、选择、传播和退出，以及追赶、达到和保持产业结构世界先进水平的国际竞争和国际分化等。

产业结构现代化的外延：产业结构现代化包括分阶段、分层次、分系统和分部门的

产业结构现代化等（图 10.2）。产业结构现代化受国家利益和市场需求的双重驱动。

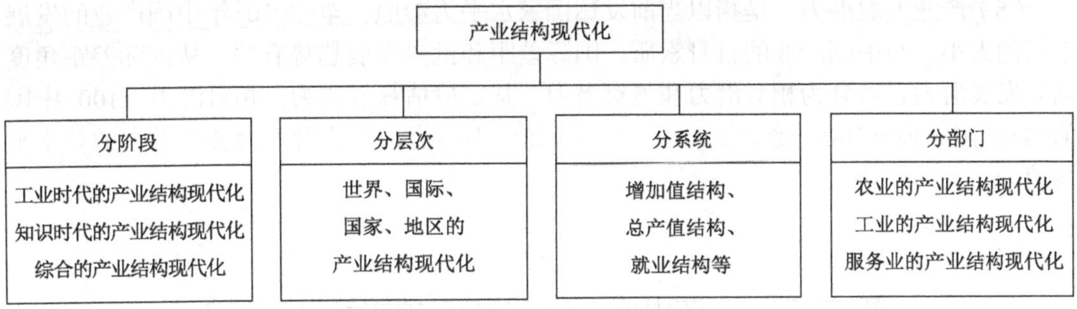

图 10.2 产业结构现代化的研究对象

资料来源：何传启（2018）

综合产业结构现代化是两次产业结构现代化的协调发展

18～21 世纪，世界产业结构现代化进程大致可以分为两个阶段，其中，第一次产业结构现代化是从农业经济的产业结构向工业经济的产业结构的转变，可以简称为工业时代的产业结构现代化；第二次产业结构现代化是从工业经济的产业结构向知识经济的产业结构的转变，可以简称为知识时代的产业结构现代化。

三、产业结构现代化的基本概念

产业结构现代化的相关概念，许多没有统一定义。下面是一些操作性定义。

（1）产业水平，是指产业发展的人均水平，可用人均增加值、人均总产值和人均需求等指标衡量。

（2）产业结构，是指经济活动的产业分类及其量化比例关系，如增加值结构和就业结构等。

（3）产业质量，是指用质量指标衡量的产业特征，如劳动生产率、净利润率和创新密度等。

（4）指标性质，正指标为数值与水平正相关的指标，如劳动生产率；逆指标为数值与水平负相关的指标，如农业比例；中性指标为数值波动的指标，转折指标为数值走势逆转的指标。

（5）经济阶段，是指依据主导产业的不同所划分的发展阶段。一般而言，农业经济阶段指农业占主导地位的阶段，工业经济阶段指工业占主导地位的阶段，知识经济阶段指知识产业占主导地位的阶段。在本书中，知识产业包括人类服务和基本服务，不含高技术产业部分。

（6）发达国家水平，通常指发达国家的平均水平，一般采用高收入国家的平均值来代表。有些指标没有高收入国家的平均值，这时从操作角度考虑，“虚拟”一个发达国家水平，并假设它的数值等于美国、日本、德国、英国和法国五国发展水平的算术平均值。

（7）产业结构偏离度，是指产业的增加值比例与劳动力比例之间的差异程度。

（8）产业发展潜力，是指以当前发达国家水平为参照，至 2050 年中国产业的发展空间的大小，与中国产业的自身素质、国际差距和世界发展趋势有关。从国际差距角度估算发展潜力，可分为相对潜力和绝对潜力。其定量估算方法为：相对潜力≈100−中国值÷发达国家值×100；绝对潜力≈发达国家值−中国值；平均潜力为各项潜力的算术平均值。

第二节 产业结构现代化的发展趋势

产业结构现代化既受世界经济发展规律的影响，又受国家经济特点和国际经济分工的影响。世界经济发展有阶段，国家规模有大小，国家水平有高低，国家资源有特色，国家政策有差别，这些都影响产业结构变迁和产业结构现代化。《中国现代化报告 2018：产业结构现代化研究》选择美国、日本、英国、德国和法国为分析对象，并以五国产业结构指标的算术平均值来代表和“虚拟”经济发达国家的产业结构水平与特点，分别对三次产业（第一产业、第二产业和第三产业）和三大产业（物质产业、服务产业和知识产业）的结构变迁进行实证分析（表 10.4），并对大型国家、中小型国家的产业结构进行比较，旨在归纳产业结构现代化的事实和特点。

表 10.4 1980～2015 年发达国家的产业结构和结构变迁

项目		1980年	1990年	2000年	2015年	1980年	1990年	2000年	2015年
		增加值比例/%				劳动力比例/%			
三次产业	第一产业（农业）	2.9	2.3	1.4	1.0	1.8	1.4	1.2	1.1
	第二产业（工业）	35.4	32.6	27.0	23.3	30.6	30.0	25.2	19.9
	第三产业（服务业）	61.7	65.1	71.6	75.7	66.2	68.3	73.6	78.9
三大产业	物质产业	38.3	34.6	28.4	24.4	33.8	31.7	26.4	21.0
	服务产业	31.3	31.3	33.3	33.9	27.2	27.2	31.1	32.0
	知识产业	29.4	33.1	37.7	41.2	39.0	41.1	42.4	46.9
六大集群	农业	2.9	2.3	1.4	1.0	1.8	1.4	1.2	1.1
	工业	35.4	32.6	27.0	23.3	30.6	30.0	25.2	19.9
	流通服务**	29.8	29.2	31.1	31.5	22.4	23.6	27.1	27.5
	其他服务**	1.5	2.1	2.2	2.4	—	3.1	4.1	4.5
	人类服务	10.5	11.8	18.3	20.6	19.7	21.2	22.5	26.4
	基本服务**	18.9	21.3	19.3	20.5	19.4	19.8	20.0	20.5

续表

项目		1980年	1990年	2000年	2015年	1980年	1990年	2000年	2015年
		增加值比例/%				劳动力比例/%			
24个部门（按集群排）	农业	2.9	2.3	1.4	1.0	1.8	1.4	1.2	1.1
	采矿业	2.6	1.1	0.8	0.6	0.9	0.5	0.2	0.2
	制造业	22.9	20.4	18.3	15.3	24.4	20.8	17.1	12.9
	建筑业	6.7	6.7	5.5	5.2	6.8	6.5	6.7	5.6
	公共事业	2.1	2.3	2.0	1.9	1.4	1.1	0.7	0.7
	环境治理**	0.4	0.4	0.6	0.6	0.2	0.3	0.4	0.5
	批发和零售	12.3	11.4	11.3	11.0	14.0	14.5	15.3	14.9
	运输和储存	4.6	4.5	4.4	4.4	5.0	5.1	5.1	5.1
	食宿服务	2.4	2.5	2.5	2.5	3.8	4.1	5.0	5.7
	房地产和租赁**	9.8	10.8	13.0	13.5	1.4	1.3	1.6	1.8
	其他的个人家庭服务	1.1	1.4	1.2	1.2	—	1.9	2.5	2.6
	其他劳务服务	0.5	0.7	0.9	1.3	—	1.2	1.6	1.9
	科学研发**	0.7	0.9	0.8	0.9	0.6	0.7	0.7	0.8
	教育**	4.3	4.2	4.8	5.0	6.4	6.4	6.6	6.9
	信息和交流**	3.7	4.3	5.2	5.5	2.6	2.8	3.3	3.3
	艺术、娱乐和文娱**	0.9	1.2	1.2	1.3	1.3	1.3	1.6	1.9
	旅行**	0.1	0.1	0.3	0.3	—	0.1	0.2	0.2
	健康和社会帮助	4.6	5.4	6.2	7.9	8.5	9.5	10.3	13.5
	金融和保险	4.5	5.7	5.2	5.5	3.9	4.1	3.7	3.4
	专业和技术活动	3.3	4.4	5.4	5.9	3.1	3.4	4.3	5.1
	行政和辅助	0.4	0.6	1.4	1.7	3.1	2.7	3.1	4.0
	公共管理和社会安全	9.2	8.3	6.7	6.5	9.6	9.4	7.1	6.2
	成员组织**	1.0	1.3	0.9	0.9	—	1.2	1.8	1.7
	国际组织	—	—	—	—	—	—	—	—

资料来源：何传启（2018），OECD（2017），BEA（2018）

注：以上数据根据 OECD 和美国经济分析局的产业结构数据库的整理和估算

**表示发展趋势的国别差异较大

一、世界经济产业结构的发展趋势

（一）三次产业结构的发展趋势

关于农业、工业和服务业三次产业的结构变迁，已有大量实证研究和理论成果。下面从产业水平、产业结构和产业质量三个方面进行定量分析，有些分析是对前人工作的一种验证或补充，有些分析获得了一些新信息。

1. 产业水平的发展趋势

1960 年以来，产业发展的人均水平有很大提高，但不同产业的表现有所差别，用不同指标衡量的产业发展趋势有所不同，国别差异和国际差距普遍存在。

首先，产业水平的变迁。1960 年以来，高收入国家人均农业增加值和人均工业增加值的发展趋势比较复杂，人均服务业增加值上升。1995～2011 年，发达国家（美国、日本、德国、英国、法国五国平均）三次产业的人均需求都上升。

（1）1990～2015 年，在 21 个发达国家（高收入国家）中，大约有 18 个国家的人均农业增加值出现先升后降或数值波动。

（2）2000～2015 年，在 21 个发达国家（高收入国家）中，大约有 16 个国家人均工业增加值出现先升后降或数值波动。

（3）2005～2015 年，高收入国家人均农业增加值和人均工业增加值的平均值分别在 520 美元和 10 000 美元左右波动。

由此可见，产业增长不是无限的。在一定技术和经济条件下，人均农业增加值和人均工业增加值的增长，可能存在某种"极限"或"拐点"，不同国家的"极值"有所不同。目前这是一种可能性，它是否成立，还需更多检验。究其原因，可能是在某种国际贸易条件下，人均农业增加值与农产品的合理价格和人均农产品的合理需求相关，而人均农产品的合理需求是有限的。人均工业增加值的情况也是如此。

其次，产业水平变化影响产业结构变化。例如，1990 年以来部分发达国家人均农业和人均工业增加值出现下降或波动，人均服务业增加值上升，必然导致其农业增加值和工业增加值比例下降，服务业增加值比例上升，事实也是如此。

2. 产业结构的发展趋势

18 世纪以来，世界经济的产业结构发生了深刻变化。这里重点分析三次产业的增加值结构、总产值结构、需求结构和就业结构。产业结构变迁既有普遍的共性规律，也存在明显的时代差异、国别差异和国际差距。

第一，产业结构的变迁。关于三次产业的增加值结构和就业结构的实证研究与理论分析已有广泛共识，即 18 世纪以来，农业比例下降，工业比例先升后降，服务业比例上升；结构变迁存在国际时间差（时间差），不同国家工业比例的"拐点"有所不同，发达国家大致发生在 1960 年，世界平均工业增加值比例下降大致发生在 1980 年，世界平均工业劳动力比例下降大致发生在 2013 年。

第二，主导产业的变迁。主导产业的变迁既有一些共性规律，又有国别差异和时代差异。根据主导产业（基于增加值结构和就业结构的主导产业）的不同，世界经济发展可分为三个阶段，即农业经济、工业经济和服务经济阶段。1960～2015 年，处于农业经济阶段的国家数量下降，处于工业经济阶段的国家数量先升后降，进入服务经济阶段的国家数量上升。服务经济阶段是从工业经济向知识经济转型的一个过渡期，不同国家处于服务经济阶段的时间长短有所差别。

第三，产业结构的相似性、偏离度和国际时间差。19 世纪以来，在国家内部，发达国家增加值结构和就业结构之间，相似性增加，偏离度缩小，两种结构逐步趋同；在国家之间，增加值结构、就业结构、两者相似性和偏离度的变迁，存在较大的国际时间差。时间差指两个国家具有相似结构特征的时间点之间的时间差。

第四，主导产业变迁的国内和国际时间差。1960 年以来，在国家内部，基于增加值结构、总产值结构、需求结构和就业结构的主导产业存在差别，基于不同标准的主导产业的演变存在一定的国内时间差；在国家之间，主导产业的差别和主导产业演变的国际时间差，同样广泛存在。

3. 产业质量的发展趋势

1960～2015 年，发达国家的产业质量明显提高，但产业差异、指标差异、国别差异和国际差距普遍存在。产业质量的差别和变迁将直接影响投资流向和资源配置，进而影响产业水平、产业结构及其变化。

第一，用劳动生产率衡量的产业质量。1960 年以来，高收入国家三次产业劳动生产率呈上升趋势。2015 年高收入国家工业劳动生产率最高，其次是服务业和农业，它们分别约为 89 463 美元、80 757 美元和 34 590 美元。

第二，用净利润率和创新密度衡量的产业质量。发达国家（美国、日本、德国、英国、法国五国平均），1990～2015 年，农业净利润率下降，工业和服务业净利润率波动；2005～2015 年，三次产业的创新密度上升。

（二）三大产业结构的发展趋势

关于物质产业、服务产业和知识产业三大产业的结构变迁，《中国现代化报告 2016：服务业现代化研究》做过实证和理论研究。下面从产业水平、产业结构和产业治疗三个方面进行简要讨论，有些分析是对《中国现代化报告 2016：服务业现代化研究》的验证和补充，有些获得了一些新信息。

1. 产业水平的发展趋势

发达国家 1970 年以来，人均物质产业增加值的发展趋势比较复杂，人均服务产业增加值和人均知识产业增加值上升；1995～2011 年，三大产业的人均需求都上升。

（1）2000～2015 年，在 21 个发达国家中，大约有 16 个国家的人均物质产业增加值出现先升后降或数值波动。

（2）2004～2015 年，高收入国家人均物质产业增加值的平均值，分别在 10 400 美元（现价美元）和 10 200 美元（2010 年不变价格美元）左右波动。

依据面板数据，有些产业的增长是有极限的。在一定技术和经济条件下，人均物质产业增加值的增长，可能存在某种“极限”或“拐点”，不同国家的“极值”有所不同。目前它是一种可能性，能否成立，还需要更多的检验。其原因可能与人均农业增加值和人均工业增加值的情况相似，前面已有分析，这里不再赘述。

2. 产业结构的发展趋势

首先，产业结构的变迁。发达国家（美国、日本、德国、英国、法国五国平均）1970年以来，物质产业增加值比例和劳动力比例下降，服务产业增加值比例和劳动力比例上升（2000 年以来部分国家下降或波动），知识产业增加值比例和劳动力比例上升（图 10.3），与《中国现代化报告 2016：服务业现代化研究》结果一致；1995～2011年，物质产业需求比例下降，服务产业需求比例上升（2000 年以来部分国家下降），知识产业需求比例上升。

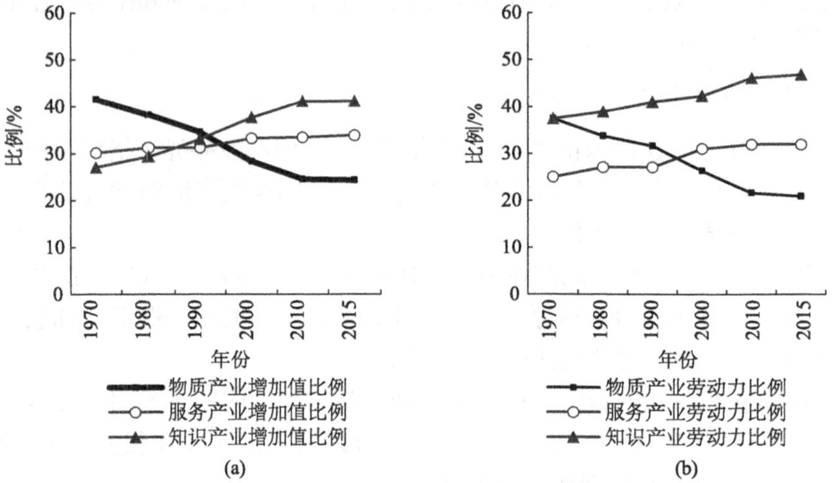

图 10.3　1970～2015 年发达国家三大产业的结构变化

资料来源：何传启（2018）

发达国家的数值为美国、日本、德国、英国、法国五国平均值

2015 年三大产业结构变迁的世界前沿：大约有 9 个国家进入知识经济阶段。按照进入知识经济阶段的大致顺序，它们分别是美国、荷兰、法国、比利时、丹麦、英国、瑞典、瑞士和芬兰。

其次，主导产业的变迁。根据主导产业（基于增加值结构和就业结构的主导产业）的不同，世界经济的发展可分为三个阶段：物质经济、服务经济和知识经济阶段。在1970～2015 年，处于物质经济阶段的国家数量下降，处于服务经济阶段的国家数量上升，处于知识经济阶段的国家数量上升。其中，处于知识经济阶段的国家数量是基于 24 个 OECD 国家的分析结果；其他国家缺少相关数据。

最后，发达国家（美国、日本、德国、英国、法国五国平均）产业结构的排名（从大到小）如下所示。

2015 年增加值比例排名：知识产业（45%）、服务产业（34%）和物质产业（21%）。

2015 年就业比例排名：知识产业（47%）、服务产业（32%）和物质产业（21%）。

2011 年需求比例排名：物质产业、知识产业和服务产业。

3. 产业质量的发展趋势

发达国家（美国、日本、德国、英国、法国五国平均），在 1990～2015 年，三大产业劳动生产率上升；在 1980～2015 年，物质产业净利润率波动，服务产业净利润率上升，知识产业净利润率先升后降。

OECD（1996）把高技术产业作为知识经济的重要组成部分。1970～2015 年，高技术活动（这里主要指 high R&D intensive activities）增加值比例（研发增加值占 GDP 的比例）及其比例变迁，存在较大的国别差异。

（三）六大集群结构的发展趋势

六大集群包括农业、工业、流通服务、其他服务、人类服务和基本服务。下面简要讨论其发展趋势和排名。其中，农业和工业发展趋势在前面已有讨论。

1. 产业水平的发展趋势

发达国家（美国、日本、德国、英国、法国五国平均），1970～2015 年，四大集群（流通服务、其他服务、人类服务和基本服务）的人均增加值都上升；1995～2011 年，四大集群的人均需求都上升。

2. 产业结构的发展趋势

发达国家（美国、日本、德国、英国、法国五国平均），1970～2015 年，增加值结构变化为：流通服务比例先上升后波动，其他服务比例上升，人类服务比例上升，基本服务比例先升后波动（图 10.4）；就业结构变化为：人类服务和其他服务劳动力比例上升，流通服务和基本服务劳动力比例先升后波动（图 10.4）；1995～2011 年，流通服务需求比例波动，其他三个集群需求比例呈上升趋势。

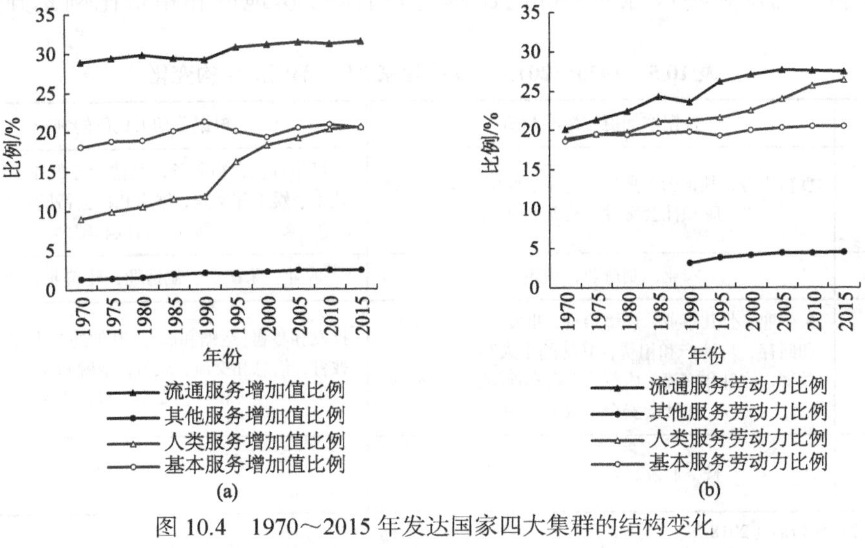

图 10.4 1970～2015 年发达国家四大集群的结构变化

资料来源：何传启（2018）

发达国家的数值为美国、日本、德国、英国、法国五国平均值

3. 产业质量的发展趋势

发达国家（美国、日本、德国、英国、法国五国平均），1990～2015 年，四大集群

的劳动生产率都上升；1990～2015 年，流通服务净利润率上升，其他服务净利润率下降，人类服务和基本服务净利润率先升后降。

（四）24 个部门结构的发展趋势

1. 产业水平的发展趋势

发达国家（美国、日本、德国、英国、法国五国平均），1970～2015 年，23 个部门人均增加值呈上升趋势，其中，农业和制造业等多个部门 2000～2015 年出现下降或波动；1995～2011 年，20 个部门人均需求上升。

这里以制造业为例。2000～2015 年，在 21 个发达国家中，大约有 17 个国家的人均制造业增加值出现先升后降或数值波动；2006～2015 年，高收入国家人均制造业增加值的平均值在 5700 美元左右波动。由此可见，制造业与农业一样，其人均增加值的增长可能存在某种“极限”或“拐点”，不同国家的“极值”有所不同。目前这是一种可能性，是否成立，还需要更多检验。

2. 产业结构的发展趋势

发达国家 1970～2015 年的产业结构的变化如下所示（表 10.5）。

（1）增加值结构变化：健康和社会帮助等 5 个部门比例上升，农业等 3 个部门比例下降，金融和保险等 13 个部门比例先升后降，科学研发等 2 个部门比例先升后波动。

（2）劳动力结构变化：专业和技术活动等 8 个部门比例上升，制造业等 5 个部门比例下降，批发和零售等 9 个部门比例先升后降，房地产和租赁比例先升后波动。

表 10.5　1970～2015 年发达国家 24 个部门的结构变化

变化类型	根据增加值比例的判断	根据劳动力比例的判断
比例上升	食宿服务，其他劳务服务，艺术、娱乐和文娱，健康和社会帮助，行政和辅助	环境治理，食宿服务，其他劳务服务，科学研发，艺术、娱乐和文娱，健康和社会帮助，专业和技术活动，行政和辅助
比例下降	农业，制造业，建筑业	农业，采矿业，制造业，建筑业，公共事业
比例先升后降	采矿业，公共事业，环境治理，批发和零售，运输和储存，房地产和租赁，其他的个人和家庭服务，教育，信息和交流，旅行，金融和保险，公共管理和社会安全，成员组织	批发和零售，运输和储存，其他的个人和家庭服务，教育，信息和交流，旅行，金融和保险，公共管理和社会安全，成员组织
比例先升后波动	科学研发，专业和技术活动	房地产和租赁

资料来源：何传启（2018）

注：发达国家的数值为美国、日本、德国、英国、法国五国平均值

3. 产业质量的发展趋势

发达国家（美国、日本、德国、英国、法国五国平均），1970～2015 年，23 个部

门劳动生产率呈上升趋势，其中农业等 10 多个部门 2000～2015 年出现下降或波动；制造业等 9 个部门净利润率上升，农业等 4 个部门净利润率下降，建筑业等 8 个部门净利润率波动，信息和交流等 2 个部门净利润率先升后降。

二、大中小型国家的产业结构变迁

（一）大型国家的产业结构变迁

这里的大型国家指国家人口超过 1 亿人的国家，本节选择美国、日本和墨西哥作为样本。

1. 美国产业结构现代化

美国产业结构现代化的起步时间大约是 1790 年。在 1790～1920 年（或 1950 年）完成了第一次产业结构现代化（图 10.5）。20 世纪 60 年代以后，开始了第二次产业结构现代化，大约在 1990 年进入知识经济阶段（图 10.6）。根据国际经验，完成第一次产业结构现代化的主要标志为：农业增加值比例下降到 15%以下，农业劳动力比例下降到 30%以下；开始第二次产业结构现代化的主要标志为：服务业比例超过 60%，工业比例持续下降。如果没有完成第一次产业结构现代化的国家，工业比例开始持续下降，则有可能是一种综合产业结构现代化，主要发生在发展中国家的国际赶超过程中。

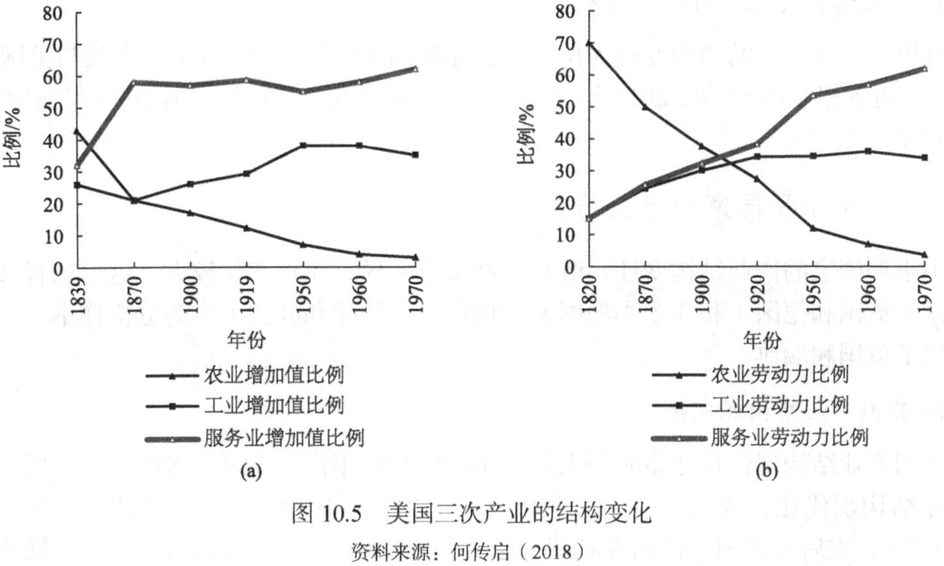

图 10.5　美国三次产业的结构变化

资料来源：何传启（2018）

根据库兹涅茨（1999）、麦迪森（2003）和米切尔（2002a，2002b）历史数据整理得来；能获得数据的最早时间是 1820 年；受数据获取限制，横坐标时间仅作示意，非精确值

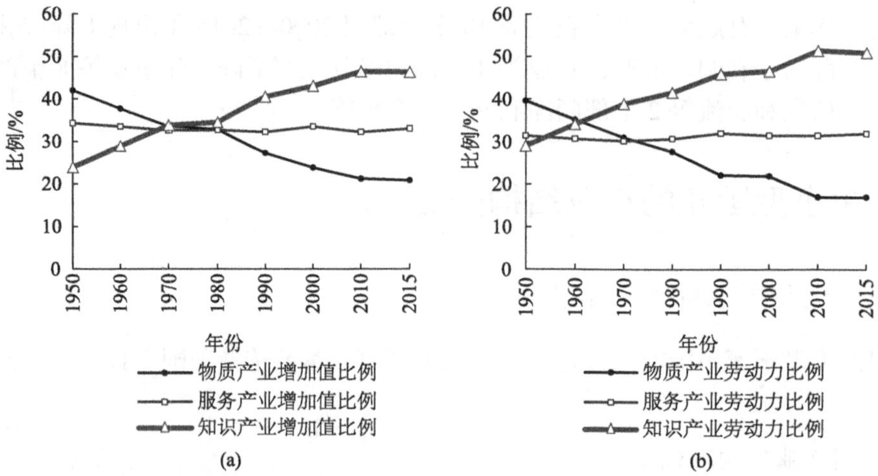

图 10.6　1950～2015 年美国三大产业的结构变化

资料来源：何传启（2018）

根据美国经济分析局（BEA，2018）和 OECD 产业结构数据库（OECD，2017）整理和估算得来

2. 日本产业结构现代化

日本产业结构现代化的起步时间大约是 19 世纪 60 年代（明治维新时期）。1868～1970 年，完成了第一次产业结构现代化。20 世纪 90 年代以后，开始了第二次产业结构现代化，目前处于服务经济阶段。

3. 产业结构变迁的国际时间差

这里以三次产业的结构变迁为例。2015 年墨西哥的三次产业结构，大致与美国 1960 年相当，两者相差约 55 年；2015 年日本的三次产业结构，大致与美国 1990 年前后相当，两者相差约 25 年。

（二）中小型国家的产业结构变迁

中小型国家的产业结构变迁，既有共性又有差异，而且变化较大。这里选择 2 个中型国家（英国和德国）和 3 个小型国家（瑞典、葡萄牙和波兰）作为分析样本，下面主要介绍了英国和瑞典。

1. 英国产业结构现代化

英国产业结构现代化起步时间大约是 18 世纪 60 年代。1760～1870 年，完成了第一次产业结构现代化，成为第一个工业化国家。1870～1970 年，产业结构“高位徘徊”（图 10.7），先后被美国和德国等赶超。20 世纪 80 年代以后，开始第二次产业结构现代化，大约在 2002 年进入知识经济阶段。

2. 瑞典产业结构现代化

瑞典产业结构现代化起步时间大约是 19 世纪 60 年代。1860～1950 年，完成了第一次产业结构现代化。20 世纪 80 年代以后，开始了第二次产业结构现代化，大约在 2003

年进入知识经济阶段。

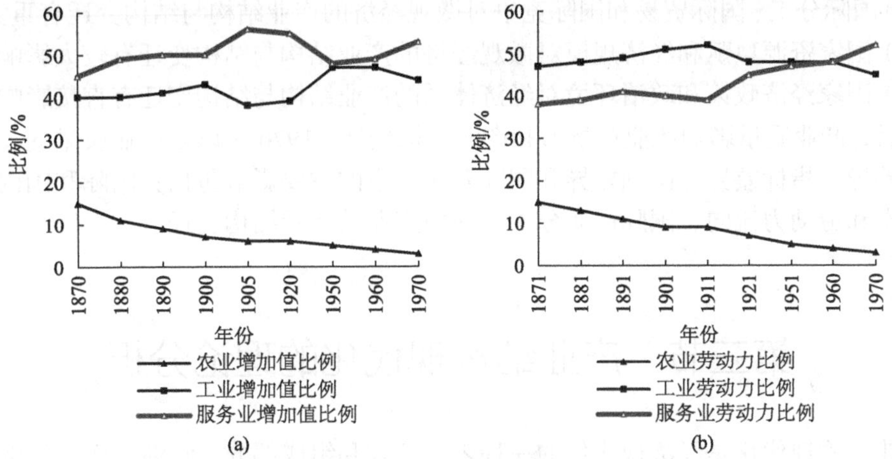

图 10.7　1870～1970 年英国三次产业的结构变化

资料来源：何传启（2018）、米切尔（2002b）

受数据获取限制，横坐标时间仅作示意，非精确值

3. 产业结构水平影响国家现代化水平

2000～2015 年，国家产业结构现代化指数与国家第二次现代化指数显著正相关。有理由相信，没有产业结构现代化，就没有经济体系现代化，也没有经济和国家现代化。

三、世界产业结构现代化的主要特点

产业结构现代化是世界现代化的一种表现形式，世界现代化的基本原理和许多特点都可以适用于它。同时，它有一些独特表现。这里介绍其中的部分特点。

首先，产业水平影响产业结构。产业水平和水平变迁影响产业结构和结构变迁。产业水平的发展趋势，既有共性，又有国别和时代差异。统计数据显示，1970 年以来产业发展的人均水平变化可以分为三类，即上升、先上升后波动、先上升后下降。产业增长存在行业差异；有些产业人均增加值的增长，可能存在极限或拐点。

（1）上升，如发达国家的人均服务业增加值、人均知识产业增加值等。

（2）先上升后波动，如部分发达国家的人均工业增加值、人均物质产业增加值等。

（3）先上升后下降，如部分发达国家的人均农业增加值、人均制造业增加值等。

其次，产业结构和结构变迁既有共性规律，又有国别和时代差异、产业和层次差异以及时间差。1970 年以来产业结构变化主要分为四类，即上升、下降、转折和波动。1980 年以来大约 60%的产业结构指标与国家经济水平显著相关。

（1）宏观经济的产业结构及其变迁具有国际趋同性，微观经济的产业结构及其变迁具有较大多样性，产业结构变迁的国内和国际时间差普遍存在。

（2）科技革命、产业革命和重大创新对产业结构与结构变迁具有决定性影响。

（3）国际分工、国际贸易和国际竞争对微观经济的产业结构与结构变迁有重大影响。

（4）国家资源禀赋和经济规模对微观经济的产业结构与结构变迁有较大影响。

（5）国家经济政策和政治环境对经济体系的产业结构与结构变迁有直接影响。

最后，产业质量影响产业竞争力和产业结构变迁。1970 年以来产业质量变迁同样存在产业差异、指标差异、国别差异和国际差距。它的主要影响包括：国际和国内的竞争力、资本和劳动力流向、国际产业分工、国内产业结构及结构变迁。

第三节　产业结构现代化的理论分析

产业结构现代化是经济现代化的一种表现形式和组成部分。它涉及产业经济学、结构经济学、发展经济学、统计学、经济现代化和现代化科学等。世界不同国家的资源禀赋和经济条件差别很大，经济发展非常不平衡。大型国家和中小型国家的产业结构及其变迁，既有相似性，又有差异，小型国家之间差别更大。在经济发展的不同历史阶段，产业结构变迁的原理既有共性又有差别，工业时代和知识时代的产业结构变化有很大不同。

一、关于三次产业的理论分析

关于农业、工业和服务业三次产业结构变迁的学术成果很多。下面简要介绍其中几种理论模型。

（1）配第-克拉克模型。17 世纪，英国经济学家威廉·配第认为，制造业收入比农业多，商业收入比制造业多，从事制造业和商业的劳动力比例决定了国民收入水平。1940 年，英国经济学家科林·克拉克研究发现，随着经济发展和人均国民收入的提高，劳动力先由第一产业向第二产业转移，然后向第三产业转移；第一产业劳动力比例逐渐下降，第二产业和第三产业劳动力比例呈上升趋势；劳动力结构改变的直接原因是产业之间人均收入水平的相对差异。

（2）库兹涅茨模型。1966 年，美国经济学家库兹涅茨发现，随着现代经济的增长，总产值的部门份额也会发生改变，其中，农业比例下降，工业比例和服务业比例上升；劳动力的部门份额同样会发生变化，农业劳动力比例下降，工业劳动力比例上升，服务业劳动力比例明显上升；同时制造业内部结构和服务业内部结构也发生变化。

（3）霍夫曼模型。1931 年，德国经济学家霍夫曼认为，随着工业化的推进，消费品工业和资本品工业的净产值之比呈下降趋势；根据这个比值（霍夫曼系数）的大小，工业化进程分为四个阶段。它反映了 18 世纪至 20 世纪上半叶制造业的结构变化。

（4）钱纳里模型。1986 年，钱纳里等认为，工业化的一般特征是国内需求的变动、工业产品中间使用量的增加、国际贸易中比较优势的变化、资本和劳动的再分配；结构转变可以分为三个阶段六个时期，三个阶段包括初级产品生产阶段、工业化阶段（内含四个时期）和发达经济阶段。

二、经济发展的相关理论

产业结构变迁是经济发展的一种表现形态。下面简要介绍其中几种相关理论。

（1）自由贸易理论。1776 年，英国经济学家亚当·斯密系统阐述了经济自由主义理论及政策。他认为：国家应通过贸易来扩大生产；追求个人利益最大化的结果符合社会的最大利益，它保证了每种生产要素的使用都能发挥其最大效用。

（2）产业保护理论。1841 年，德国学者李斯特提出，国家经济发展必须经历五个阶段：原始未开化时期、畜牧时期、农业时期、农工业时期、农工商业时期。他认为，国家干预经济可促进产业结构提升。

（3）两部门模型。1954 年，美国经济学家刘易斯提出了“两部门模型”。他假设：发展中国家经济由两个部门组成，一是农村的传统农业部门，其边际劳动生产率为零；二是城市中的现代工业部门，其劳动生产率很高，能够吸引农村剩余劳动力。农业和工业部门之间存在工资差别，经济机制能够将农业劳动力吸引到工业部门。随着经济活动从传统农业向现代工业的转移达到某种均衡，经济结构转变完成。

（4）经济阶段模型。1960～1971 年，美国经济学家罗斯托提出经济发展的六个阶段，即传统社会、为起飞创造前提条件、起飞、走向成熟、大众消费时代、追求生活质量阶段。他把产业结构变迁作为划分经济增长阶段的重要标志。

（5）工业化追赶模式。德国学者格尔申克隆提出了工业化“追赶模式”。他把工业化分为 8 个对比类型：土著型与诱发型、强压型与自发型、生产资料中心型与消费资料中心型、通货膨胀型与通货稳定型、数量变化型与结构变化型、连续型与断续型、农业发展型与农业停滞型、经济动机型与政治目的型。

（6）产业革命模型。产业革命影响产业诞生、产业变迁和产业结构。关于科技革命和产业革命已有大量研究，如前三次产业革命、第四次产业革命和第六次科技革命等。

三、广义产业结构现代化理论

《中国现代化报告 2018：产业结构现代化研究》把《现代化科学：国家发达的科学原理》推广到产业结构现代化，提出了广义产业结构现代化的一般理论（表 10.6）。

表 10.6　广义产业结构现代化的一般理论

方面	基本内容
内涵	产业结构现代化是 18 世纪工业革命以来的一种产业结构变迁，是现代产业结构的形成、发展和转型的前沿过程，是产业结构要素的创新、选择、传播和退出交替进行的复合过程，是追赶、达到和保持产业结构世界先进水平的行为和过程等

续表

方面	基本内容
过程	产业结构现代化是一个复杂过程，涉及国家利益、市场竞争和国际分工等。它包括产业结构变迁中的行为、结构、制度和观念的现代化，包括产业水平、产业结构和产业质量的现代化等。在 18～21 世纪，产业结构现代化过程的前沿轨迹可以分为两大阶段，其中，工业时代的产业结构现代化是从农业时代的产业结构向工业时代的产业结构的转型过程和深刻变化，主要特点是农业比例下降、工业和服务业比例上升；知识时代的产业结构现代化是从工业时代的产业结构向知识时代的产业结构的转型过程和深刻变化，主要特点是物质产业（包括农业和工业）比例下降，知识产业比例上升，服务产业比例先升后降等；两次产业结构现代化的协调发展是综合产业结构现代化
结果	产业结构现代性、特色性、多样性和副作用的形成，包括产业水平提高、产业结构高效化、产业质量与产业竞争力的改善等。工业时代产业结构现代化的结果是工业时代产业结构现代性、特色性和多样性的形成，副作用包括失业和产业淘汰等；完成工业时代产业结构现代化的主要标志是完成工业化，产业水平、产业结构和产业质量达到工业化的世界先进水平（20 世纪 60 年代的世界先进水平）。知识时代产业结构现代化的结果是知识时代产业结构现代性、特色性和多样性的形成，副作用包括失业和产业淘汰等；完成知识时代产业结构现代化的主要标志是完成信息化、智能化和绿色化等，产业水平、产业结构和产业质量达到世界先进水平（未来某个时间）等
动力	产业结构变迁是产业水平和产业质量的函数。产业结构现代化的动力因素包括技术创新、制度创新、企业创新、国际竞争、国家利益和市场需求等，在部分国家产业政策影响比较大。动力模型包括创新驱动、竞争驱动、产业结构优化等。不同国家和不同阶段产业结构现代化的动力有所不同
模式	产业结构现代化的路径和模式是多样的，具有路径依赖性，受资源禀赋、历史传统和国际环境的影响。在 21 世纪有三种基本路径：产业结构工业化路径、产业结构知识化路径和综合产业结构现代化路径；产业结构现代化的模式具有多样性和客观条件依赖性，不同客观条件的国家和地区可以创造或选择不同模式，不同发展阶段可以有不同模式

资料来源：何传启（2018）

（一）产业结构现代化的内涵

产业结构现代化是 18 世纪工业革命以来的一种经济现象。迄今为止，产业结构现代化没有统一定义。下面是它的三种操作性定义。

（1）产业结构现代化是 18 世纪工业革命以来的一种产业结构变迁，是现代产业结构的形成、发展和转型的前沿过程，是产业结构要素的创新、选择、传播和退出交替进行的复合过程，是追赶、达到和保持产业结构世界先进水平的行为和过程。达到和保持世界产业结构先进水平的国家是产业结构发达国家，其他国家是产业结构发展中国家，两类国家之间的转换有一定概率。

（2）产业结构现代化既是产业结构变迁的世界前沿，又是不同国家追赶、达到和保持产业结构变迁的世界前沿水平的行为和过程；它既是一个状态，又是一个过程。

（3）产业结构现代化是 18 世纪以来产业结构的一种深刻变化，主要包括两次转变，即从农业经济向工业经济的产业结构转变和从工业经济向知识经济的产业结构转变。

产业结构现代化是产业结构变迁与现代化的交集。关于产业结构现代化的产业结构变迁大致有四个判断标准，即有利于劳动生产率的提高、有利于产业质量的提高、有利于产业竞争力的提高、有利于环境友好和绿色发展。

（二）产业结构现代化的过程

产业结构变迁是产业水平和产业质量的函数；产业水平和产业质量的变迁导致了产业结构的变迁。产业结构现代化既是一个过程，又是一个结果。

产业结构现代化的过程大致可以分为两类：前沿过程和追赶过程，它们相互影响。前沿过程是发达国家的产业结构现代化，是领先型产业结构现代化。追赶过程是发展中国家的产业结构现代化，是追赶型产业结构现代化。

18～21 世纪末，产业结构现代化过程可以分为两大阶段（表 10.7）。世界经济发展不同步，不同国家启动和完成第一次产业结构现代化的时间有差异，进入和完成第二次产业结构现代化的时间有先后。

表 10.7　世界产业结构现代化的两个阶段（前沿过程）

项目	第一次产业结构现代化	第二次产业结构现代化
时间	1760～1970 年（发达国家）	1970～2100 年（发达国家）
性质	工业经济时代的产业结构现代化	知识经济时代的产业结构现代化
产业分类	三次产业：农业、工业、服务业 基于生产过程的产业分类	三大产业：物质产业、服务产业、知识产业 基于人类需求的产业分类
结构变迁	从农业经济向工业经济的结构转变。农业比例下降，工业和服务业比例上升；劳动力向工业和服务业转移，沿着生产过程流动	从工业经济向知识经济的结构转变。物质产业（农业和工业）比例下降，服务产业比例先升后降（或波动），知识产业比例上升；劳动力向服务产业和知识产业转移，沿着人类需求流动
主要标志	起步：工业化开始，农业比例下降； 完成：农业增加值比例低于 15%，农业劳动力比例低于 30%，服务业比例超过 40%	起步：服务业比例超过 60%，工业比例下降； 完成：知识产业增加值比例超过 60%，知识产业劳动力比例超过 60%
产业关系	工业是结构变迁的火车头，它向农业和服务业输送技术、生产资料和商品，促进劳动生产率的提高，后者向前者提供原料和服务等	知识产业是结构变迁的助推器，它向物质产业和服务产业输送知识、技术和观念，促进新兴产业的诞生和劳动生产率的提高
内在动机	追求高收入、高效率、高增长 以经济增长为中心，以效率为导向	追求高质量、高价值、高满意度 以生活质量为中心，以质量为导向
影响因素	资源禀赋、经济规模、产业革命、国际分工等	创新能力、经济规模、产业革命、全球化等
副作用	产业淘汰的成本、结构性失业等	技术风险、网络风险、就业风险等

资料来源：何传启（2018）

产业结构现代化过程的特点大致包括：部分可预期、不均衡、不同步、阶段性、分层性、多样性、长期性、风险性、宏观结构趋同和具有副作用等。

产业结构现代化具有二重性：既要维护国家经济安全，又要提高劳动生产力和国际竞争力。产业结构现代化过程有两个导向：国家利益和市场需求。它们体现在产业结构要素的创新、选择、传播和退出的每一个决策过程中。

（三）产业结构现代化的结果

产业结构现代化过程的结果是时间的函数，随时间而变化。结果不仅与其过程的时间跨度相关，与它的起点截面、终点截面（分析的终点）和地理范围相关，还与其目标紧密相关。关于结果分析可以重点关注三个方面。

（1）一般结果，主要包括产业结构变迁的现代性、特色性、多样性和副作用的形成，包括产业水平提高、产业结构高效化、产业质量与产业竞争力的改善等。

（2）三种变化，即世界产业结构的前沿变化、国际产业结构的变化、国家产业结构状态的变化，包含国际分工和国际地位的变化等。

（3）国家目标。理论目标是完成第一次产业结构现代化和第二次产业结构现代化；追赶、达到和保持世界产业结构的先进水平，成为产业结构发达国家或缩小国际差距。政策目标是提高产业劳动生产力和竞争力，保持或达到产业结构世界先进水平等。

（四）产业结构现代化的动力

动力分析涉及动力因素和动力机制两个方面。第二次现代化理论分析了现代化的动力因素和动力模型，它们可以应用于产业结构现代化领域。

（1）动力因素。产业变迁影响因素很多，促进作用较大的影响因素可以称为动力因素。

（2）动力模型。动力模型可以借鉴现代化的动力模型，产业结构变迁会有一些新特点。

（3）动力转轨模型：两次产业结构现代化的动力机制有所不同。在第一次产业结构现代化过程中，工业是经济增长的火车头，它向农业输送技术和生产资料，同时吸纳农业剩余劳动力和资金（有些时候）；向服务业输送技术和商品，同时接受服务业的服务和人力资源等；劳动力沿着生产过程流动，形象地说“哪里有生产，哪里收入高，就去哪”。在第二次产业结构现代化过程中，知识产业是经济增长的助推器，它向物质产业输送知识和技术，促进新兴物质产业的发展和物质产业生产率的提升；向服务产业输送知识和观念，促进新兴服务产业的发展和服务产业生产率的提升；劳动力沿着人类需求流动，形象地说“哪里有需求，哪里生活好，就去哪”。

（五）产业结构现代化的模式

产业结构现代化是一个长期过程，具有时间跨度和发展路径。不同国家和不同产业的产业结构现代化，有自己的发展路径和阶段模式。

（1）21 世纪大致有三条基本路径：第一次产业结构现代化路径、第二次产业结构现代化路径和综合产业结构现代化路径（图 10.8）。不同国家和地区可以选择不同路径。

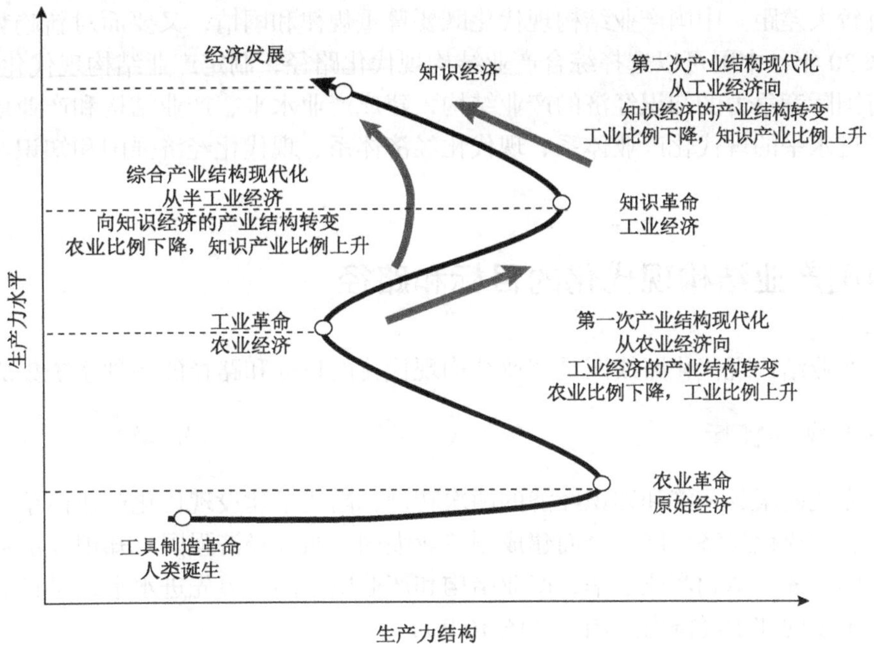

图 10.8　21 世纪产业结构现代化的三条路径（示意图）

资料来源：何传启（2018）

综合产业结构现代化路径适合于尚未完成第一次产业结构现代化的国家，其特点是农业比例下降，工业和物质产业比例变迁的国别和时代差异较大，服务产业比例和知识产业比例上升

（2）产业结构现代化没有标准模式。不同国家和产业部门的现代化有所差别。

一般而言，第一次产业结构现代化的模式选择更多受资源禀赋和工业的影响。第二次产业结构现代化的模式选择，更多受知识产业和国际环境的影响。综合产业结构现代化的模式选择，更多受政策导向和国际竞争的影响。

（六）产业结构现代化的政策分析

一般而言，产业结构现代化的政策选择需要处理好三个关系，即自由贸易与产业保护、产业促进与产业调整、计划与市场（政府与市场）的关系。政策选择既要尊重规律，又要尊重国情，还要坚持目标导向。

第四节　中国产业结构现代化路线图

中国产业结构现代化大致起步于 19 世纪 60 年代，是一种后发追赶型现代化。20 世纪 50 年代特别是改革开放以来，中国经济发展取得巨大成就。例如，经济规模已经位居世界第二位，已经完成第一次产业结构现代化，农业增加值比例和劳动力比例分别低于 15%和 30%等。但我们的产业水平、产业结构和产业质量大致处于世界中游，距离发达国家仍有较大差距。中国产业结构现代化既要尊重规律和国情，又要面对新趋势和新竞争。未来 30 年，中国可以选择综合产业结构现代化路径，制定产业结构现代化路线图，建设具有国际竞争力的知识经济的产业结构，建成产业水平、产业结构和产业质量都达到世界先进水平的现代化产业体系、现代化经济体系、现代化经济强国和知识经济发达国家。

一、中国产业结构现代化的目标和路径

中国产业结构现代化路线图是产业结构现代化的目标和路径的一种系统集成。

（一）战略目标

全面完成向服务经济和知识经济的两次转型，高质量建设现代化产业体系、现代化经济体系和现代化经济强国，全面建成制造业强国、服务经济强国、知识经济强国和世界经济强国，逐步达到产业水平、产业结构和产业质量的世界先进水平，早日成为具有世界先进水平的知识经济发达国家（图 10.9）。

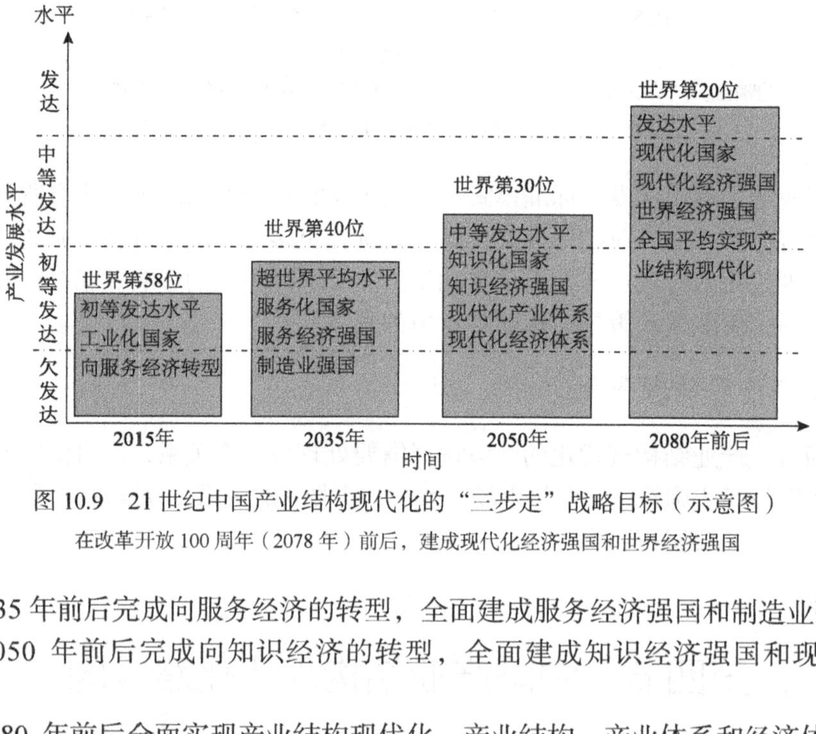

图 10.9　21 世纪中国产业结构现代化的“三步走”战略目标（示意图）

在改革开放 100 周年（2078 年）前后，建成现代化经济强国和世界经济强国

在 2035 年前后完成向服务经济的转型，全面建成服务经济强国和制造业强国。

在 2050 年前后完成向知识经济的转型，全面建成知识经济强国和现代化产业体系。

在 2080 年前后全面实现产业结构现代化，产业结构、产业体系和经济体系达到世界先进水平，全面建成现代化经济强国和具有世界先进水平的知识经济发达国家。

（二）运河路径

瞄准产业结构变迁的未来世界前沿，两次产业结构现代化协调发展，加速从农业经

济向工业经济和知识经济的结构转型；坚持“抓质量、上水平、调结构”的基本原则，以提高产业质量为引领，以提高产业水平为抓手，以优化和提升产业结构为落脚点，全面推进产业质量、产业水平和产业结构的现代化，迎头赶上未来的世界前沿水平；在2050年达到世界中等发达水平，建成制造业强国、服务经济强国和知识经济强国；在21世纪下半叶早日达到世界先进水平，建成现代化经济强国、世界经济强国和知识经济发达国家，全面实现产业结构现代化。

（三）战略要点

在未来30多年，产业结构现代化将是中国经济现代化的一个关键领域，需要集思广益。我们认为，可以从纵横两个维度协同推进，从内因外因两个方面综合研判，选择目标、路径、模式和重点，并与时俱进。

二、中国产业结构现代化的政策选择

这里以发展目标为导向，从世界产业结构的发展趋势、中国产业结构的国际差距和发展潜力的角度，简要讨论未来35年在国家层面的政策重点。

（一）中国三次产业的产业结构现代化

建议未来35年里，优先发展服务业，加速调整工业结构，有选择地发展农业，提高产业结构协调性，早日完成从工业经济向服务经济的产业转型。

（1）优先发展服务业。从产业质量、产业水平到产业结构三个方面，优先发展服务业。

（2）加速调整工业结构。大幅提高工业质量和工业水平，全面和大比例降低工业比例。

（3）有选择地发展农业。大幅提高农业质量，适度提高农业人均水平，大幅降低农业比例。

（4）提高产业结构协调性。提高增加值结构与就业结构的相似性，降低产业结构偏离度。

（二）中国三大产业的产业结构现代化

建议未来35年里，优先发展知识产业，加速发展服务产业，有选择地发展物质产业，早日完成向知识经济的产业转型。

（1）优先发展知识产业。从产业质量、产业水平到产业结构三个方面，优先发展知识产业。

（2）加速发展服务产业。大幅提高服务产业的质量和水平，适度提高服务产业比例。

（3）有选择地发展物质产业。大幅提高物质产业的质量和水平，大幅降低物质产业比例。

（4）大幅度提高物质产业和服务产业的知识含量与创新密度，降低它们的环境压力。

（三）中国六大集群的产业结构现代化

建议未来 35 年里，优先发展人类服务和基本服务，加速发展流通服务，适度发展其他服务，加速调整工业结构，有选择地发展农业。

（1）优先发展人类服务和基本服务。从产业质量、产业水平到产业结构三个方面，全面发展人类服务和基本服务。

（2）加速发展流通服务。从产业质量、产业水平到产业结构三个方面，加速发展流通服务。

（3）适度发展其他服务。大幅提高其他服务的质量和水平，适度提高其他服务比例。

（4）加速调整工业结构。同前文工业现代化战略（与三次产业中的工业发展思路一致）。

（5）有选择地发展农业。同前文农业现代化战略（与三次产业中的农业发展思路一致）。

（四）中国18部门的产业结构现代化

建议未来35年里，政策重点如下所示。

（1）从平均相对潜力角度看，优先发展健康和社会帮助，成员组织，公共管理和社会安全，信息和交流，艺术、娱乐和文娱，专业和技术活动，教育，环境治理，食宿服务，房地产和租赁。

（2）从产业水平潜力角度看，优先发展制造业，批发和零售，专业和技术活动，健康和社会帮助，公共管理和社会安全，金融和保险，信息和交流，建筑业，运输和储存，房地产和租赁。

（3）从产业结构潜力角度看，优先发展健康和社会帮助，批发和零售，专业和技术活动，公共管理和社会安全，信息和交流，教育，金融和保险，食宿服务，运输和储存，房地产和租赁。

（4）综合考虑，优先发展健康和社会帮助，批发和零售，专业和技术活动，信息和交流，教育，金融和保险，运输和储存，艺术、娱乐和文娱，成员组织，房地产和租赁。

三、中国产业结构现代化任重道远

18世纪以来，基于主导产业的演替，世界经济发展大致可以分为三个阶段，即农业经济、工业经济和知识经济，目前部分发达国家已经进入知识经济阶段。其中，从农业经济向工业经济的结构转变是第一次现代化，从工业经济向知识经济的结构转变是第二次现代化；两次现代化有不同的特点和机理。《国际行业分类建议版》提出的产业分类，适合于知识经济阶段的结构分析，并为产业政策提供分类基础。

从产业结构看，目前中国是一个工业经济国家。建议中国制定产业结构现代化路线图，加快实现从工业经济向服务经济和知识经济的产业结构转变。全面实现产业结构现代化，全面建设现代化经济强国和世界经济强国，是一项神圣使命。

本章提要

现代化科学认为，现代化包括行为、结构、制度和观念的现代化，经济现代化包括经济行为、经济结构、经济制度和经济观念的现代化。经济结构包括产业结构、投资结构、贸易结构、消费结构和分配结构等，产业结构涉及农业、工业和服务业等经济部门。

产业结构现代化是经济结构现代化的组成部分，后者是经济现代化的组成部分；它们与农业现代化、工业现代化和服务业现代化，既有交叉又各有侧重，相互补充。本章内容与第五章第一节、第六章、第七章和第八章有所交叉，可以相互参照。

产业指具有某种相近属性的经济活动的集合，通常指国民经济的某个部门。从工业时代到知识时代，产业分类发生很大变化。工业时代的三次产业分别是农业、工业和服务业（第一产业、第二产业和第三产业）。知识时代的三大产业分别是物质产业（包括农业和工业）、服务产业（普通服务业）和知识产业（知识型服务业）。

产业结构指经济活动的产业分类及其量化比例和相互关系，产业结构现代化是现代化的一种表现形式，是 18 世纪以来产业结构变迁的世界前沿，以及追赶、达到和保持世界前沿水平的行为和过程。

产业结构现代化是 18 世纪以来产业结构的一种前沿变化和国际竞争，它包括现代产业结构的形成发展、转型和国际互动，产业结构要素的创新、选择、传播和退出，以及追赶、达到和保持产业结构世界先进水平的国际竞争和国际分化等。产业结构现代化包括分阶段、分层次、分系统和分部门的产业结构现代化等。产业结构现代化受国家利益和市场需求的双重驱动。

在一定技术和经济条件下，人均农业增加值和人均工业增加值的增长可能存在某种“极限”或“拐点”。不同国家的“极值”有所不同。目前这是一种可能性，是否成立，还需更多检验。究其原因，可能是在某种国际贸易条件下，人均农业增加值与农产品的合理价格和人均农产品的合理需求相关，而人均农产品的合理需求是有限的。人均工业增加值的情况也是如此。

关于三次产业的增加值结构和就业结构的实证研究与理论分析已有广泛共识，即 18 世纪以来，农业比例下降，工业比例先升后降，服务业比例上升；结构变迁存在国际时间差，不同国家工业比例的“拐点”有所不同，发达国家大致发生在 1960 年前后，世界平均工业增加值比例下降大致发生在 1980 年左右，世界平均工业劳动力比例下降大致发生在 2013 年。

关于三大产业的结构变化如下。发达国家（美国、日本、德国、英国、法国五国平均）1970 年以来，物质产业增加值比例和劳动力比例下降，服务产业增加值比例和劳动力比例上升（2000 年以来部分国家下降或波动），知识产业增加值比例和劳动力比例上升，与《中国现代化报告 2016：服务业现代化研究》结果一致；1995～2011 年，物质产业需求比例下降，服务产业需求比例上升（2000 年以来部分国家下降），知识产业需求比例上升。

主导产业的变迁既有一些共性规律，又有国别差异和时代差异。根据主导产业（基于增加值结构和就业结构的主导产业）的不同，世界经济发展可分为三个阶段，即农业经济、工业经济和服务经济阶段。1960～2015 年，处于农业经济阶段的国家数量下降，处于工业经济阶段的国家数量先升后降，进入服务经济阶段的国家数量上升。服务经济阶段是从工业经济向知识经济转型的一个过渡期，不同国家处于服务经济阶段的时间长短有所差别。

参考文献和推荐读物

何传启. 1999. 第二次现代化: 人类文明进程的启示. 北京: 高等教育出版社.
何传启. 2012. 中国现代化报告 2012: 农业现代化研究. 北京: 北京大学出版社.
何传启. 2015. 中国现代化报告 2014～2015: 工业现代化研究. 北京: 北京大学出版社.
何传启. 2016. 中国现代化报告 2016: 服务业现代化研究. 北京: 北京大学出版社.
何传启. 2018. 中国现代化报告 2018: 产业结构现代化研究. 北京: 北京大学出版社.
何传启, 靳京. 2017. 面向知识经济的国际行业分类研究. 理论与现代化, (6): 21-28.
胡代光, 高鸿业. 2000. 西方经济学大辞典. 北京: 经济科学出版社.
库兹涅茨 S. 1999. 各国的经济增长. 常勋, 等, 译. 北京: 商务印书馆.
李斯特 F. 1961. 政治经济学的国民体系. 陈万煦, 译. 北京: 商务印书馆.
林毅夫. 2012. 新结构经济学. 苏剑, 译. 北京: 北京大学出版社.
刘伟. 1992. 经济发展与结构转换. 北京: 北京大学出版社.
刘伟. 1995. 工业化进程中的产业结构研究. 北京: 中国人民大学出版社.
刘易斯 W A. 1996. 经济增长理论. 周师铭, 沈丙杰, 沈伯根, 译. 北京: 商务印书馆.
罗斯托 W W. 2001. 经济增长的阶段. 郭熙宝, 王松茂, 译. 北京: 中国社会科学出版社.
麦迪森 A. 2003. 世界经济千年史. 伍晓鹰, 许宪春, 叶燕斐, 等, 译. 北京: 北京大学出版社.
米切尔 B R. 2002a. 帕尔格雷夫世界历史统计: 美洲卷（1750—1993）. 4 版. 贺力平, 译. 北京: 经济科学出版社.
米切尔 B R. 2002b. 帕尔格雷夫世界历史统计: 欧洲卷（1750—1993）. 4 版. 贺力平, 译. 北京: 经济科学出版社.
米切尔 B R. 2002c. 帕尔格雷夫世界历史统计: 亚洲、非洲和大洋洲卷（1750—1993）. 4 版. 贺力平, 译. 北京: 经济科学出版社.
配第 W. 2010. 政治算术. 马妍, 译. 北京: 中国社会科学出版社.
钱纳里 H, 鲁滨逊 S, 赛尔奎因 M. 1989. 工业化和经济增长的比较研究. 吴奇, 等, 译. 上海: 上海三联书店.
斯密 A. 2009. 国富论. 胡长明, 译. 北京: 人民日报出版社.
吴国华. 1994. 产业结构经济学原理. 杭州: 浙江大学出版社.
赵德馨. 2003. 中国近现代经济史 1949—1991. 郑州: 河南人民出版社.
BEA. 2018. Bureau of Economic Analysis. [2018-02-20]. https://www.bea.gov.
Chenery H B, Syrquin M. 1975. Patterns of Development: 1950-1970. New York: Oxford University Press.

Kuznets S. 1966. Modern Economic Growth: Rate, Structure, and Spread. New Haven: Yale University Press.
OECD. 1996. The knowledge-based economy. Pairs: OECD.
OECD. 2017. STAN database for structural analysis(ISIC Rev.4). [2017-02-20]. http://stats.oecd.org.
Rostow W. 1960. The Stages of Economic Growth: A Non-Communist Manifesto. Cambridge: Cambridge University Press.
United Nations. 1949. International standard industrial classification of all economic activities. New York: United Nations.
UNIDO. 1979. World industry since 1960: process and prospects. Vienna: United Nations.

课堂讨论

1. 经济现代化战略研究要注意什么？
2. 产业分类的演变有规律吗？
3. 大国与小国产业结构的差异性有多大？
4. 面板数据的分析方法有何特点？

课后习题

1. 什么是产业结构现代化？
2. 什么是知识产业？
3. 请提出关于家乡产业结构调整的政策建议。
4. 简述文献调研美国产业结构政策的历史演变。
5. 简述文献调研日本产业结构政策的历史演变。
6. 简述文献调研德国产业结构政策的历史演变。
7. 简述文献调研英国产业结构政策的历史演变。

第十一章　现代化战略：生活质量现代化

生活质量是一个高度综合和动态的概念。它既是用质量指标衡量的生活状态，也是对生活状态的综合评价和对美好生活的持续向往。一般而言，从农业社会到工业社会，提高生活水平是一个发展方向；从工业社会到知识社会，提高生活质量是一种普遍追求。生活质量现代化是社会现代化的一个前沿领域，是20世纪50年代以来人类生活质量发展的世界前沿，以及追赶、达到和保持世界前沿水平的行为和过程。

第一节　什么是生活质量现代化

现代化是 18 世纪以来人类文明的一种前沿变化，发生在人类文明的所有领域和方面。提高生活水平和生活质量是人类社会的一种普遍追求，生活质量现代化是世界现代化的一种表现形式，是社会现代化和国家现代化的一个重要组成部分。

一、生活质量的内涵

生活质量是一个流行观念，生活质量研究是一种交叉科学研究。后者大致起源于20世纪50年代，研究者来自经济学、社会学、医学、心理学和管理学等学科。大体而言，1958年，美国经济学家加耳布雷思在《丰裕社会》一书中阐述了生活质量的重要意义，20世纪60年代美国学者对生活质量做了大量研究，20世纪70年代以来生活质量研究扩散到全球，20世纪80年代初中国学者开展生活质量研究，并已取得一批研究成果。但迄今生活质量也没有统一定义。

生活质量是一个多维度的抽象概念，需要从不同视角进行分析，不同角度的研究可以互补。例如，物质生活质量和非物质生活质量，客观生活质量和主观生活质量，不同层次、不同领域、不同行业和不同人群的生活质量等。

（一）什么是生活

关于生活没有统一定义。这里的生活指人类生存、繁衍和发展的全部活动。它不仅包括生活的活动和行为，而且涉及生活的环境和条件（图 11.1）。根据其特点，生活活动可大致分为私人生活和公共生活、物质生活和精神生活等。这种分类是相对的。

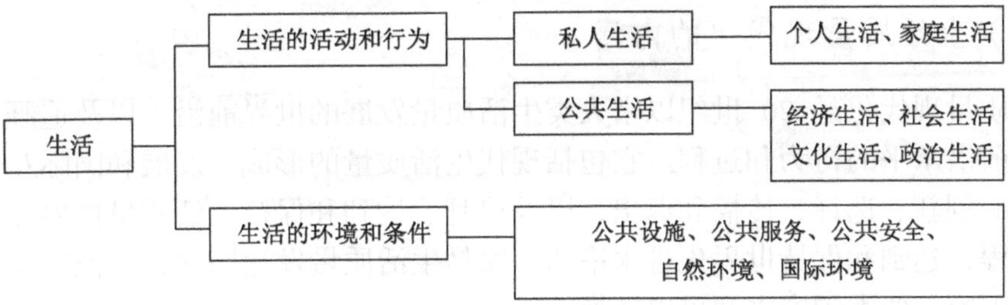

图 11.1　生活的分析结构（示意图）

资料来源：何传启（2019）

（二）什么是质量

关于质量没有统一定义。国际标准化组织颁布的 ISO 9000：2015《质量管理体系：基础和术语》中对质量的定义为：质量是产品或服务预期的功能和性能，以及顾客对其价值和利益的感知。

（三）什么是生活质量

我们认为生活质量大致有三层含义（表 11.1）。首先，生活质量是一种生活状态，是用质量指标和好坏程度衡量的现实生活状态；它以生活水平为基础，反映个人和社会生活的健康、舒适、幸福和满意的程度。其次，生活质量是一种生活评价，是对现实生活状态的满意度和幸福度的评价，反映人们对生活各个方面的综合满意度。最后，生活质量是一种生活追求，是对更好、更美、更安全、更健康、更满意和更幸福的美好生活的不懈追求（何传启，2017）。

表 11.1　生活质量的三层含义

三个方面	基本内涵
生活状态	是用质量指标和好坏程度（包括健康、幸福和满意）衡量的现实生活状态；它以生活水平为基础，反映个人和社会生活的健康、舒适、幸福和满意的程度
生活评价	是对现实生活状态包括物质生活和非物质生活的满意度和幸福度的评价，反映人们对生活各个方面的综合满意度
生活追求	是对更好、更美、更安全、更健康、更满意和更幸福的美好生活的不懈追求

资料来源：何传启（2017）

生活质量与生活水平是两个既相关又不同的概念。前者主要反映生活的满意度和幸福度，后者主要反映财富、物质商品和生活必需品的享有量。通俗地说，前者反映生活的好坏和满意的程度，后者反映生活用品数量和财富的多少。

二、生活质量现代化的基本概念

生活质量现代化没有统一定义。我们认为，生活质量现代化是现代化的一种表现形式，是 20 世纪以来社会现代化的一个核心目标和重要组成部分。

（一）生活质量现代化的内涵

生活质量现代化是 20 世纪以来人类生活质量发展的世界前沿，以及追赶、达到和保持世界前沿水平的行为和过程。它包括现代生活质量的形成、发展和国际互动，生活质量要素的创新、选择、传播和退出，以及追赶、达到和保持生活质量世界先进水平的行为和过程；达到和保持世界先进水平的国家是生活质量发达国家，其他国家是生活质量发展中国家，两类国家之间可以转换。

（二）生活质量现代化的外延

生活质量现代化包括分阶段、分层次、分领域和分行业的生活质量现代化等（图 11.2）。生活质量现代化不仅发生在社会领域，而且需要经济现代化和生态现代化的双重推动，需要经济质量现代化和环境质量现代化的两大支撑。

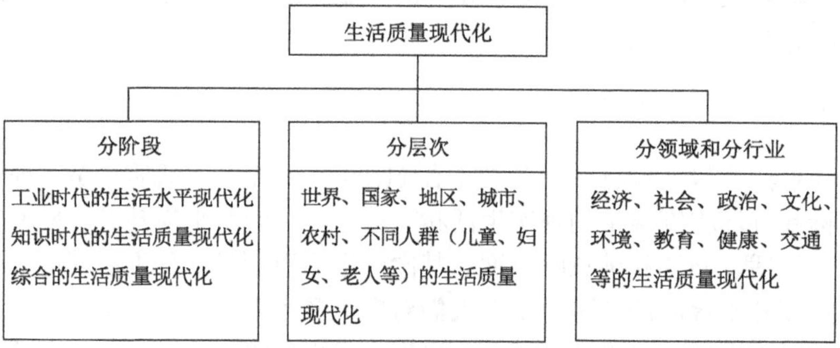

图 11.2　生活质量现代化的研究对象

资料来源：何传启（2019）

工业时代，以生活水平现代化为主，提高生活水平是关键，部分人关心生活质量。知识时代，以生活质量现代化为主，提高生活质量是关键，部分人需要继续重视提高生活水平。发展中国家，可以生活水平和生活质量现代化协调推进，迎头赶上发达国家水平，是综合的生活质量现代化

（三）生活质量现代化的阶段划分

18～21 世纪，世界生活质量现代化进程大致可以分为两个阶段。其中，第一个阶段是生活水平现代化，是从农业时代的生活水平向工业时代的生活水平的转变，同时有部分人关心生活质量，也可称为工业时代的生活质量现代化；第二个阶段是生活质量现代化，是从工业时代的生活水平向知识时代的生活质量的转变，或者从工业时代的生活质量向知识时代的生活质量的转变，可以称为知识时代的生活质量现代化。

三、生活质量现代化的分析方法

（一）生活质量现代化的分析框架

《中国现代化报告 2019：生活质量现代化研究》的生活质量现代化研究，把生活质

量分解成私人生活、公共生活、生活环境和生活满意度四个方面（图 11.3）。其中，私人生活、公共生活和生活环境三个方面可以合称为现实生活，生活满意度是对现实生活的满意度（表 11.2）。现实生活可采用相关统计指标进行分析，具有较好的国际可比性；生活满意度可采用社会调查数据进行分析，具有比较好的历史可比性。

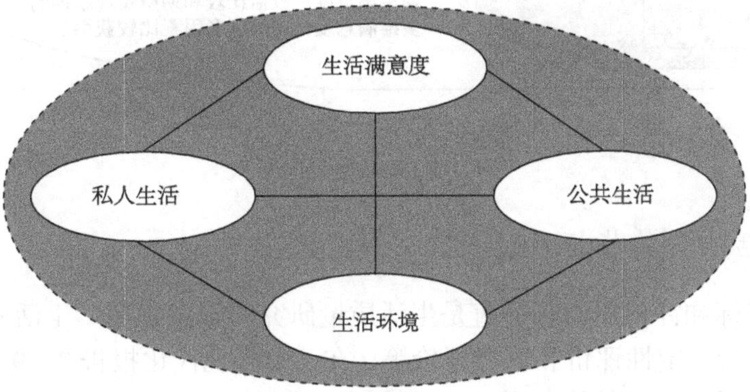

图 11.3　生活质量现代化的分析框架（钻石模型）

资料来源：何传启（2019）

表 11.2　生活质量现代化的分析结构

<table>
<tr><td>方面</td><td>领域</td><td>维度</td><td rowspan="2">生活满意度</td></tr>
<tr><td colspan="3">现实生活</td></tr>
<tr><td>私人生活</td><td>个人生活</td><td>营养、健康、家庭、住房、消费与成本</td><td rowspan="6">不同方面、不同领域、不同维度和发展指标相关的满意度，如个人生活满意度、公共生活满意度、生活环境满意度等</td></tr>
<tr><td rowspan="4">公共生活</td><td>经济生活</td><td>工作、收入、工作与生活平衡</td></tr>
<tr><td>社会生活</td><td>社会联系、教育和学习、社会公平、社会保障</td></tr>
<tr><td>文化生活</td><td>休闲与旅行、大众文化、网络文化、文化包容性</td></tr>
<tr><td>政治生活</td><td>政治参与、政治冲突</td></tr>
<tr><td>生活环境</td><td>生活环境</td><td>公共设施、公共服务、公共安全、自然环境、国际环境</td></tr>
</table>

资料来源：何传启（2019）

（二）生活满意度的分析框架

生活满意度同样是一个高度综合的概念（图 11.4）。一般而言，它可以分为客观满意度（客观指标衡量和反映的满意度）和主观满意度（主观指标衡量和反映的满意度）。主观满意度可分为直观满意度（直接感受获得的满意度）、纵向满意度（历史比较获得的满意度）、横向满意度（横向比较获得的满意度）、期望满意度（收益比较和期望实现获得的满意度）和多维满意度（多维度多因素比较获得的满意度）等。

生活质量是人的生活质量，生活满意度是人的满意度。俗话说，“人上一百形形色色，萝卜白菜各有所爱”。对同一事物的认知和感受可能因人因时而异。生活质量和生活满意度，既有共性和规律，又有时代、国别、地区和指标差异，具有很大多样性。

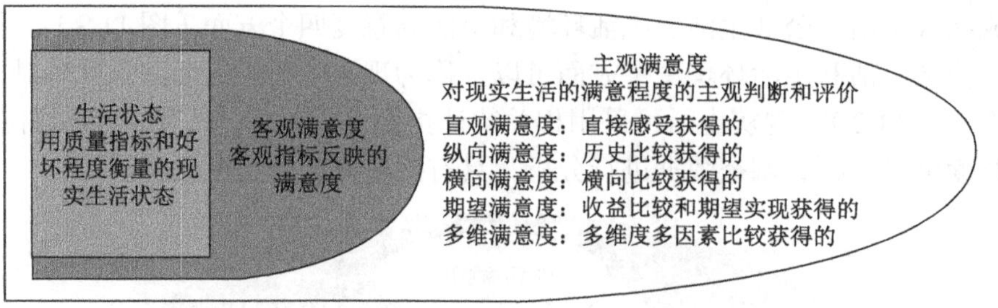

图 11.4　生活满意度的分析框架（结构和来源）

资料来源：何传启（2019）

（三）生活质量的指标和评价

生活质量指标和评价研究，一直是生活质量研究的重点领域。生活质量的评价方法很多，如定量评价、定性评价和综合评价等。在《中国现代化报告 2019：生活质量现代化研究》里，生活质量指数等于现实生活质量指数和生活满意度指数的几何平均值，现实生活质量指数等于个人生活质量指数、公共生活质量指数和生活环境质量指数的几何平均值，生活满意度指数大致等于个人生活满意度指数、公共生活满意度指数和生活环境满意度指数的几何平均值。

第二节　生活质量现代化的发展趋势

《中国现代化报告 2019：生活质量现代化研究》研究发现，20 世纪以来世界生活质量发展有规律可循（表 11.3），在 100 多个生活质量指标中，大约 64%的指标与国民经济水平相关，其中，46%的指标正相关，18%的指标负相关。部分生活质量指标的统计数据不全，发展中国家的生活质量统计需要加强。

表 11.3　发达国家生活质量的发展趋势（举例）

方面/维度	指标和单位	1990 年	2000 年	2016 年	2020 年	2035 年	2050 年
个人生活							
营养与健康	人均蛋白质供应量/（克/天）	100	105	104	104	103	102
	平均预期寿命/岁	75.3	77.5	80.4	81.1	84.0	86.9
家庭与住房	人均住房间数/间	1.5	1.8	2.1	2.1	2.4	2.7
	家庭汽车普及率/每千人	—	383	450	461	497	536
消费与成本	家庭人均消费/美元	10 737	14 991	23 858	26 797	41 426	64 041
	恩格尔系数/%*	14.8	13.1	12.4	12.3	11.6	11.0

续表

方面/维度	指标和单位	1990 年	2000 年	2016 年	2020 年	2035 年	2050 年
公共生活							
经济生活	人均国民收入/美元	28 591	25 184	40 009	44 918	69 326	106 997
	最低月工资/美元	832	942	1 443	1 606	2 396	3 575
社会生活	大学入学率/%	42	56	75	78	91	100
	绝对贫困人口比例/%*	0.6	0.7	0.7	0.6	0.5	0.4
文化生活	人均国际旅游次数/（次/年）	0.44	0.52	0.65	0.68	0.85	1.05
	互联网普及率/%	0.3	31	82	86	99	100
政治生活	公民权利/评级**	1.4	1.5	1.2	1.1	0.9	0.7
生活环境							
公共设施	安全饮水普及率/%	98	98	99	99	100	100
	人均银幕数/每十万人	—	9.1	9.2	9.3	9.5	9.7
公共服务	小学生师比*	17.1	15.9	14.2	13.8	12.4	11.1
	医生比例/每千人	2.1	2.7	3.0	3.1	3.5	3.9
公共安全	监狱人口比例/每十万人*	—	103	108	109	114	119
	交通事故死亡率/每十万人*	—	13.9	8.2	6.9	4.1	2.4
自然环境	PM2.5 浓度/（微克/米^3）*	17.7	16.0	19.7	18.9	16.3	14.0
	城市废水处理率/%	69	90	97	98	100	100
满意度							
个人生活	生活满意度指数***	6.51	7.17	7.15	7.16	7.17	7.18
公共生活	经济生活满意度指数***	5.93	6.23	6.15	6.12	6.04	5.96
生活环境	水质满意度/%	—	88	86	88	95	100

资料来源：何传启（2019）

注：2020～2050 年数值是根据 2000～2016 年的年均增长率估算出来的，部分指标的增长率有调整。1990～2016 年部分指标的数值为估计值或附近年值。发达国家数值为高收入国家平均值或 21 个发达国家的算术平均值

*表示逆指标；**表示数值越小公民权利越大；***表示最高分为 10 分

一、生活质量现代化的四个发展趋势

（一）世界个人生活的发展趋势

个人生活涉及方方面面。这里选取营养、健康、家庭、住房以及消费与成本 5 个维

度 33 个指标进行定量分析。20 世纪以来，11 个指标为上升变量，8 个指标为下降变量，6 个指标为转折变量，4 个指标为波动变量，其他指标数据不全。2016 年约 56%的指标与国民经济水平相关，其中，11 个指标正相关，8 个指标负相关。20 世纪世界个人生活变迁具有一些共性特征，同时存在很大国别和指标差异。

（1）营养。20 世纪以来，世界人均食物供应量提高，膳食结构有较大改善，营养水平大幅提升，但国别差异和指标差异明显。2013 年高收入国家人均食物供应量、人均蛋白质供应量和人均脂肪供应量分别约为 3300 大卡/天、100 克/天、150 克/天。

（2）健康。20 世纪以来，人类健康水平提升，但国别差异较大；平均预期寿命的国际差距经历了扩大和缩小两个阶段。2016 年世界平均预期寿命约 72.0 岁，高收入国家约 80.5 岁，中等收入国家约 71.3 岁，低收入国家约 62.5 岁，高收入国家比低收入国家平均高出约 18 岁；平均预期寿命的最大国际差距约为 32 岁。

（3）家庭。20 世纪以来，发达国家家庭规模缩小、老年人口比例提升。1960～2016 年，OECD 成员国的结婚率下降，但国别差异明显。

（4）住房。过去几十年，发达国家人均住房面积和住房间数提高，家庭设施普及率上升。

（5）消费和成本。1960 年以来，世界人均家庭消费支出上升，恩格尔系数下降，人均能源消费先上升后下降。1995 以来，欧盟个人平均消费支出中，基本生活消费和物质生活消费比例下降，精神生活消费比例上升；个人生活消费比例下降，公共生活消费比例上升；2016 年个人生活消费约占 51%，公共生活消费约占 38%。

（6）生活成本的国别差异较大。2019 年前后的国家房价收入比，美国约为 3.37，英国为 8.82，日本为 12.24，印度为 10.66，巴西为 17.87。2015 年的家庭消费比率，美国约为 0.77，英国为 0.87，日本为 0.72，波兰为 0.74，土耳其为 0.72，巴西为 0.80。

（二）世界公共生活的发展趋势

公共生活选取经济生活、社会生活、文化生活和政治生活四个领域 11 个维度 72 个指标进行定量分析。20 世纪 60 年代以来，36 个指标为上升变量，11 个指标为下降变量，3 个指标为转折变量，12 个指标为波动变量，其他指标数据不全。2016 年约 51%的指标与国民经济水平相关，其中，27 个指标正相关，10 个指标负相关。20 世纪世界公共生活的变迁，既有一些基本特征，又有时代差异、国别差异和多样性。

（1）经济生活。20 世纪 60 年代以来，全球就业率和失业率波动，发达国家每周平均工作时间缩短。20 世纪 90 年代以来，发达国家人均国民收入、平均工资和最低工资上升，非致死性工伤比例下降。2016 年荷兰平均每周工作时间约为 29 小时。

（2）社会生活。20 世纪 80 年代以来，全球贫困人口比例下降。发达国家收入分配的基尼系数下降（但存在国别差异和例外）。2000 年以来，全球社会保障覆盖率提高。1970 年以来，全球成人识字率、小学入学率、中学入学率、大学入学率、平均受教育年限和预期受教育年数提升，但教育发展水平的国别差异仍然较大。2015 年欧盟平均每天聚会的人口比例约为 16.7%。2017 年 OECD 成员国遇到困难时可以得到亲戚或朋友帮助的比例平均为 89%。

（3）文化生活。20 世纪 90 年代以来，全球人均国际旅游频次上升，互联网普及率上升，网购人口比例上升。文化生活存在明显的指标和国别差异。2015 年美国人均年观影次数为 4.13 次。2016 年高收入国家互联网普及率平均约为 82%。2016 年英国网购人口比例约为 83%，2018 年美国手机上网时间约为 195 分钟/天。2015 年德国参与网络游戏人口比例约为 19%。

（4）政治生活。2013～2017 年，OECD 成员国选民投票率上升，但国别差异较大。2017 年的选民投票率，美国为 68%，日本为 53%，德国为 72%，英国为 69%，法国为 75%，澳大利亚为 91%，巴西为 79%，南非为 73%。

（三）世界生活环境的发展趋势

生活环境是生活的公共基础。选取公共设施、公共服务、公共安全、自然环境和国际环境 5 个维度 36 个指标进行定量分析。20 世纪 60 年代以来，18 个指标为上升变量，2 个指标为下降变量，12 个指标为转折变量，1 个指标为波动变量，其他指标数据不全。2016 年约 67%的指标与国民经济水平相关，其中，18 个指标正相关，6 个指标负相关。20 世纪世界生活环境的变迁，既有共性又有国别差异。

（1）公共设施。20 世纪 90 年代以来，公共设施逐步完善，但国别差异和指标差异较大。2015 年高收入国家卫生设施普及率为 96.3%，通电率为 100%。

（2）公共服务。20 世纪 60 年代以来，公共服务质量提升，高收入国家、中等收入国家和低收入国家的表现既有共性，也有差异。2013 年高收入国家医生比例平均为 3.0 位/千人，2014 年高收入国家人均电力消费平均为 9087 千瓦时，2016 年高收入国家小学生师比例平均为 14.2。

（3）公共安全。20 世纪 70 年代以来，OECD 成员国交通事故伤亡人口比例先升后降，但国别差异较大。2015 年，美国为 7722 人/百万人，日本为 5271 人/百万人，德国为 4859 人/百万人，法国为 1115 人/百万人。

（4）自然环境。20 世纪以来，工业发达国家总体上都走了先污染后治理的发展道路。20 世纪 60 年代以来，人均二氧化碳排放、PM2.5 浓度先上升后下降。2016 年高收入国家 PM2.5 年均浓度为 19.7 微克/米^3。

（5）国际环境。20 世纪 90 年代以来，国际净移民比例、外国留学生比例上升，但国别差异较大。2015 年高收入国家国际净移民比例为 13.6%，2016 年高收入国家外国留学生比例为 6.7%。

（四）世界生活满意度的发展趋势

生活满意度选取个人生活、公共生活和生活环境三个维度 11 个指标进行定量分析，其数据来自世界价值观调查等。在分析样本国家中，近年来 9 个指标为上升变量，1 个指标为下降变量；2016 年或邻近年 6 个指标与国民经济水平正相关，5 个指标不相关。生活满意度与国民经济和生活水平的关系比较复杂。

（1）个人生活。2013 年以来，OECD 成员国生活满意度上升，但国别差异较大。2017

年，美国的生活满意度指数为 6.9，日本为 5.9，德国为 7，英国为 6.7，法国为 6.4，加拿大为 7.3，墨西哥和巴西为 6.6；满分为 10。

（2）公共生活。2003 年以来，社会生活满意度上升，但国别差异较大。2011 年德国的社会生活满意度指数为 7.5，英国为 7，法国为 7.4，意大利为 7.3；满分为 10。

（3）生活环境。2013 年以来，水环境满意度人口比例上升，但国别差异较大。2017 年，美国为 84%，日本为 86%，德国为 93%，俄罗斯为 54%，巴西为 72%，墨西哥为 67%。

二、生活质量现代化的历史和现状

（一）世界生活质量现代化的历史进程

生活质量概念大致诞生于 20 世纪，但生活质量的相关发展指标早已存在，如健康、教育、工作和收入方面的指标等。一般而言，生活质量是一个社会发展问题，生活质量现代化是社会现代化的组成部分，社会现代化是国家现代化的组成部分。现代化科学认为，18 世纪以来世界现代化的前沿过程可以分为两个阶段，其中，第一次现代化是从农业经济向工业经济、从农业社会向工业社会的转变；第二次现代化是从工业经济向知识经济、从工业社会向知识社会的转变（何传启，2010）。

（1）第一次现代化包括第一次社会现代化，即从农业社会向工业社会的转变。在这个过程中，提高生活水平和国民收入是人们普遍追求和社会现象，部分人关心生活质量。在这个阶段还没有普遍意义的生活质量现代化，只有广泛存在的生活水平现代化。

（2）第二次现代化包括第二次社会现代化，即从工业社会向知识社会的转变。在这个过程中，人们物质生活比较丰富，生活水平比较高，提高生活质量和生活满意度成为人们普遍追求和社会现象，同时有部分人会继续关心生活水平的提高。在这个阶段会出现普遍意义的生活质量现代化，生活水平现代化则成为局部现象。

（二）世界生活质量现代化的现实水平

首先，生活质量指数的世界前沿。2016 年生活质量指数世界排名前 10 位的国家依次是：挪威、瑞典、芬兰、新西兰、澳大利亚、丹麦、加拿大、英国、爱尔兰、德国。美国排第 13 位，法国排第 16 位。

其次，生活质量指数的国家分组。根据生活质量指数分组，2016 年挪威等 25 个国家是生活质量发达国家，意大利等 27 个国家是生活质量中等发达国家，中国等 28 个国家是生活质量初等发达国家，肯尼亚等 51 个国家是生活质量欠发达国家。

最后，生活质量的结构特点。根据现实生活质量指数和生活满意度指数的组合关系，可以构建生活质量的四象限模型（图 11.5）、九宫格模型和十六象限模型，分别用来讨论生活质量的概念、现象、目标和政策。

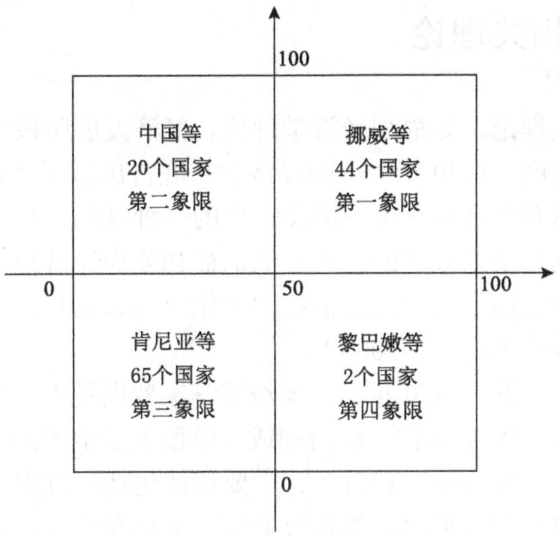

图 11.5　2016 年世界生活质量的结构（四象限模型）

资料来源：何传启（2019）

第一象限是高质量和高满意，第二象限是低质量和高满意，其他类推

第三节　生活质量研究和相关理论

生活质量研究是一门交叉科学，涉及经济学、社会学、医学、心理学、管理学、生态学、发展研究和现代化科学等多门学科。

一、生活质量研究的发展趋势

依据研究论文数量变化和研究特点，生活质量研究大致可以分为三个阶段。

一是起步阶段（20 世纪 50～60 年代），主要开展生活质量的概念和指标研究。研究者主要来自美国，涉及经济学、社会学和管理学等。例如，1958 年美国学者加耳布雷思出版《丰裕社会》，1966 年美国学者鲍尔出版《社会指标》等。

二是发展阶段（20 世纪 70～80 年代），重点开展生活质量的指标体系和评价研究，研究工作扩展到全球。1974 年《社会指标研究》杂志创刊，关注生活质量的评价研究。1975 年美国学者莫里斯提出“物质生活质量指数”等。

三是快速增长阶段（20 世纪 90 年代以来），同时开展生活质量的理论研究和实证研究，研究成果获得实际应用。1990 年联合国开发计划署发表《人类发展报告》。1993 年 ISOQOL（International Society for Quality of Life Research，国际生活质量研究学会）成立，关注健康领域生活质量研究，出版期刊《生活质量研究》（*Quality of Life Research*）。1995 年 ISQOLS（International Society for Quality-of-Life Studies，国际生活质量研究学会）成立，关注生活质量、幸福和福祉研究，出版期刊《生活质量应用研究》（*Applied Research in Quality of Life*）等。

二、生活质量的相关理论

第一，经济学相关理论，如福利经济学理论、经济发展阶段理论等。

（1）福利经济学理论。1920 年，英国经济学家庇古出版了《福利经济学》一书。他认为，福利是人们因占有财物及其他原因而产生的一种满足，个人福利是个人所获得的满足的总和，社会福利是个人福利的总和。他把福利分为经济福利和非经济福利两种；经济福利是可以用货币来衡量的，经济福利的变化影响总福利的变化，经济福利与总福利的变化是可以不同步的（庇古，2006）。

（2）经济发展阶段理论。1960 年，美国经济学家罗斯托在《经济增长的阶段》书中提出经济发展五个阶段，1971 年在《政治和成长阶段》书中增加了第六个阶段。第六阶段是追求生活质量阶段（Rostow，1971），主要特征包括：以服务业为代表的提高居民生活质量的有关部门成为主导部门，如教育卫生、文化娱乐和旅游等；人类社会将不再只以物质产量的多少来衡量社会的成就，还包括以劳务形式、环境状况、自我实现的程度所反映的生活质量的高低等。

第二，社会学和现代化理论，如后现代化理论、第二次现代化理论、人类发展阶段理论等。

（1）后现代化理论。1997 年，美国学者英格尔哈特出版了《现代化与后现代化》一书，阐述后现代化理论。它认为从传统社会向现代社会（从农业社会向工业社会）的转变是现代化，从现代化社会向后现代社会（从工业社会向后工业社会）的转变是后现代化。从现代化向后现代化的转变还包括政治、经济、性和家庭、宗教观念等的深刻变化，如从物质主义到后物质主义、从现代价值到后现代价值、从生存价值到幸福价值等。现代化的核心目标是经济增长，后现代化的核心目标是个人幸福最大化，追求生活质量和生活体验（Inglehart，1997）。

（2）第二次现代化理论。1999 年，中国学者何传启出版了《第二次现代化：人类文明进程的启示》一书，阐述了第二次现代化理论。它认为世界现代化进程可以分为两大阶段。其中，第一次现代化是从农业社会向工业社会、从农业经济向工业经济的转变，主要特点是工业化、城市化、民主化和理性化，经常以经济增长为中心，追求经济收入和生活水平的提高，满足物质生活需要等；第二次现代化是从工业社会向知识社会、从工业经济向知识经济的转变，目前主要特点是知识化、信息化、绿色化和全球化，经常以生活质量为中心，追求高质量和高满意的美好生活，物质生活质量会趋同，但精神和文化生活多样化。两次现代化的协调发展就是综合现代化。

（3）人类发展阶段理论。2017 年，中国学者何传启发表《生活质量：未来三十年的发展主题》一文，提出“向生活质量进军，符合人类文明的发展逻辑”（何传启，2017）。他认为，人类文明发展是有逻辑的，在人类社会发展的不同阶段有不同需求和文明成就。原始社会的基本需求是食物需要，主要成就是完成从动物本能向人类社会的转变，发明语言和文字。农业社会的基本需求是生存需要，主要成就是建立传统农业文明，完成从食物采集者向食物生产者的转变，基本解决生存问题。工业社会的基本需求是物质需要，主要成就是建立现代工业文明，完成从小农经济向工业经济的转变，发达国家基本解决物质生活需求，物质生活非常丰富。知识社会的基本需求包括四个方面，即提高生活质量、丰富精神生活、健康长寿和遨游太空，主要成就是建立知识文明，完成从工业经济向知识经济的转变，逐步满足生活质量等四个方面的需要。

第三，心理学和管理理论，如需求层次理论、多重差异理论等。

（1）需求层次理论。1943 年，美国学者马斯洛提出了需求层次理论。他将人的基本需求划分为生理需求、安全需求、爱和归属的需求、尊重需求以及自我实现需求（Maslow，1943）。五种需求像阶梯一样从低到高，按层次逐级递升，其中生理需求位于最底部，是最基础的需求，而自我实现需求位于金字塔的顶部，是最高层次的需求；从底部到顶部是一种由初级到高级、由生理到心理再到精神的层层递进的过程。

（2）多重差异理论。加拿大学者迈克洛斯认为，满意程度是人们将自己当前处境与多重标准相比较的结果，这些标准包括过去的条件、他人的状况、未来的期望、个人的理想或需要等（Michalos，1985）。个体对满意度的评价可以表示为这种感知差异的函数。这些差异和满意度还受到年龄、性别、教育、种族、收入、自我评价和社会支持等方面的影响。

第四，生态学和环境理论，如可持续发展和生态现代化理论等。

（1）可持续发展理论。1987 年，世界环境与发展委员会出版了《我们共同的未来》，提出了“可持续发展”的理念，强调以满足人类需要为目标，实现代际公平。

（2）生态现代化理论。它是 20 世纪 80 年代西欧学者提出的一种环境社会学理论。何传启认为，生态现代化是指 20 世纪 70 年代以来世界现代化的生态转型，它包括生态质量的改善，生态效率的提高，生态结构、制度和观念的变化，以及国际地位的变化。其结果是生态现代性的形成和扩散，主要包括现代化与环境退化脱钩，人类与自然互利共生和协同进化，实现非物质化、绿色化、生态化和全球化等。生态现代化要求经济增长与环境退化脱钩，人类与自然互利共生（中国现代化战略研究课题组和中国科学院中国现代化研究中心，2007）。

第四节　中国生活质量现代化路线图

美好生活是人类的共同梦想和不懈追求。生活质量是衡量美好生活和社会现代化水平的一个综合指标，生活质量现代化是提高和实现人民美好生活的必由之路。2020 年我国将全面建成小康社会，将基本具备向生活质量进军的条件，提高生活质量和满足美好生活需要将成为未来 30 年我国的发展主题。根据生活质量现代化的国际经验，我们认为，中国生活质量现代化，就是要建设个人生活质量、公共生活质量、生活环境质量和生活满意度都达到世界先进水平的现代化国家和美好社会，让全民享有世界先进水平的美好幸福生活。

一、中国生活质量现代化的战略构想

中国生活质量现代化路线图是生活质量现代化的目标和路径的一种系统集成。其中，政策目标包括共性目标、个性目标和专项目标。这里主要讨论共性目标。

（一）战略目标

高标准实现生活质量现代化，全面建成健康长寿、环境优美、生活美好、人民满意的现代化国家和美好社会，逐步达到现实生活质量和生活满意度的世界先进水平，让全民享有世界先进水平的美好幸福生活。

在 21 世纪，战略目标（国家层面的共性目标）可以分解为三个阶段目标。即在 2035 年左右基本实现生活质量现代化，在 2050 年左右全国平均实现生活质量现代化，在 2080 年左右高标准实现生活质量现代化。

2035 年前后基本实现生活质量现代化，基本建成健康长寿、环境优美的中等发达国家。

2050 年前后全国平均实现生活质量现代化，基本建成生活美好、人民满意的发达国家。

2080 年前后（约改革开放 100 周年）高标准实现生活质量现代化，个人生活质量、公共生活质量、生活环境质量和生活满意度都达到世界先进水平，全面建成具有世界先进水平的现代化国家和美好社会。

（二）基本任务

国家层次的基本任务是要完成两个转变，要上三个台阶。

（1）两个转变。一是发展目标转变，从生活水平现代化到生活质量现代化、从全面建成小康社会到全面建成生活质量达到世界先进水平的美好社会和现代化国家。二是发展模式转变，从以经济建设为中心到以生活质量为发展主题。

（2）三个台阶。一是国家生活质量水平从初等发达水平升级为中等发达水平，二是从中等发达水平升级为发达水平，三是从发达水平升级为世界先进水平，走到世界前列。

（三）运河路径

为实现国家层面的共性目标，建议以提高生活满意度为导向，瞄准生活质量的未来世界前沿，生活水平现代化和生活质量现代化协调发展，并加速向生活质量现代化转型，迎头赶上未来的世界前沿水平。在 21 世纪上半叶达到或接近生活质量现代化的发达国家水平，基本建成健康长寿、环境优美、生活美好、人民满意的现代化国家。在 21 世纪下半叶早日达到生活质量的世界先进水平，同时个人生活质量、公共生活质量、生活环境质量和生活满意度达到世界先进水平，全面建成具有世界先进水平的美好社会，高标准实现生活质量现代化。

（四）战略要点

在未来 30 年，为实现国家层面的共性目标，建议以全面提高生活满意度为导向和核心目标，以个人生活质量现代化和公共生活质量现代化为两翼，以生活环境质量现代化为支撑，以提高经济质量和科技创新工程为推力。

二、中国生活质量现代化的政策设计

为实现国家层面的共性目标，建议实施《国家生活质量议程》，全面提高生活满意度；实施《美好生活行动纲要》，全面提高个人生活质量；四化联动扬长补短，全面提高公共生活质量；多管齐下共建共享，全面提高生活环境质量；实施“经济质量十年议程”，全面提高经济质量，夯实生活质量的物质基础；启动“生活质量科技创新工程”，提高生活质量的可持续提升能力（图 11.6）。

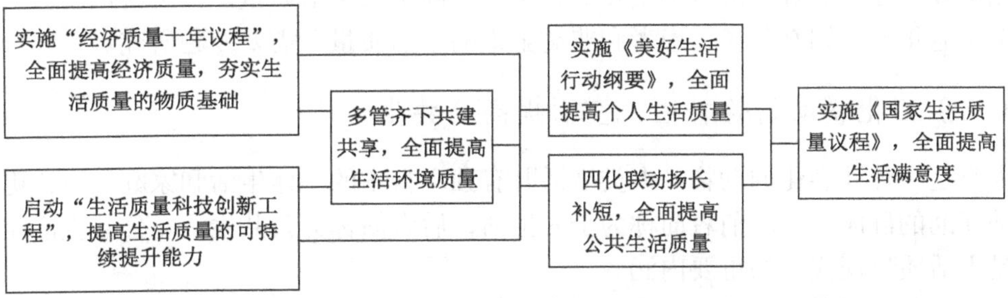

图 11.6　未来 30 年中国生活质量现代化的战略重点

资料来源：何传启（2019）

此处的战略重点是指实现国家层面的共性目标部分的战略重点

（一）实施《国家生活质量议程》，全面提高生活满意度

生活质量和生活水平的本质差别是前者关注生活满意度，后者关注物质生活水平。向生活质量进军，全面提高生活满意度，全面满足人民美好生活需要，是未来 30 年的发展主题和战略任务。生活满意度涉及生活的所有维度和方面。

提高生活满意度，需要从一点一滴做起。但要实现中国生活质量现代化的总体目标，仅一点一滴地做是不够的，需要从国家层面做起，需要有总体战略。基本思路是：哪里不满意，就改善哪里，改到满意为止，全面提高生活满意度。

（1）转变发展理念，实现从经济增长率导向到生活满意度导向的转变。

（2）转变发展模式，实现从以经济建设为中心到以生活质量为发展主题的转变。

（3）加强生活质量的科学研究，普及生活质量的科学知识和高质量的生活方式。

（4）向生活质量进军，制定和实施《国家生活质量议程》。借鉴全面质量管理的理念和发达国家的经验，研制国家生活质量议程，建立生活质量管理体系和生活质量监测体系，启动一批生活质量工程，全面提高生活满意度。

（二）实施《美好生活行动纲要》，全面提高个人生活质量

生活质量指人的生活质量，必然以人为本，以人为中心。生活质量现代化应以个人生活质量为核心，以个人生活满意度为先导，以个人生活质量现代化为重中之重。未来30年，应该把个人生活质量现代化摆在优先发展的位置。

提高个人生活质量，既是个人和家庭的责任，也是全社会的责任。因为社会是由个人和家庭组成的。提高个人生活质量，个人承担首位责任，社会承担辅助责任。基本思路是：哪里质量差，就改进哪里，改到质量好为止，全面提高个人生活质量。

提高个人生活质量，可从营养、健康、家庭、住房以及消费与成本五个方面入手。

全面落实《“健康中国2030”规划纲要》，提高健康生活质量。继续实施全民健身计划。启动“婴幼儿用品工程”，将5岁以下儿童用品纳入全程质量管理。

启动“社区养老工程”，为老年人集中社区建立健康养老服务模式。

为有条件的四层及以上楼层的居民楼安装安全、便捷的电梯。

制定和实施《美好生活行动纲要》，全面提高个人生活质量。

关于老年人、妇女儿童、患者和非健全人的生活质量，需要专题研究。

（三）四化联动扬长补短，全面提高公共生活质量

人类是一种社会化的动物。人类生活既有独立自主的个体生活和家庭生活，更多的是互动互助的群体生活。前者简称为个人生活，后者简称为公共生活。公共生活质量现代化是生活质量现代化的重要内涵。

提高公共生活质量，需要个人、家庭、社会、企业和政府五方的通力合作。在经济生活、社会生活、文化生活和政治生活等领域，五方承担的责任有所不同。基本思路是：哪里意见大，就改变哪里，改到没意见为止，全面提高公共生活质量。

提高经济生活质量。从工作、收入、工作与生活平衡三个方面提高。

提高社会生活质量。从社会联系、教育学习、社会公平、社会保障四个方面提高。

提高文化生活质量。从休闲旅游、大众文化、网络文化、文化包容性四个方面提高。

提高政治生活质量。完善公共治理，完善基层民主，降低腐败率和行贿率等。

（四）多管齐下共建共享，全面提高生活环境质量

人类的所有生活都是生活活动与生活环境的互动。生活的环境和条件既是独立存在的，又与生活的活动和行为相互影响。生活环境质量现代化是生活质量现代化的重要基础和组成部分，也是提高生活质量的重要途径。

提高生活环境质量，需要政府、社会、企业、家庭和个人的通力合作，但政府承担更多责任。在不同领域，政府承担的责任有所不同。基本思路是：哪里环境差，就改革哪里，改到环境好为止，全面提高生活环境质量。

加强基础设施建设，提高公共设施质量，包括给排水、能源、交通、信息、健康、文化、体育设施等。

建立服务型政府，提高公共服务质量。全面提高公共服务能力和公共服务质量，包

括设施服务、基本公共教育、劳动就业服务、社会保险、基本社会服务、基本医疗卫生、人口和计划生育、基本住房保障、公共文化体育、残疾人基本公共服务等。

增强公共安全意识，提高公共安全质量，包括工作安全、社会安全、交通安全、生态安全和国家安全等。

增强生态文明意识，提高自然环境质量，涉及大气和水环境、城市和农村环境、工业三废治理和生物多样性保护等。

改善国际关系，提高国际环境质量。国际环境涉及国际旅行、国际贸易、国际留学、国际移民、国际合作和国际安全等。

（五）实施“经济质量十年议程”，全面提高经济质量，夯实生活质量的物质基础

没有经济质量就没有生活质量。这是因为，一般而言，没有优质的商品和服务，就没有经济质量，就没有生活满意度，没有生活满意度就没有生活质量。生活质量以丰富和优质的物质生活为基础，并包括优质和满意的物质生活。

建设现代化经济体系，真正实现高质量发展。

研制和实施“经济质量十年议程”，全面提高经济质量。

（六）启动“生活质量科技创新工程”，提高生活质量的可持续提升能力

科技发展不仅要为经济发展服务，更要为人类发展服务，真正做到以人为本。建议继续加大与生活质量紧密相关的科技领域的投入，如生命科技、医药科技、农业科技、环境科技、运输科技、建筑科技、信息科技、能源科技和材料科技等。

为提高生活质量的可持续提升能力，满足人民对美好生活的向往和需要，建议制定和启动“生活质量科技创新工程”，统筹和协调推进生活质量相关的科技创新和工程技术创新，为生活质量现代化和人民美好生活提供持续增长的新动力。

“生活质量科技创新工程”聚焦生活质量直接相关的领域，如衣食住行、健康、信息和环境领域等，以提高生活质量和生活满意度为导向，以产品链创新为目标，以实用工程技术创新为重点，以产学研结合为特点，鼓励产学研联合申请。

三、中国生活质量现代化的政策措施

（一）《国家生活质量议程》

美好生活是我们的共同向往。生活质量是衡量美好生活和社会现代化水平的一个综合指标，生活质量现代化是提高和实现人民美好生活的必由之路。实施《国家生活质量议程》，既是人民生活美好的需要，也是国家战略的需要。

（1）基本思路。《国家生活质量议程》是一个提高全民生活质量和生活满意度的指导性行动议程，是以生活质量为发展主题和向生活质量全面进军的行动议程。它以生活

质量为中心，以生活满意度为导向，建立国家生活质量体系，启动生活质量重大工程，实现发展目标、发展理念和发展模式的三个根本转变，全面建设健康长寿、环境优美、生活美好、人民满意的现代化国家和美好社会。

（2）总体目标。力争用 30 年时间（2020～2050 年），生活满意度达到发达国家水平，基本建成健康长寿、环境优美、生活美好、人民满意的现代化国家和美好社会。同时，个人生活质量、公共生活质量和生活环境质量基本达到发达国家水平，全国人民基本享有发达国家的生活质量。

（3）重要举措。借鉴全面质量管理的理念，建立国家生活质量体系；根据需要和国情，建立国家生活质量治理体系；借鉴发达国家的经验，建立国家生活质量监测体系；启动一批生活质量重大工程和项目，如研制“国家生活质量议程 2035”、研制“十四五”国家生活质量规划纲要、研制“中国生活质量监测指标体系”和建立“中国生活质量报告”双年度报告制度等。

（二）《美好生活行动纲要》

美好生活人人有责，幸福生活家家有份。人人美好才会国家美好，家家幸福才会社会幸福。研制和实施《美好生活行动纲要》，让美好生活从我做起，让美好社会从家做起，全面推进个人和家庭生活质量现代化，奠定生活质量现代化和美好社会的第一基石。

（1）基本思路。《美好生活行动纲要》是一个提高个人生活质量、普及美好生活方式的引导性行动纲要，是为个人美好生活提供科学服务和行动指南的行动纲要。它将坚持“以生活质量为中心、以生活满意度为导向”的原则，全民动员，全员参与，全程规划，全域覆盖，为建设一个生活美好、人民满意的美好社会奠定坚实基础。

（2）总体目标。力争用 30 年时间（2020～2050 年），个人生活质量和生活满意度达到发达国家水平，基本建成生活美好、人民满意的美好社会，实现“美好生活人人有，幸福生活家家欢”的总体目标。

（3）重要举措。研制“美好生活行动纲要 2035”，提出美好生活行动框架；研制“美好生活全程规划”，提出全生命周期的美好生活模式；研制“美好生活行为指南”，制定美好生活日历；继续推进《“健康中国 2035”规划纲要》和“全民健身活动计划”，研制和启动“健康中国人计划”、“婴幼儿用品工程”、“社区养老工程”和“家庭小康工程”等。

（三）公民文化素质工程

公民素质决定公民行为，公民行为影响公共生活质量。公民文化素质是公民素质的重要组成部分，它包括人文素质和科学素质。提高公民文化素质，是提高公共生活质量的重要保障。《中国现代化报告 2009：文化现代化研究》建议实施“公民文化素质工程”，建立免费的消夏文化节制度，全面提高公共文化生活质量。

（四）诚信文化建设工程

从社会关系角度看，传统社会是一种血缘社会，现代社会是一种契约社会；诚信是契约社会的基石。服务过程是一个互动过程。如果服务双方缺少诚信，那么，服务过程就会不顺利，交易成本就会很高。启动诚信文化建设工程，建设具有世界先进水平的诚信文化和诚信社会，可以降低中国社会的运行成本，提高生活环境质量。

（五）经济质量十年议程

从经济角度看，质量是立国之本，工业是强国之路，服务业和知识产业是发展方向。经济质量不仅是经济现代化的标志性指标，而且是物质生活质量的决定性因素。目前，中国经济规模已经位居世界第二，但是，中国经济质量位于世界中下游。借鉴经济发达国家的成功经验，加快中国经济发展方式的根本转变，实现从规模扩张型向质量进步型的战略转型，是一种历史必然。研制和实施“经济质量十年议程”，提高经济质量（包括工业产品质量、工程质量、服务质量和产业质量等），应该成为中国经济现代化的第一优先，应该摆在经济工作的首要位置。

（1）总体目标。力争用10年时间（2020～2030年），中国经济质量的主要指标（包括工业产品质量、工程质量、服务质量、主要产业质量、制造业和工业劳动生产率等）达到或接近2010年发达国家水平，形成一批国际著名的优质企业和产业集群，基本建成经济质量强国。

（2）重要举措。举行“经济质量十年议程”启动仪式，宣布“向经济质量进军”；研制“经济质量十年议程”和“经济质量发展纲要2020～2030”等文件，编制“中国质量法典”，建立“中国质量管理中心”，重建企业职业技能体系，建立“国家质量巡回法院”，设立“质量检察官”等。

2020年中国全面建成小康社会，开启现代化强国建设的新征程。在未来30年，提高生活质量将成为人民的普遍追求，向生活质量进军将成为全国的发展主题，人民的生活质量将逐步达到发达国家水平。届时，清洁空气、安全饮水、放心食品、舒适住房、便捷交通、良好教育、精彩文化、优雅休闲、优质服务、满意工作、美满家庭和健康长寿等，将让全民实现幸福安康的美好生活。

本章提要

生活质量没有统一定义，大致有三层含义。首先，生活质量是一种生活状态，是用质量指标和好坏程度衡量的现实生活状态；它以生活水平为基础，反映个人和社会生活的健康、舒适、幸福和满意的程度。其次，生活质量是一种生活评价，是对现实生活状态的满意度和幸福度的评价，反映人们对生活各个方面的综合满意度。最后，生活质量是一种生活追求，是对更好、更美、更安全、更健康、更满意和更幸福的美好生活的不懈追求。

生活质量与生活水平是两个既相关又不同的概念。前者主要反映生活的满意度和幸福度，后者主要反映财富、物质商品和生活必需品的享有量。通俗地说，前者反映生活的好坏和满意的程度，后者反映生活用品数量和财富的多少。

从农业社会到工业社会，提高生活水平是一个发展方向；从工业社会到知识社会，提高生活质量是一种普遍追求。生活质量现代化是现代化的一种表现形式，是 20 世纪以来社会现代化的一个前沿领域、一个核心目标和重要组成部分。

生活质量现代化是 20 世纪以来人类生活质量发展的世界前沿，以及追赶、达到和保持世界前沿水平的行为和过程。它包括现代生活质量的形成、发展和国际互动，生活质量要素的创新、选择、传播和退出，以及追赶、达到和保持生活质量世界先进水平的行为和过程；达到和保持世界先进水平的国家是生活质量发达国家，其他国家是生活质量发展中国家，两类国家之间可以转换。

生活质量现代化包括分阶段、分层次、分领域和分行业的生活质量现代化等。生活质量现代化不仅发生在社会领域，而且需要经济现代化和生态现代化的双重推动，需要经济质量现代化和环境质量现代化的两大支撑。

18～21 世纪，世界生活质量现代化进程大致可以分为两个阶段。其中，第一个阶段是生活水平现代化，是从农业时代的生活水平向工业时代的生活水平的转变，同时有部分人关心生活质量，也可称为工业时代的生活质量现代化；第二个阶段是生活质量现代化，是从工业时代的生活水平向知识时代的生活质量的转变，或者从工业时代的生活质量向知识时代的生活质量的转变，可以称为知识时代的生活质量现代化。

20 世纪以来世界生活质量发展有规律可循，在 100 多个生活质量指标中，大约 64%的指标与国民经济水平相关，其中，46%的指标正相关，18%的指标负相关。部分生活质量指标的统计数据不全，发展中国家的生活质量统计需要加强。

2016 年生活质量指数世界排名前 10 位的国家依次是：挪威、瑞典、芬兰、新西兰、澳大利亚、丹麦、加拿大、英国、爱尔兰、德国。美国排第 13 位，法国排第 16 位。

根据生活质量指数分组，2016 年挪威等 25 个国家是生活质量发达国家，意大利等 27 个国家是生活质量中等发达国家，中国等 28 个国家是生活质量初等发达国家，肯尼亚等 51 个国家是生活质量欠发达国家。

中国生活质量现代化，就是要建设个人生活质量、公共生活质量、生活环境质量和生活满意度都达到世界先进水平的现代化国家和美好社会，让全民享有世界先进水平的美好幸福生活。

为实现国家层面的共性目标，建议实施《国家生活质量议程》，全面提高生活满意度；实施《美好生活行动纲要》，全面提高个人生活质量；四化联动扬长补短，全面提高公共生活质量；多管齐下共建共享，全面提高生活环境质量；实施“经济质量十年议程”，全面提高经济质量，夯实生活质量的物质基础；启动“生活质量科技创新工程”，提高生活质量的可持续提升能力。

参考文献和推荐读物

庇古 A C. 2006. 福利经济学. 朱泱，张胜纪，吴良健，译. 北京：商务印书馆.

风笑天，林南. 1998. 中国城市居民生活质量研究. 武汉：华中理工大学出版社.

冯立天. 1992. 中国人口生活质量研究. 北京：北京经济学院出版社.

何传启. 1999. 第二次现代化：人类文明进程的启示. 北京：高等教育出版社.

何传启. 2010. 现代化科学：国家发达的科学原理. 北京：科学出版社.

何传启. 2017. 生活质量：未来三十年的发展主题. 半月谈（内部版）, (11): 39-43.

何传启. 2019. 中国现代化报告 2019：生活质量现代化研究. 北京：北京大学出版社.

加耳布雷思 J K. 1 965. 丰裕社会. 徐世平，译. 上海：上海人民出版社.

李培林. 2016. 当代中国生活质量. 北京：社会科学文献出版社.

莫里斯. 1985. 衡量世界上穷人景况的指标：物质生活质量指数. 吴立夫，译. 北京：科学技术文献出版社.

郑宗生，吴述尧，何传启. 2006. 世界 120 个国家的生活质量比较. 理论与现代化, (4): 15-20.

中国现代化战略研究课题组，中国科学院中国现代化研究中心. 2007. 中国现代化报告 2007：生态现代化研究. 北京：北京大学出版社.

Estes R J. 1984. The Social Progress of Nations. New York: Praeger.

Eurostat. 2017. Final report of the expert group on quality of life indicators 2017. Brussels: Eurostat.

Inglehart R F. 1997. Modernization and Postmodernization: Cultural, Economic and Political Change in 43 Societies. Princeton: Princeton University Press.

Maslow A H. 1943. A theory of human motivation. Psychological Review, 50(4): 370-396.

Michalos A C. 1985. Multiple discrepancies theory(MDT). Social Indicators Research, 16: 347-413.

Rostow W W. 1971. Politics and the Stages of Growth. Cambridge: Cambridge University Press.

Self A. 2017. Quality of life measurement and application to policy: experiences from the UK office for national statistics. Social Indiccators Research, 130: 147-160.

课堂讨论

1. 什么是生活质量？
2. 什么是生活满意度？
3. 生活水平与生活质量的关系是怎样的？
4. 简述世界生活质量现代化的主要趋势。

课后习题

1. 什么是生活质量现代化？
2. 谈谈对农村生活质量的建议。
3. 谈谈对城市生活质量的建议。
4. 请针对国际组织的生活质量研究开展学术调研。
5. 请针对典型发达国家的生活质量研究开展学术调研。
6. 简述中国生活质量现代化的战略目标。

第十二章　中国现代化：进程与前景

中华民族是一个伟大民族，在 18 世纪以前曾走在世界前列，创造了辉煌历史。18 世纪中叶是世界现代化的分水岭。在世界现代化进程中，中国比先行国家起步晚约一百年，并为此付出巨大代价。19 世纪中叶以来，无数中华儿女为了民族复兴而上下求索。20 世纪中叶以来，中国历代领导人都把达到世界先进水平和实现现代化作为国家目标，从“四个现代化”“三步走”发展战略到“中国复兴梦”。2017 年，党的十九大报告提出现代化强国建设的“两步走”战略安排，2022 年，党的二十大报告系统阐述“中国式现代化”（习近平，2017，2022）。21 世纪将是中国实现现代化的世纪，将是中华民族伟大复兴的世纪。中国现代化是一项史无前例的世纪工程，需要多角度、多层次地系统分析。本章从现代化科学角度，简要讨论三个世纪的中国现代化进程，并重点关注 21 世纪中国现代化，为民族复兴群策群力。

第一节　中国现代化进程的简要回顾

中国现代化是世界现代化的一个组成部分。中国现代化的起步和发展受到世界现代化的巨大影响。关于中国现代化的历史分析已有不少研究成果，如罗兹曼（1992）、张琢（1992）、罗荣渠和牛大勇（1992）、章开沅和罗福惠（1993）、胡福明（1994）、许纪霖和陈达凯（1995）、周积明（1996）以及虞和平（2007）等。

一、中国现代化的起步

关于中国现代化的起步时间，目前仍然存在争议。许多历史学家认为，19 世纪中叶（1840～1860 年）可以作为中国现代化的起点。也有人认为，中国现代化的启蒙思想可以追溯到 16 世纪（许苏民，2006）。

如果说，16 世纪是中国现代化的萌动，17～18 世纪是中国现代化的中断，19 世纪是中国现代化的起步，那么，20～21 世纪是中国现代化的全面展开。从 19 世纪算起，中国现代化将是一个持续近 300 年的历史过程（19～21 世纪）。

从世界现代化和文明进步的角度看，如果说，18 世纪是中华文明失落的 100 年，19 世纪是中华文明觉醒的 100 年，20 世纪是中华文明奋起的 100 年，那么，21 世纪将是中华文明复兴的 100 年。21 世纪是中华文明重铸辉煌的世纪。

二、中国现代化的三个阶段

目前，中国学术界比较普遍的看法是，中国现代化进程可以分为三个阶段（表 12.1）。第一个阶段是清朝末年的现代化起步，大致时间为 1840/1860～1911 年。第二个阶段是民国时期的局部现代化，大致时间为 1912～1948 年。第三个阶段是新中国（中华人民共和国）的全面现代化，大致时间为 1949 年至今。如果把 2020 年暂时设为本项研究的时间终点，那么，第三阶段的大致时间为 1949～2020 年。

表 12.1　中国现代化进程的历史阶段（1840～2020 年）

阶段	时期	大致时间	历史阶段	经济	社会	政治	文化
现代化起步（清朝末年）	准备	1840～1860 年	鸦片战争	外资造船和银行	引进科学知识	封建制	师夷制夷
	起步	1861～1894 年	洋务运动	外资和官办工业	现代运输和教育	政府改革	中体西用
	调整	1895～1911 年	维新立宪	民办轻工业	现代教育和卫生	维新立宪	启蒙思想
局部现代化（民国时期）	探索	1912～1927 年	北洋政府时期	民办工业化	现代教育的发展	共和制	新文化运动
		1928～1936 年	国民政府早期	官办工业化	交通运输和教育	权威政治	三民主义
	调整	1937～1948 年	战争时期	战时工业化	局部社会现代化	战时政治	现代文化
全面现代化（新中国）	探索	1949～1977 年	计划经济阶段	工业化和计划性	教育、卫生和福利	共和制	新民主主义
	市场化	1978～1999 年	改革开放阶段	工业化和市场化	城市化和信息化	改革开放	大众文化
	全球化	2000～2020 年	全面小康阶段	新型工业化、绿色化、知识化	新型城市化、福利化、信息化	政治文明、民主化	文化产业化、网络文化

资料来源：中国现代化战略研究课题组和中国科学院中国现代化研究中心（2010）

注：本表内容是一个提纲，是从现代化角度看历史，不是历史阶段的全面阐述。根据“三步走”发展战略和“新三步走”战略安排，对全面现代化的阶段划分做了微调

第一阶段，现代化起步。主要包括三次运动：洋务运动（1861～1894 年）、维新运动（1895～1898 年）和立宪运动（1905～1911 年）。其中，洋务运动主张制造近代军事装备，建立近代工业，学习西方近代科学技术，发展教育文化，提出了“中学为体、西学为用”等主张。

第二阶段，局部现代化。大致分为三个小阶段：北洋政府时期、国民政府早期和战争时期。在此期间，民族工业和现代交通得到发展，北平研究院等一批科研机构建立，高等学校也有较大发展；孙中山的《建国方略》和“民族、民权和民主”三民主义得到有限推行。日本侵华战争导致中国现代化进程中断。

第三阶段，全面现代化。1949 年新中国成立，拉开全面现代化建设的序幕。根据其特点，可分为三个小阶段。一是 1949～1977 年，实行计划经济，推进四化建设。二是 1978～1999 年，实行改革开放，以经济建设为中心，以工业化为重点。三是 2000～2020 年，参与经济全球化，推进新型工业化、信息化、城镇化和农业现代化，全面建成小康社会等。

三、中国现代化的主要特点

（1）人口规模最大。目前世界上约有 20 多个发达国家和 10 亿人口实现了现代化。2019 年中国人口超过 14 亿。中国人口超过了发达国家的总和。

（2）后发追赶型。英国现代化起步于 18 世纪中叶，中国现代化起步于 19 世纪中叶。中国现代化的起步比英国晚了约 100 年。

（3）发展不平衡。工业化与城市化不平衡，工业化优先，城市化滞后，城乡差距大。地区不平衡，东中西部收入差距较大。工业与农业不平衡，长期以农养工，农业发展滞后，工农差距大。2006 年取消农业税，工业开始反哺农业。

（4）发生两次重大倒退。第一次是日本的侵华战争，中国现代化进程被打断，工业化水平倒退了约 20 年（一种估计）。第二次是文化大革命期间，现代化进程被打断，工业化水平大致倒退了 10 年（从产业结构角度看）。

（5）资源和环境压力巨大。2010 年中国人均工业资源的大部分指标低于世界平均值。目前中国已是一个石油净进口国，环境压力引人关注。

四、中国现代化的历史启示

在过去 180 年里，中国现代化的经验和教训是深刻的，中国现代化的成绩是有目共睹的，可以给人许多的启示。其中，比较重要的启示有如下几点。

（1）中国现代化是一种后发追赶型现代化。中国现代化的启动不是自发的，而是被迫的。这是现代化后发国家的一种普遍现象。这种现代化，学习和借鉴先行国家的知识和经验非常重要，但不可能重复先行者的老路，因为两者的国际环境和自身条件差别很大。

（2）中国现代化遵循世界现代化的基本规律。中国现代化包含现代文明的形成、发展、转型和国际互动，包括文明要素的创新、选择、传播和退出，包括国际竞争和地位变化等，这些都是现代化的基本内涵。所以，现代化的基本原理同样适用于中国。一般而言，现代化既有共性原理，也有国家和领域的多样性。中国现代化既要遵循基本规律，也要适当保持自己的个性。

（3）中国现代化进程既有重大失误，也有成功案例。从 18 世纪到 20 世纪的 300 年里，中国现代化错失了不少重大机遇，也有一些成功事例。错失的机遇主要包括：1793 年第一次产业革命扩散、1840～1860 年第二次产业革命启动和 1945～1970 年的第三次产业革命（自动化和工业经济的黄金年代）等。成功的事例包括：1945 年联合国成立，中国加入联合国并成为联合国安全理事会常任理事国；1970～2000 年第四次产业革命（信息化）、知识经济和第二次现代化兴起，与中国实行改革开放政策的时间大致重合等。失去机遇会加速衰落，抓住机遇则有利于复兴。

（4）中国现代化的任务超过发达国家总和，国际经验不足以解决中国问题。迄今为止，中国现代化是世界最大人口规模的现代化。2005 年 20 个发达国家的总人口约 8.2 亿人，西欧 12 个国家约 3.3 亿人，美国约 3 亿人，日本约 1.3 亿人，中国约 13 亿人。从人口规模的角度看，中国现代化的任务超过发达国家的总和，是西欧12个国家的4倍多，是美国的4倍多，是日本的10倍。在世界现代化的先行国家之中，没有一个国家具有中国的人口规模，没有一个国家具有中国的悠久历史。中国现代化的复杂性和艰巨性是前所未有的。世界现代化的先行国家的国际经验不足以解决中国问题，中国现代化面临更多挑战，需要深入的研究和大量的创新。

（5）中国现代化面临双重压力，需要选择适合自己的路径。世界现代化进程分为第一次现代化和第二次现代化。世界现代化是非线性的，第二次现代化是对第一次现代化的部分继承和发展、部分否定和转向。目前世界现代化是两次现代化并存。发达国家已经进入第二次现代化，发展中国家处于第一次现代化，但多少受到第二次现代化的影响。中国第一次现代化尚没有完成，但已经包含第二次现代化的要素，部分地区已经进入第二次现代化。中国面临完成第一次现代化的压力和加快进入并努力完成第二次现代化的压力。这是发达国家所没有面临过的挑战。中国现代化只能选择适合自己的路径，综合现代化的“运河战略”将是一个合理选择。

（6）中国现代化面临资源挑战，需要拓展国际空间。现代化建设需要物质资源。迄今为止，实现现代化的人口大约为10亿人。10亿人口的现代化已经对世界资源和环境造成巨大压力。如果中国14亿人口要实现现代化，扣除知识经济对物质资源的替代效应，它对世界资源和环境的压力也是不可低估的。中国需要大力改善自己的国际环境，扩展自己的国际空间。

（7）中国现代化不能忽视制度和观念现代化。世界现代化不仅包括生活和结构的现代化，也包括制度和观念的现代化。在知识经济时代，知识、制度和观念的现代化更为重要。在过去的100多年里，在许多时候中国现代化的模式大体属于工业化优先模式；从洋务运动以来，物质和技术层面的现代化受到持续重视，这是比较合理的；但是，制度和观念的现代化则波澜起伏，摇摆不定。制度和观念现代化的滞后的负面效应，会随着物质和技术现代化的推进而逐步显露，逐步成为影响中国现代化成败的关键因素。重视制度和观念现代化，已经成为不可回避的战略选择。中国社会的封建观念历史悠久，消除封建意识的任务非常艰巨。如果不彻底消除封建观念，如果不真正解放思想和实事求是，中国现代化就难以完成。

（8）中国现代化不能忽视地区差距和文化多样性。世界现代化具有进程不同步性和多样性。在现代化过程中，地区和贫富差距的扩大是一种自然现象。但是，要实现现代化，就需要把地区和贫富差距控制在最小范围内。目前，中国地区和贫富差距还在扩大。中国是一个多民族国家，不同民族的文化具有不同特点。文化现代化是一种世界潮流，文化多样性同样是一种世界趋势。中国现代化需要理性面对发展不同步性和文化多样性，在发展先进主流文化的同时，尊重和保护文化多样性，缩小地区和贫富差距，建设和谐社会。

（9）中国现代化的政策目标需要与时俱进。在20世纪50年代早期，中国现代化的政策目标主要是建设工业化强国。在20世纪60～70年代，中国现代化的政策目标是实现“四个现代化”，包括农业现代化、工业现代化、国防现代化和科学技术现代化。在20世纪80年代，中国现代化的政策目标是“三步走”战略目标，1990年人均国民收入比1980年翻一番，2000年人均国民收入比1990年翻一番，2050年前后达到中等发达国家水平，基本实现现代化。在21世纪初，中国现代化的政策目标包括在2050年左右基本实现现代化，在21世纪末全面实现现代化。全面实现现代化，不仅要求国家整体水平达到世界先进水平，而且要求实现六个领域的现代化，包括经济现代化、社会现代化、政治现代化、文化现代化、人的现代化和生态现代化。

（10）中国现代化既是一种世界潮流，也是一种民族复兴。1700～2100年，中国的国际地位经历下降和上升两个阶段，从相对衰落走向伟大复兴（何传启，2013a）。1700年中国人均GDP排名世界第18位（如果爱尔兰和希腊不参加排名，中国排第16位）。按照过去15年的年均增长率估算，2100年中国现代化水平的排名有可能进入世界前20名。如果说18世纪和19世纪是中国衰落的200年，那么，20世纪和21世纪将是中国复兴的200年。21世纪将是中国复兴的伟大世纪。

第二节　中国现代化进程的目标演进

从19世纪中叶到20世纪中叶，中国发展目标包括维护国家主权和实现民族复兴等。从20世纪50年代到21世纪50年代，中国现代化的战略目标在不断演进。它既反映我们对现代化认识的深化，也体现中国现代化建设取得新成就。1956年毛泽东指出：我国人民应该有一个远大的规划，要在几十年内，努力改变我国在经济上和科学文化上的落后状况，迅速达到世界上的先进水平（毛泽东，1999）。此后，早日达到世界先进水平和实现现代化，成为中国坚定不移的国家目标。下面简要梳理20世纪50年代以来中国现代化的战略目标的演变（何传启，2020a，2021a）。

一、第一个现代化目标：20世纪内实现四个现代化

20世纪50～70年代，“实现四个现代化”成为中国现代化的战略目标。

首先，建设四个现代化。1954年，周恩来在第一届全国人大政府工作报告中提出：如果我们不建设起强大的现代化的工业、现代化的农业、现代化的交通运输业和现代化的国防，我们就不能摆脱落后和贫困，我们的革命就不能达到目的。

其次，实现四个现代化。1964年，周恩来在第三届全国人大政府工作报告中提出，从第三个五年计划开始，我国的国民经济发展，可以两步来考虑：第一步，建立一个独立的比较完整的工业体系和国民经济体系；第二步，全面实现农业、工业、国防和科学技术的现代化，使我国经济走在世界的前列。1975年，周恩来在第四届全国人大政府工作报告中提出：在本世纪内，全面实现农业、工业、国防和科学技术的现代化。

从现代化科学角度看，“四个现代化”实际是四个部门和方面的现代化，是农业、工业、国防和科学技术四个部门和方面的现代化。农业和工业现代化属于经济领域的现代化，国防现代化属于政治领域的现代化，科学技术现代化大致属于文化领域的现代化。

二、第二个现代化目标：2050 年基本实现现代化

20 世纪 80 年代至 21 世纪初，“基本实现现代化”成为中国现代化的战略目标。

首先，“三步走”发展战略。20 世纪 80 年代由邓小平同志提出（邓小平，1993）。第一步，1981～1990 年，人均 GDP 翻一番，人民生活达到温饱水平。第二步，1991～2000 年，人均 GDP 再翻一番，人民生活达到小康水平。第三步，2001～2050 年左右，达到中等发达国家水平，基本实现现代化。随着时间的推移，关于“三步走”发展战略出现多种表述方式；虽然这些表述略有文字差别，但其基本含义是一致的。

1987 年 10 月邓小平说：我们的第一个目标是解决温饱问题，这个目标已经达到了。第二个目标是在 20 世纪末达到小康水平，第三个目标是在 21 世纪的 50 年内达到中等发达国家水平（邓小平，1993）。

其次，“新三步走”战略安排。从党的十五大报告、党的十六大报告、党的十七大报告到党的十八大报告，提出和明确 21 世纪前 50 年“新三步走”战略安排。第一步，2001～2010 年，GDP 比 2000 年翻一番，人民的小康生活更加宽裕。第二步，2011～2020 年（建党 100 年时），全面建成小康社会。第三步，2021～2050 年（建国 100 年时），基本实现现代化，建成富强民主文明的社会主义国家。

1997 年，党的十五大报告提出：展望下世纪，我们的目标是，第一个十年实现国民生产总值比 2000 年翻一番，使人民的小康生活更加宽裕，形成比较完善的社会主义市场经济体制；再经过十年的努力，到建党一百年时，使国民经济更加发展，各项制度更加完善；到世纪中叶建国一百年时，基本实现现代化，建成富强民主文明的社会主义国家（江泽民，1997）。2002 年，党的十六大报告提出：“我们要在本世纪头二十年，集中力量，全面建设惠及十几亿人口的更高水平的小康社会，使经济更加发展、民主更加健全、科教更加进步、文化更加繁荣、社会更加和谐、人民生活更加殷实”（江泽民，2002）。2007 年，党的十七大报告提出：确保到 2020 年实现全面建成小康社会的奋斗目标，实现人均 GDP 到 2020 年比 2000 年翻两番（胡锦涛，2007）。2012 年，党的十八大报告提出：确保到 2020 年实现全面建成小康社会宏伟目标，实现 GDP 和城乡居民人均收入比 2010 年翻一番。科技进步对经济增长的贡献率大幅上升，进入创新型国家行列。工业化基本实现，信息化水平大幅提升，城镇化质量明显提高，农业现代化和社会主义新农村建设成效显著，区域协调发展机制基本形成（胡锦涛，2012）。

三、第三个现代化目标：2050 年全面建成社会主义现代化强国

21 世纪 20～50 年代，“全面建成社会主义现代化强国”成为中国现代化的战略目标。

2017 年，党的十九大报告提出全面建成社会主义现代化强国的“两步走”战略安排（习近平，2017）。从 2020 年到 2035 年，在全面建成小康社会的基础上，再奋斗十五年，基本实现社会主义现代化。从 2035 年到本世纪中叶，在基本实现社会主义现代化的基础

上，再奋斗十五年，把我国建成富强民主文明和谐美丽的社会主义现代化强国。

从“三步走”发展战略、“新三步走”战略安排到“两步走”战略安排，三者一脉相承，后者有所创新。相对于“三步走”发展战略，“两步走”战略安排有三个创新（图 12.1）。一是把“三步走”发展战略的第三步战略细分为 20 年、15 年、15 年三个阶段。二是把“基本实现现代化”的第三步目标，提前到 2035 年，提前 15 年。三是把 2050 年目标提高到全面建成社会主义现代化强国（何传启，2018）。

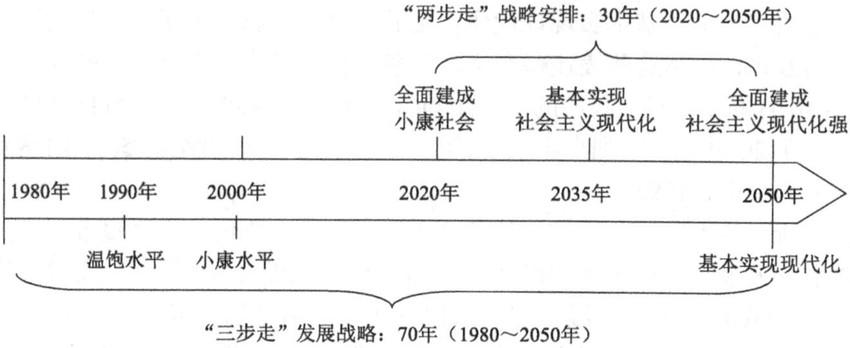

图 12.1　“三步走”发展战略和“两步走”战略安排的关系示意图

资料来源：何传启（2018，2021a）

第三节　中国现代化进程的模式变迁

19 世纪中叶以来，中国现代化的基本模式在不断演变（表 12.2）。在起步阶段，属于封建王朝主导的现代化，采用工业化优先模式。在局部现代化阶段，属于集权政府主导的现代化，沿用工业化优先模式。在全面现代化阶段，中国现代化的目标和模式发生很大改变。全面现代化阶段可以细分为四个小阶段，即计划经济阶段（1949～1977 年）、改革开放阶段（1978～2000 年）、全面小康阶段（2001～2021 年）和现代化强国阶段（2022～2050 年）。这里简要梳理 20 世纪 80 年代以来的模式变化（何传启，2018，2019a，2020a，2021a）。

表 12.2　中国现代化进程的模式演变（1840～2050 年）

阶段	观察角度	主要特点	大致时间
现代化起步阶段	现代化路径	第一次现代化路径	1840～1911 年
	现代化模式	封建王朝主导的现代化	
		工业化优先，城市化和民主化滞后	
局部现代化阶段	现代化路径	第一次现代化路径	1912～1948 年
	现代化模式	集权政府主导的现代化	
		工业化优先，城市化和民主化滞后	

续表

阶段	观察角度	主要特点	大致时间
全面现代化阶段	现代化目标	20世纪内实现四个现代化	1949～1977年
	现代化路径	第一次现代化路径	
	现代化模式	计划经济模式，以工业化为重点，推进四个现代化	
	现代化目标	2000年达到小康水平，2050年基本实现现代化	1978～2000年
	现代化路径	综合现代化路径（第一次现代化为主阶段）	
	现代化模式	三步走发展战略，以经济建设为中心，以工业化为重点	
	现代化目标	2020年全面建成小康社会，2050年基本实现现代化	2001～2021年
	现代化路径	综合现代化路径（两次现代化协同推进阶段）	
	现代化模式	同步推进新型工业化、信息化、城镇化和农业现代化	
	现代化目标	2035年基本实现社会主义现代化，2050年全面建成社会主义现代化强国	2022～2050年
	现代化路径	综合现代化路径（第二次现代化为主阶段）	
	现代化模式	以高质量发展为首要任务，以生活质量为发展主题，以第二次现代化和知识化等为重点，同时完成第一次现代化的“补课”	

资料来源：何传启（2018，2019a，2021a）

注：根据“两步走”战略安排，现代化强国阶段可细分为两个小阶段，即基本实现现代化阶段（2020～2035年）和全国平均现代化阶段（2035～2050年）

根据“三步走”发展战略、“新三步走”战略安排和“两步走”战略安排，从1981年到2050年中国现代化进程大致可分为三个阶段，即前20年（1980～2000年）、中20年（2001～2020年）和后30年（2021～2050年）。根据《中国现代化报告》系列的研究和建议，中国可以采用综合现代化路径。根据世界现代化的规律，综合现代化路径可以分为三个阶段：以工业化为主、工业化和知识化并重、以知识化为主。1980～2050年中国现代化进程的三个阶段与综合现代化路径的三个阶段大体重合（何传启，2018，2019a，2021a）。

一、第一阶段模式：以经济建设为中心和以工业化为重点

“三步走”发展战略的前20年（1980～2000年），大致属于综合现代化第一阶段。主要特点是以经济建设为中心，以工业化和第一次现代化为重点，并启动高技术、信息化和环境保护等。

20世纪80年代是一个关键时期。中国实行改革开放政策，以经济建设为中心，全力推进工业化。同时，世界范围的环境保护、高技术和信息化浪潮，受到中国重视。1984年国家环境保护局成立。1986年中国推出高技术发展计划，同年召开全国信息化问题讨论会，探讨中国信息化的道路。20世纪90年代，中国在市场经济改革、高

技术产业、技术创新和环境保护等方面取得进展，城市化也快速发展，顺利完成“三步走”战略前两步目标。

二、第二阶段模式：走新型工业化道路和“新四化”同步推进

“三步走”发展战略的中 20 年（2001～2020 年），大致属于综合现代化第二阶段。主要特点是同步推进新型工业化、信息化、城镇化和农业现代化，大力发展高等教育和高技术等。中国将逐步完成第一次现代化，第二次现代化的要素将大量增加，属于两次现代化并行、工业化和知识化协同推进。

20 世纪 90 年代以来，知识经济在世界范围内兴起。1997 年，中国科学院完成和提交题为《迎接知识经济时代，建设国家创新体系》的研究报告。1998 年，国务院设立信息产业部，全面推进中国信息化和信息产业发展；批准中国科学院开展知识创新工程试点，启动中国国家创新体系建设，从而，揭开中国迈向知识经济时代的新篇章。2002 年，党的十六大报告提出“新型工业化道路”，以信息化带动工业化，以工业化促进信息化（江泽民，2002）。2012 年，党的十八大报告提出坚持走中国特色新型工业化、信息化、城镇化、农业现代化道路，促进工业化、信息化、城镇化、农业现代化同步发展（胡锦涛，2012）。2018 年，全国平均完成第一次现代化和工业化，成为一个新兴工业化国家，具备向第二次现代化转型的物质基础；2020 年，全面建成小康社会，全国平均达到初等发达水平，处于发展中国家的中间位置（水平），部分地区达到发达或中等发达水平。

三、第三阶段模式：建议以生活质量为发展主题和以知识化为重点

“三步走”发展战略的后 30 年（2021～2050 年），大致属于综合现代化第三阶段。主要特点将是以人民为中心，以高质量发展为首要任务，以生活质量为发展主题，不断满足人民美好生活需要；以第二次现代化和知识化等为重点，同时完成第一次现代化的“补课”（何传启，2017b，2022）。不同地区可选择适合自己的发展模式（何传启，2018）。

2020 年中国进入新发展阶段，开启全面建设社会主义现代化国家新征程。根据现代化规律和我国国情，全国平均进入综合现代化的第三阶段，将全面落实中国式现代化的基本方针和战略安排，全面贯彻新发展理念；以人民为中心，以高质量发展为首要任务，以第二次现代化和知识化、智能化、绿色化为重点，在部分地区继续推进第一次现代化；以生活质量为发展主题，以经济质量和环境质量为支撑，三个质量一起抓（何传启，2018，2020a）。发达地区和中等发达地区将以第二次现代化和提高生活质量为重点；初等发达地区可采用生活质量和经济建设两者并重、两次现代化协同推进的发展模式；较不发达地区将继续推进第一次现代化和工业化，以经济建设为中心，同时加强生态文明建设等。同时要加大转移支付力度，缩小地区发展水平的差距，实现高质量可持续发展（何传启，2021a，2022）。

第四节　中国现代化的前景分析

2015 年中国属于初等发达国家，处于发展中国家的中间水平。21 世纪中国现代化需要完成的主要任务是：从初等发达国家晋升中等发达国家，然后晋升发达国家，最后走到发达国家前列，达到世界前沿水平，实现伟大复兴（何传启，2018，2019a，2020a）。中国现代化的前景分析，需要尊重规律和国情，需要有定量依据（何传启，2019b，2020b，2021b）。

一、目标与路径

（一）目标分析

1987 年邓小平同志提出“三步走”发展战略，即从 1980 年到 2050 年，分三阶段逐步达到中等发达国家水平，基本实现现代化。2017 年，党的十九大报告提出“两步走”战略安排，2035 年基本实现社会主义现代化，2050 年建成富强民主文明和谐美丽的社会主义现代化强国（习近平，2017）。

现代化科学认为，中国现代化目标可以分解为三个层次：国家层次、领域层次和地区层次。三个层次的目标需要相互协调，有国际比较。

1. 国家现代化的总目标

《中国现代化报告》系列完成国家人口超过百万的 131 个国家 1950～2018 年现代化水平的定量评价，并根据它们 1990～2015 年年均增长率，预测其未来水平和国际地位，提出 21 世纪中国现代化建设的定量目标（图 12.2）；世界排名为中国在人口超百万的 131 个国家中的排名，后同。定量目标可以分为如下四步走。

第一步：走到初等发达国家的前列，基本完成第一次现代化，全面建成小康社会，现代化指数世界排名进入前 60 名。

第二步：达到世界平均水平，进入中等发达国家行列。现代化指数达到或超过世界平均值和发达国家平均值的 50%，世界排名进入前 40 名。其中，人均国民收入超过 3 万美元（2010 年价格），平均预期寿命超过 80 岁，大学普及率超过 80%，互联网普及率超过 80%，PM2.5 年均浓度低于 20 微克/米^3。

第三步：达到世界先进水平，进入发达国家行列。现代化指数超过高收入国家平均值的 80%，世界排名进入前 20 名。

第四步：达到和保持世界前沿水平。现代化指数达到或超过高收入国家的平均值，世界排名进入前 10 名。

根据中国现代化的定量评价与预测，21 世纪中国现代化建设将完成三项任务，实现五个目标，包括两个阶段目标和三个水平目标（何传启，2022）。

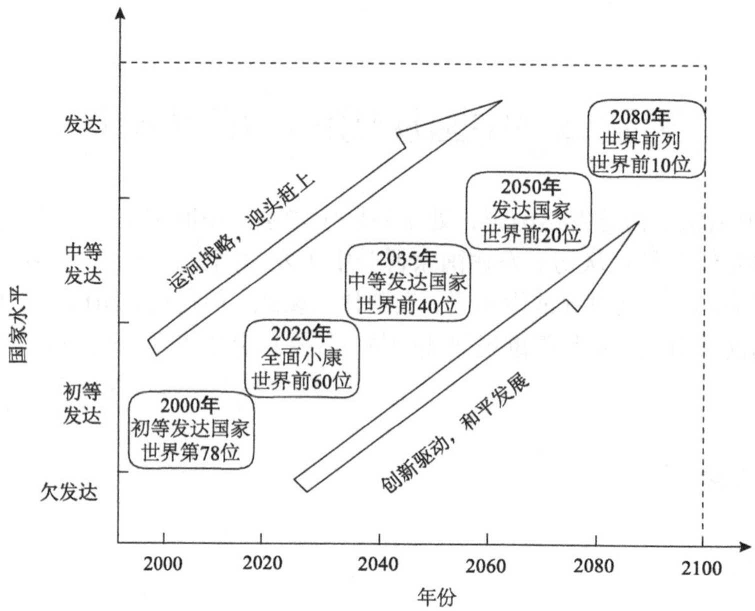

图 12.2　中国现代化和伟大复兴的世纪工程（一种定量预测）

资料来源：何传启（2013a，2018，2019a）

1950～2000 年，中国从欠发达国家升级为初等发达国家

三项任务分别是：在 2020 年左右，全国平均完成第一次现代化，全面建成小康社会；在 2050 年前后，全国平均实现现代化，全面建成社会主义现代化强国；在 2080 年左右，全国平均完成第二次现代化，全面实现现代化和伟大复兴（何传启，2022）。其中第一项任务已经完成。

五个目标分别是：在 2018 年全国平均完成第一次现代化，成为一个新兴工业化国家；在 2080 年左右全国平均完成第二次现代化，成为一个新兴知识化国家；在 2035 年左右达到中等发达水平，全国基本实现现代化；在 2050 年前后达到发达水平，全国平均实现现代化；在 2080 年前后达到世界前沿水平，全面实现现代化（何传启，2022）。其中第一个目标已经实现。

《中国现代化报告 2021：交通现代化研究》发现，2018 年中国全国平均完成第一次现代化和工业化，基本实现从农业社会向工业社会、从农业经济向工业经济的转变，成为一个新兴工业化国家（何传启，2021b）。由此可见，上述第一步目标已经基本实现，这是中国现代化进程的一个里程碑。

2. 六个领域现代化的目标

目前，中国六个领域（经济、社会、政治、文化、生态和人的发展）发展不平衡，有些领域属于初等发达水平，有些领域属于中等发达水平。不同领域的目标选择需要进行定量预测；世界排名为中国在 131 个国家中的排名（图 12.3）。

第一步：所有领域达到初等发达水平，世界排名进入前 60 名。

第二步：多数领域达到中等发达水平，世界排名进入前 40 名。

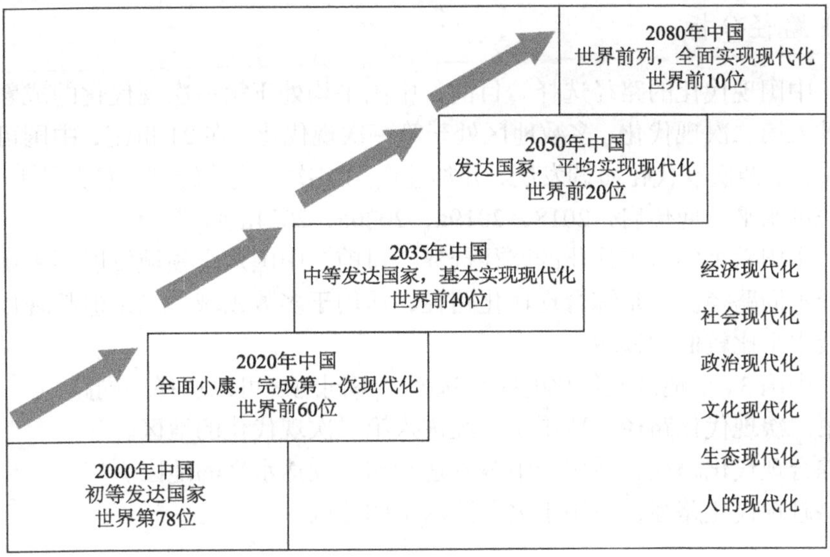

图 12.3　中国现代化的四个台阶和六化建设（一种定量预测）

资料来源：何传启（2013a，2018，2019a）

第三步：多数领域达到世界先进水平，世界排名进入前 20 名。

第四步：多数领域达到世界前沿水平，世界排名进入前 10 名。

“六化建设”与“四化建设”紧密相关。其中，经济现代化包括农业、工业和服务业现代化等，社会现代化包括教育和健康现代化等，政治现代化包括国家治理和国防现代化等，文化现代化包括科技现代化和文化产业现代化等；生态现代化包括生态文明和绿色发展等，人的现代化包括人的全面发展等。

3. 中国 34 个地区现代化的目标

目前，中国地区发展不平衡，有些地区部分指标已经达到世界先进水平，有些地区属于中等发达水平或初等发达水平，局部地区属于欠发达水平。不同地区的目标选择需要分别分步进行（何传启，2018，2019a）。

（1）发达地区目标：达到和保持世界前沿水平，现代化指数超过高收入国家平均值。

（2）中等发达地区目标：达到世界先进水平，现代化指数超过高收入国家平均值的 80%。

（3）初等发达地区目标：分两步走。第一步，达到或超过世界平均水平，达到中等发达水平。第二步，达到世界先进水平，现代化指数达到高收入国家平均值的 80%。

（4）欠发达地区目标：分三步走。第一步，达到全国平均水平。第二步，达到世界平均水平。第三步，达到世界先进水平。

通俗地说，中国地区现代化的目标可以分为四类。第一类：全国平均水平（全国平均值），适用于水平低于全国平均水平的地区。第二类：世界平均水平（世界平均值），适用于初等发达地区。第三类：世界先进水平（高收入国家平均值的 80%），适用于中等发达地区。第四类：世界前沿水平（达到或超过高收入国家平均值），适用于发达地区。

（二）路径分析

首先，中国现代化的路径选择。目前，中国平均处于第一次现代化的成熟期，有些地区已经进入第二次现代化，多数地区处于第一次现代化。在 21 世纪，中国可以选择综合现代化路径，两次现代化协调发展，并加速向第二次现代化转型，迎头赶上 21 世纪后期的世界先进水平（何传启，2018，2019a，2020a，2021a）。

其次，中国六个领域现代化的路径选择。目前，中国六个领域发展不平衡，不同领域可以选择不同路径。一是综合现代化路径，适用于多数领域。二是追赶现代化路径，适用于发展水平比较低的领域。

最后，中国 34 个地区现代化的路径选择。不同地区可以选择不同路径。

（1）第二次现代化路径，适用于已经进入第二次现代化的地区。

（2）综合现代化路径，适用于中等发达和初等发达水平的地区。

（3）追赶现代化路径，适用于欠发达水平的地区。

二、模式与重点

（一）模式分析

未来 30 年国家层面的现代化模式，需要尊重综合现代化规律和中国国情，以人民为中心，以生活质量为主题，全面落实“新发展理念”；将完成发展模式的三个转变和一个升级。

（1）目标转变：从全面建成小康社会到基本实现现代化和建设现代化强国。

（2）模式转变：从以第一次现代化为主到以第二次现代化为主，从以工业化为主到以知识化为主等。以知识化为主包括全面发展知识经济和知识社会等。

（3）工作重心转变：从以经济建设为中心到以生活质量为发展主题，即从以满足人民物质文化需要为发展主题到以满足人民美好生活需要为发展主题。

（4）战略升级：战略目标从基本实现现代化升级为全面建成现代化强国，国家水平从达到世界中等发达国家水平升级为达到世界先进水平，实现伟大复兴。

（二）重点分析

重点选择同样要遵循规律和尊重国情。2017 年，党的十九大报告强调“永远把人民对美好生活的向往作为奋斗目标”（习近平，2017）。为满足人民日益增长的美好生活需要，建议在未来 30 年里，要把“向生活质量进军”作为一个发展主题和工作重点，全面提高人民的生活质量和生活满意度。

第一，以人民为中心，以高质量发展为首要任务，以生活质量为发展主题，实现战略转型。向生活质量进军，实现从以经济建设为中心向以生活质量为主题的战略转型，全面提升国民生活质量，全面满足美好生活需要。建议适时研制和启动“中国质量十年议程”，以生活质量为中心和导向，以经济质量和环境质量为支点，三个质量一起抓。

第二，以创新和改革为动力，实现双轮驱动。坚持创新驱动发展战略，大力支持“创新创业”行动计划。建议启动国家知识创新工程，建设“国家科技创新特区”，抢占第六次科技革命的制高点，全面完善国家创新体系，全面建设创新型国家和世界科技强国。全面深化改革，加大系统性改革力度，提升社会治理质量，促进国家治理能力现代化。加大开放力度，促进自由贸易区建设，营造良好国际环境，拓展中华民族的国际发展空间。

第三，六化协同，共建共享，绿色发展。“六化”是六个领域现代化，包括经济现代化、社会现代化、政治现代化、文化现代化、生态现代化和人的现代化。六化协同，指协同推进“六化建设”。共建共享，指人人参与、人人享有。绿色发展，指把绿色理念融入所有政策。

第四，做好四个选择（表 12.3）。一是价值选择，提高人均创新价值和人均劳动价值，提高创新效率。二是劳动选择，提高人均有效劳动和人均高效劳动，减少无效劳动和低效劳动。三是资本选择，提高人均有效投资和人均高效投资，减少无效投资和低效投资。四是技术选择，增加先进技术比例，降低落后技术比例。

表 12.3　未来 30 年中国现代化的重点选择

方面	重点举例
四个选择	价值选择：提高创新效率，提高人均创新价值，提高人均劳动价值； 劳动选择：提高人均有效劳动和人均高效劳动，减少无效劳动和低效劳动； 资本选择：提高人均有效投资和人均高效投资，减少无效投资和低效投资； 技术选择：增加先进技术比例，降低落后技术比例，加速淘汰落后技术
生产力	技术进步：50%的创新，50%的学习； 提高人均资本、人均技能、人均技术和管理水平； 加强国际交流和合作，吸引国际投资，扩大国际市场； 组建国家高等科学研究院、国家先进技术研究院、国家现代化研究院等
社会进步	社会公平：85%竞争，15%调节（可逐步调整为 80%竞争和 20%调节）； 按贡献分配，按需要调节；生财有道，公平互助；消灭绝对贫困，推进共同富裕； 向生活质量进军，全面提高生活质量，提高生活满意度； 组建国家能源部、国家地区开发署等，完善国家的协调能力； 实施“家庭小康工程”，为人均收入低于“小康标准”的家庭提供“爱心帮扶”
人的发展	各尽所能，平等互利，公平竞争，凭业绩晋升； 普及高等教育，加快教育现代化和信息化，尊重个性和民意选择

资料来源：何传启（2018，2019a）

第五，把握三个关键。一是发展先进生产力，建议技术进步采用 50%创新和 50%学习，提高人均资本、人均技能、人均技术和管理水平。二是促进社会公平和进步，建议完善收入分配和财富调节制度，促进共同富裕；建议实行按贡献分配和按需要调节，社会分配采用 80%竞争和 20%调节；建议实施“家庭小康工程”，向人均收入低于小康标准的家庭提供爱心帮扶。三是促进人的全面发展，提倡各尽所能、平等互利、公平竞争和凭业绩晋升，普及高等教育，加快教育现代化和信息化，尊重个性和民意选择。

第六，因地制宜，梯度推进。2015 年我国地级行政地区中，169 个为较不发达地区，125 个初等发达地区，42 个中等发达地区。建议中等发达地区以提高生活质量为发展主题；初等发达地区则采用生活质量和经济建设两者并重的发展模式；较不发达地区仍以经济建设为中心，同时加强生态文明建设。增加转移支付力度，促进地区协调发展。

三、回顾与展望

综合中国现代化的历史回顾和前景预测，可以归纳和形成中国现代化进程的时间简表，跨度约 240 年（何传启，2022）。它包括回顾和展望两个部分，前者回顾 180 年历程和成就，后者展望未来 60 年目标和前景（表 12.4）。

表 12.4　中国现代化进程的时间简表：1840～2080 年

项目	大致时间	阶段或进展	特点或成就
回顾	1840～1860 年	起点	
	1840～1911 年	现代化起步阶段。清朝末年的现代化起步	工业化优先
	1912～1949 年	局部现代化阶段。民国时期的局部现代化	工业化优先
	1949～2020 年	全面现代化阶段。新中国的全面现代化，可分为计划经济阶段、改革开放阶段和全面小康阶段	“四个现代化”、“三步走”发展战略等
	1840～2020 年（180 年）	1840～1949 年，现代化起步和局部现代化； 1950～2018 年，全国平均完成第一次现代化和工业化，成为一个新兴工业化国家；从欠发达国家升级为初等发达国家，达到发展中国家的中间位置（水平），国家水平排名进入世界 131 个国家的前 60 位； 2000～2020 年，全面建成小康社会	
展望	2020～2035 年	基本实现现代化阶段。适时进入第二次现代化，全国平均达到中等发达水平，国家水平排名进入世界前 40 位	基本实现现代化，成为中等发达国家
	2035～2050 年	全国平均现代化阶段。全国平均达到发达水平，国家水平排名进入世界前 20 名，全面建成社会主义现代化强国	全国平均实现现代化，成为发达国家
	2050～2080 年	全面实现现代化阶段。全国平均完成第二次现代化，全国平均达到世界前沿水平，国家水平排名进入世界前 10 位	全面实现现代化，成为世界前沿国家
	2020～2080 年（60 年）	2020～2050 年，从初等发达国家逐步升级为发达国家，全面建成现代化强国 2050～2080 年，从发达国家升级到世界前列，全面实现现代化和伟大复兴	

资料来源：何传启（2021b，2022）

注：2000 年从欠发达国家升级为初等发达国家。根据 1990～2015 年第二次现代化指数的年均增长率的预测结果，国家水平排名为在 131 个国家中的排名

首先，历程回顾（1840～2020 年）。①历史阶段划分。中国现代化的历史进程大致可分为五个阶段：现代化起步阶段、局部现代化阶段、计划经济阶段、改革开放阶段、全面小康阶段。②显著成就。一是 2000 年从欠发达国家升级为初等发达国家，达到发展中国家的中间位置（水平）。二是 2018 年全国平均完成第一次现代化和工业化，成为一

个新兴工业化国家。三是2020年全面建成小康社会。

其次，前景展望（2020～2080年）。①未来阶段划分。中国现代化的未来进程大致可分为三个阶段：基本实现现代化阶段、全国平均现代化阶段、全面实现现代化阶段。②预期成就。一是在2050年前后，从初等发达国家逐步升级为发达国家，全面建成现代化强国。二是在2080年前后，从发达国家升级到世界前列，全面实现现代化和伟大复兴。

最后，综合阶段划分（1840～2080年）。综合历史阶段和未来阶段，中国现代化进程可大致分为八个阶段：现代化起步阶段、局部现代化阶段、计划经济阶段、改革开放阶段、全面小康阶段、基本实现现代化阶段、全国平均现代化阶段、全面实现现代化阶段。其中，基本实现现代化阶段和全国平均现代化阶段，可以合称为现代化强国阶段。

第五节　中国式现代化的八个要点

1983年，邓小平同志说“我们搞的现代化，是中国式的现代化”（邓小平，1993）。2022年，党的二十大报告深刻阐述“中国式现代化”（习近平，2022）。从现代化科学和战略研究角度理解，党的二十大报告关于中国式现代化的相关阐述，涉及概念层、战略层和实施层“三个层面”，涵盖诸多领域和方面。其中，关于中国式现代化的8个方面（内涵、特色、基本方针、本质要求、战略安排、首要任务、三大支撑、应有之义）的相关阐述，可以简称为“八个要点”（何传启，2023a）。“三个层面”和“八个要点”，既构成一种分层结构，也简要解释了中国式现代化“是什么”、“怎么做”和“关键点”三个大家比较关注的基本问题。中国式现代化的分层结构大致包括概念层、战略层和实施层三个层面，每个层面包含若干内容和要点。

这里简要讨论“三个层面”和“八个要点”（图12.4）。“三个层面”的划分，既是相对的和有所交叉的，也是为了便于分析和表述。“八个要点”的基本内容，既是对党的二十大报告的学习和理解，也是对其相关阐述的简要梳理（何传启，2023b）。

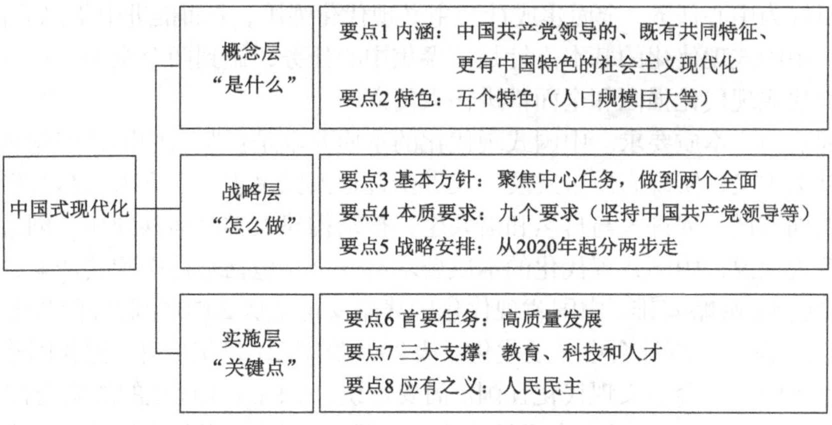

图12.4　中国式现代化的三个层面和八个要点

资料来源：何传启（2023a，2023b）

一、概念层：中国式现代化是什么

中国式现代化的概念层涉及对中国式现代化的基本认识，包括“中国式”和“现代化”两个概念，以及中国式现代化的内涵、外延和特色等。其中，“内涵”和“特色”是两个要点，简要说明中国式现代化“是什么”（何传启，2023a，2023b）。

（1）要点 1：内涵。中国式现代化的内涵是：中国共产党领导的社会主义现代化，它既有各国现代化的共同特征，更有基于中国国情的中国特色。简要地说，中国式现代化的内涵是中国共产党领导的，既有共同特征，更有中国特色的社会主义现代化。

（2）要点 2：特色。中国式现代化的特色是：人口规模巨大的现代化，全体人民共同富裕的现代化，物质文明和精神文明相协调的现代化，人与自然和谐共生的现代化，走和平发展道路的现代化。简要地说，中国式现代化有五个特色，即人口规模巨大、全体人民共同富裕、物质文明和精神文明相协调、人与自然和谐共生、走和平发展道路。

二、战略层：中国式现代化怎么做

中国式现代化的战略层涉及中国式现代化的战略构想（或称顶层设计），包括战略目标、任务、要求、规划和部署等。其中，“基本方针”、“本质要求”和“战略安排”是三个要点，简要解释中国式现代化“怎么做”（何传启，2023a，2023b）。

（1）要点 3：基本方针。党的二十大报告提出“中国共产党的中心任务”，它蕴含中国式现代化的前进方向和目标，可理解和转述成“中国式现代化的基本方针”。

根据党的二十大报告，中国共产党的中心任务是：从现在起，团结带领全国各族人民全面建成社会主义现代化强国、实现第二个百年奋斗目标，以中国式现代化全面推进中华民族伟大复兴（习近平，2022）。

中国式现代化的基本方针是：从党的二十大起，以落实中国式现代化和实现第二个百年奋斗目标为中心任务，全面建成社会主义现代化强国，全面推进中华民族伟大复兴。简要地说，中国式现代化的基本方针是“聚焦中心任务，做到两个全面”；其中，两个全面指全面建成现代化强国和全面推进伟大复兴。

（2）要点 4：本质要求。中国式现代化的本质要求是：坚持中国共产党领导，坚持中国特色社会主义，实现高质量发展，发展全过程人民民主，丰富人民精神世界，实现全体人民共同富裕，促进人与自然和谐共生，推动构建人类命运共同体，创造人类文明新形态。简要地说，中国式现代化的本质要求有九个，包括坚持中国共产党领导等。

（3）要点 5：战略安排。中国式现代化的战略安排是从 2020 年起分两步走。从 2020 年到 2035 年，基本实现社会主义现代化；从 2035 年到 21 世纪中叶，把我国建成富强民主文明和谐美丽的社会主义现代化强国。简要地说，中国式现代化的战略安排是从 2020 年起分两步走；到 2035 年基本实现社会主义现代化，到 21 世纪中叶建成社会主义现代化强国。

三、实施层：中国式现代化关键点

中国式现代化的实施层涉及战略构想的实施及其管理，其内容与战略构想有部分交叉，主要包括战略目标的分解、战略任务的分工、资源配置、过程监测和动态管理等。其中，“首要任务”、“三大支撑”和“应有之义”是三个要点，简单提示中国式现代化“关键点”（何传启，2023a，2023b）。

（1）要点 6：首要任务。中国式现代化的首要任务是高质量发展。发展是党执政兴国的第一要务。必须完整、准确、全面贯彻新发展理念，坚持社会主义市场经济改革方向，坚持高水平对外开放，加快构建新发展格局。

（2）要点 7：三大支撑。中国式现代化的三大支撑是教育、科技和人才。必须坚持科技是第一生产力、人才是第一资源、创新是第一动力；深入实施科教兴国战略、人才强国战略、创新驱动发展战略；加快建设教育强国、科技强国、人才强国。

（3）要点 8：应有之义。中国式现代化的应有之义是人民民主。人民民主是社会主义的生命，是中国式现代化和社会主义现代化国家的应有之义。

上述“八个要点”的基本内容直接或间接来自党的二十大报告。其中，要点 4 是对党的二十大报告相关阐述的直接引用，要点 2 是摘要引用和理解；其他 6 个要点是对党的二十大报告相关阐述的理解和转述。例如，要点 6，党的二十大报告提出全面建设社会主义现代化国家的首要任务，可理解和转述成中国式现代化的首要任务；其他可类推。

党的二十大报告关于中国式现代化的阐述非常丰富。在上述“八个要点”之外，党的二十大报告还谈到国家治理体系和治理能力现代化、市域社会治理现代化、国防和军队现代化、农业现代化、现代化经济体系、必须有一支具备领导现代化建设能力的干部队伍等。党的二十大报告提出，尊重自然、顺应自然、保护自然，是全面建设社会主义现代化国家的内在要求；鼓励东部地区加快推进现代化。党的二十大报告还提出，坚持创新在我国现代化建设全局中的核心地位；必须完整、准确、全面贯彻新发展理念。新发展理念包括“创新发展、协调发展、绿色发展、开放发展、共享发展”。我国现代化建设需要贯彻“创新发展理念”。

本章提要

中华民族是一个伟大民族，在 18 世纪以前曾走在世界前列，创造了辉煌历史。18 世纪中叶是世界现代化的分水岭。在世界现代化进程中，中国比先行国家起步晚约一百年，并为此付出巨大代价。

19 世纪中叶以来，无数中华儿女为了民族复兴而上下求索。20 世纪中叶以来，中国历代领导人都把达到世界先进水平和实现现代化作为国家目标，从“四个现代化”“三步走”发展战略到“中国复兴梦”。2017 年，党的十九大报告提出现代化强国建设的“两步走”战略安排，2022 年，党的二十大报告系统阐述“中国式现代化”（习近平，2017，

2022）。21 世纪将是中国实现现代化的世纪，将是中华民族伟大复兴的世纪。

中国现代化的起点大致可以追溯到 19 世纪中叶（1840～1860 年），比先行国家晚了约一百年，中国现代化是后发追赶型的现代化。学者普遍认为，中国现代化进程（1840～2020 年），大致可以分为三个阶段。一是清朝末年的现代化起步（1840/1860～1911 年），二是民国时期的局部现代化（1912～1948 年），三是新中国的全面现代化（1949～2020 年）。

20 世纪 50 年代以来，中国现代化战略目标在不断演进。第一个现代化目标是：20 世纪内实现四个现代化（农业、工业、国防和科技现代化）。第二个现代化目标是：2050 年基本实现社会主义现代化。第三个现代化目标是：2050 年建成社会主义现代化强国。

20 世纪 60 年代，周恩来提出“四个现代化”。20 世纪 80 年代，邓小平提出“三步走”发展战略。第一步，1981～1990 年人均 GDP 翻一番，人民生活达到温饱水平。第二步，1991～2000 年人均 GDP 再翻一番，人民生活达到小康水平。第三步，2001～2050 年左右，达到中等发达国家水平，基本实现现代化。

2017 年，党的十九大报告提出全面建成社会主义现代化强国的“两步走”战略安排。2020～2035 年，基本实现社会主义现代化；2035 年至 21 世纪中叶，把我国建成富强民主文明和谐美丽的社会主义现代化强国（习近平，2017）。

我们认为，1949～2050 年中国现代化进程可以分为四个小阶段。一是计划经济阶段（1949～1977 年），二是改革开放阶段（1978～2000 年），三是全面小康阶段（2000～2020 年），四是现代化强国阶段（2020～2050 年）。根据“两步走”战略安排，现代化强国阶段，可以细分为两个小阶段，即基本实现现代化阶段（2020～2035 年）和全国平均现代化阶段（2035～2050 年）。

20 世纪 80 年代以来，中国现代化建设基本采用综合现代化路径，现代化模式不断演进，大致分为三个阶段。第一阶段模式（1980～2000 年），以经济建设为中心和以工业化为重点。第二阶段模式（2001～2020 年），走新型工业化道路和“新四化”同步推进。第三阶段模式（2021～2050 年），将落实“两步走”战略安排，以人民为中心，以高质量发展为首要任务，以生活质量为发展主题和以知识化等为重点。

1950～2000 年，中国从欠发达国家升级为初等发达国家，达到发展中国家的中间位置（水平）。2018 年中国全国平均完成第一次现代化和工业化，成为一个新兴工业化国家。2020 年中国全面建成小康社会。

《中国现代化报告》系列完成国家人口超过百万的 131 个国家 1950～2018 年现代化水平的定量评价，并根据它们 1990～2015 年年均增长率，预测其未来水平和国际地位，提出 21 世纪中国现代化建设的定量目标。根据定量评价与预测，21 世纪中国现代化建设将完成三项任务，实现五个目标，包括两个阶段目标和三个水平目标。

三项任务分别是：在 2020 年左右，全国平均完成第一次现代化，全面建成小康社会；在 2050 年前后，全国平均实现现代化，全面建成社会主义现代化强国；在 2080 年左右，全国平均完成第二次现代化，全面实现现代化和伟大复兴。

五个目标分别是：在 2018 年全国平均完成第一次现代化，成为一个新兴工业化国家；在 2080 年左右全国平均完成第二次现代化，成为一个新兴知识化国家；在 2035 年左右达到中等发达水平，全国基本实现现代化；在2050年前后达到发达水平，全国平均实现现代化；在2080年前后达到世界前沿水平，全面实现现代化。

如果中国现代化取得成功，它将为发展中国家的现代化开辟一条新道路。在世界现代化的前二百年里（1700～1900年），中国曾是一个落伍者。在世界现代化的第三百年里（1901～2000年），中国曾是一个追赶者。在世界现代化的第四百年里（2001～2100年），中国将是一个开拓者。中国实现现代化之日，就是中华民族伟大复兴之时。

党的二十大报告提出：中国式现代化，是中国共产党领导的社会主义现代化，既有各国现代化的共同特征，更有基于自己国情的中国特色；中国式现代化是人口规模巨大的现代化，是全体人民共同富裕的现代化，是物质文明和精神文明相协调的现代化，是人与自然和谐共生的现代化，是走和平发展道路的现代化（习近平，2022）。

在世界现代化的国际跑道上，跑在前面的国家是发达国家，跑在后面的国家是发展中国家；发达国家需要保持发达水平，发展中国家会努力追赶发达水平。现代化科学为国家现代化建设和国家发达过程提供原理和方法。它不仅是一门新科学，更蕴涵一个新希望。

参考文献和推荐读物

邓小平. 1993. 邓小平文选（第三卷）. 北京：人民出版社.
冯天瑜, 何晓明, 周积明. 2005. 中华文化史. 上海：上海人民出版社.
何传启. 1999. 第二次现代化：人类文明进程的启示. 北京：高等教育出版社.
何传启. 2003. 东方复兴：现代化的三条道路. 北京：商务印书馆.
何传启. 2010. 现代化科学：国家发达的科学原理. 北京：科学出版社.
何传启. 2011. 第六次科技革命的战略机遇. 北京：科学出版社.
何传启. 2013a. 中国复兴的科学基础和战略机遇. 北京：科学出版社.
何传启. 2013b. 第二次现代化理论：人类发展的世界前沿和科学逻辑. 北京：科学出版社.
何传启. 2017a. 新科技革命的预测和解析. 科学通报, 62(8): 785-798.
何传启. 2017b. 生活质量：未来三十年的发展主题. 半月谈（内部版）, (11): 39-43.
何传启. 2017c. 如何成为一个现代化国家：中国现代化报告概要 2001～2016. 北京：北京大学出版社.
何传启. 2018. 现代化强国建设的路径和模式分析. 中国科学院院刊, 33(3): 274-283.
何传启. 2019a. 现代化科学领导干部读本：现代化100问. 北京：人民日报出版社.
何传启. 2019b. 中国现代化报告2019：生活质量现代化研究. 北京：北京大学出版社.
何传启. 2020a. 中国式现代化与全面建设现代化国家新征程. 中国党政干部论坛, (12): 12-16.
何传启. 2020b. 中国现代化报告2020：世界现代化的度量衡. 北京：北京大学出版社.
何传启. 2021a. 中国现代化进程的阶段划分与模式演进. 人民论坛, (24): 16-19.
何传启. 2021b. 中国现代化报告2021：交通现代化研究. 北京：北京大学出版社.
何传启. 2022. 国家现代化的原理与方法：中国现代化报告概要 2001～2021. 北京：北京大学出版社.
何传启. 2023a. 中国式现代化的八个要点与科技担当. [2023-01-04]. https://news.sciencenet.cn/htmlnews/2023/1/492065.shtm.
何传启. 2023b. 中国式现代化的分层结构和三个建议. 中国科学院院刊, 38(3): 484-491.

何传启, 李宁, 张凤, 等. 1998. 迎接知识经济时代 建设国家创新体系. 中国科学院院刊, 13(3): 165-169.
胡福明. 1994. 中国现代化的历史进程. 合肥: 安徽人民出版社.
胡锦涛. 2007. 胡锦涛在中共第十七次全国代表大会上的报告全文. [2007-10-15]. https://www.gov.cn/ldhd/ 2007-10/24/ content_785431.htm.
胡锦涛. 2012. 坚定不移沿着中国特色社会主义道路前进 为全面建成小康社会而奋斗——在中国共产党第十八次全国代表大会上的报告. [2012-17-18]. http://www.npc.gov.cn/c2/c30834/202410/t20241017_ 440084.html.
江泽民. 1997. 江泽民在中国共产党第十五次全国代表大会上的报告. [1997-09-12]. https://www.gov.cn/test/ 2008-07/ 11/ content_1042080.htm.
江泽民. 2002. 江泽民在中国共产党第十六次全国代表大会上的报告. [2002-11-08]. https://www.gov.cn/test/ 2008-08/01/content_1061490.htm.
罗荣渠. 1993. 现代化新论: 世界与中国的现代化进程. 北京: 北京大学出版社.
罗荣渠, 牛大勇. 1992. 中国现代化历程的探索. 北京: 北京大学出版社.
罗兹曼 G. 1992. 中国的现代化. 南京: 江苏人民出版社.
毛泽东. 1999. 毛泽东文集（第 7 卷）. 北京: 人民出版社.
习近平. 2017. 习近平：决胜全面建成小康社会 夺取新时代中国特色社会主义伟大胜利——在中国共产党第十九次全国代表大会上的报告. [2017-10-27]. https://www.gov.cn/zhuanti/2017-10/27/content_5234876.htm.
习近平. 2022. 习近平：高举中国特色社会主义伟大旗帜 为全面建设社会主义现代化国家而团结奋斗——在中国共产党第二十次全国代表大会上的报告. [2022-10-25]. https://www.gov.cn/xinwen/2022-10/25/content_5721685.htm.
许纪霖, 陈达凯. 1995. 中国现代化史. 上海: 上海三联书店.
许苏民. 2006. 中国文化现代化的历程: 17 世纪中西大分流的历史教训. 华南理工大学学报（社会科学版）, 8(6): 18-25.
虞和平. 2007. 中国现代化历程. 南京: 江苏人民出版社.
袁行霈, 严文明, 张传玺, 等. 2006. 中华文明史. 北京: 北京大学出版社.
张琢. 1992. 九死一生: 中国现代化的坎坷历程和中长期预测. 北京: 中国社会科学出版社.
章开沅, 罗福惠. 1993. 比较中的审视: 中国早期现代化研究. 杭州: 浙江人民出版社.
中国现代化战略研究课题组, 中国科学院中国现代化研究中心. 2010. 中国现代化报告 2010: 世界现代化概览. 北京: 北京大学出版社.
周积明. 1996. 最初的纪元: 中国早期现代化研究. 北京: 高等教育出版社.

课堂讨论

1. 简述中华民族的辉煌历史。
2. 简述中国现代化的起点和特点。
3. 简述中国现代化的三个阶段。
4. 简述中国现代化的路径选择。
5. 简述中国现代化的国际意义。
6. 什么是中国式现代化?

7. 我们可为中国现代化做什么？

课后习题

1. 中国现代化的目标演进是怎样的？
2. 简述中国现代化的模式变迁。
3. 中国现代化的前景展望如何？
4. 中国现代化面临的主要挑战有哪些？
5. 谈谈中国交通运输现代化。
6. 谈谈中国国防和军队现代化。
7. 简要阐述教育现代化对中国的影响。
8. 简要分析科技现代化对中国的影响。
9. 简要讨论人的现代化对中国的影响。

后　记

现代化既是一种世界现象，也是一种文明进步和一个发展目标。现代化科学是采用科学精神和科学方法，系统研究现代化现象的一门交叉科学，是现代化研究、现代化理论和现代化知识的系统集成。在世界现代化的国际跑道上，跑在前面的国家是发达国家，跑在后面的国家是发展中国家；发达国家需要保持发达水平，发展中国家会努力追赶发达水平。现代化科学为国家现代化建设和国家发达过程提供了科学原理和基本方法。它不仅是一门新科学，更蕴涵一个新希望。中国实现现代化之日，就是中华民族伟大复兴之时。

我们把最好的祝愿，献给伟大的中华民族，献给中国现代化的建设者！